U0188655

# 长江口主要经济鱼类人工繁育

施永海　张根玉·等著

上海科学技术出版社

图书在版编目（CIP）数据

长江口主要经济鱼类人工繁育 / 施永海等著. -- 上海 : 上海科学技术出版社, 2023.2
ISBN 978-7-5478-6078-6

Ⅰ. ①长… Ⅱ. ①施… Ⅲ. ①长江口－经济鱼类－人工繁殖 Ⅳ. ①S922.51

中国国家版本馆CIP数据核字(2023)第027776号

**长江口主要经济鱼类人工繁育**

施永海　张根玉　等著

上海世纪出版(集团)有限公司
上 海 科 学 技 术 出 版 社　出版、发行
(上海市闵行区号景路 159 弄 A 座 9F－10F)
邮政编码 201101　　www. sstp. cn
上海中华商务联合印刷有限公司印刷
开本 787×1092　1/16　印张 19.25
字数 400 千字
2023 年 2 月第 1 版　2023 年 2 月第 1 次印刷
ISBN 978－7－5478－6078－6/S·250
定价：120.00 元

# 内容提要

本书由上海市水产研究所（上海市水产技术推广站）专家结合多年从事长江口主要经济鱼类人工繁育实践经验和科研成果精心编著而成。书中详细介绍了暗纹东方鲀、梭鱼、长吻鮠、河川沙塘鳢、褐菖鲉、金钱鱼、鳑鲏、斑尾刺虾虎鱼和舌虾虎鱼等9个长江口主要经济鱼类品种的生物学特性、人工繁殖与苗种培育等，内容与繁育生产实践结合紧密，全面展示了长江口主要经济鱼类人工繁育的最新研究成果。

本书采用技术介绍、典型案例、经验分享与试验研究相结合的方式安排内容，数据翔实、技术先进、内容实用、可操作性强，可供广大水产繁育生产者、基层水产技术推广人员，以及水产专业相关院校、科研单位、行政管理部门的科技人员参考。

# 著作者名单


施永海　张根玉　徐嘉波　严银龙

张忠华　谢永德　刘永士　税　春

杨　明　邓平平　蒋　飞

# 前　言

长江是我国的母亲河，也是世界上生物多样性最为丰富的河流之一。长江分布有4 300多种水生生物，其中鱼类有424种，长江特有的鱼类有180多种。如今，长江里的经济鱼类资源量已大幅萎缩，种苗发生量与20世纪50年代相比下降了90%以上，产卵量从最高1 200亿粒降至最低不足10亿粒。长江流域的水生生物资源已经严重衰退。

长江口是长江的入海口，地处江海交汇处，气候温和、交通便利。长江口不仅是多种生物周年性溯河和降河洄游的必经通道，也是亚太候鸟迁徙的主要驿站。由于长江大量淡水流注入海，将内陆大量有机物及营养盐输送至入海口，成为浮游生物食料，所以长江口渔场饵料基础雄厚，生物量较高，为各种经济鱼虾索饵、育肥、繁殖等活动创造了良好环境。长江口水生生物资源十分丰富，是我国重要的渔业资源宝库，孕育着著名的“长江四鲜”和“五大鱼汛”。长江口渔场不仅是大黄鱼、小黄鱼、鲳鱼、鳓鱼、马鲛鱼等鱼类的南路鱼群进入吕泗渔场产卵的入口通道，而且是带鱼、鲐鱼等鱼类索饵洄游的重要场所。进入长江产卵洄游的中华鲟、鲥鱼、长吻鮠、刀鲚、凤鲚、河豚等鱼类也必经长江口渔场。此外，还有曼氏无针乌贼、海鳗及各种虾、蟹类常年栖居在长江口渔场。同时，长江口特有的鳗苗和蟹苗等为我国水产养殖业提供了优质苗种。1971年长江口渔场的渔获产量7 483吨，创历史最高纪录。然而，长江口渔业资源受过度捕捞、水域环境污染等威胁，其资源量日益衰退，个别水域甚至到了“无鱼可捕”的境地。保护和修复长江口渔业资源，已刻不容缓。

近年来，国家开始了长江大保护，特别是2021年启动的“长江十年禁捕”，给长江口渔业资源有一个喘息的机会，对长江口渔业资源的修复具有重要意义。在强化水生生物资源保护管理的同时，可积极组织开展增殖放流活动，通过人工方式补充和恢复已经衰退的水生生物资源。我国从 20 世纪 70 年代就开始增殖放流，近几年规模越来越大，影响也越来越大。长江口主要经济鱼类的增殖放流工作也陆续开展，且品种和数量日益增加。

增殖放流和水产养殖的首要前提是要有相应的苗种，因此水产品种的人工繁育就显得尤为重要。为此，上海市水产研究所从 20 世纪 80 年代开始，先后开展了暗纹东方鲀、菊黄东方鲀、长江刀鲚、河川沙塘鳢、斑尾刺虾虎鱼、舌虾虎鱼、梭鱼、金钱鱼、褐菖鲉、中华鳑鲏、棘头梅童鱼、长吻鮠（长江鮰鱼）等 10 余种长江口经济鱼类的人工繁育技术研究，创建了苗种标准化生产体系，形成了苗种生产工艺，实现了苗种规模化生产。近 5 年来，累计获得各类鱼苗 2 091.4 万尾，建立多个品种的增殖放流技术规范；近 10 年来，累计增殖放流各类鱼苗 752.6 万尾。

为助推长江口渔业资源的修复和长三角地区渔业调结构、转方式的进程，为加快长江口经济鱼类规模化、集约化人工繁育生产的发展，上海市水产研究所专家团队结合多年实践经验和试验成果，采用技术介绍、典型案例、经验分享与试验研究相结合的方式，精心撰写了《长江口主要经济鱼类人工繁育》一书，以供从事水产繁育生产、教学和科研人员参考。书中详细介绍了暗纹东方鲀、梭鱼、长吻鮠、河川沙塘鳢、褐菖鲉、金钱鱼、鳑鲏、斑尾刺虾虎鱼和舌虾虎鱼等 9 个长江口主要经济鱼类品种的生物学特性、人工繁殖与苗种培育等，内容与繁育生产实践结合紧密，全面展示了长江口主要经济鱼类品种人工繁育的最新研究成果，可谓一本研究长江口主要经济鱼类人工繁育的成果专著。希望本书的出版能使苗种生产者提高技术、解决苗种生产中碰到的难题、增加苗种生产量，进而促进长江口渔业资源的修复以及长三角地区水产养殖的调结构、转方式。

由于水平所限，书中难免有不足和错误之处，恳请广大读者指正。

著　者

2022 年 10 月

# 目　录

# 第一章

# 暗纹东方鲀

## 第一节　概　　述

### 一、分类地位

暗纹东方鲀(*Takifugu obscures*=*Takifugu fasciatus*)俗称河豚鱼、河鲀等,属脊索动物门(Chordata)、脊椎动物亚门(Verterbrata)、硬骨鱼纲(Osteichthyes)、辐鳍亚纲(Actinopterygii)、鲈形总目(Percomorpha)、鲀形目(Tetraodontiformes)、鲀科(Tetraodontidae)、东方鲀属(*Takifugu*),主要分布于我国沿海及长江中下游地区,朝鲜西海岸也有少量分布(成庆泰等,1975)。

由于暗纹东方鲀的分类学地位存在过争议,且早期物种命名后追溯性有一定难度,使得它的命名有一个漫长的演变过程。暗纹东方鲀的分类学地位在19世纪以前被归于鲀属(*Tetraodon*),直到朱元鼎和许成玉(1965)引进Abe的鲀科分类系统,才正式将其归为东方鲀属。1990年,日本鱼类分类学家松浦启一(Matsuura K.)认为使用*Takifugu*作为属名更符合命名规则,目前*Takifugu obscures*已被国内外文献广泛采用(华元渝等,2004)。但苏锦祥和李春生(2002)对我国鲀形目进行了系统整理,澄清了以往很多分类上的混乱,其中就指出,McClelland(1844)就已经将暗纹东方鲀命名为*Tetraodon fasciatus*,虽然属名随着研究的发展有所变化,但种名应该按照国际动物命名法规中优先律的原则予以保持。因此,综合属名和种名的演变过程,暗纹东方鲀的学名应恢复使用*Takifugu fasciatus*。此后，陈葵(2005)、纪元(2016)发表的论文和陆续出版的《江苏鱼类志》(倪勇和伍汉霖，2006)、《长江口鱼类》(庄平等，2006)等鱼类学著作中都承认了暗纹东方鲀的拉丁学名为 *Takifugu fasciatus*。东方鲀属约有 22 种(王奎旗等，2001)，其中暗纹东方鲀和弓斑东方鲀(*Takifugu ocellatus*)等少数几个品种是溯河生殖洄游类，菊黄东方鲀(*T. flavidus*)、红鳍东方鲀(*T. rubripes*)、黄鳍东方鲀(*T. xanthopterus*)、假睛东方鲀(*T. pseudommus*)等大多数品种均终生在海水中生存。

暗纹东方鲀和刀鲚(刀鱼)、鲥鱼、长吻鮠(鮰鱼)齐名为“长江四鲜”。《神农本草经》《山海经》等著作都有关于河鲀的记载。历代文人墨客赋诗作画赞美河鲀的也很多。北宋大文豪苏东坡赴宴写下了：“竹外桃花三两枝，春江水暖鸭先知。蒌蒿满地芦芽短，正是河豚欲上时。”宴后他还说：“也值一死”(华元渝等，2004)。野生暗纹东方鲀是有毒鱼类，从此江浙一带便流传了“拼死吃河鲀”的民谚。随着误食河鲀引起中毒的事故增多，1990 年 11 月 20 日我国卫生部发布了《水产品卫生管理办法》，禁止河鲀流入市场。农业部办公厅和国家食品药品监督管理总局经过 26 年对暗纹东方鲀和红鳍东方鲀毒素的调查研究，于 2016 年 9 月 5 日联合发布了《关于有条件放开养殖红鳍东方鲀和养殖暗纹东方鲀加工经营的通知》，这意味着符合规定的河鲀加工企业处理后的养殖暗纹东方鲀可以在市场流通。

## 二、产业现状

千百年来，我国沿海地区，尤其是江浙沿海、长江下游沿岸人们就有好食河鲀的饮食习惯，从而使河鲀大量涌向沿海、沿江特定市场，许多长江下游沿江城市的年消费量可达上千吨。其中，江苏省的扬中市和江阴市消费量为沿江城市之最，形成了河鲀最重要的集散中心(常抗美和施维德，2000)。在这些商品河鲀中，最受欢迎的是暗纹东方鲀，其次为菊黄东方鲀和黄鳍东方鲀。每年春季，特别在清明节前后，全国各地的鲜活河鲀源源不断地涌向长江下游集散中心，从而形成了江南独特的河鲀饮食文化。

河鲀是长江中下游重要的渔业资源之一，历史上产量一度较高，直至 20 世纪初河鲀产量还相当可观，1954 年产量(含弓斑东方鲀)约有 1 000 吨。由于我国早期的经济开发对环境保护的意识不够、过度渔业捕捞、大规模修闸筑坝破坏了鱼类的洄游规律，以及工业废水、生活污水直接排入江中等，极大地破坏了长江的生态多样性，导致河鲀自然资源锐减。据《江苏省水产资源调查报告

(1975)》记载(表 1-1-1),1956—1973 年长江江苏段河鲀(暗纹东方鲀和弓斑东方鲀)的捕捞量为 18.1～409.5 吨(江苏省长江水产资源调查组,1975),其变化较大,且后期衰减明显。

表 1-1-1　1956—1973 年长江江苏段河鲀产量
(江苏省长江水产资源调查组,1975)

| 年　份 | 产量(吨) | 年　份 | 产量(吨) |
|---|---|---|---|
| 1956 | 150.8 | 1965 | 171.8 |
| 1957 | 218.4 | 1966 | 159.4 |
| 1958 | 298.0 | 1967 | 142.0 |
| 1959 | 409.5 | 1968 | 158.4 |
| 1960 | 236.3 | 1969 | 102.4 |
| 1961 | 204.4 | 1970 | 76.7 |
| 1962 | 81.3 | 1971 | 88.8 |
| 1963 | 216.6 | 1972 | 51.0 |
| 1964 | 124.9 | 1973 | 18.1 |

从 20 世纪 80 年代开始,长江野生河鲀资源急剧衰竭,早已不能形成鱼汛,似成濒危之势。20 世纪 90 年代,上海市水产研究所由于科研需要,在长江口长兴岛收购暗纹东方鲀,1994 年 3—5 月时可收到 150～250 kg,1998 年 3—5 月份仅仅收到 25～40 kg,部分水产公司收购亲鱼的价格一度达到 7 500 元/kg,而且常常是有价无货(阳清发等,2002)。2001 年长江中捕获的暗纹东方鲀不足 100 尾(张光贵等,2006)。暗纹东方鲀不仅可为百姓提供丰腴美味的优质蛋白,而且它们的鱼皮是制革的上等原料,国内外皮革市场对此也有一定需求。天然捕捞产量无法满足人们日益增长的各类消费需求,因此,通过人工养殖来缓解市场供需之间的矛盾显得非常迫切与必要。20 世纪 90 年代初,暗纹东方鲀被列为淡水养殖新品种,随着苗种培育技术和养殖技术的成熟,如今已得到大面积推广,尤其在长江中下游地区已形成比较完善的养殖模式,商品鱼产量逐年快速递增,这为保护野生资源和满足居民的消费发挥了积极的作用(陈亚芬,2002)。

据《中国渔业统计年鉴》数据统计,2019 年我国暗纹东方鲀养殖主产区主要分布在广东和江苏两地,分别占养殖总产量的 71.0%和 26.03%,福建、安徽和浙江的年产量占比不到 5%(图 1-1-1)。2003—2009 年我国暗纹东方鲀年产量维持

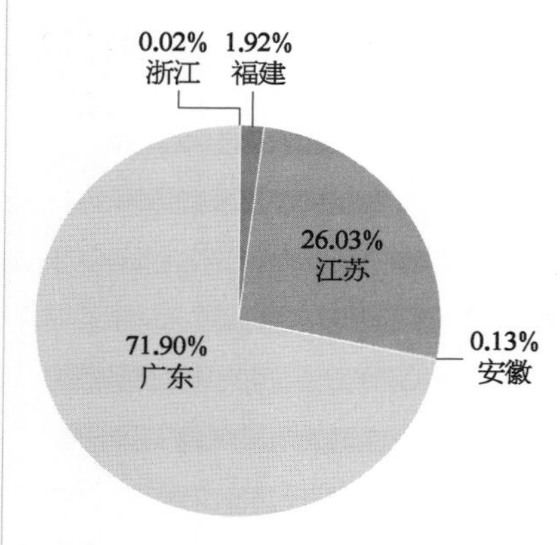


图 1-1-1　2019 年暗纹东方鲀主养区产量占比（农业部渔业局，2003—2019）

在 1 000～2 000 吨，2009—2016 年的养殖年产量迅速增至 5 000 吨的规模；从 2017 年开始，年产量又开始迅速增长，2018 年时达到顶峰，为 12 700 吨（农业部渔业局，2003—2019）。2003—2017 年，江苏省暗纹东方鲀的养殖产量占全国养殖总产量的 53.7%～74.6%。近些年，广东省凭借得天独厚的气候条件和完善的标准化养殖技术，暗纹东方鲀养殖业进入快速增长阶段，2018 年的年产量一度达到 9 139 吨（图 1-1-2）。2018—2019 年广东省产量占全国总产量的 63.9%～71.9%，已经大幅超过暗纹东方鲀传统养殖区的江苏省（农业部渔业局，2003—2019）。目前，广东省养殖的暗纹东方鲀以销往江苏、上海等地为主，约占 50%，对当地暗纹东方鲀养殖业造成一定冲击；另有约 25%销往北京、重庆等地（马爱军等，2014）。

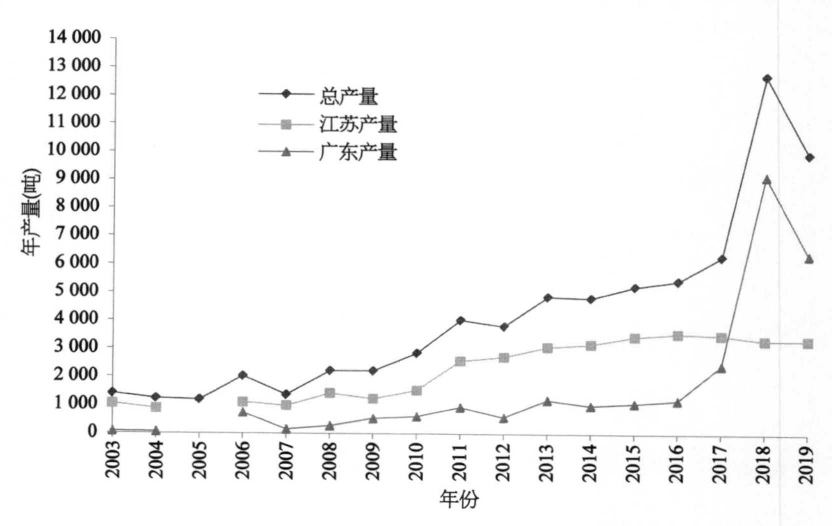


图 1-1-2　2003—2019 年暗纹东方鲀全国、江苏和广东养殖产量（农业部渔业局，2003—2019）

## 三、面临的主要问题

暗纹东方鲀产业面临的问题主要包括加工的冰鲜鱼市场认可度低、越冬养殖、鱼病频发和种质退化等。

**1. 加工的冰鲜鱼市场认可度低**

河鲀毒素是阻碍暗纹东方鲀市场全面准入的主要因素（朱家明等，2002；但学明和林小涛，2005），特别是繁殖季节的野生雌鱼。虽然农业部办公厅和国家食品药品监督管理总局在2016年9月下发了《关于有条件放开养殖红鳍东方鲀和养殖暗纹东方鲀加工经营的通知》，但为了防控河鲀中毒事故，保障消费者食用安全，仍然明确禁止经营养殖河鲀活鱼和未经加工的河鲀整鱼以及禁止加工经营所有品种的野生河鲀流入市场。同时，该通知对暗纹东方鲀鲜、冻品加工做了明确规范。因国内绝大部分消费者喜欢购买鲜活宰杀河鲀，对冰鲜加工包装河鲀认可度不高，市场销售疲软。水产品销售个体户不具备识别河鲀品种和正确宰杀暗纹东方鲀的能力，易导致事故发生。

**2. 越冬养殖**

暗纹东方鲀从苗种到成鱼，直至上市，各个阶段都可以在淡水中养殖。理论上，黑龙江流域、黄淮海地区、西南地区、长江中下游地区和珠江流域五大片均可进行暗纹东方鲀集约化养殖。但是，暗纹东方鲀属温水性鱼类，在低温地区冬季需要通过加温或者搭建保温大棚维持其适宜的生存水温，这大大提高了养殖成本、增加了养殖风险，也是制约暗纹东方鲀在全国推广的一个重要因素（陈亚芬，2002）。

**3. 疾病频发**

在暗纹东方鲀人工养殖过程中，由于水质污染、季节变化、饲养管理不当等原因，经常会出现细菌类肠炎、烂鳃病（郭正龙，2009）、真菌类水霉病（吴建新等，2002），以及小瓜虫、指环虫、车轮虫等寄生虫病。这些疾病蔓延快，严重时均能引起暗纹东方鲀大量死亡（刘金明和陈东亮，2003），给苗种培育和养殖生产造成较大损失，成为制约暗纹东方鲀养殖发展的瓶颈。另外，随着广东省暗纹东方鲀养殖规模的扩大，跨地区运输使不同地区的病原扩散并发生交叉感染，给当地暗纹东方鲀疾病控制带来一定的压力。

**4. 种质退化**

近些年来，由于长江野生暗纹东方鲀资源急剧下降，野生亲鱼数量极少。在缺乏野生种群的补充下，一些繁育场将自繁后代留作亲鱼，并且养殖规模小、繁育群体数量少、没有自主筛选优势亲鱼，经过多代近亲繁育很容易产生近交衰退现象，从而造成养殖群体生长优势等位基因缺失、生长速度下降、抗病能力减退。2020年1月，农业农村部发布了《长江十年禁渔计划》，野生种群的补充更无法得到保障，繁育场的种质退化现象近期将会更加明显。有些繁育企业使用其他品种的东方鲀与暗纹东方鲀杂交，直接影响了暗纹东方鲀的种质质量，导致品种不纯、基因混杂，而且将毒性未探明的杂交种投入市场也会带来安全问题。

## 四、发展前景与建议

### 1. 引导消费习惯，拓宽消费渠道

暗纹东方鲀的苗种培育和养殖技术相当成熟，能为市场提供足够的产品，且全国总消费市场较小。暗纹东方鲀主要以国内消费为主，消费地区集中在长江以南，特别是长三角地区。为防止市场恶意竞争，要打造好全国统一大市场，统筹好长三角地区的主要市场，努力开拓和扩大珠江流域、西南地区、黄淮海地区等其他片区河鲀的消费市场，以减轻长江中下游河鲀滞销压力。同时要加快暗纹东方鲀深加工的研究开发，增加产品附加值，提高产品质量，打开国际市场，提高暗纹东方鲀养殖的经济效益，促进其产业健康发展。

暗纹东方鲀是有毒鱼类，市场准入一定要严格把关，要继续完善可追溯的暗纹东方鲀生产、销售、食用体系。自 2016 年《关于有条件放开养殖红鳍东方鲀和养殖暗纹东方鲀加工经营的通知》执行以来，暗纹东方鲀的生产和加工环节越来越规范化。中国渔业协会组织审核的养殖河鲀鱼源基地备案工作已经进行了 9 批，农业农村部渔业渔政管理局累计公布了 14 个养殖暗纹东方鲀鱼源基地。养殖河鲀加工企业是由中国水产流通加工协会和中国渔业协会河鲀鱼分会组织审核的，现有 15 家养殖河鲀加工企业通过审批。随着养殖河鲀鱼源基地和加工企业的增加，已经具备为广大消费者提供可靠、安全的暗纹东方鲀冰鲜、深加工产品。近些年，随着消费模式的变化，大型生鲜电商平台配送服务在不断升级提速，消费记录也有很强的追溯性，多菜品、多样式的河鲀料理已经有一些需求，建议进一步推广和培育新菜品、新配送模式。

另外，暗纹东方鲀成鱼的肝脏达到体重的 10.2%～20.1%（邹宏海，2003），而该通知和《养殖暗纹东方鲀鲜、冻品加工操作规范》（SC/T 3033—2016）里规定要除去一切内脏，但科研工作者检测全人工养殖的暗纹东方鲀的肝脏为无毒级别（赵清良等，1999；朱家明等，2002；但学明和林小涛，2005），而且民间对暗纹东方鲀的肝脏十分喜好。暗纹东方鲀肝脏较大，宰杀时也容易分辨，如果将肝脏直接无害化处理比较可惜，有关部门需要充分论证将肝脏纳入可食部分的可行性。

### 2. 在长三角地区推广土池大棚越冬养殖模式

在长江中下游地区，春节前后池塘水温常常低于 10℃，最低水温达到 0℃左右，暗纹东方鲀长期在这种低温环境下的存活率较低。经过多年的生产实践，该地区现普遍采用了池塘简易大棚越冬养殖模式，使冬季池塘水温一般高于 10℃，越

冬期间成活率超过 95%。这种简易大棚能多年使用，越冬成本相对较低，且暗纹东方鲀的消费市场大多在长三角地区，出售时不需要远距离运输，减少了运输损耗和运输成本，因此，这种模式也是一种相对较好的模式。珠江流域水温常年适宜暗纹东方鲀的生长，在养殖环节有着得天独厚的优势，虽然离主要消费市场较远，运输损耗和运输成本会有所增加，但冬季不需要特殊的越冬措施就能安全过冬，养殖周期短。

**3. 病害防治结合，以防为主**

暗纹东方鲀的病害防治是健康养殖的关键技术环节之一，在疾病的防治过程中应该遵循防重于治、预防与治疗相结合的原则。首先，要加强投喂和水质管理，改善养殖水域环境，控制和切断病原传染和侵袭途径，提高鱼体的抗病能力。鱼种放养前要清除池塘中大量的有机物并用漂白粉或生石灰进行消毒，以减少病原孳生。运输鱼种时可以用高盐度或者高锰酸钾浸泡消毒，以防跨地区和跨场区交叉感染。越冬期间提高水体盐度，以减少水霉病的发生。平常要定期做好检疫工作，特别是体表和鳃部指环虫和小瓜虫寄生情况。其次，日常要注意摄食和活动状态，检查是否有离群独游、体色发黑、外表受伤发黏等异常情况。一旦发现暗纹东方鲀个体患病，应及时查明病因，立即进行隔离，并合理选择药物进行及时治疗。病鱼死鱼要及时进行无害化处理，并保证池塘间进、排水系统和渔具使用的独立性，防止次生感染的发生。高温季节适当延长增氧时间，以增加水体溶解氧。另外，暗纹东方鲀属无鳞鱼类，用药时要加以甄别。

**4. 组织采捕原种，加速育种进程**

建议渔业管理部门和科研部门组织采捕野生原种，在长江下游选择有条件的原良种场开展暗纹东方鲀原种的保种工作。在野生原种之间交配繁殖或者野生原种与人工养殖选留后的亲鱼间交配繁殖，进行提质复壮，提高群体遗传多样性，进行高效增殖放流；提高养殖生产特性（生长快、抗病力强、耐低温），为广大养殖户提供优质、提纯的暗纹东方鲀苗种。

## 第二节　生 物 学 特 性

### 一、形态特征

**1. 外部形态**

鱼体呈亚圆筒形，向后逐渐狭小，尾柄端微扁。鱼体背部呈棕褐色，并分布

4～6 条边缘不整齐的横纹。腹部白色，但腹部与体侧交界处有一条边缘较不整齐的橘黄色带。背鳍基部有 1 黑色大斑，胸鳍基底外侧和内侧常各具 1 黑斑，背鳍、胸鳍、臀鳍呈黄棕色（华元渝和顾志峰，2000）。

全身无鳞，表皮坚硬富有韧性，头部、体背及腹部均被小刺，背刺区和腹刺区在眼后部相连。通常，皮刺倒伏于表皮处，当受到外界干扰应激“鼓气”时，皮刺则竖立。侧线发达，每侧 2 条，上为背侧线，下为腹侧线，侧线从头至尾部下弯于尾柄中央。鳃孔侧位、较小，为一弧形裂缝，鳃盖膜白色。眼微凸，侧上位，眼周围有皮皱，运动后有“闭眼”假象（华元渝和顾志峰，2000）。

鳍式：P. 16 - 18，A. 13 - 16，D. 15 - 18；胸鳍短宽，近方形；无腹鳍；臀鳍似镰刀，位于泄殖孔后方；1 个背鳍，无棘；尾鳍的尾柄长约等于尾柄高（华元渝和顾志峰，2000）。

**2. 内部构造**

（1）脑

暗纹东方鲀的脑包含端脑、间脑、中脑、小脑和延脑等 5 个部分。嗅束紧接着端脑前端，端脑后端与中脑相交处有由间脑突出的脑上腺；间脑为中脑的视叶所遮盖，仅在腹面或侧面可见间脑的视交叉、脑垂体、下叶、血管囊等结构；从侧面明显可见视神经从中脑伸出，交叉于下叶前端；小脑位于中脑后方，椭圆形，后端游离；延脑位于小脑下方，并与中脑相连，其后接脊髓（邹宏海，2003）。

（2）消化系统

口小，端位。吻钝圆，唇发达，靠齿侧具丰富的味蕾。上下颌各具 2 个齿板。舌呈圆锥形，鼓气时可抵达板状齿。食道内壁具纵褶。胃白色，向腹部明显纵褶。幽门胃处紧缩，无幽门盲囊。肠掩于肝脏及性腺的下方盘曲。幼鱼肝脏呈淡灰黄色，成鱼肝脏呈黄色；在腹腔前端由肠系膜悬挂于心腹隔膜的后方，后端游离于腹腔内；肝脏单叶，后缘楔形，左长右短，体积较大，占腹腔容积的 2/3 以上，后端达肛门处，覆盖大部分消化道；肝脏重占体重的 10.2%～20.1%，手触摸腹部能明显感觉到。胆囊深紫色，水滴状，饱满，有弹性。胃向腹侧突出 1 囊状结构，形成气囊，紧贴腹部。在气囊中部有两条肌腱伸向颌部，并与该处的肌肉相连。气囊具有良好的弹性，当遇到外敌或受环境刺激而又不能迅速逃离时，能通过口和鳃孔迅速吞入大量空气和水进入气囊，使胸腹部膨大如球，同时皮刺竖起。通过食道前端咽部的张合以及幽门胃处肌肉的收缩密封气囊中的气体（邹宏海，2003）。

（3）泌尿系统

1 对头肾，深红色，形状不规则，略呈方形，位于体腔背部前端、后颞骨与脊椎之间，并紧贴脊椎两侧，与胸鳍上缘接近。上与脑颅紧密相连，下与心脏也相连，体积较大，且与鳃相连。输尿管白色，从肾组织后端紧贴脊椎的部位发出，并沿脊椎两侧向后延伸且逐渐变细，至腹腔后部脊椎不可见处始伸入腹腔；靠近泌尿孔处，2 根输尿管合二为一并向一侧膨大形成膀胱，膀胱再经泌尿孔通向体外（邹宏海，2003）。

（4）生殖系统

性成熟个体的性腺成对位于腹腔正中部，占据腹腔后端的大部分，通常右大左小。其中，整个右边性腺和左边性腺近生殖孔段直接与腹膜接触，而左边性腺远生殖孔段为肝脏所覆盖。性腺血管由红腺发出（邹宏海，2003）。

雌鱼的左右卵巢在末端相通，并形成一短的输卵管，与输尿管合并成尿殖窦，然后以尿殖孔共同开口于体外。雄鱼的生殖孔和泌尿孔分开，且左右精巢不相通，而是各自通过输精管开口于体外，位于泌尿孔两侧。卵巢黄色，椭圆形，表面光滑，表面可见丰富的血管分支，血管与红腺相连；精巢呈乳白色，长圆柱状，不规则弯曲，主弯曲处表面多褶皱（邹宏海，2003）。

（5）其他组织和器官

暗纹东方鲀鳔大，1 室，椭圆形，紧贴于体腔背部中央，通过鳔管与食道相连。鳔腹面中部有由丰富的微血管组成的红腺，其与肝脏和肠联系密切。脾脏呈暗红色、板栗状，位于幽门胃上方，与红腺相连。下肋骨退化，无肌间刺。由于无腹鳍，后匙骨末端游离，成为体侧唯一的骨块（邹宏海，2003）。

## 二、生态习性

### 1. 生活习性

暗纹东方鲀为江海洄游性中下层鱼类，幼鱼在江河中生长肥育，当年秋季下海越冬，次年春季返回。暗纹东方鲀凶残，特别是食物短缺、起网捕捞时常常会发生相互残杀，这种相残习性在苗种培育阶段更加明显。

暗纹东方鲀遇到应激或敌害后会鼓气漂浮在水面上。它的胃向腹侧突出一囊状结构，形成气囊，由于没有肋骨牵制，遇到敌害吸入空气和水后胸腹部膨大如球，皮刺竖立，浮在水面装死，等安全后迅速排放胸腹中的空气和水后快速游走。苗种阶段由于发育不完善，部分幼鱼的胸腹部鼓气后不能收缩，会造成少量死亡。另外，应激时还有咬齿习性，被捕后会发出“咕咕”的叫声。

### 2. 食性

在自然条件下，暗纹东方鲀食性较杂，偏动物性，以摄食水生无脊椎动物为主。

刚孵化至体长 10 mm 左右的鱼苗主要摄食轮虫、枝角类、桡足类、寡毛类、端足类及多毛类等;随着个体的生长以及板齿的出现,开始摄食水生昆虫、鱼苗、虾、蟹、螺等。摄食时,一边撕咬一边后退或者左右甩动,同时试探口中的食物,味道好就吞食,味道差就吐出游走。在人工饲养条件下,经过合理及时驯食后可摄食人工配合饲料(杨州和华元渝,1997)。

## 三、繁殖习性

暗纹东方鲀一般需要 2～3 年才能性成熟。暗纹东方鲀是溯河生殖洄游性鱼类,每年清明节前后,成熟亲鱼洄游至通海的江河中繁殖产卵(施永海和张根玉,2016)。暗纹东方鲀产卵期较长,每年 3—6 月溯河至通海的江河水草丛生的地方产卵繁殖,为一次性产卵鱼类。雌鱼卵巢呈肾形,繁殖力很强,绝对怀卵量为 14 万～30 万粒,体重相对怀卵量平均为 350 粒/g。雄鱼精巢较大,成熟精巢呈乳白色,成熟后轻压腹部有乳白色精液流出。产卵对水温条件有一定的要求,但并不十分严格。未性成熟的暗纹东方鲀雌雄差异不是很明显的,可以利用鱼体各体征指标和体态指标进行综合判别;已经性成熟的个体,可以通过触摸法进行鉴别(姜仁良等,2000)。池塘培育的暗纹东方鲀亲鱼性成熟时会在池边水体上层“巡游”。

暗纹东方鲀雌雄性腺成熟系数(gonado somatic index, GSI)都是随着时间的推进先升后降,雌鱼比雄鱼晚达到峰值(姜仁良等,2000)。雌鱼 GSI 在 4 月达到最高值,为 30.58%;雄鱼 GSI 在 3 月达到最高值,为 14.80%。1—4 月,雌鱼肝体比(hepato somatic index, HSI)从 14.63%一直下降到 6.84%,雄鱼肝体比从 13.10%先降后升到 9.82%。GSI 与 HSI 存在一定的负相关性(表 1-2-1)(姜仁良等,2000)。

表 1-2-1 池养暗纹东方鲀雌雄鱼成熟系数变化(姜仁良等,2000)

| 月份 | 性别 | 体长(cm) | 体重(g) | 性腺重(g) | 肝重(g) | 成熟系数(%) | 肝体比(%) | 肥满度 |
|---|---|---|---|---|---|---|---|---|
| 12 | ♀ | 22.33±1.53 | 510.00±20.00 | 38.33±21.46 | | 7.51 | | 4.58 |
| | ♂ | 22.00±1.00 | 448.00±64.16 | 27.38±11.02 | | 6.01 | | 4.21 |

续　表

| 月份 | 性别 | 体长(cm) | 体重(g) | 性腺重(g) | 肝重(g) | 成熟系数(%) | 肝体比(%) | 肥满度 |
|---|---|---|---|---|---|---|---|---|
| 1 | ♀ | 23.83±1.44 | 546.67±85.05 | 55.00±18.03 | 80.00±35.00 | 10.50 | 14.63 | 4.03 |
|  | ♂ | 22.67±0.58 | 381.67±30.14 | 46.60±5.77 | 50.00±8.66 | 12.40 | 13.10 | 3.27 |
| 2 | ♀ | 24.02±1.41 | 630.00±98.99 | 142.50±31.83 | 75.00±7.07 | 22.50 | 11.90 | 4.55 |
|  | ♂ | 24.25±1.06 | 442.50±123.74 | 65.00±14.14 | 45.00±7.07 | 14.80 | 10.17 | 3.10 |
| 3 | ♀ | 25.50±0.00 | 530.00±28.28 | 130.00±28.28 | 55.00±7.07 | 24.40 | 10.37 | 3.20 |
|  | ♂ | 23.67±0.58 | 426.67±75.06 | 55.00±0.00 | 41.67±2.89 | 13.17 | 9.76 | 3.21 |
| 4 | ♀ | 22.36±0.35 | 439.30±35.95 | 133.94±20.12 | 30.07±14.90 | 30.58 | 6.84 | 3.93 |
|  | ♂ | 22.40±1.14 | 458.00±65.73 | 50.00±6.12 | 45.00±10.00 | 11.00 | 9.82 | 4.07 |
| 5 | ♀ | 22.00±0.50 | 441.67±32.53 | 105.00±22.91 |  | 23.61 |  | 4.15 |
|  | ♂ | 21.50±0.71 | 456.00±49.49 | 45.00±21.21 |  | 9.49 |  | 4.59 |

注：每月各取5尾雌雄亲鱼。

## 四、性腺发育

### 1. 卵巢发育

卵巢壁由结缔组织、纤维和毛细血管构成。从卵巢壁上分出许多成束的纤维结缔组织和生殖上皮，以长短不等的产卵板伸向卵巢内部，产卵板上着生了不同发育时相的卵细胞(华元渝等，2004)。

Ⅰ期：卵巢呈线状细丝，透明，肉眼不能区分雌雄。此时卵巢处于卵原细胞的增殖期，卵原细胞不断地进行有丝分裂(华元渝等，2004)。

Ⅱ期：卵巢呈扁带状，透明，卵巢表面布满微细血管，肉眼还不能观察到卵粒。产过卵或者自然生理退化后的雌性暗纹东方鲀也可恢复到此期(华元渝等，2004)。

Ⅲ期：卵巢侧扁，青灰色，壁厚，成熟系数1.07%～4.95%。动脉血管细小，分支少，卵巢中间有空腔。后期逐渐呈灰色，壁薄，动脉血管变粗，分支多，卵巢空腔被卵母细胞充实，手捏较软，其横切面呈椭圆形(华元渝等，2004)。

Ⅳ期：卵巢呈圆筒形，浅灰或米黄色，长度占腹腔的2/3以上，手感软，卵粒大，易分离，成熟系数为4.95%～17.32%。动脉血管粗，分支增多，肉眼能看见卵巢内的卵粒，此时卵母细胞比第3时相卵母细胞体积明显增大；后期部分卵粒呈半透明状态(华元渝等，2004)。

Ⅴ期：卵巢呈紫红色，体积达到最大，血管较为发达，卵巢壁极薄，成熟系数为17.32%～21.75%。卵粒饱满、分散，黄色半透明，卵径大小与第4时相卵母细胞相似，核膜溶解、核仁消失、核偏向一侧。此时雌鱼体表特征为肛门内陷。体两侧卵巢轮廓线明显，呈下垂状，轻压腹部能挤出游离卵粒(华元渝等，2004)。成熟卵子呈圆形，卵球直径0.88～1.21 mm。卵膜较厚，表层有许多嵴、沟、微孔及卵膜孔(卢敏德等，1999)。

Ⅵ期：卵巢松软，表面充血，可见灰白斑点(华元渝等，2004)。

**2. 精巢发育**

精巢内壁是由纤维结缔组织和微血管构成的白膜，其上着生了不同发育时相的精细胞(华元渝等，2004)。

Ⅰ期：精巢呈细线状结构，透明，仅凭肉眼难以区分雌雄。此时为精原细胞的不断增殖阶段。此期终生只出现1次(华元渝等，2004)。

Ⅱ期：精巢呈细带状，白色，半透明，与卵巢形状相似，但颜色不同，肉眼可以以此区分雌雄。此时精原细胞明显增多，出现了精小管的雏形(华元渝等，2004)。

Ⅲ期：精巢呈乳白色，表面细致，有少量浅褶裂。精巢比较结实，挤压或切割精巢无精液流出。成熟系数为0.73%～3.14%。此时精巢中有许多圆形的精小叶，大小相差无几，直径在200～500 μm。精小叶由初级精母细胞构成，精小囊尚未形成，精母细胞在精小叶中成堆分布(华元渝等，2004)。

Ⅳ期：精巢呈淡黄红色，体积大，成熟系数为2.87%～16.6%。精巢上分布的毛细血管呈绒毛状。早期挤压精巢还未发现白色精液流出，晚期则能挤出少量白色精液，切割精巢有白色精液流出，此时精小囊已经形成。初级精母细胞直径10～14 μm，次级精母细胞直径6～10 μm，精子细胞直径3～5 μm，精子直径1～1.5 μm(华元渝等，2004)。

Ⅴ期：精巢呈粉红色，体积达到最大，成熟系数为12.45%～19.72%。精巢上分布的血管分支明显增多。轻压腹部或反应剧烈时，白色精液都会流出。精小叶腔中充满了大量精子，并在精巢输运系统中呈流动状态。此时雄鱼体表特征为肛门扩大、内陷，排精孔明显，轻压腹部精液呈蛋白色黏稠状流出（华元渝等，2004）。成熟的精子为典型的鞭毛形结构，由头、颈和尾3部分组成。头部无顶体，两端呈椭圆长柱形，核凹窝较深；尾部有2根细长、光滑的尾丝，较为特殊（卢敏德等，1999）。

Ⅵ期：精巢体积显著缩小、充血，精巢内大部分为精原细胞和初级精母细胞（华元渝等，2004）。

## 五、胚胎发育

莫根永等（2009）从上海青浦暗纹东方鲀养殖场挑选3龄性成熟雌雄亲鱼各1尾，经人工催产授精，获得了用于胚胎发育观察的受精卵。用Nikon 80i解剖镜对受精卵胚胎发育进行观察，记录发育过程中的具体形态变化。记录时间以所观察样本中有50%表现出相应发育期特征为准，胚胎发育观察的样本数为50～100粒。暗纹东方鲀受精卵在水温为21℃±0.5℃的水环境中，历时131 h 15 min开始孵出仔鱼。整个胚胎发育过程可以划分为7个发育阶段，细分为33个发育时期，发育过程见表1-2-2和图1-2-1（莫根永等，2009）。

表1-2-2　暗纹东方鲀胚胎发育过程（莫根永等，2009）

| 发育时期 | 受精后时间 | 主　要　特　征 | 图1-2-1中编号 |
| --- | --- | --- | --- |
| 受精卵 | 0 | 呈圆形，黏性卵，鹅黄色且半透明，卵吸水膨胀不明显 | a |
| 胚盘期 | 1 h 20 min | 原生质开始从植物极向动物极流动，逐渐形成隆起的淡棕黄色胚盘 | b |
| 2细胞期 | 3 h 10 min | 第一次卵裂，分裂成2个大致相等的分裂球 | c |
| 4细胞期 | 4 h 30 min | 第二次卵裂，分裂成4个大致相等的分裂球 | d |
| 8细胞期 | 5 h 50 min | 第三次卵裂，分裂成8个分裂球 | e |
| 16细胞期 | 7 h 10 min | 第四次卵裂，分裂成16个分裂球 | f |
| 32细胞期 | 8 h 40 min | 第五次卵裂，分裂成32个分裂球 | g |
| 多细胞期 | 13 h 10 min | 经过多次连续分裂，分裂球的数量增多、体积变小 | h |
| 囊胚早期 | 16 h 10 min | 分裂球组成的囊胚层突出在卵黄之上，高度约为卵径的1/4 | i |

续　表

| 发育时期 | 受精后时间 | 主　要　特　征 | 图1-2-1中编号 |
|---|---|---|---|
| 囊胚中期 | 18 h 10 min | 隆起的囊胚层向四周扩张而逐渐变低，高度约为卵径的 1/5 | j |
| 囊胚后期 | 20 h 20 min | 囊胚层高度约为卵径的 1/6，边缘细胞下包，囊胚腔清晰 | k |
| 原肠早期 | 23 h 50 min | 囊胚层外周形成胚环，胚环向植物极下包达卵径的 1/3 | l |
| 原肠中期 | 27 h 40 min | 胚环下包达卵径的 1/2 以上，胚环继续增厚形成胚盾 | m |
| 原肠后期 | 30 h 50 min | 胚盾下包达卵径的 2/3 以上，出现胚孔，胚体雏形出现 | n |
| 神经胚期 | 33 h 30 min | 胚盾下包达卵径的 4/5 以上，背侧神经物质增厚，凹陷形成神经沟 | o |
| 胚孔封闭期 | 37 h 30 min | 胚层合拢，胚孔封闭，胚体匍匐在卵黄上，围绕卵黄约 1/3 | p |
| 肌节出现期 | 40 h 30 min | 胚体中部出现 1～3 对肌节，胚体前端稍膨大和隆起 | q |
| 眼基出现期 | 42 h 30 min | 胚体头部两侧隐约可见眼泡，出现 3～5 对肌节 | r |
| 眼囊期 | 44 h 20 min | 眼囊呈椭圆形，胚体伸展，脑分化成前、中、后三个脑泡 | s |
| 嗅板期 | 47 h 10 min | 眼囊前下方出现一对近圆形的嗅板，出现 6～8 对肌节 | t |
| 尾芽期 | 49 h 50 min | 胚体后端伸长并突起形成圆锥状尾芽，尾泡出现 | u |
| 耳囊期 | 52 h 10 min | 后脑两侧出现椭圆形耳囊，眼囊中央凹陷，逐渐形成视杯 | v |
| 尾鳍形成期 | 57 h 50 min | 尾表皮外突形成皮褶状的尾鳍，眼囊逐渐变成圆形，视杯扩大 | w |
| 晶体出现期 | 65 h 50 min | 视杯扩大，在视杯口出现圆形的晶体，中脑明显分化为左右两半球 | x |
| 肌肉效应期 | 73 h 40 min | 胚体中后部肌肉开始缓慢的、颤动式的收缩，2～5 次/min | y |
| 心脏原基期 | 79 h 20 min | 胚体头部腹面和卵黄囊之间出现圆管状、中间略凹陷的心脏 | z |
| 耳石形成期 | 81 h 20 min | 耳囊中出现 2 个黑色颗粒状耳石，胚体中部及卵黄囊上出现星芒状灰黑色素细胞 | aa |

续　表

| 发育时期 | 受精后时间 | 主　要　特　征 | 图 1－2－1 中编号 |
| --- | --- | --- | --- |
| 心脏搏动期 | 83 h 10 min | 心脏有微弱搏动，并逐渐加强，胚体抽动明显 | ab |
| 血液循环期 | 92 h 30 min | 血管在胚体中形成，血液在血管中流动，血球无色 | ac |
| 眼黑色素期 | 113 h 30 min | 眼晶体外周开始出现黑色素，眼逐渐变成黑色，肉眼可见卵内两个黑色眼点 | ad |
| 出膜前期 | 126 h 10 min | 卵膜变薄变软，胚体尾部剧烈抽动，使胚体在膜内频繁转动 | ae |
| 出膜期 | 131 h 15 min | 卵膜破裂，多数以头部先行出膜，随着尾部摆动加剧，仔鱼的整个身体脱离卵膜 | af |

**1. 胚盘形成阶段(图 1－2－1，a～b)**

受精卵外观呈圆形，为黏性卵。卵黄丰富，呈鹅黄色且半透明。卵膜较薄，内含大量小颗粒油球，在动物极聚集了大量的细胞质，卵吸水膨胀不明显。卵受精 1 h 20 min 后，动物极和植物极逐渐分化，原生质开始从植物极向动物极流动，逐渐形成隆起的淡棕黄色胚盘。

**2. 卵裂阶段(图 1－2－1，c～h)**

受精 3 h 10 min 开始第 1 次分裂，胚盘表面出现 1 条分裂沟，胚盘基部细胞核一分为二，分裂成 2 个大致相等的分裂球。后经第 5 次卵裂，共产生 32 个分裂球。再经过连续几次分裂，分裂球的数量越来越多，体积也变得越来越小。分裂球聚集成多层，排列在卵黄的上方。细胞界线清晰可见，此时进入多细胞期。

**3. 囊胚阶段(图 1－2－1，i～k)**

受精后 16 h 10 min 至 20 h 20 min，处于囊胚阶段。随着分裂球的数目愈来愈多，愈来愈小，细胞界线模糊。由多细胞组成的囊胚层突出在卵黄之上，并不断向四周扩张，其高度从约为卵径的 1/4 降低至 1/6，隆起的囊胚层变得越来越低，边缘细胞开始下包，囊胚腔清晰可见。

**4. 原肠阶段(图 1－2－1，l～n)**

受精后 23 h 50 min 至 30 h 50 min，处于原肠阶段。囊胚层的细胞沿着卵黄的表面向四周扩展，下包到一定距离时，有大量细胞积聚在囊胚层外周的边缘，形成胚环。胚环向植物极延伸下包达卵径的 1/3，随着下包运动的进行，下包达卵径的 2/3 以上。胚环增厚成胚盾，并继续向植物极移动。最后出现胚孔，胚孔缩小为小圆圈，出现胚体雏形。

**5. 神经胚阶段(图 1-2-1,o～p)**

受精后 33 h 30 min,原肠下包和内卷继续进行,胚层细胞下包达卵径的 4/5 以上。胚环明显缩小,卵黄大部分被包围。当下包接近完成时,背侧神经物质增厚,凹陷形成神经沟。胚孔逐渐缩小、变得模糊,胚层合拢,出现胚孔封闭。胚体伏在卵黄上,围绕卵黄约 1/3。

**6. 器官形成阶段(图 1-2-1,q～ae)**

受精后 40 h 30 min,胚体中部出现 1～3 对肌节,胚体前端稍膨大和隆起,后形成隐约可见的 1 对眼泡,进而发育为椭圆形眼囊,且眼囊下方有 1 对近圆形的嗅板。

受精后 44 h 20 min,头尾之间的卵黄囊开始内陷,胚体大为伸展,脑开始分化成前、中、后 3 个脑泡。

受精后 49 h 50 min,胚体后端伸长并突起形成圆锥状尾芽,尾泡出现,后期形成皮褶状的尾鳍。

受精后 52 h 10 min,后脑两侧出现椭圆形耳囊,眼囊中央出现凹陷,并逐渐形成视杯。随着视杯扩大,在视杯口出现圆形的晶体,中脑明显分化为左右 2 个半球。

受精后 73 h 40 min,胚体中后部肌肉开始缓慢的、颤动式的收缩。晶体非常清晰。

受精后 79 h 20 min,胚体头部腹面和卵黄囊之间出现圆管状、中间略凹陷的心脏原基。

受精后 81 h 20 min,耳囊中出现 2 个黑色颗粒状耳石,胚体中部及卵黄囊上出现星芒状灰黑色素细胞。

受精后 83 h 10 min,心脏明显分为心室和心耳,呈微弱的、有规律的搏动,并逐渐加强,胚体抽动明显。随后血管在胚体中形成,血液在血管中流动。

受精后 113 h 30 min,眼晶体外周开始出现黑色素,随着黑色素的增多,眼逐渐变成黑色。胚体背部出现点状、短枝状棕红色素斑。胚体绕卵黄囊约 1 周,肌节增至 26～28 对。

受精后 120 h 20 min,耳囊下方出现圆扇形的胸鳍原基,耳囊内的半规管明显可见,胚体抽动趋于频繁。

**7. 出膜阶段(图 1-2-1,af～ag)**

出膜前期卵膜变薄变软,胚体头部出现点状的孵化腺。胚体尾部剧烈抽动,使胚体在膜内频繁转动。血球呈淡红色,血液循环清晰。受精后 131 h 15 min,靠近胚体头端的卵膜渐渐隆起,卵外观呈梨形,胚体尾部摆动剧烈,卵膜破裂,仔鱼多数以头部先行出膜,随着尾部摆动加剧,仔鱼的整个身体脱离卵膜。

**8. 初孵仔鱼(图 1-2-1,ah)**

刚孵出的仔鱼全长 2.47～2.86 mm,肌节 26～28 对。卵黄囊大而侧扁,长径为 1.014～1.092 mm,短径为 0.904～0.982 mm。胚体背侧分布点状、星芒状、枝

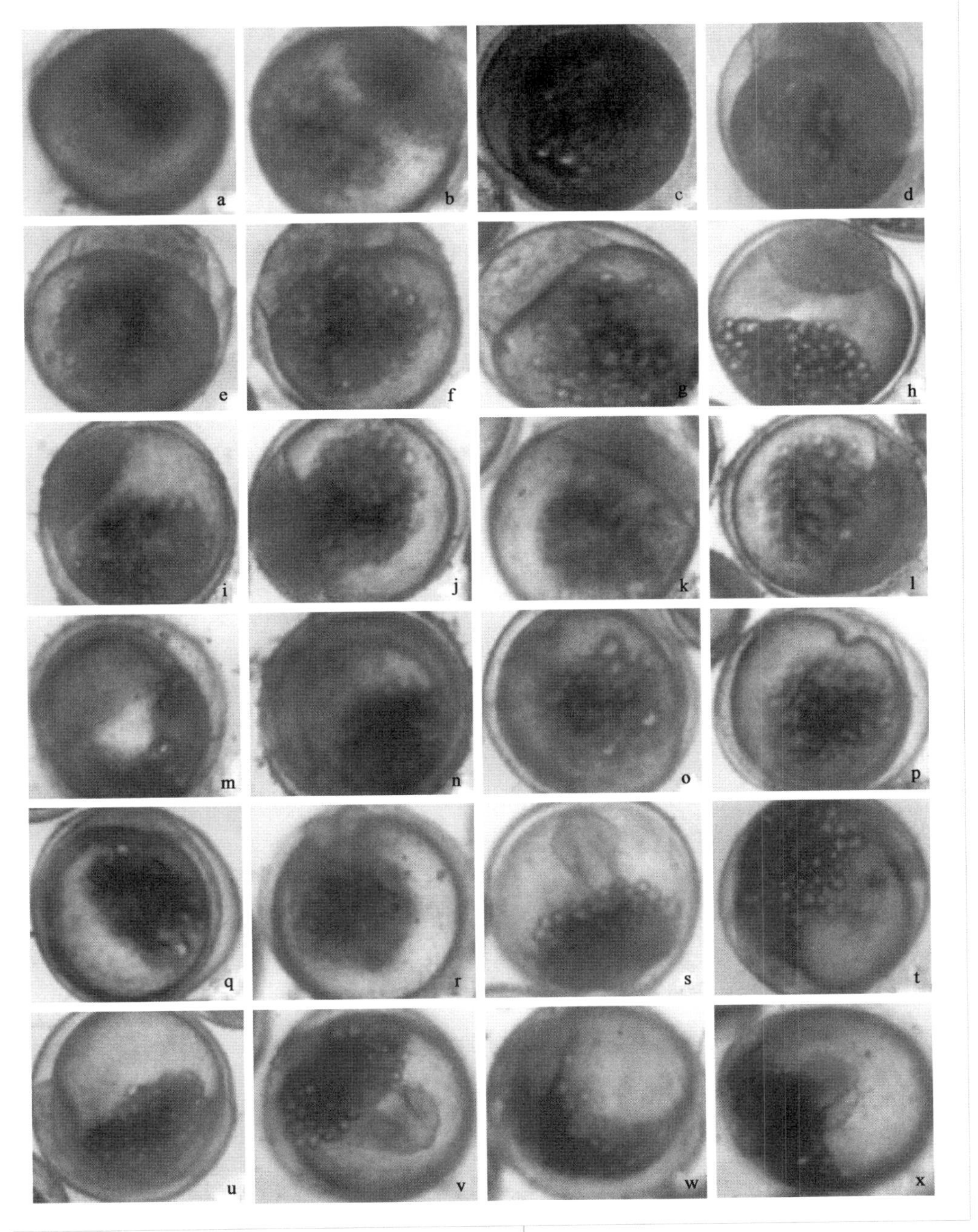

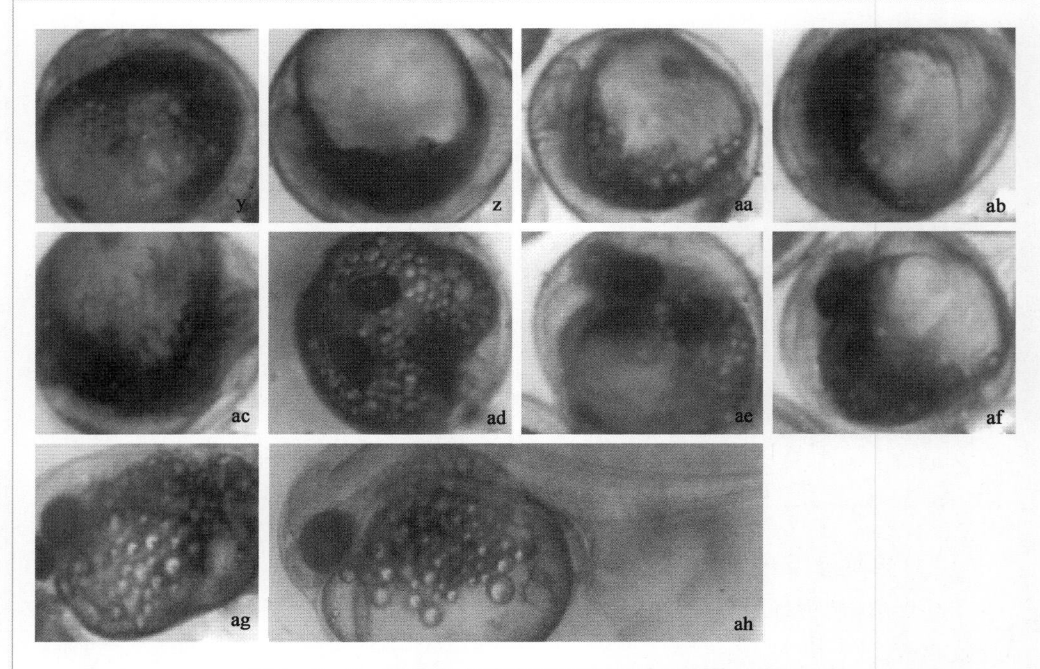


**图 1-2-1　暗纹东方鲀的胚胎发育(莫根永等,2009)**

a. 受精卵;b. 胚盘期;c. 2 细胞期;d. 4 细胞期;e. 8 细胞期;f. 16 细胞期;g. 32 细胞期;h 多细胞期;i. 囊胚早期;j. 囊胚中期;k. 囊胚后期;l. 原肠早期;m. 原肠中期;n. 原肠后期;o. 神经还期;p. 胚孔封闭期;q. 肌节出现期;r. 眼基出现期;s. 眼囊期;t. 嗅板期;u. 尾芽期;v. 耳囊期;w. 尾鳍形成期;x. 晶体出现期;y. 肌肉效应期;z. 心脏原基期;aa. 耳石形成期;ab. 心脏搏动期;ac. 血液循环期;ad. 眼黑色素形成期;ae. 胸鳍原基期;af . 出膜前期;ag. 出膜期;ah. 刚孵出的仔鱼

状的灰黑色素细胞,头部和尾部较少。卵黄囊上的枝状灰黑色素细胞较大。胚体前端有较多的杏黄色素细胞,中部有较多的点状、短枝状的棕红色素细胞。

## 六、仔稚幼鱼的形态发育

研究暗纹东方鲀仔稚幼鱼的形态发育特点,有助于了解各器官形成的关键期。运用其组织和器官形成与环境相适应的变化规律,对制定合理的投喂策略以及提高早期苗种的成活率有重要意义。

王立新和华元渝(1998)将初孵仔鱼先在孵化桶内培育 5 d,后移到室外进行池塘后期培育,其间(0～40 d)借助显微镜和解剖镜每天随机观察 3～5 尾暗纹东方鲀仔稚幼鱼的外观形态和内部组织结构发育情况。0～4 d 水温为 17.5～18.5℃,5～7 d 水温为 11.5～14.5℃,8～40 d 平均水温在 18℃以上。经观察分析确定 0～7 d

为仔鱼阶段、8～29 d 为稚鱼阶段、30～40 d 幼鱼阶段，不同发展阶段的形态发育、摄食特征以及生长情况见表 1-2-3。

表 1-2-3 暗纹东方鲀仔稚幼鱼的摄食行为(王立新和华元渝，1998)

| 发育阶段 | 摄食方式 | 摄食节律 | 摄食行为特征 |
| --- | --- | --- | --- |
| 仔鱼期 | 吞食 | 不明显 | 在水体中上层游动。看到身边饵料缓慢靠近，双眼瞄准、身体猛扑过去将食物吞下 |
| 稚鱼期 | 吞食 | 较明显 | 从水底层转向中上层迅速游动，离食物 2～3 cm 处急速向前张口吞下食物，后期有叼食食物碎片的行为 |
| 幼鱼期 | 吞→咬 | 明显 | 在水体中下层快速游动，追击饵料生物，先用颚齿咬住食物，然后再将其咽下 |

**1. 仔鱼阶段(0～7 d)**

0 d 仔鱼(初孵仔鱼)：全长 1.9～2.1 mm，呈蝌蚪形，卵黄囊大而侧扁，油球小而密；肌节 26～28 对，成放射状排列；尾鳍皱褶辐射状，尾部透明，出现动脉、静脉，肠道不清晰；口及肛门未开启，腹部星状色素斑 7～8 个，眼球黑色，胚体静卧水中或随水体翻滚。

1 d 仔鱼：全长 2.0～2.3 mm，口窝开始形成；卵黄囊变小，油球变少。半月形胸鳍原基出现，眼球四周着金黄色，鱼体做螺旋式向上窜动或侧身绕游。

2 d 仔鱼：全长 2.2～2.6 mm，口窝增大，消化道直管状。背部腰点出现，少数鱼体做较长距离向上窜游。

3 d 仔鱼：全长 2.5～2.8 mm，口及肛门均开启，口宽 215～250 μm，口高 60～75 μm；卵黄囊明显缩小，油球大为减少；消化道前端略膨大，为胃的雏形，后端略弯曲，上面出现雏形鳔。胸鳍褶和背鳍原基出现，尾鳍条开始形成；鱼体水平游动，动作迅速、活泼。

5 d 仔鱼：全长 3.2～3.5 mm，腹部黑色素明显增多，油球减少至 5～10 个，鳔充气，消化道弯曲。头部、躯干内部呈黄色。

**2. 稚鱼阶段(8～29 d)**

8 d 鱼苗：全长 4.5～4.9 mm，油球基本消失。颚齿初露，胃明显膨大，幽门盲囊原基出现；花瓣状膀胱出现，肠开始盘曲，肝开始分化。胸鳍、尾鳍条形成，进入仔鱼转稚鱼发育阶段。

15 d 稚鱼：全长 7.5～7.9 mm，颚齿数目增多，胃呈袋状，贲门、幽门开始形成；肛后有色素开始沉积。背鳍形成。

**3. 幼鱼阶段（30 d 以后）**

30 d 鱼苗全长 29.4～30.3 mm，颚齿全部形成，消化道基本发育完全。体部斑纹形成。此时鱼的外部形态、各内部器官的特征与成鱼基本相似，鱼苗进入幼鱼生长期。

## 七、仔稚幼鱼的生长特性

王立新和华元渝（1998）观察分析了 5～40 d 仔稚幼鱼的生长情况，用 Brody 生长方程 $L=ae^{kt}$ 来拟合，可以得到 $L=3.58e^{0.0519t}$。据上式计算各日龄全长理论值（表 1-2-4），经差异显著性 $t$ 检验（$n=35$），$t=2.139<t_{0.05}(35)$，即理论值与实际值无显著差异，表明生长方程能表达仔幼鱼的生长规律（图 1-2-2）。

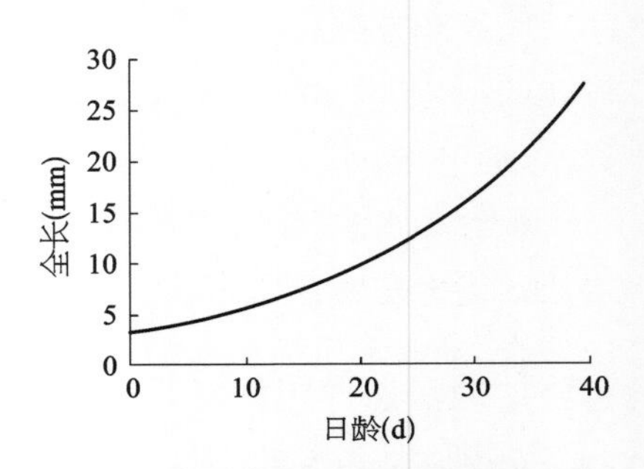


**图 1-2-2　暗纹东方鲀仔稚幼鱼的生长（王立新和华元渝，1998）**

表 1-2-4　暗纹东方鲀仔稚幼鱼各日龄全长实测值与理论值（部分）（王立新和华元渝，1998）

| 项　目 | 日　龄　(d) | | | | | | | |
|---|---|---|---|---|---|---|---|---|
| | 5 | 10 | 15 | 20 | 25 | 30 | 35 | 40 |
| 实测平均全长(mm) | 3.18 | 5.49 | 7.80 | 9.98 | 13.35 | 17.25 | 23.14 | 27.85 |
| 理论全长(mm) | 4.26 | 5.53 | 7.32 | 9.28 | 12.04 | 15.6 | 22.45 | 26.20 |

# 第三节　人 工 繁 殖

20 世纪 80 年代，上海市水产研究所率先开展暗纹东方鲀的人工繁殖技术研究，并于 1991 年首次获得成功，繁育鱼苗 6 万尾（朱传龙，1992）。随后经过多年的技术攻关，到 2000 年前，上海市水产研究所实现了暗纹东方鲀苗种规模化生产，年生产苗种在 100 万尾以上；2005—2006 年，上海市水产研究所的奉贤科研基地和青浦科研基地年生产暗纹东方鲀苗种约 1 000 万尾，约占全国暗纹东方鲀苗种生产量的 60%以上。

本节主要结合上海市水产研究所长期的技术积累和生产实践以及国内外公开的资料对暗纹东方鲀人工繁殖技术进行总结。

## 一、繁育场建设

### 1. 场地选择

暗纹东方鲀人工繁育场宜选择在淡水资源丰富、水质良好、无工业及城市排污影响的河边进行建设，如有条件也可以在河口地区选址。场地选择要求“三通”，即通水、通电、通路。

繁育场水源要求：暗纹东方鲀的人工繁殖、苗种培育在淡水和半咸水中进行，水质的优劣是繁育场建设的重要参考指标。通常，作为暗纹东方鲀繁育场的水质应符合《渔业水质标准》的规定。具体要求如下：溶解氧(DO)不低于5 mg/L；总氨氮(TAN)0.05 mg/L以下；亚硝酸盐氮($NO_2$ - N)0.01 mg/L以下；pH为7.0～8.2；水中重金属含量不超过《渔业水质标准》规定；水中杂质少，透明度较高，不含过多的浮游动植物。

### 2. 主要设施

(1) 供水系统

供水系统主要由蓄水池、水泵及管道组成。蓄水池按照水质净化处理的功能可细分为砂滤池、黑暗沉淀池和消毒池；蓄水池又分室外蓄水池和室内蓄水池，前者为池塘，主要用于初级沉淀、砂滤，后者通常为水泥结构，通过水泵和管道与繁育池连通，主要用于沉淀、消毒、曝气、预热等。水泵及管道主要包括闸口纳水泵房机组、引水渠道、蓄水池与繁育池的连接水泵、管道和阀门。

(2) 供电系统

供电系统主要由电源、配电房、输电线路组成。此外，需另配置1台柴油发电机组，其发电容量以保证繁育场的临时运行而定。

(3) 供热系统

供热系统由锅炉、管道和阀门组成，为室内蓄水池和繁育池调控水温。除锅炉外，也可以利用地热、工厂余热及空气能机组等作为供热系统。空气能机组一般按照每600 $m^2$ 育苗水面配套额定功率20 kW进行配置。管道应使用不含重金属及有害物质的不锈钢管或镀锌铁管。

(4) 供气系统

大型繁育场的供气系统由罗茨鼓风机(功率为7.5 kW)和供气管道组成，小型繁育场供气系统可由小型气泵(功率为 1.0～2.0 kW)和供气管道组成。供气系统主要给亲鱼培育池、苗种培育池、生物饵料培育池等送气增氧。此外,为防止使用中供气设备出现故障,应加配 1 台同型号供气设备应急。

## 二、亲鱼来源

亲鱼是苗种繁育的物质基础,获得一定数量的高质量亲鱼是繁育成功的先决条件。亲鱼来源主要为自然海区合法捕捞的野生亲鱼和养殖群体中筛选的亲鱼。

### 1. 自然海区合法捕捞的野生亲鱼

自然河流中捕捞亲鱼是早期开展人工繁殖技术研究的重要亲鱼来源。后期由于资源量锐减,捕捞一定数量亲鱼较难,制约了规模化人工繁殖的开展。2020 年农业农村部发布了《长江十年禁渔计划》,开始禁止在长江捕捞自然渔业资源。野生暗纹东方鲀现在只能从自然海区合法捕捞,再经过人工培育选出符合繁殖的亲鱼。

### 2. 养殖群体中筛选的亲鱼

**图 1-3-1　养殖的暗纹东方鲀亲鱼(上为雌鱼;下为雄鱼)**

随着暗纹东方鲀人工繁殖技术的突破和全人工繁殖技术的发展,养殖群体中筛选亲鱼是目前最重要的亲鱼来源。通常在养殖群体中选留蓄养 3 足龄及以上的成鱼,并挑选其中生长发育良好的个体作为亲鱼(图 1-3-1)。这种亲鱼已适应驯养条件,性情相对较温和,有利于开展人工繁殖相关操作,经强化培育后,可以用于人工繁殖。上海市水产研究所在前期采用野生亲鱼进行人工繁殖并获得成功的基础上,开展人工养殖技术研究,模拟其繁殖生态环境,经十余年的科技攻关,掌握了暗纹东方鲀全人工繁殖技术,储备了一定数量全人工培育的亲鱼。

## 三、亲鱼培育与选择

### 1. 后备亲鱼池塘培育

选择色彩纯正、体格健壮、无外伤的 2～3 足龄暗纹东方鲀成鱼作为后备亲鱼。每年 6—11 月后备亲鱼在外塘养殖,水深 1.5 m,放养密度为 4 500～6 000 尾/$hm^2$,盐度为 0～1。每日投饲 2 次,日投饲量为亲鱼体重的 1%～3%,饲料为含粗蛋白45%的鳗鱼粉状配合饲料，每次投喂后2 h要检查吃食情况，及时捞出残食，并据此调整下次的投饲量。每2周换水1次。

**2. 亲鱼选择**

在江浙地区，暗纹东方鲀后备亲鱼经过一年的池塘培育，到12月要转入亲鱼越冬培育阶段。应选择体格健壮、无外伤、肥满度较好、有性腺轮廓的后备亲鱼作为次年繁育用亲鱼，亲鱼的雌雄比为1∶1。

**3. 亲鱼运输**

挑选好的亲鱼需立即置于塑料桶或渔用运输袋内运回繁育场。运输途中要保证溶解氧充足(5 mg/L以上)。长途运输时要连续充气，且装运密度不宜太大，一般5～10 kg/$m^3$，也可适当添加一些麻醉剂或者镇静剂。短途运输时(运输时间小于0.5 h)可以不充气，一般20 L水体可以放3～5尾(0.15～0.25 kg/L)，运输桶上方需加盖黑色遮阴膜。亲鱼运输前一天停止投喂，气温高、气压低时适当降低运输密度。对亲鱼来说，不良环境的刺激会影响性腺发育，可能导致性腺退化或流产。

**4. 亲鱼越冬及强化培育**

暗纹东方鲀亲鱼越冬及强化培育常用池塘简易大棚和室内水泥池，前者主要适用于江浙及南方地区，后者主要适用于北方地区。

(1) 亲鱼池塘简易大棚越冬及强化培育

12月的江浙地区，当外塘水温下降到13℃时，将暗纹东方鲀亲鱼移入池塘简易大棚内进行越冬培育。越冬前，池塘必须清淤修整，然后用生石灰2 250 kg/$hm^2$干法清塘消毒，注水1周后才可放鱼，放养密度为7 500～9 000尾/$hm^2$，盐度为0～1。亲鱼进棚后，当水温在13℃以上时，每日投饲2次，当水温低于13℃时，每日投饲1次，饲料为含粗蛋白45%的鳗鱼粉状配合饲料，每次投喂2 h后要检查吃食情况，及时捞出残食，并据此调整下次的投饲量。当大棚内水温低于12℃时，不换水，12℃以上时，每次换水量不超过30%，15℃以上时，每次换水量视水质状况可以增加到50%以上。换水时，棚内外的水温差应小于5℃。在越冬期间，水温控制在10℃以上，盐度控制在5～8。

(2) 亲鱼室内水泥池越冬及强化培育

当外塘水温下降到13℃时，将暗纹东方鲀亲鱼移入室内进行越冬培育。放养密度为3～4尾/$m^3$，盐度为5～8，连续充气，散气石密度为0.3～0.4个/$m^2$。用双层遮阴膜遮光，光照强度控制在500 Lux以下，水温控制在12℃以上。每日投喂1次，隔日吸污1次，每隔20 d换水1次，每隔40 d翻池1次。

当年1月开始对亲鱼进行强化培育。每日投喂2次鳗鱼粉状配合饲料，每隔

10 d 换水 1 次，每隔 30 d 翻池 1 次。在水温 17～19℃强化培育时间为 70～80 d，其间其他管理同越冬培育。

**5. 催产亲鱼选择**

催产亲鱼应选择雌鱼腹部膨大、性腺轮廓明显且较柔软、泄殖孔略扩大、生殖突微红的；雄鱼应体格健壮、腹部有性腺轮廓、轻压下腹部有乳白色精液溢出且遇水不散的。一般催产亲鱼的雌雄比为 2∶3～3∶4。

## 四、催产

**1. 催产方法**

东方鲀属鱼类的催产催熟方法有背肌埋植激素、激素组合投喂、背肌注射激素和胸腔注射。这 4 种方法都可以获得成功，实际生产中可借鉴使用。目前，暗纹东方鲀常用的催产方法主要采用胸腔注射法：从左胸鳍基部向胸腔内与鱼体呈 45°入针，深度为 1～2 cm，不能太深，以免伤及内脏器官，一般注射液量为 1～2 mL/尾。

**2. 催产药物及剂量**

常用的催产药物包括鲤鱼脑垂体（PG）、绒毛膜促性腺激素（HCG）、促黄体素释放激素类似物（LHRH）等。单一或组合药物对暗纹东方鲀亲鱼催产均可获得良好效果。

（1）左孝平和张西斌（2004）采用的催产药物组合及剂量：（PG 6 mg＋LHRH－A 60 μg＋HCG 400 IU）/kg，分 2 次注射效果较好，注射间隔时间为 24～48 h。

（2）陈亚芬等（1999）采用的催产药物组合及剂量：（LHRH－$A_2$ 90 μg＋PG 6 mg）/kg，雄鱼剂量减半；1 针注射。

（3）王强云（2002）采用的催产药物组合及剂量：第 1 针——雌鱼 LHRH－$A_2$ 2～10 μg/kg，雄鱼不注射；第 2 针——雌鱼（LHRH－$A_2$ 10～40 μg＋PG 1～2 mg）/kg，雄鱼为雌鱼剂量的 1/3～1/2。两针间隔 9～10 h。

（4）上海市水产研究所经过多年积累的科研生产经验：历年使用 LHRH－$A_2$ 对暗纹东方鲀催产均获得良好效果。在实际生产中，若单一药物能获得良好的催产效果，则尽量使用单一药物。这样既节约成本，又避免了可能造成的药物配比失误。

具体操作方法：将 LHRH－$A_2$ 溶解于 0.9%生理盐水，现配现用。催产剂量：第 1 针雌鱼 2 μg/kg，雄鱼减半；间隔 48 h 后注射第 2 针，雌鱼 20～30 μg/kg，雄鱼减半。

**3. 催产时间**

江浙地区一般选择 4 月中下旬至 5 月上旬进行催产。此时段亲鱼发育成熟度最佳,最适宜催产。药物催产时间一般选择在 18:00～19:00 进行。

**4. 催产条件**

催产水温 21～22℃,盐度 1 以下,光照强度 500～800 Lux。亲鱼暂养设施为水泥池和网箱。水泥池面积 16～25 $m^2$,体积 20～30 $m^3$,水泥池上覆盖塑料保温膜;网箱规格约为 2.0 m×1.5 m×0.4 m。将网箱置于水泥池中,网箱内放置 2 个散气石,连续充气。亲鱼放入网箱中暂养,雌雄亲鱼分放于不同网箱中,密度约 30 尾/网箱,同一水泥池内放置 1 个空网箱,用于产卵检查和周转亲鱼用。

**5. 催产中存在的主要问题及预防措施**

催产过程中,主要存在以下问题:① 选择的催产亲鱼卵巢发育同步性差导致催产效果不理想;② 注射催产激素时,下针深度和角度不正确,导致针头扎入心脏或血管而出血甚至死亡。针对以上两个问题,主要的预防措施为:在选择催产亲鱼时,通过手感触摸亲鱼卵巢,选择卵巢充盈和柔软度相近的亲鱼进行统一批次催产。通常需要多年的经验积累才能获得对亲鱼卵巢较为精准的触感和判断。在注射催产激素时,首先用湿毛巾遮盖亲鱼的头部,减少应激,待亲鱼平静、不再挣扎后下针,避免在亲鱼剧烈运动时下针而造成机械损伤;其次,下针深度如无法准确把握,可在下针时用手指顶住针身插入体内深度的位置。

## 五、人工授精

**1. 亲鱼产前检查**

(1) 产前检查操作方法

催产后,临近效应期时每隔 1～2 h 检查亲鱼 1 次。主要检查雌鱼,检查时用捞网逐尾捞出雌鱼放入铺有湿毛巾的盆内,用湿毛巾包裹鱼体,一手持鱼,另一手自头部向尾部缓缓推挤腹部,若成熟卵能顺利流淌出来则进行人工授精。

(2) 临产亲鱼特征

临产雌鱼,腹部特别柔软、泄殖孔松开,挤压下腹部能看到游离卵粒形成的卵滴内塞于泄殖孔;临产雄鱼,轻轻挤压下腹部,泄殖孔有精液溢出,精液遇水散开。

(3) 产前检查操作注意事项

产前检查要注意操作手法,捞取待产雌鱼时动作要轻缓,避免惊扰网箱内其他雌鱼;检查是否产卵时要及时用湿毛巾包裹鱼体,特别是遮住雌鱼双眼,避免雌鱼见光应激强烈造成成熟卵子流出;挤压雌鱼腹部时手法要轻盈,避免造成雌鱼机械性损伤。检查后的待产雌鱼仍放回网箱中暂养。

**2. 采卵、采精方法**

暗纹东方鲀产卵方式与菊黄东方鲀(施永海和张根玉,2016)、红鳍东方鲀(孙中之,2002)、双斑东方鲀(蔡志全等,2003)类似,在人工环境条件下自行产卵亲鱼少,绝大多数亲鱼必须采用人工采卵、采精方式。暗纹东方鲀为一次性产卵型鱼类,卵子发育同步,人工采卵必须一次挤完。采卵时用半湿的毛巾吸干亲鱼体表的水分,特别是泄殖孔附近的体表水分,并用半湿毛巾包裹亲鱼,防止滑落,一手置于亲鱼腹部,用手掌和手腕托住鱼体,再用该手手指和虎口挤压亲鱼的下腹部,成熟卵即会顺利流淌出来;另一手捏住亲鱼的尾柄,以防亲鱼挣扎。雌鱼有时会出现鼓气现象而影响挤卵,可手持亲鱼或把亲鱼倒放于湿毛巾上,轻拍其身体两侧,待气消后继续推挤。采精方法与采卵大致相同,也是先吸干鱼体表面水分,特别是泄殖孔附近的体表水分,挤压雄鱼的下腹部,泄殖孔处白色精液就会流出来。

**3. 授精操作**

采用半干法进行人工授精操作,整个授精过程避免阳光直射。具体做法:当检查发现雌鱼临产时,先将雌鱼用湿毛巾包裹,以降低雌鱼应激反应,避免因应激甩动而致卵子流出,随即准备白瓷盆,用 0.9%的生理盐水润洗 2 次后,倒入 100～150 mL 0.9%的生理盐水,然后挑选成熟度好的雄鱼,先采部分精液至白瓷盆中,用纯羊毛制成的毛刷搅拌均匀,而后采卵至白瓷盆中,用毛刷不停搅拌,待卵采空后再采精液至白瓷盆中,充分搅拌均匀,若卵子较多可适量添加 0.9%生理盐水,利于精卵混合和搅拌均匀。为保证精液质量、提高受精率,可选择 2～3 尾雄鱼提供精液。精卵充分混合后,再向白瓷盆中缓慢注入人工授精与催产同温同盐的淡水(水温 21～22℃、盐度 0～1),并用毛刷不停搅拌,激活精卵受精,完成人工授精。人工授精操作一般需要 3 人配合完成,采卵、采精、搅拌动作应轻柔同步。

**4. 洗卵**

在人工授精完成后进行洗卵,即将白瓷盆中多余的精子冲洗干净。具体方法:将白瓷盆静置 30～60 s,待受精卵沉于盆底部后,将白瓷盆中的水缓慢倒出,随后缓慢加干净水,并用毛刷顺时针搅拌,使受精卵集中于盆底,再将盆中水缓慢倒出。重复数次至水清为止。

**5. 受精卵脱黏**

暗纹东方鲀受精卵为黏性卵。目前,黏性卵的传统孵化方式有 2 种:一种是利用其黏性,将受精卵泼洒到水泥池池壁或者各种孵化板,让其黏附在孵化板上进行孵化;另一种是去除其黏性,大多采用泥浆水或者滑石粉溶液对受精卵脱黏,这些脱黏技术大多适用于黏性较强的受精卵。

上海市水产研究所根据多年生产经验积累，发明了一种暗纹东方鲀受精卵的脱黏技术。该项技术适合卵膜较厚、黏性较弱的暗纹东方鲀受精卵的脱黏。适用于苗种规模化生产。

具体操作方法：暗纹东方鲀鱼卵受精后，洗去多余的精液，在未产生黏性前均匀泼洒于脱黏缸。脱黏缸采用锥形底、内侧面光滑的圆水缸（一般脱黏缸容量为200 L），缸内盛满与亲鱼催产暂养用水同温同盐的清洁水（水温21～22℃、盐度0～1），设置1个散气石，充气呈沸腾状。脱黏缸中泼洒鱼卵的密度为500～1 000粒/L（一般每个缸泼洒15万～20万粒卵）。泼卵0.5 h后，待受精卵吸水膨大、卵膜变硬后，进行第1次刮刷。用纯羊毛制成的毛刷顺势刮刷脱黏缸的缸壁和锥形底，动作轻柔，以免弄破受精卵，把黏在脱黏缸上的受精卵尽量刮下。以后每隔1 h刮刷1次，一般再刮2～3次后，90%的受精卵不会再黏附在脱黏缸上，在水体中随充气翻滚；布卵6～10 h后，用60目筛绢换水1次；布卵18～24 h后，进行最后一次刮刷，把仍黏在脱黏缸上的受精卵全部刮下，然后停气，鱼卵沉底，用虹吸方法把脱黏受精卵吸出，移入受精卵孵化池。

**6. 产后亲鱼的培育**

在实际的人工繁育生产中，技术人员往往更注重亲鱼产前强化培育、催产授精及苗种培育的操作过程，对产后亲鱼培育较为忽视，导致亲鱼产后恢复慢、成活率低下。同时，也容易造成产后亲鱼在后期度夏期间体质瘦弱、抗高温能力低。因此，对暗纹东方鲀亲鱼进行产后强化培育，加快亲鱼恢复，提高亲鱼产后成活率是暗纹东方鲀人工繁殖的关键技术。

产后亲鱼培育的技术方案主要包括授精操作、人工放气、半咸水暂养、小水体暂养、水泥池暂养和产后强化培育6个生产步骤。该技术方案极大地提高了暗纹东方鲀在繁育期间及产后的成活率（80%～95%），相对于原来的成活率有明显的提高；同时，间接提高了亲鱼度夏期间体质和抗高温能力，进而最终提高了亲鱼次年的重复使用率，从而降低了苗种繁育的生产成本，提高了苗种繁育生产的效益，适合在规模化繁育生产中应用。

（1）授精操作

亲鱼人工采卵、采精操作要轻柔，特别是雌鱼一定要等到效应期、泄殖孔打开才能进行人工采卵，否则容易使亲鱼脏器受伤。

（2）人工放气

在人工授精操作过程中，亲鱼往往因为操作而应激吞气，这样鱼体内有大量的气体，如果直接放入养殖池中，亲鱼因为在人工授精过程中体力消耗较大而不能自主吐气，最终导致死亡。这时轻轻拍打亲鱼腹部，亲鱼会慢慢吐气，将体内大部分的气体排出，然后放入小水体暂养。

（3）半咸水暂养

刚刚产完的雌鱼和雄鱼的产道、内脏、排泄口、体表等都有不同程度的擦伤和挤伤，如果直接放入淡水中，鱼体容易感染霉菌和一些细菌性疾病，为此可将暂养水体的盐度升高至5～8。

（4）小水体暂养

亲鱼体内大部分气体排出后，鱼体因人工操作有轻度昏迷，而且体内还有少量剩余气体，这样的亲鱼不能直接放入大水泥池里，需要将亲鱼在小水体中暂养，让其减少体力消耗，积累体力、慢慢苏醒，同时将鱼体内气体彻底排尽。小水体暂养采用小网箱或者大脚盆，加大充气量使水体呈沸腾状。一般暂养1～3 h，亲鱼苏醒、恢复体力而且彻底排空体内气体后就可以放入水泥池暂养。

（5）水泥池暂养

暂养池为20～30 $m^3$ 水泥池，放养密度为3～6尾/$m^3$，连续充气，加大充气量呈沸腾状，水温保持20～22℃，每天吸底2次，清除亲鱼排出的坏卵等，不投饲。为了防止亲鱼伤口感染，使用1～2 mg/L的土霉素全池泼洒1次。经过2～3 d暂养，亲鱼已经排空体内剩余的卵和精液，恢复体力，然后彻底翻池移入强化培育池。

（6）产后强化培育

产后强化培育池条件和放养密度同暂养池，减小充气量呈微波状，水温保持19～21℃，每日投喂2次新鲜鱼肉、蛏子肉、螺蛳肉等，如新鲜饵料不足，可以用鳗鱼粉状配合饲料补充。视摄食量定下次的投喂量。每日吸底1次，及时清除死亡的亲鱼。产后培育时间为7～10 d。

## 六、受精卵孵化

### 1. 孵化条件

常见的暗纹东方鲀受精卵孵化容器为锥形底水泥池（图1-3-2）。经上海市水产研究所奉贤科研基地长期生产实践，暗纹东方鲀受精卵的孵化效果较好。一般锥形底水泥孵化池上口规格为1.25 m，锥底深0.4 m，孵化池容积0.6 $m^3$，实用水体0.5 $m^3$。为保持受精卵孵化时的水温和光照条件，专门建设受精卵孵化车间。车间主体为水泥结构，车间内每个孵化池设单独加温管道、进水管道和排水管道。车间上方为弓形镀锌管架，覆盖尼龙保温膜及双层遮阴膜。

图 1-3-2　受精卵孵化池

**2. 孵化管理**

目前，暗纹东方鲀受精卵主要采用静水充气孵化，充气时池水呈沸腾状，使卵上下翻滚，不黏连、沉底。孵化水温 21～22℃、盐度 0～1，孵化期间保持恒定；受精卵的密度控制在 15 万～20 万粒/$m^3$；光照强度以 800～1 000 Lux 为宜。白天双层遮阴膜遮光，晚上开灯补光。每天换水 1 次，每次换水 80%，换水使用 60 目带浮球换水框与换水管。操作时，先移出散气石，将换水框置于孵化池中，换水框悬浮在水面，将散气石置于换水框内，然后将换水管放入换水框中，利用虹吸作用抽水。抽水时保持换水管在换水框中央的上层水面，避免贴近换水框边，以免抽水时将受精卵吸附于换水框上，加水时进水口用 130 目筛绢网过滤。

**3. 孵化管理注意事项**

暗纹东方鲀成熟的未受精卵也能产生卵裂现象，表现形式与受精卵相似，但在发育到一定阶段陆续死亡。在淡水环境下，大多数未受精卵在受精卵发育到出膜前期（受精后 95 h）才开始破碎，在集中破碎时水体中会出现大量的污染物，这给接下来的胚胎顺利出膜造成不良的环境影响。建议在孵化后期加大换水量，以保持水质清新。

**4. 孵化计数**

一般受精卵受精后 60 h 左右肉眼已能看到胚胎的眼点，此时统计受精卵数，并计算受精率;再经过 35 h 左右开始破膜,此后再经过 24 h 左右 98%以上发育正常的胚胎已破膜,此时统计初孵仔鱼数,并计算孵化率。

## 典 型 案 例

上海市水产研究所奉贤科研基地连续 30 年开展暗纹东方鲀的苗种繁育,每年 4 月底至 5 月初,将外塘挑选的暗纹东方鲀亲鱼移入室内水泥池的网箱中暂养,雌雄分开。一般于挑选亲鱼的当晚使用 LHRH 激素对暗纹东方鲀进行第 1 针催产,第 3 d 晚上进行第 2 针催产,每次雄性的催产剂量为雌性的一半。产卵高峰期为第 5 d。受精卵经过约 100 h 孵化后转入培育池中,投喂适口的蛋黄、轮虫和裸腹溞,经过 15～20 d 培育,当全长达到 1 cm 左右时就可以出苗。2019 年催产雌鱼 40 组,催产率 85%,获得受精卵 266 万粒,出苗 137.7 万尾;2020 年催产两批雌鱼共 57 组,催产率 75%,获得受精卵 241 万粒,出苗 169.1 万尾。

## 七、影响胚胎发育的主要环境因子

水温、盐度、光周期和 pH 等是影响鱼类胚胎发育的主要环境因子。为了确定暗纹东方鲀胚胎发育所需的最佳环境条件,Wang 等(2015)、杨州等(2004)和 Yang 和 Yang(2004)开展了相关方面的研究。

### 1. 水温和 pH

水温是影响鱼类胚胎发育的重要生态因子之一,特别是快速生长的胚胎发育和仔稚鱼发育阶段。水体的 pH 在鱼类的发育、生存和代谢过程中也起了重要作用。为了研究水温和 pH 对暗纹东方鲀胚胎发育的影响,进一步优化暗纹东方鲀人工育苗条件,Wang 等(2015)开展了水温和 pH 对暗纹东方鲀胚胎发育的影响研究,得出胚胎在水温 22～24℃、pH 为 7 时,孵化效果较好。

Wang 等(2015)设计了水温和 pH 的双因子交叉试验,水温有 19℃、22℃、25℃、28℃共 4 个水平,pH 有 5、7、8、9 共 4 个水平,共 16 个处理组合,每个组合重复 3 次。每个孵化单元为装有 100 mL 相应试验用水的培养皿,水体 pH 用超纯 HCl 或者 NaOH 调节。每个培养皿放有 100 粒发育至囊胚中期的胚胎,将培养皿放置在设定水温的恒温箱中。受精卵在光照强度 2 000 Lux、光周期 12L∶12D、溶解氧大于 5.3 mg/L 条件下进行孵化培育。

(1) 胚胎发育速度

随着孵化温度的升高,胚胎发育的速度加快(图 1－3－3)。在 pH＝7 时,50%

胚胎在19℃、22℃、25℃和28℃下孵化完成的时间分别为250 h、169 h、118 h和91 h。在每组水温中，pH=5时，50%孵化时间显著长于pH=8时($P<0.05$)。此时，水温与pH之间存在显著的相互作用。

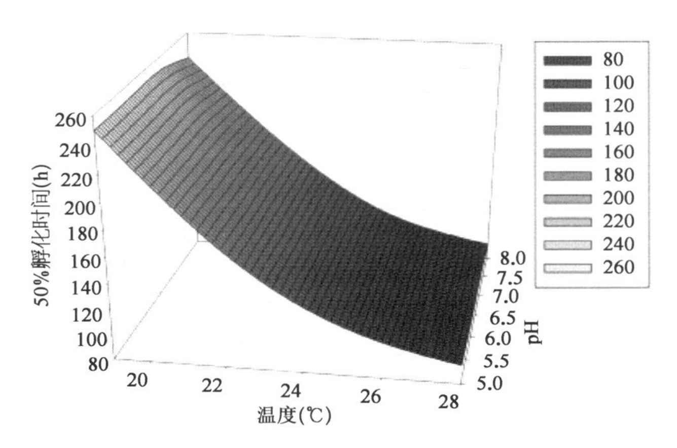


图1-3-3　在不同水温和pH组合下暗纹东方鲀50%孵化时间(Wang等,2015)

(2) 总孵化率

19℃和22℃组的总孵化率显著高于28℃($P<0.01$)，水温对总孵化率有显著影响。水温和pH之间没有显著的相互作用。在水温28℃时，pH=5的总孵化率(86.7%)显著低于pH=8的总孵化率(93.3%)($P<0.05$)。水温20~25℃、pH为6.5~8.0时，受精卵的总孵化率超过94%(图1-3-4)。

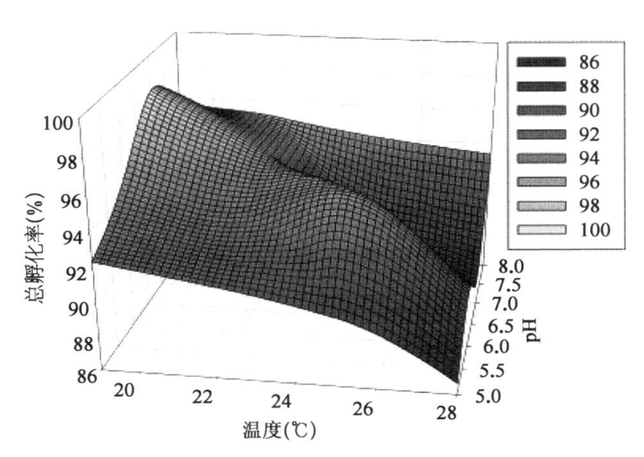


图1-3-4　不同水温和pH组合下暗纹东方鲀胚胎总孵化率(Wang等,2015)

(3) 孵化后 24 h 仔鱼的存活率

19℃条件下孵化后 24 h 仔鱼存活率显著低于其他水温组($P<0.001$)。pH=5 时显著低于其他 pH 水平($P<0.001$),pH 在 6、7、8 间差异不显著($P>0.05$)。水温和 pH 对孵化后 24 h 的仔鱼存活率有显著影响。水温与 pH 之间没有显著的相互作用。在 22~25℃、pH=7 时,初孵仔鱼存活率最高(图 1-3-5)。

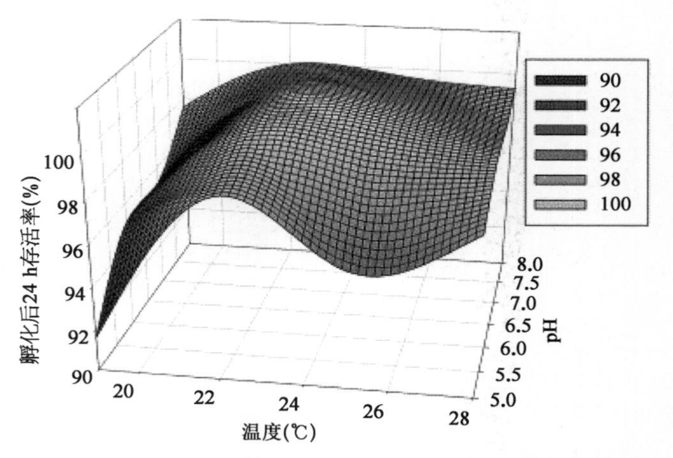


图 1-3-5　不同水温和 pH 组合下孵化后 24 h 仔鱼存活率(Wang 等,2015)

### 2. 盐度

暗纹东方鲀作为一种江海洄游性鱼类,在繁殖季节需经历盐度的急剧变化,具有很强的渗透压调节能力。为了解盐度对其胚胎发育的影响,探明洄游产卵的机制,杨州等(2004)进行了不同盐度梯度下暗纹东方鲀胚胎发育试验,得出胚胎在盐度 0~8 时孵化效果较好。

试验共设 9 个盐度梯度,分别为 0(对照组)、4、8、12、16、20、24、28、32,每个盐度设 2 个平行组,每个培养皿放入正常受精卵 50 粒。试验期间,水温变化范围为 17~22℃,pH 7.0 左右,溶解氧大于 4 mg/L,自然光照。

(1) 总孵化率和孵化时长

0 和 4 盐度组的平均孵化率均为 95.0%,8 盐度组平均孵化率为 91.0%;0~8 盐度组孵化率明显高于 12~32 盐度组,其中除了 24 和 32 盐度组没有个体孵化出膜外,其他高盐度组的孵化率均较低,只有 2%~4%(图 1-3-6)。

盐度在 0~8 范围内,4 和 8 盐度组的平均 50%孵化时间都比淡水中的平均 50%孵化时间延长 10 h 左右(图 1-3-7)。

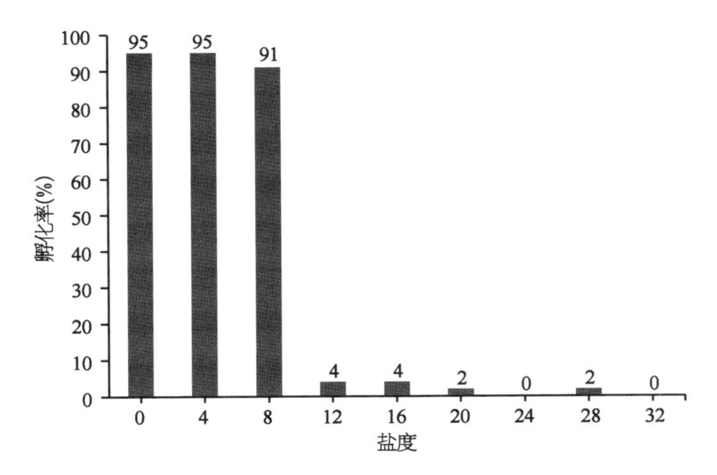


图 1-3-6　不同盐度下受精卵总孵化率(杨州等,2004)

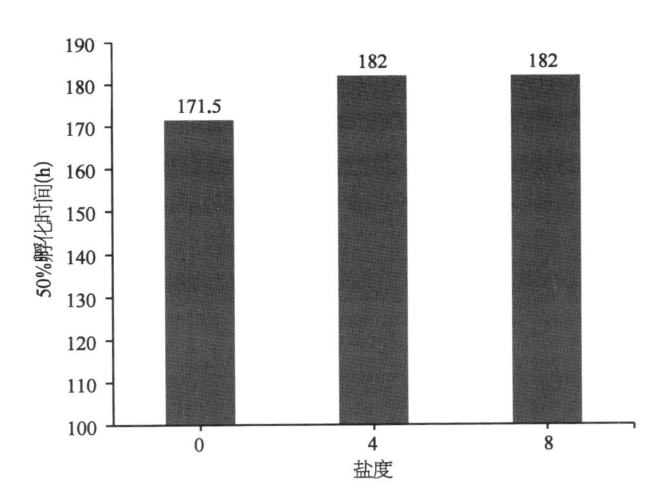


图 1-3-7　盐度 0～8 对暗纹东方鲀胚胎发育历期的影响(杨州等,2004)

(2) 孵化 24 h 后仔鱼的存活率

0、4 和 8 盐度组受精卵孵化后 24 h 存活率分别为 98.0%±1.82%、96.7%±2.55%和 97.3%±3.05%。高盐度组(12～32)孵化后 24 h 仔鱼的存活率显著低于低盐度组(0～8)。在盐度为 12 和 16 的环境中,第 4 d 前仔鱼存活率仍然很高,但在第 5 d 后仔鱼存活率急剧下降;在盐度高于 20 时,存活率下降得比低盐度时快;在 32 的盐度下,第 4 d 全部死亡(图 1-3-8)。在 12 以上盐度下,胚胎虽然存活了几天,但大多数停止发育或发育缓慢,最终死亡。

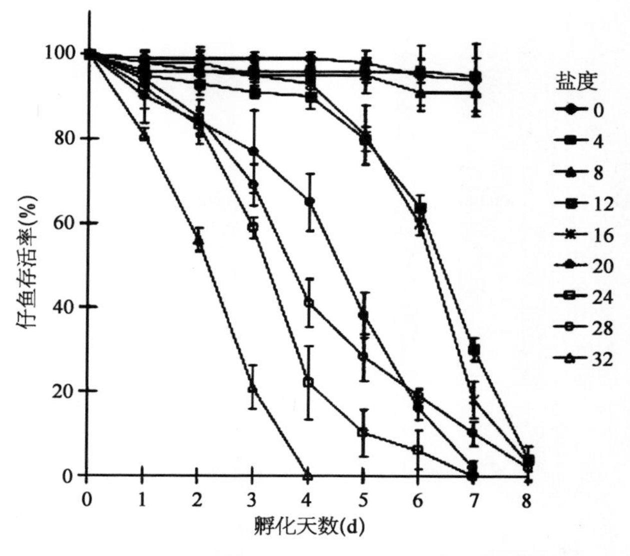


**图 1－3－8　盐度对暗纹东方鲀受精卵孵化率的影响(杨州等,2004)**

### 3. 光周期

为了确定暗纹东方鲀受精卵孵化的最佳光周期，Yang 和 Yang(2004)开展了光周期对暗纹东方鲀胚胎发育的影响研究，发现不同光周期处理间的总孵化率和孵化 24 h 仔鱼存活率都无显著性差异，受精卵孵化速率随光周期的增加而显著缩短。

试验设置(24L∶0D、12L∶12D、0L∶24D)3 个光周期处理和 1 个自然光周期(11.8L∶12.2D)处理，每个处理有 3 个重复，共 12 个孵化单元。孵化单元是装有 50 mL 孵化水的烧杯，每个烧杯放置 50 粒发育至囊胚中期的受精卵，每天更换烧杯中 50％的孵化水。白色荧光灯泡(30 W)照亮烧杯的表面。试验在 pH 为 7.0～7.5、溶解氧为 4.0～5.5 mg/L、水温为 19～21℃、光照强度约为 1 000 Lux 条件下进行。

各光周期处理间的孵化率均达到 90％以上，各处理组间无显著性差异($P>0.05$)(图 1－3－9)。初孵仔鱼存活率各处理间差异不显著($P>0.05$)(图 1－3－10)。24L∶0D、12L∶12D、0L∶24D 和自然光周期的总死亡率分别为 5.0％、7.3％、9.3％和 8.0％。随着光周期的延长，孵化时间逐渐缩短，0L∶24D 组孵化时间最长为 183.3 h(图 1－3－11)。24L∶0D 的胚胎孵化时间显著少于其他 3 个处理组($P<0.05$)，且后 3 个处理组之间差异不显著($P>0.05$)。

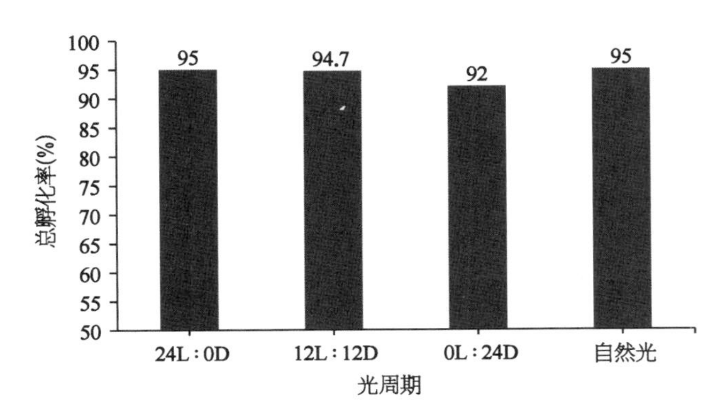


图 1－3－9　不同光周期下受精卵平均总孵化率
(Yang 和 Yang,2004)

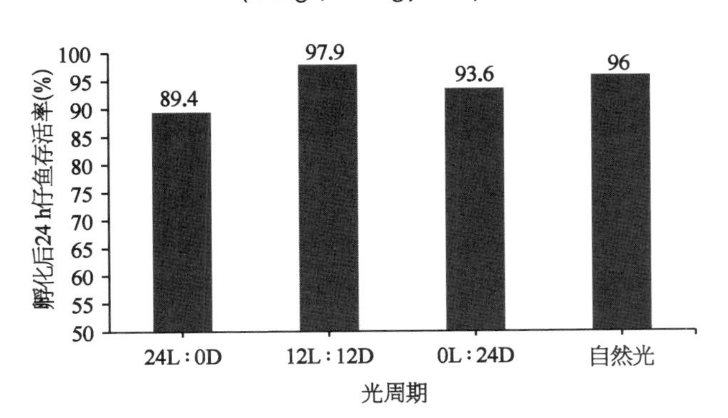


图 1－3－10　不同光周期下孵化后 24 h 仔鱼存活率
(Yang 和 Yang,2004)

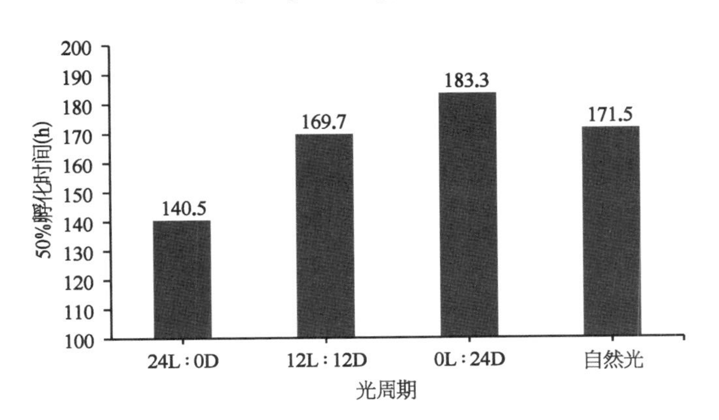


图 1－3－11　不同光周期下 50%孵化时间
(Yang 和 Yang,2004)

# 第四节 苗种培育

根据暗纹东方鲀仔稚幼鱼生活习性和食性变化情况，可将其培育分成两个阶段：鱼苗孵化后到全长 1.0～1.5 cm 为仔稚鱼培育阶段，该阶段主要为室内水泥池集约化培育；鱼苗全长 1.0～1.5 cm 到鱼苗全长 3.0～3.5 cm 为幼鱼（夏花鱼种）培育阶段，该阶段培育方法主要为土池培育。

本节内容主要结合上海市水产研究所长期的技术积累和生产实践以及国内外公开的文献资料对暗纹东方鲀苗种培育技术进行总结。

## 一、室内水泥池仔稚鱼培育

### 1. 培育条件

暗纹东方鲀仔稚鱼室内水泥池集约化培育的育苗池（图 1-4-1）面积一般为 20～30 $m^2$，长宽比约为 2∶1，池深 1.3 m，水位 1.2 m。放苗前，育苗池用 50 mg/L 漂白精溶液消毒，清洗后干燥 24 h 再使用。放苗时散气石的密度为 1.5 个/$m^2$，到

图 1-4-1 育苗池

后期密度减少到 1 个/$m^2$。

### 2. 放苗

放苗时水温为 21.5℃±0.5℃，水深 0.4 m，盐度 0～1，放苗密度一般控制在 10 000 尾/$m^2$。

### 3. 饵料系列及投喂方法

仔鱼孵化 60～72 h 后，卵黄囊逐渐消失。当鱼苗水平游动时，鱼苗逐渐开始摄食，此时要及时投喂适口的饵料。上海市水产研究所在暗纹东方鲀苗种培育阶段经过 30 年的科研生产经验积累，形成了一种适合暗纹东方鲀育苗各阶段的可控饵料系列（商业化饵料）及投喂方法（施永海和张根玉，2016），具体操作如下。

2～10 d：开口阶段的饵料为蛋黄。用 100 目筛绢过筛，全池均匀泼洒投喂，每次 10 $m^3$ 水体 1 个蛋黄，每天 6 次，时间分别为 5:00、8:00、11:00、14:00、17:00、20:00。

7～10 d：饵料用刚孵化的卤虫幼体。用 20 万粒/g 以上的卤虫卵孵化，孵化水温为 27～28℃，孵化 18 h，当卤虫幼体刚出膜即投喂给鱼苗。投喂密度 2～3 个/mL，每天投喂 2 次，分别为 9:00、15:00。

11～19 d：饵料用卤虫幼体。投喂密度 3～5 个/mL，每天投喂 2 次，分别为 9:00、15:00。此阶段为分苗阶段，应降低鱼苗的培育密度。

14～19 d：饵料用冰冻桡足类。冰冻桡足类常温下融化后用 30 目筛绢过筛，全池均匀泼洒投喂，投喂密度为 4～6 个/mL，每天投喂 6 次，投喂时间同蛋黄投喂时间。

20～25 d：饵料用冰冻桡足类。20 目筛绢过筛，全池均匀泼洒投喂，投喂密度为 4～6 个/mL，每天投喂 6 次，投喂时间同蛋黄投喂时间。

25～35 d：饵料用冰冻大卤虫。先在常温下融化，用开水烫（进行消毒）后投喂在饲料台上，饲料台规格 0.5 m×0.5 m，20 目筛绢网制作。饲料台挂置于水面以下 0.5～0.8 m 处，每天投喂 3 次，分别为 9:00、15:00、19:00。

30～35 d：引食配合饲料。鳗鱼粉状配合饲料加水揉成面团，每个饲料台放置 4～6 块，每天投喂 2 次，时间分别为 9:00、15:00。

可控饵料系列有以下优点：① 解决了暗纹东方鲀苗种培育期间适口饵料时间匹配难的问题；② 可控饵料不需要大量的池塘，解决了育苗配套塘难的问题，为暗纹东方鲀规模化苗种培育提供了适口饵料的技术支持；③ 解决了大规格鱼苗的适口饵料问题，降低了鱼苗互残概率，提高了苗种培育成活率。

#### 4. 水质调控

(1) 水温控制

放苗时水温为 21.5℃±0.55℃，以后每隔 24 h 升温 1.0℃，直至水温升至 24.5℃±0.55℃。

(2) 盐度控制

放苗前，育苗池进 40 cm 深的淡水，有条件的地方可以适当升高盐度。第 2 天开始分 3 次逐步加入盐度为 4～6 的半咸水，直至加满。第 4 天开始换水，以后每天换水 2/3。前期鱼苗用水盐度为 4～6，待鱼苗可以主动摄食淡水枝角类时开始逐步淡化至全淡水。

#### 5. 日常管理

日常管理主要包括清底、换水、分池等。

(1) 清底

清污工具主要包括吸污软管、吸污硬质透明管、吸污鸭嘴、吸污框、大脚盆。吸污鸭嘴、吸污硬质透明管、吸污软管三部分依次相连，确保不漏气。吸污鸭嘴可以紧贴池底以增加池底吸污的有效面积，吸污硬质透明管主要用于观察吸污情况，吸污软管主要将吸污水导入大脚盆中的吸污框内。根据苗种规格，吸污框网目依次使用 60 目、40 目、30 目、20 目。放苗后第 4 天开始吸污清底，以后每天吸污 1 次。吸污时，将散气石移出育苗池，吸污鸭嘴紧贴池底，小心轻移吸污管，通过虹吸作用将池底污水吸入吸污框。吸出的污物带水捞于盆内，分离出鱼苗放回苗池。

(2) 换水

换水操作可以分为排水和进水两个环节。排水工具包括换水框和虹吸管。加水通过进水管道系统，经蓄水池由水泵抽提至育苗池。排水时，将换水框置于育苗池内，换水框可由钢筋或者不锈钢筋支撑，换水框根据苗种规格分别使用 60 目、40 目、30 目、20 目筛绢网，通过虹吸管利用虹吸作用将育苗池水排出。抽水时在换水框内放置 1～2 个散气石，充气呈沸腾状，避免鱼苗因吸力过大吸附在换水框的筛绢网上而造成机械损伤。加水时，注意保持加入新水与原池的水温差小于 0.5℃，盐度差小于 2。在加水前，应先充分排出进水管道内的遗留水，进水口套 130 目筛绢网过滤。

(3) 分池

苗种培育期间，一般分池 2 次，每次使鱼苗密度降低一半，时间分别为放苗第 10 天和第 18 天左右。首次分池使用 60 目筛绢网进行满池水拉网操作，操作时从育苗池中间向起网的池边移出散气石，从育苗池中间下网，将收集的鱼苗使用脸盆或小水桶带水移入与原池同温同盐的新池中。分池在当天原池完成吸污清底和换水后进行较为适宜。第2次分池时鱼苗全长约1 cm，此时可用20目筛绢网进行分池，分池可抽水后操作。

### 6. 乌仔的出苗计数

目前，鱼苗的传统计数方式有3种。第1种，直接人工数苗。此法只适用于少量鱼苗的计数，对于大批量的鱼苗计数来说是十分烦琐的，而且几乎很难实现。第2种，把鱼苗高密度集中到一个容器中，用单位体积水体中（如1 L）的鱼苗数来计算整个容器内的鱼苗数。由于东方鲀鱼苗活动能力强、集群性强，整个容器中往往有些地方鱼苗很集中，有些地方相对较少，通过单位体积来计数会造成计数准确度下降。第3种，采用“打杯”的方法。就是把鱼苗集入筛绢网兜中，然后用小型密网漏斗来捞，记录漏斗数，然后乘以各抽样漏斗（2～3次）的平均数就是总的鱼苗数量。

为解决暗纹东方鲀乌仔鱼苗由于“鼓气”造成计数误差大的问题，上海市水产研究所在上述第三种方法的基础上研发了一种适合特殊应激反应（鼓气）的暗纹东方鲍乌仔鱼苗出池计数的方法。此法操作简便、方法实用、适合苗种规模化生产，而且误差可控制在8%以内。

具体操作方法：暗纹东方鲀乌仔鱼苗计数前2 d进行拉网锻炼。拉网锻炼用30目柔软的筛绢网作为拉网工具，拉网时缓慢拉网到池顶头后，将筛绢网两侧慢慢收拢形成网围，将鱼苗集中于网围内，让鱼苗在较小的活动空间内适应5～10 min，然后网围放开一口，让鱼苗自由游出网围，这样连续锻炼2～3次，使鱼苗适应拉网操作。鱼苗计数前，停食4～5 h，让其胃肠的饵料尽量排空，然后用拉网方式将鱼苗集中到20目的网围内，用水瓢或水盆将鱼苗舀入同温同盐干净水的20目网箱中，整个操作过程鱼苗不离水。待鱼苗在网箱中把饵料全部吐出，时间为30～60 min，再进行翻箱清理，即将网箱一边抬高，并对网箱轻轻拨水，使鱼苗顶水逆流集群到网箱抬高的一边，这时用网目为60～80目的柔软筛绢的捞网将鱼苗放入另一个的干净网箱中，让垃圾、杂物沉淀在原来网箱中，以减少混在鱼群中的杂物。鱼苗在新网箱中再适应30～40 min，然后用网目为60～80目的柔软筛绢的捞网从网箱底部往上垂直捞取鱼苗。每次捞网中的鱼苗平均规格与网箱中的相似。将盛有鱼苗的捞网半置于水中，以免鱼苗离水鼓气。若发现捞网中的鱼苗有鼓气现象，必须马上放回网箱中。一般鱼苗置于捞网中的时间为1～2 min。用样杯（即小型密网漏斗）在捞网中捞鱼苗并在鱼苗鼓气前放入目标容器中。每次样杯捞取的时间尽量短且相等，一般为 2～3 s。记录样杯捞鱼苗的次数，抽取捞鱼苗过程中的前、中、后 3～5 次样杯内的鱼苗进行人工数苗（每样杯内数量相差小于 5%），取平均值，然后乘以捞取样杯数就是总的鱼苗数量。

## 二、露天池塘夏花鱼种培育

暗纹东方鲀仔稚鱼室内培育 20 d 左右，即当暗纹东方鲀乌仔鱼苗全长超过 1 cm 时，就可以转移至室外池塘进行夏花鱼种的培育。近些年，上海市水产研究所在奉贤科研基地开展了暗纹东方鲀露天池塘夏花鱼种培育的生产和研究试验，取得了较好的效果（王建军等，2017）。

### 1. 池塘条件

试验池塘为露天土池，面积 0.3～0.6 $hm^2$，水深 1.5～1.8 m；水源充足，无污染，进、排水设施齐全，配备 2 台 1.5 kW 叶轮式增氧机。池塘干塘后用水泵抽干积水，使整个塘底保持干燥，并清除塘底的淤泥，让其曝晒。当年 3 月底至 4 月初用生石灰 1 500～3 000 $kg/hm^2$ 或用漂白精 20 mg/L 兑成水溶液后全塘泼洒消毒，消毒后继续干塘曝晒。

### 2. 放苗前准备

4 月初，鱼苗下塘前 10～15 d，池塘内进水到水深 50 cm 左右，然后将经过发酵的有机肥（牛粪、猪粪）按 2 250～3 000 $kg/hm^2$ 投放量进行多点堆放，浸入水中开始“发塘”。塘内的水位随着饵料生物总量的增加而逐渐提高。经常观察池塘的水色，当水体透明度大于 35 cm、水色开始变清时及时追肥，以保持池塘水体的肥度；而当水体透明度小于 20 cm、水色变浓或有藻类大量繁殖时，应及时加注新水或从其他池塘收集一些大型枝角类放入其中，以平衡池塘内饵料生物的组成。经过 10～15 d 的培育，塘内的饵料生物正值以中小型的饵料生物为主，同时也有一定数量的大中型饵料生物。

### 3. 苗种放养

当池塘内的水温高于 20℃后，即可放养鱼苗。下塘时池塘的水深在 1 m 左右，然后随着鱼苗长大逐渐加高水位。选择在晴好的天气进行鱼苗放养，放养鱼苗的池塘提前 2 h 开启增氧机增氧，使池水溶解氧保持在 5 mg/L 以上。鱼苗的运输可以使用活水车充气运输和充氧打包运输，两种运输方法的效果没有明显的差异。鱼苗规格为 1.0～1.5 cm 的放养密度为 11.7 万～33.3 万尾/$hm^2$。

#### 4. 饵料生物监测

鱼苗放养后，每 3 d 对养殖水体中的生物量(枝角类、桡足类等浮游生物)进行取样检测 1 次，确保水体中生物量大于 2 个/L。当池塘水体中的生物饵料发生不足或者密度降低较快时，应及时从其他池塘中捞取或者泵水收集活体生物饵料进行补充。此时，如果还不能满足鱼苗的摄食，也可以考虑拉网翻入生物量丰富的池塘中。

#### 5. 驯化转食

鱼苗经过 30～40 d 的培育，全长达 3 cm 左右，此时池塘内的饵料生物总量明显减少，巡塘可见有部分鱼种沿着塘边巡游觅食，此时应开始对鱼种进行驯化转食。驯化转食是指对全长 3 cm 左右的夏花鱼种投喂配合饲料，人为使之食性发生转变的生产措施。一般使用蛋白质含量为 45%的鳗鱼粉状配合饲料。驯化转食初期，将粉状的鳗鱼配合饲料加水调拌成稠糊状，沿各个池塘的长边两侧间隔 1.5～2.0 m 多点投放(俗称“笃滩”)，使鱼种养成到这些投饲点摄食的习惯；然后，逐渐减少投喂点和投喂区域，投喂的饲料也从稠糊状逐渐改为团饼状，最后使用饲料台定点投喂。

#### 6. 日常管理

(1) 增氧

培养饵料生物的阶段，一般中午开启增氧机 2 h。鱼苗下塘后，晴天中午开机 2 h、晚上开机 6 h；如果遇到天气不好的情况，则延长开机时间。一旦增氧机有损坏停机的现象，应立即予以检修或更换。

(2) 水质调控

定期检测水质指标，如溶解氧、氨氮、pH、亚硝酸盐等，掌握池塘的水质状况，并根据水质状况及时采取加注新水或换水等生产措施。一般每 2 周换水 1 次，每次换水量为池塘全部水体的 30%左右。

(3) 巡塘

做好日常巡塘工作，每天早晚巡塘 2 次，检查饵料台，观察塘内鱼苗的活动、摄食情况，调整投饲量。特别要注意池塘的水色和水位、鱼苗是否缺氧、塘里是否有病死鱼等情况，发现异常应及时采取措施。经常检查进、排水口的闸门和网具是否损坏，若有损坏及时修理和更换。

#### 7. 拉网分级

鱼种经过 7～10 d 的驯化转食后进行拉网分级。具体做法：用地拖网将鱼种集中在池塘的一边，不用起网就放开大网使鱼种返回塘内，俗称“练网”。经过 1～

2 次练网可降低鱼种的应激反应，并且不容易鼓气。之后再拉网，用鱼筛按大小将塘内不同规格的鱼种加以区分，小规格的鱼种继续驯化转食，大规格的鱼种可转入其他池塘进入下一步当年鱼种饲养阶段。

## 典型案例

2014—2016 年，在上海市水产研究所奉贤科研基地星火分场连续 3 年进行了暗纹东方鲀夏花鱼种的培育试验，结果见表 1-4-1。

表 1-4-1 2014—2016 年暗纹东方鲀夏花鱼种的培育试验

| 年份 | 塘号 | 面积(hm²) | 仔稚鱼苗放养情况 | | | | 夏花鱼种出塘情况 | | | 体长增长(cm) | 成活率(%) |
|---|---|---|---|---|---|---|---|---|---|---|---|
| | | | 日期(月.日) | 数量(万尾) | 密度(万尾/hm²) | 体长(cm) | 日期(月.日) | 数量(万尾) | 体长(cm) | | |
| 2014 | 1#北 | 0.6 | 5.29 | 7.0 | 11.7 | 1.3 | 7.22 | 4.15 | 3.0 | 1.7 | 59.3 |
| | 1#南 | 0.6 | 5.29 | 7.0 | 11.7 | 1.3 | 7.22 | 4.34 | 3.2 | 1.9 | 61.9 |
| | 3#北 | 0.3 | 5.29 | 7.5 | 25.0 | 1.3 | 7.22 | 2.75 | 2.9 | 1.6 | 36.6 |
| | 3#南 | 0.3 | 5.29 | 7.5 | 25.0 | 1.3 | 7.22 | 2.81 | 2.7 | 1.4 | 37.4 |
| 2015 | 4#南 | 0.3 | 4.20 | 10.0 | 33.3 | 1.2 | 6.30 | 4.70 | 3.1 | 1.9 | 47.0 |
| | 5#北 | 0.3 | 4.20 | 10.0 | 33.3 | 1.2 | 6.30 | 4.40 | 3.0 | 1.8 | 44.2 |
| | 5#南 | 0.3 | 4.20 | 10.0 | 33.3 | 1.2 | 6.30 | 3.70 | 3.1 | 1.9 | 37.0 |
| 2016 | 1#南 | 0.6 | 6.10 | 19.0 | 31.7 | 1.3 | 6.28 | 11.88 | 3.1 | 1.8 | 62.5 |
| | 2#南 | 0.3 | 5.31 | 5.9 | 20.6 | 1.3 | 8.1 | 2.83 | 3.4 | 2.1 | 48.6 |
| | 4#南 | 0.3 | 5.31 | 5.6 | 18.7 | 1.3 | 8.1 | 3.06 | 3.4 | 2.1 | 54.4 |
| | 5#北 | 0.3 | 5.31 | 5.6 | 18.7 | 1.3 | 7.12 | 4.37 | 3.1 | 1.8 | 78.0 |

## 三、影响仔稚幼鱼生长的主要环境因子

水温、盐度和光周期等是影响仔稚鱼生长发育的主要环境因子。为了确定暗纹东方鲀仔稚鱼培养所需的最佳环境条件，Shi 等(2010)探讨了光周期、水温和盐度对暗纹东方鲀 3～19 d 仔稚鱼生长和存活的影响。结果表明，暗纹东方鲀仔稚鱼生长和生存的最适光周期为 24L∶0D，最适水温范围为 22～23℃，最适盐度范围

为 8～10。

试验所需的 3 d 仔鱼为上海市水产研究所人工授精后的受精卵孵化而来。受精卵在 700 L 锥形水泥池中孵化，孵化池中充满过滤后的天然河水（盐度 0.8）。在 21.0～22.5℃，持续充气，静水孵化。每天孵化池换水 70%左右。大部分受精卵在受精后 100 h 左右开始孵化，120 h 左右完成孵化。仔鱼孵化后在孵化池中饲养 3 d。从 700 L 的孵化池中随机选取约 12 000 尾仔鱼（3 d；全长 3.26 mm±0.02 mm；$n$=30），带水分配到 48 个 10 L 塑料桶中，桶内装有盐度为 0.8、水温为 22.4℃的天然河水。仔鱼的初始饲养密度为 25 尾/L。将桶随机分为 3 个试验组。

所有试验仔鱼均饲喂强化过的轮虫，密度为 5～7 个/L，直至仔鱼全长 5.0～6.0 mm。当仔鱼全长达到 5 mm 左右时开始投喂卤虫幼体，试验结束时，卤虫幼体密度由 1 个/mL 增加到 10 个/mL。每天 09:00 和 15:00 各投喂饵料 1 次，吸出死亡仔鱼、粪便及其他杂物，每天记录死亡仔鱼数量。每天换 50%的新鲜水。每个桶都配有 1 个散气石充气。

每 4～5 d 在 14:00 左右随机从每个桶中采集 10 尾仔鱼放入烧杯中，使用配置测微目镜（最接近 0.01 mm）的立体显微镜观察 MS－222 麻醉后的仔鱼并测量全长。为避免操作处理导致仔鱼死亡，试验用仔鱼不再放回原桶，统计时从初始数量上减去这部分仔鱼的数量来计算存活率。

**1. 光周期**

试验设置 5 个光周期处理组，分别为：① 连续光照（24L∶0D）；② 18 h 光照∶6 h 暗（18L∶6D）；③ 12 h 光照∶12 h 黑暗（12L∶12D）；④ 6 h 光照∶18 h 黑暗（6L∶18D）；⑤ 连续黑暗（0L∶24D）。每个处理重复 3 次（共 15 个桶）。日光灯（30 W）安装水桶上方 1 m 的位置，在水面 10 cm 的上方测得的光照强度为 700～900 Lux。试验期间水质指标为：盐度 0.8～1.0，水温 22.0～24.0℃，溶解氧 5.0～6.5 mg/L，pH 8.0～8.5。

试验结果显示，光照时间的增加可以提高暗纹东方鲀仔稚鱼的生长速率和存活率。除了 18L∶6D 处理组在 7 d 和 11 d 外，其他组光照时间越长鱼苗全长增长越快（图 1－4－2）。随着光照时间从 6 h 逐渐增加到 24 h，相应试验组的仔稚鱼全长、特定生长率（SGR）和存活率显著增加（$P<0.05$）。在完全黑暗的环境下，仔稚鱼不仅生长非常缓慢，而且在饲养 12 d 内全部死亡（即 15 d 仔鱼）（图 1－4－2 和表 1－4－2）。

表 1-4-2　仔稚鱼(3～19 d)在不同光周期下的生长和成活率($n$=3)(Shi 等,2010)

| 光周期(L∶D,h) | 特定生长率(%/d) | 存活率(%) |
|---|---|---|
| 24∶0 | $6.11\pm0.03^{a}$ | $95.87\pm0.32^{a}$ |
| 18∶6 | $5.70\pm0.12^{b}$ | $88.73\pm1.61^{b}$ |
| 12∶12 | $5.37\pm0.02^{c}$ | $83.02\pm0.57^{c}$ |
| 6∶18 | $3.44\pm0.11^{d}$ | $72.54\pm4.12^{d}$ |
| 0∶24 | — | $0^{e}$ |

注：不同的上标字母表示各处理间有显著性差异($P$<0.05)。

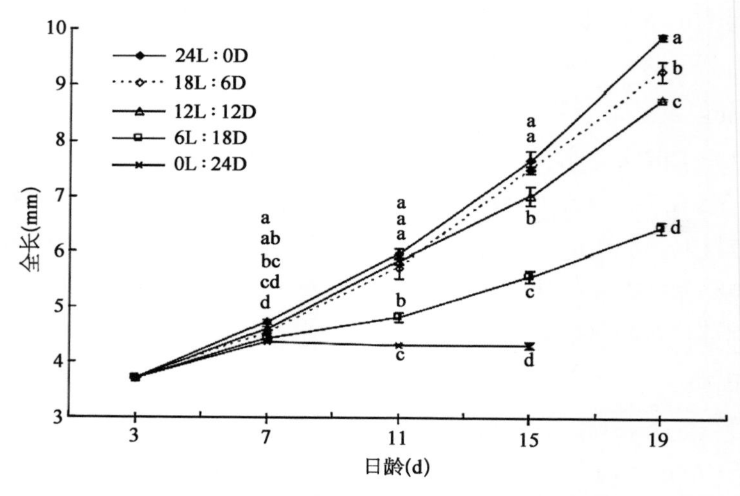


**图 1-4-2　在不同光周期下仔稚鱼(3～19 d)的全长增长($n$=3)(Shi 等,2010)**

## 2. 水温

试验设置 5 个水温处理组,分别为 20℃、23℃、26℃、29℃和 32℃;每个处理 3 个重复(共 15 个桶)。试验均在配备恒温器和浸没加热器的不同水浴中进行。自然光(光照强度 600～1 000 Lux)和光周期(14L∶10D)。所有水温梯度均以 1℃/h 的速率逐渐调整。每天测量 5 次桶内的水温,实际水温是通过取每个处理的所有统计水温的平均值计算出来的。水质参数与光周期试验相同。

试验发现,不同水温对暗纹东方鲀仔稚鱼的生长和成活率影响较大。当水温 20～29℃时,水温越高的处理组在 13 d 和 19 d 时仔稚鱼的全长分别都有显著增加

($P<0.05$)。其中,13 d时,26℃与32℃两组的仔稚鱼全长无显著差异($P<0.05$)(图1-4-3);19 d时,29℃与32℃仔稚鱼间的全长无显著性差异($P<0.05$)。20~29℃时,仔稚鱼的特定生长率(SGR)显著升高($P<0.05$);而29℃与32℃仔稚鱼间的SGR无显著差异($P>0.05$)(表1-4-3)。拟合水温与SGR为三次函数关系:$y=-0.0033x^3+0.2384x^2-5.2625x+40.422$($r^2=0.9967$)(图1-4-4)。随着水温从23℃升至32℃,存活率显著下降($P<0.05$)。20℃组的存活率与23℃和26℃都无显著差异($P>0.05$)(表1-4-3)。存活率与水温存在良好的二次函数:$y=-0.7453x^2+32.851x-276.46$($r^2=0.9975$),依据二次函数预测最高成活率产生在水温22.04℃时(图1-4-4)。

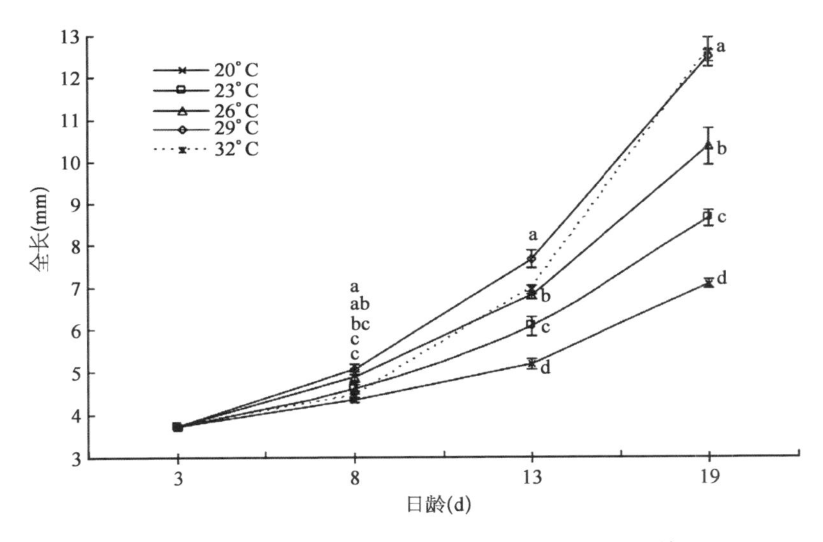


图1-4-3　在不同水温下仔稚鱼(3~19 d)的生长(Shi等,2010)

表1-4-3　在不同水温下仔稚鱼(3~19 d)的生长和成活率($n=3$)(Shi等,2010)

| 设计水温(℃) | 实测水温(℃) | 特定生长速率(%/d) | 存活率(%) |
| --- | --- | --- | --- |
| 20 | 20.08±0.05 | 4.04±0.10[d] | 82.73±0.95[ab] |
| 23 | 23.01±0.03 | 5.30±0.14[c] | 85.30±2.78[a] |
| 26 | 25.96±0.01 | 6.41±0.26[b] | 72.12±6.47[b] |
| 29 | 28.86±0.08 | 7.60±0.06[a] | 52.88±5.47[c] |
| 32 | 31.82±0.03 | 7.65±0.17[a] | 13.28±2.52[d] |

注:不同的上标字母表示各处理间有显著性差异($P<0.05$)。

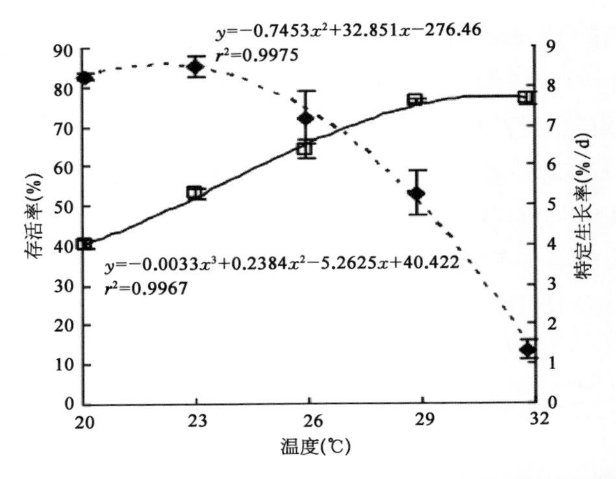


图 1-4-4　不同水温下仔稚鱼(3～19 d)的特定生长率和成活率(Shi 等,2010)

### 3. 盐度

试验设置 6 个盐度处理组,分别为 0、5、10、15、20 和 25;每个处理组 3 个重复(共 18 个桶)。盐度处理通过添加浓缩海水(购自中国浙江舟山),以大约 2/h 的目标速率改变盐度。所有桶的盐度每天测量 1 次,实际盐度是通过取每个处理的所有盐度读数的平均值计算出来的。水温范围为 22.0～24.0℃,其余水质参数与光周期试验相同。

试验发现,高盐度(25)降低了暗纹东方鲀仔稚鱼的生长和存活率,特别是从 11 d 开始,这种现象更加明显。仔稚鱼在盐度 25 的全长显著小于其他盐度组($P<0.05$)(图 1-4-5)。仔稚鱼在盐度 25 的特定生长率显著低于其他低盐度组

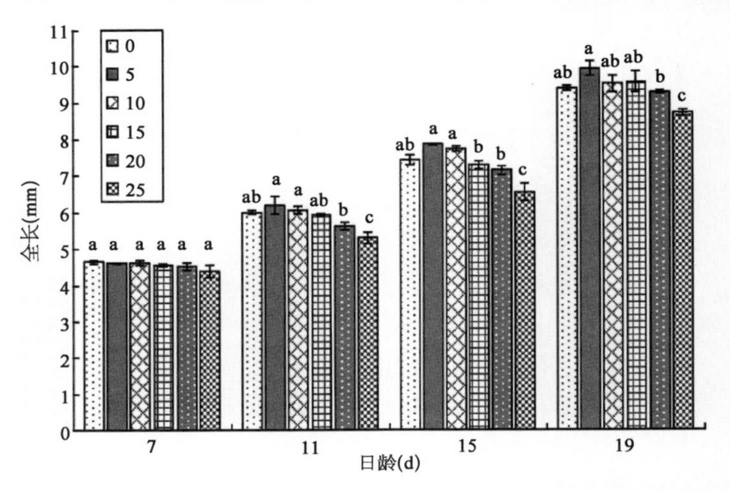


图 1-4-5　在不同盐度条件下仔稚鱼(3～19 d)的生长(Shi 等,2010)

($P<0.05$)。仔稚鱼在盐度 20 的特定生长率显著低于盐度为 5 的处理组($P<0.05$)(表 1-4-4)。仔稚鱼在盐度 25 的成活率显著低于其他低盐度组($P<0.05$),且低于 25 的盐度组间无显著差异($P>0.05$)。盐度与特定生长率(SGR)的关系可以拟合成二次函数($y=-0.002\,47x^2+0.042x+5.821\,72$;$r^2=0.860\,2$)(图 1-4-6);盐度与存活率的关系可以拟合成二次函数($y=-0.053\,5x^2+1.034\,4x+90.005\,3$;$r^2=0.966\,8$)(图 1-4-6),从这两个函数可以预测特定生长率和存活率最高值均出现在盐度 8～10 范围内。

表 1-4-4　仔稚鱼(3～19 d)在不同盐度条件下的生长和成活率($n=3$)(Shi 等,2010)

| 设计盐度 | 实测盐度 | 特定生长率(%/d) | 成活率(%) |
|---|---|---|---|
| 0 | 0.94±0.01 | 5.79±0.05[ab] | 91.59±2.55[a] |
| 5 | 4.97±0.01 | 6.14±0.13[a] | 93.17±1.11[a] |
| 10 | 9.98±0.01 | 5.87±0.15[ab] | 94.13±0.42[a] |
| 15 | 15.02±0.01 | 5.90±0.19[ab] | 93.97±0.84[a] |
| 20 | 20.04±0.01 | 5.71±0.02[b] | 90.32±2.21[a] |
| 25 | 24.87±0.03 | 5.32±0.07[c] | 81.90±1.45[b] |

注:不同的上标字母表示各处理间有显著性差异($P<0.05$)。

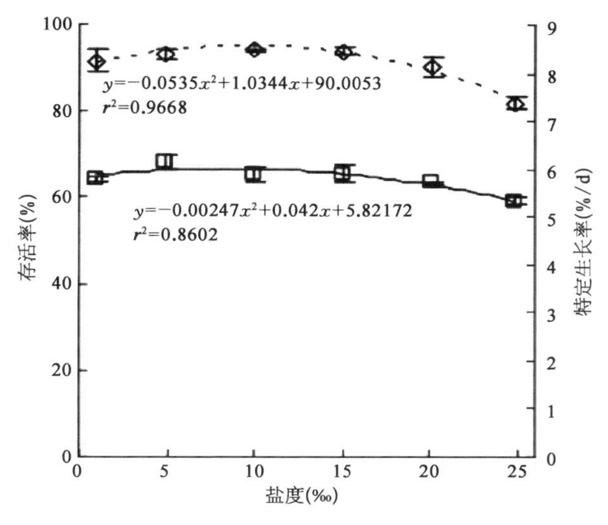


**图 1-4-6　不同盐度条件下仔稚鱼(3～19 d)特定生长率和存活率(Shi 等,2010)**

## 参考文献

McClelland J. 1844. Description of a collection of fishes made at Chusan and Ningpo in China, by Dr. GR Playfair, Surgeon of the Phlegethon, war steamer, during the late military operations in that country. Calcutta Journal of Natural History, 4(4): 390－413.

Shi Y H, Zhang G Y, Zhu Y Z, et al. 2010. Effects of photoperiod, temperature, and salinity on growth and survival of obscure puffer *Takifugu obscurus* larvae. Aquaculture, 309: 103－108.

Wang J, Li Z H, Chen Y F, et al. 2015. The combined effect of temperature and pH on embryonic development of obscure puffer *Takifugu obscurus* and its ecological implications. Biochemical Systematics and Ecology, 58: 1－6.

Yan M, Li Z, Xiong B, et al. 2004. Effects of salinity on food intake, growth, and survival of pufferfish (*Fugu obscurus*). Journal of Applied Ichthyology, 20(2): 146－149.

Yang Z, Yang J X. 2004. Effect of photoperiod on the embryonic development of obscure puffer (*Takifugu obscurus*). Journal of Freshwater Ecology, 19(1): 53－58.

蔡志全,刘韬,林永泰,等. 2003. 暗纹东方鲀全人工繁殖及苗种培育技术. 水利渔业,(4): 20－21.

常抗美,施维德. 2000. 江浙河鲀资源、养殖和消费调查. 科学养鱼,(8): 7.

陈葵. 2005. 东方鲀属和暗纹东方鲀的学名问题. 动物学杂志,40(5): 124－126.

陈亚芬,陈源高,刘正文. 1999. 暗纹东方鲀的人工繁殖. 湖泊科学,11(2): 129－134.

陈亚芬. 2002. 暗纹东方鲀集约化养殖可行性分析与效益评估. 淡水渔业,32(5): 35－37.

成庆泰,王存信,田明诚,等. 1975. 中国东方鲀属鱼类分类研究. 动物学报,21(4): 359－378＋398－399.

但学明,林小涛. 2005. 广东地区人工养殖暗纹东方鲀毒性检测. 水利渔业,25(4): 9－12.

郭正龙. 2009. 暗纹东方鲀常见疾病及防治方法. 科学养鱼,(2): 57－58.

华元渝,顾志峰. 2000. 养殖条件下暗纹东方鲀的生物学特性及饲养技术. 内陆水产,4: 21－22.

华元渝,邹宏海,陈舒泛,等. 2004. 暗纹东方鲀健康养殖及安全利用. 北京: 中国农业出版社.

纪元. 2016. 中国东方鲀属鱼类命名历史和名称辨析. 水产科技情报,43(4): 214－217.

江苏省长江水产资源调查组. 1975. 江苏省长江水产资源调查报告汇编. 35－37.

姜仁良,张崇文,丁友坤,等. 2000. 池养无毒暗纹东方鲀的人工繁殖. 水产学报,24(6): 539－543＋590－591.

刘金明,陈东亮. 2003. 暗纹东方鲀常见病的防治. 内陆水产,2: 31.

马爱军，房金岑，陈蓝荪，等. 2014. 河豚鱼产业调研报告（下）. 海洋与渔业，（8）：96－100.
莫根永，胡庚东，周彦锋. 2009. 暗纹东方鲀胚胎发育的观察. 淡水渔业，39（6）：22－27.
倪勇，伍汉霖. 2006. 江苏鱼类志. 北京：中国农业出版社.
农业部渔业局. 2003—2019. 中国渔业统计年鉴. 北京：中国农业出版社.
施永海，张根玉. 2016. 菊黄东方鲀养殖技术. 北京：科学出版社.
苏锦祥，李春生. 2002. 中国动物志・硬骨鱼纲・鲀形目・海蛾鱼目・喉盘鱼目・鮟鱇目. 北京：科学出版社.
孙中之. 2002. 红鳍东方鲀的生物学特性及人工育苗技术. 齐鲁渔业，19（8）：44－46.
王建军，朱建明，施永海，等. 2017. 暗纹东方鲀夏花鱼种培育试验. 水产科技情报，44（6）：300－302＋308.
王奎旗，陈梅，高天翔. 2001. 东方鲀属鱼类的分类与区系分布研究. 青岛海洋大学学报（自然科学版），31（6）：855－860.
王立新，华元渝. 1998. 暗纹东方鲀仔幼鱼的形态、摄食与生长的初步研究. 水产养殖，（2）：16－19.
王强云. 2002. 暗纹东方鲀人工繁殖及苗种培育技术. 渔业致富指南，（5）：49－50.
吴建新，朱纪坤，陈伟俊. 2002. 暗纹东方鲀的病害防治技术. 江西水产科技，（1）：19－21.
阳清发，周文玉，张富乐. 2002. 河鲀资源现状及河鲀渔业发展前景. 渔业现代化，（2）：9－10.
杨州，华洁，陈晰. 2004. 盐度对暗纹东方鲀胚胎发育的影响. 齐鲁渔业，（9）：3－5.
杨州，华元渝. 1997. 暗纹东方鲀的生物学特性及养殖概况. 中国水产，（5）：26－27.
张富乐，乔燕平，曹祥德. 2009. 暗纹东方鲀早繁技术初探. 水产科技情报，36（2）：65－67.
张光贵，唐志勇，陆雪松. 2006. 暗纹东方鲀产业发展现状与思考. 科学养鱼，（11）：4－5.
赵清良，赵强，殷宁，等. 1999. 养殖三龄暗纹东方鲀性腺发育及其毒性. 南京师大学报（自然科学版），22（4）：89－92.
朱传龙. 1992. 暗纹东方鲀人工育苗研究成功. 现代渔业信息，（7）：29.
朱家明，金传荫，朱蕴芝，等. 2002. 人工养殖暗纹东方鲀毒性的测定. 水利渔业，22（1）：7.
朱元鼎，许成玉. 1965. 中国鲀形目鱼类的地理分布和区系特征. 动物学报，17（3）：320－333.
庄平，王幼槐，李圣法，等. 2006. 长江口鱼类. 上海：上海科学技术出版社.
邹宏海. 2003. 养殖型暗纹东方鲀的生物学特性及其应用. 南京师范大学.
左孝平，张西斌. 2004. 暗纹东方鲀人繁技术. 科学养鱼，（1）：7.

# 第二章

# 长吻鮠

## 第一节　概　　述

### 一、分类地位

长吻鮠(*Leiocassis longirostris*)隶属于脊索动物门(Chordata)、脊椎动物亚门(Vertebrate)、辐鳍鱼纲(Actinopterygii)、鲇形目(Siluriformes)、鲿科(Bagridae)、鮠属(*Leiocassis* Bleeker, 1858)(伍汉霖等,2012)。

长吻鮠俗称长江鮰鱼,其地方名众多:鮰鱼、鮠鱼、肥头鱼、习鱼、江团、肥沱、白吉、梅鼠、鮰老鼠等。长吻鮠分布在我国的辽河至闽江诸流域,以长江水系为主,是我国独有的名贵经济鱼类。长吻鮠肉嫩、味鲜、脂肪多、无肌间刺、蛋白质含量丰富,为淡水食用鱼中的上品,与刀鱼、鲥鱼、河鲀并称为"长江四鲜"。长吻鮠味道最美的部位为带软边的腹部,成菜后肉色乳白、肉黏质厚、香气袭人,食者无不称赞,故有"不食江团,不知鱼味"之说。长吻鮠的鱼鳔特别肥厚,新鲜时为银白色,干制后为名贵鱼肚,特别是湖北石首县所产的"笔架鱼肚"素享盛名,常作为高级宴席上的佳肴(湖北省水生生物研究所鱼类研究室,1976)。我国古代即有关于鮰鱼的描述,如《本草纲目》记载有"鮰鱼、鳠鱼、鲽鱼、鳡鱼",当为鮠属,可以长吻鮠为代表(褚新洛等,1999)。长吻鮠不仅肉质肥美,还具有一定的药用功效,如《本草拾遗》记载有"味甘,平,无毒;下膀胱水,开胃";《本经逢原》记载"阔口鱼,能开胃进食,下膀胱水气,病人食之,无发毒之虑,食品中之有益者也";《日用本草》记载食用鮰鱼肉可"补中益气"。

## 二、产业现状

### 1. 研究进展

我国水产科技工作者自 20 世纪 70 年代起开展了长吻鮠的人工繁殖试验研究，如四川省长江水产资源调查组于 1973 年利用在长江水系捕获的野生长吻鮠亲鱼进行人工催产，并获得成功（四川省长江水产资源调查组泸州工作小组，1974）；20 世纪 80 年代就长吻鮠的全人工繁殖以及鱼苗培育等方面开展了系列研究（罗银辉和张义云，1986；罗银辉和赵文英，1990；邓晓川和张义云，1994）。人工繁育技术相继获得成功，为促进长吻鮠养殖业发展打下了坚实的基础。20 世纪 80 年代中期至 90 年代初为长吻鮠人工养殖起步阶段，主要工作围绕人工养殖技术展开，但养殖区域比较局限，集中于长江流域的四川、湖北等地，广东地区也有一定规模的养殖面积。20 世纪 90 年代中期以后，随着人工繁育苗种产量的增加和养殖技术的不断进步，长吻鮠人工繁殖和苗种培育已形成整套的技术，养殖方式更是多种多样，包括池塘养殖（郭和清等，2000；张超峰和张健，2007）、流水养殖（刘小华等，2009）、网箱养殖等（梁友光等，1995；丁庆秋等，1999；钱华等，2004）。四川、湖北、江西、重庆、安徽、江苏、福建和上海等多地开展的池塘和网箱养殖生产均取得了良好效果，微流水池塘产量可达到 13 542 $kg/hm^2$（刘小华等，2009）；水库网箱养殖单产达到 5.55～19.26 $kg/m^2$（张思林等，2000）。位于长江口的上海从 1986 年开始了长吻鮠亲鱼的蓄养，并于 1989 年获得催产成功（姜仁良等，1990）。上海宝山区水产技术推广站作为上海市唯一的长吻鮠保种基地，在人工繁殖、苗种培育和生态养殖方面积累了宝贵经验，形成了相关技术规范，2018 年“宝山鮰鱼”申报地理标志产品保护。上海市水产研究所于 2021 年开始长吻鮠的人工繁育及养殖，2021—2022 年全人工繁育累计获得大规格鱼苗 10.7 万尾，同时开展了相关养殖模式的研究。

### 2. 产业发展状况

长吻鮠含肉率较高，且无肌间刺，体重 771.8～1 047.1 g 的长吻鮠含肉率为 75.69%（75.22%～75.98%），肌肉中脂肪酸含量丰富，多不饱和脂肪酸含量达 39.88%，其中 EPA、DHA 含量分别为 3.22%、13.18%（张升利等，2013）；体重 308～400 g 的长吻鮠含肉率为 83.13%（82.52%～84.15%）（陈定福等，1988）；体重（2.10±0.45）kg 的 3 龄长吻鮠鲜味氨基酸（天冬氨酸、谷氨酸、甘氨酸、丙氨酸）含量为 5.27%～5.44%，单不饱和脂肪酸含量为 27.68%～28.43%，多不饱和脂肪酸含量为16.06%～24.29%，EPA和DHA总量达到10.66%～18.27%，具有较高的食用价值(部卫华等，2017)。

长吻鮠作为我国独有的特种水产养殖品种，已在全国不少地方推广养殖成功，并获得良好的经济效益。随着长吻鮠养殖面积的不断扩大，养殖区域开始以长江流域为中心不断向周边地区扩展，四川省已发展成为我国长吻鮠养殖的重要大省，2020年养殖产量达到10 577吨。依据《2021中国渔业统计年鉴》(农业部渔业局，2004—2021)，近年来，长三角地区长吻鮠年养殖产量为1 200吨左右，其中上海地区的养殖产量较少，江苏和安徽有少量养殖，浙江地区养殖产量最高、占长三角地区养殖总产量的95%以上。据市场调研，仅上海地区每年的长吻鮠消费量在1 000吨以上，商品鱼大多从湖北、广东、重庆、四川、云南等地购进补充，市场价格达30～40元/kg。

据《2021中国渔业统计年鉴》(农业部渔业局，2004—2021)，2003—2005年我国长吻鮠养殖年产量维持在5 000～6 000吨的水平，2006年的养殖产量跃升至2万吨的规模；此后的5年间(2007—2011)长吻鮠年养殖产量维持在14 000～17 000吨的水平；除2013年我国长吻鮠养殖产量未达到2万吨外(16 141吨)，2012—2020年长吻鮠年养殖产量均在2万吨以上(图2-1-1)。

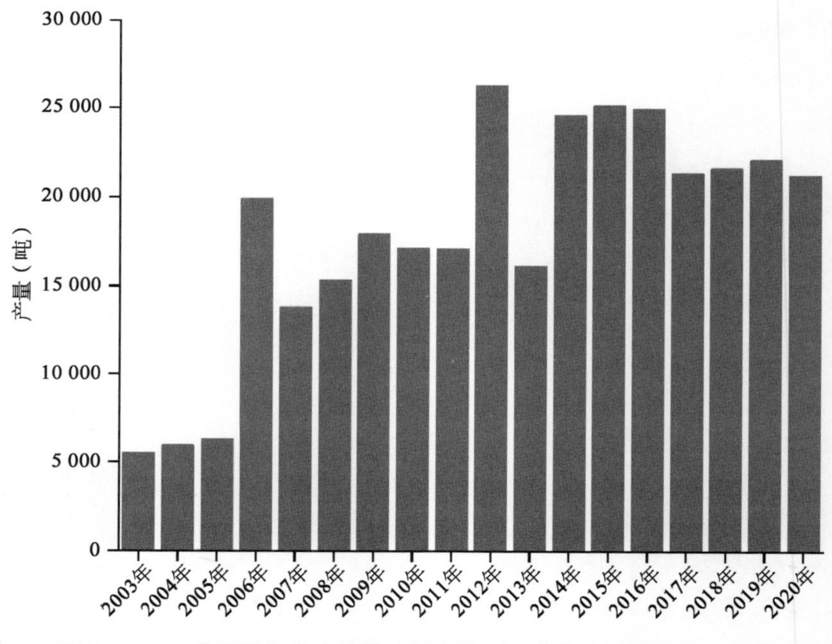


图2-1-1　我国历年长吻鮠养殖年产量(农业部渔业局，2004—2021)

## 三、面临的主要问题

### 1. 种质退化

由于近年来受过度捕捞、水域污染及大型水利工程修建等影响，长吻鮠自然种群资源有较大的衰退。目前，市场上流通的长吻鮠商品鱼全部来自人工养殖。四川省长吻鮠原种场作为一家以长吻鮠为保种对象的国家级原种场，“十二五”以来共采集驯养长吻鮠原种 5.4 万尾，获得原种 3 万尾（张艳玲，2021）；湖北石首长吻鮠良种场可以向社会提供优质的长吻鮠苗种，可满足广大渔民和养殖户的需求（王林和谢雷坤，2003）；上海市宝山区水产技术推广站作为宝山长吻鮠的保种及苗种繁育基地，保种量在 600 尾左右，每年培育当年鱼种约 10 万尾。但应当看到的是，尽管早在 40 年前长吻鮠的人工繁殖就已经实现，但至今尚未见到有关对长吻鮠养殖群体进行遗传改良的报道。据报道，长吻鮠养殖群体相比野生群体的多态性偏低（肖明松等，2013），且养殖群体经过多年多代的人工养殖和累代繁育，势必造成一定程度的种质退化。因此，应当开展长吻鮠的良种选育研究，以满足产业发展对良种的需求，促进长吻鮠养殖业的可持续健康发展。

### 2. 长三角地区养殖产业发展动力不足

自 20 世纪 80 年代长吻鮠人工繁殖技术获得成功以来，我国长吻鮠的养殖历史已历经 30 余年。从目前的养殖现状分析，长吻鮠养殖区域主要集中在湖北、四川、重庆、广东、贵州、云南等地。由于南方气温高，长吻鮠养殖适温期相比长三角地区要长，长吻鮠的生长速度快。在广东等地养殖长吻鮠只需 2 年即可上市，且放养密度高，池塘单产最高可达 37 500 $kg/hm^2$。由于南方地区养殖长吻鮠生长速度快、养殖密度高，商品鱼的肉质相对较差，市场销售价格仅为 30～40 元/kg，但由于广东等南方地区的规模化养殖程度高，养殖生产成本低，依然可以获得相应的利润；而长三角地区养殖长吻鮠适温期较南方短、养殖密度比南方低，加上良好的水质条件，养殖出来的长吻鮠品质普遍较好，市场销售价格相比南方要高（40～50 元/kg），但由于商品鱼养殖周期（一般养殖 3 年上市）相对较长，池塘养殖单产比南方低，难以获得明显的经济效益。因此，长三角地区养殖长吻鮠的意愿不高，致使养殖业难以获得规模化发展，使得产业发展的动力明显不足。

### 3. 病害问题

目前，在长吻鮠的养殖生产过程中，细菌性（出血病、烂尾病、肠炎病、打印病）、真菌性（水霉病）、病毒性（病毒性出血败血病）、寄生虫（锚头蚤、车轮虫、小瓜虫和斜管虫）和营养性疾病（消化不良、营养失调、代谢紊乱）均有发生（张素芳等，1988）。若发生，往往给养殖生产带来较大的损失。长吻鮠是无鳞鱼，在拉网、捕捞和运输等生产操作中，鱼体表较易擦伤；在冬春季节，当水温低于20℃时，极易感染水霉病，感染后病鱼常摄食不佳、体质消瘦，因此在生产中特别要重视水霉病。生产上可用生石灰彻底清塘，在捕捞和运输过程中动作要轻，避免鱼体受伤。在长吻鮠养殖过程中，锚头鳋寄生虫病也是较为常见的一种病害，其主要病原为鲤锚头鳋。幼鱼主要寄生于体表，通常可见突出的红肿斑点，上面有一针状物。成鱼主要寄生在口腔、鳃腔和鳃等部位。虫体较大，肉眼可见，头部钻入皮肤内，后半部裸露在外，鱼体被寄生部位常引起其他炎性并发症，感染后病鱼食欲减退、鱼体消瘦（苏良栋，1993）。一般池塘养殖成鱼感染率较高。

## 四、发展前景与建议

### 1. 发展前景

长吻鮠个体大、生长快、病害少、生命力强、饵料来源广、养殖产量高、对环境要求低，是一种具有很高价值的淡水养殖名优品种，深受广大消费者的欢迎。目前，在长吻鮠的主产区已形成了集养殖、加工、冷冻、销售、科研、餐饮、旅游于一体的大产业。当前我国长吻鮠的养殖年产量稳定在2万吨以上，湖北和广东经过多年的养殖发展，目前已成为我国长吻鮠重要的养殖基地。长三角地区长吻鮠的养殖产量相比主产区低，但对长吻鮠商品鱼的消费量非常高。2020年以前，每年有1 000～1 500吨长吻鮠商品鱼流入上海市场，多数是从外地流通过来的。在今后的发展过程中，通过加快长吻鮠养殖群体的遗传选育、改善池塘养殖环境、优化养殖模式、优化流通和加工环节，必将为长吻鮠养殖产业的可持续发展奠定基础。

### 2. 发展建议

（1）加强品种选育，改良长吻鮠种质

在持续实施长江大保护、深入推动长江生态环境保护修复的大环境下，2021年1月1日起《长江十年禁渔计划》的实施，表明自然水域的长吻鮠自此被禁止捕捞。目前我国养殖的长吻鮠大多为人工繁殖后代，经过多代养殖和累代人工繁殖，种质出现退化（肖明松等，2013）。基于此，长吻鮠养殖产业的发展迫切需要良种。然而，依赖养殖群体作为基础群体来进行长吻鮠的人工选育具有一定的局限性，建议地区渔业渔政管理部门对水产科研机构开放采捕一定配额的野生群体以供选育所用，进而开展长吻鮠种质改良技术研究，以选育适合长三角地区养殖的、生长快的长吻鮠新品种，为长三角地区大量淡水鱼塘“转结构、调方式”提供一个良好的潜在养殖品种，从种源方面完善长吻鮠养殖产业链，确保长吻鮠的健康稳定养殖。

（2）大力发展长三角地区的养殖产业

长吻鮠作为长江流域的本土品种，长三角地区今后在养殖过程中要优化养殖模式、提升养殖能效，将养殖周期由原先的3年缩短至2.5年，并采用长江水开展长吻鮠的生态养殖，通过科学的生产管理，可以生产出品质更加优良的长吻鮠商品鱼。养殖周期缩短，将有效降低生产成本，有利于提高渔民的养殖积极性，再加上使用长江水养殖的长吻鮠品质更好，销售价格相比广东等地生产出的商品鱼可高出10元/kg，这将获得明显的价格优势，大大提升养殖经济效益。而且，长三角地区尤其是上海、杭州、南京等大城市对长吻鮠消费需求强劲，本地区养殖生产出的优质长吻鮠商品鱼就地消费将有效满足市场需求，减少对外地长吻鮠商品鱼的依赖，对于促进长三角地区的长吻鮠养殖业有积极的推动作用。

（3）加强病害预防，坚持防治结合

长吻鮠作为无鳞鱼，在养殖、运输、捕捞和转运过程中极易造成体表受损，进而感染继发性疾病。尤其对于生产中易发的水霉病和锚头鳋寄生虫病，更需给予重点关注。在长吻鮠养殖生产过程中，要坚持“预防为主，防治结合”的原则，注重彻底清塘和池塘消毒，及时加换水，保持水质清新，养殖过程中注重饲料质量，如有需要可在饲料中添加维生素、微量元素或大蒜素等，以提高鱼体免疫力。定期检查鱼体是否有锚头鳋寄生，若发现应及时使用专用药物杀灭。使用药物时，要先开展预试验，并严格控制使用量。

（4）长吻鮠产品的高效加工与保鲜技术

目前，长吻鮠市场上以活鱼销售为主，为进一步扩大销售空间，适应大中城市冷链及商超的需求，应进一步开展活鱼远距离贮运技术研究，进而加快鲜活鱼的市场流通速度，满足人们对鲜活水产品的需求。同时，依据长吻鮠肉质变化规律，加快长吻鮠鱼片、鱼糜、鱼丸等精深加工产品的研究，创新加工技术，开发长三角地区长吻鮠的高质化品牌产品，实现长吻鮠养殖业与流通和加工业的对接。

## 第二节　生 物 学 特 性

### 一、形态特征

#### 1. 外部形态（图2-2-1）

鱼体呈淡红色，背部暗灰，腹部色浅，头及体侧具不规则的紫灰色斑块，各鳍灰黑色。体型延长，腹部浑圆，尾部侧扁。吻呈长锥形，并向前显著地突出。口下位，口裂呈新月形，唇肥厚。上颌突出于下颌。上、下颌及腭骨均具绒毛状齿，形成弧形齿带。眼小，侧上位，眼缘不游离，被以皮膜。眼间隔宽，隆起。前后鼻孔相隔较远，前鼻孔呈短管状，位于吻前端下方；后鼻孔为裂缝状。鼻须位于后鼻孔前缘，后端达眼前缘；颌须后端超过眼后缘；颏须短于颌须，外侧颏须较长。鳃孔大。鳃盖膜不与鳃峡相连。鳃耙细小。肩骨显著突出，位于胸鳍前上方。头顶部分或多或少裸露，体表裸露无鳞，侧线平直。肛门约位臀鳍起点至腹鳍基后端的中点，肛门后方雄性有比雌性更发达的生殖突起（湖北省水生生物研究所鱼类研究室，1976；中国水产科学研究院东海水产研究所和上海市水产研究所，1990；褚新洛等，1999）。

**图 2-2-1　长吻鮠**

体长为体高的 4.8～5.9 倍、为头长的 3.8～4.4 倍、为尾柄长的 4.5～5.6 倍、为尾柄高的 13.1～17.4 倍、为脂鳍基部长的 4.3～5.1 倍、为背鳍起点至吻端距的 2.5～2.7 倍、为背鳍基部末端至脂鳍起点距离的 7.0～10.0 倍。头长为吻长的 2.2～2.6 倍、为眼径的 13.0～20.6 倍、为眼间距的 2.4～3.0 倍、为背鳍刺长的 1.2～1.7 倍、为胸鳍刺长的 1.5～2.0 倍。随着体长的增长，眼径相对减小（湖北省水生生物研究所鱼类研究室，1976）。

背鳍Ⅱ，6～7；胸鳍Ⅰ，8～10；腹鳍条 1，5；臀鳍条Ⅰ，14～18；鳃耙（外侧）11～18。背鳍短，骨质硬刺前缘光滑，后缘具锯齿；其硬刺长于胸鳍硬刺，起点位于胸鳍后端之垂直上方，距吻端大于距脂鳍起点。脂鳍短，基部位于背鳍基后端至尾鳍基中央偏后。臀鳍起点位于脂鳍起点之后，至尾鳍基的距离与至胸鳍后端几相等。胸鳍侧下位，硬刺后缘有锯齿。腹鳍小，起点位于背鳍基后端之垂直下方稍后，距胸鳍基后端大于距臀鳍起点。尾鳍深分叉，上、下叶等长，末端稍钝（湖北省水生生物研究所鱼类研究室，1976）。

### 2. 内部构造

（1）骨骼系统

长吻鮠的骨骼分为中轴骨骼和附肢骨骼，前者包括头骨、脊柱和肋骨，后者包括肩带、腰带及胸鳍、腹鳍、背鳍、臀鳍和尾鳍等。长吻鮠骨骼系统最大特点在于颅骨的特化，其额骨特长，无顶骨，上枕骨有一长柄与背鳍前基牢固地连在一起，形成顶部的保护骨盖（罗泉笙，1984）。

（2）神经系统

长吻鮠的脑包含端脑、间脑、中脑、小脑和延脑5个部分。其中，端脑位于脑的前端，由嗅球、嗅束和端脑本部所构成，嗅束约为头长的1/2，与其较长的吻部相对应。间脑紧贴大脑之后，分化较为完善。中脑位于端脑后面两侧，体积不如大脑体积大，而中脑是低等动物的视觉中枢，这与长吻鮠的底栖生活、视觉不发达相适应。小脑发达，延脑位于小脑之后。脑神经10对：嗅神经、视神经、动眼神经、滑车神经、外展神经、三叉神经、舌咽神经和迷走神经（罗泉笙和张耀光，1987）。

（3）消化系统

长吻鮠消化系统包括消化道和消化腺两部分。消化道分为口咽腔、食道、胃、肠、直肠、肛门等部分，消化腺包括肝脏和胰腺。食道上皮中有众多的杯状细胞和黏液分泌细胞。胃肌肉层较厚，环肌尤其发达，有很大的扩展性，胃壁和胃肌肉层具有较强的磨碎、搅拌和混合食物的能力，如能将蟹的背甲磨成小块；胃腺分泌的胃酸及胃黏膜中分泌的胃蛋白酶能将胃中食物软化和消化。肠分为前、中、后3段，营养物质的吸收是依靠小肠进行的；长吻鮠的肠内表面积较一般肉食性鱼类小，但肠黏膜数量和分布密度都较多、较密，摄食频率和消化利用率较高（莫艳秀等，2004）。

（4）生殖系统

长吻鮠卵巢位于鳔和肾脏腹面，长囊状，前大后小，左右卵巢在后方相连，以一共同的短输卵管经泄殖孔开口于体外（张耀光等，1992；张耀光等，1994）。长吻鮠精巢位于肾脏腹面、消化道背方，由精巢系膜连于体壁，前伸于鳔中部，后达体腔后壁，呈不规则形，靠中线侧为长薄带状，向外侧伸出扁指状分支，分支上也有细分支，每侧分支可达60个左右。左右精巢往后合为一体，以一共同的输精管开口于泌尿生殖突上，合并后的分支呈紫红色，生殖季节尤为膨大，该部分约占整个精巢长度的1/3（张耀光等，1993）。

（5）循环系统

长吻鮠心血管系统包括心脏、动脉系统、静脉系统及微血管。心脏外被围心膜，由静脉窦、心房、心室和动脉球构成；动脉系统包括鳃区动脉、头部动脉、躯干和尾部动脉三部分；静脉系统包括鳃区静脉、头部静脉、躯干和尾部静脉三部分。长吻鮠动脉系统的结构和其他鱼类最明显的不同之处在于其存在一般鱼类所不具有的颈动脉膨大和脊髓下动脉。颈动脉膨大是颈外动脉的一部分，呈两端尖细、中部突出、背腹扁平的长梭形，组织学特征显示可分为管道和结构复杂的实体两部分，推测其有调节血压等功能，且颈动脉膨大为鮠科鱼类所特有。脊髓下动脉位于脊髓腹面，来自颈内动脉，有营养脊髓的作用（金丽，2005；金丽和张耀光，2006）。

（6）泌尿系统

长吻鮠肾脏呈紫红色，由肾小体、肾小管、集合管及拟淋巴组织等构成，位于体腔背壁，前段分为左右 2 叶，后段愈合为一体，以短的输尿管通入膀胱。膀胱非常发达，位于体腔末端，充盈时为梨状，长径可达 50 mm，尿液淡黄色。肾小体由肾小球和肾小囊组成，多呈均匀分布，也有 2 个或 3 个相邻在一起的情况。肾小囊往后移行为肾小管，根据结构、特点、着色情况等可将肾小管分为颈段、近曲小管和远曲小管三段。集合管和中肾管组成肾的排尿管（金丽等，2005）。

## 二、生态习性

### 1. 生活习性

自然分布的长吻鮠主要栖息于江河干流的底层，平时不集群，分散在水流缓慢的河口、深沱内活动觅食，偶见于山溪细流中。冬季在干流深水处或水下乱石的夹缝中越冬，繁殖季节成对或成小群在江河的沱首、沱尾的流水处产卵。人工蓄养或养殖条件下，长吻鮠群集栖息于水底层，白天活动少，夜间则分散到水体中上层活动觅食（殷江霞和张耀光，2003）。在养殖池塘中，长吻鮠则数十至上百尾成团集成群体，栖息于池底边角或光线较暗的地方。如受惊扰则迅速散开，但很快又集结成团。

### 2. 行为习性

长吻鮠具有明显的防卫特性，当受到惊扰或被捕捉时，从口大量吸入空气至鳔和胃内，使身体胀大，并不时发出“噗嗤”“噗嗤”的声响，身体剧烈摆动；当受到惊扰或遭遇凶猛鱼类攻击时，背鳍、胸鳍张开，硬棘竖起，表现出防卫态势。此外，亲鱼还具有护卵习性（殷江霞和张耀光，2003）。

### 3. 食性

长吻鮠属温和性的肉食性鱼类。江河中的成体从乱石、岩缝中寻找食物，也可以追捕中上层水面的小鱼，尤喜夜间捕食。在自然江河中，体长 20 cm 以下的个体主要以甲壳类的钩虾、日本沼虾以及各类水生昆虫为食；体长 30～40 cm 的个体主要食物为十足目及鱼类（主要为日本沼虾和光泽黄颡鱼 *Pelteobagrus nitidus*）；体长 40 cm 以上的个体主要以日本沼虾和各种鱼类为食（吴清江，1975）。

## 三、繁殖习性

江河等自然环境生长的长吻鮠性成熟的最小年龄为 3 龄（雌鱼体长 46.6 cm，体重 1.5 kg；雄鱼体长 47.8 cm，体重 1.58 kg），一般为 4～5 龄。长吻鮠卵巢发育与年龄、体长、体重的关系见表 2-2-1。长江中上游地区的长吻鮠自然种群产卵期为 4—6 月，产卵高潮在 4 月中旬至 5 月中旬，产卵期一直延续到 6 月中旬（张耀光等，1994）；长江口长吻鮠自然种群产卵季节为 4—6 月，5 月为盛产期（孙帼英等，1993）。长吻鮠多在底质为砂、卵石底的江河急流中产卵。怀卵量随体长和体重的增长而增大，绝对怀卵量变动在 1 184～145 410 粒之间。卵呈橙黄色，卵黏性，卵径 1～3 mm，产后吸水膨胀。长吻鮠成熟后的卵巢中已沉积卵黄的卵子大小相差悬殊，因此有些学者认为长吻鮠属分批产卵类型，即长吻鮠的卵子可能是分 2 批成熟的（吴清江，1975；姜仁良等，1990）；但张耀光等（1994）和王晓清等（2005）根据产后卵巢切片结果，发现未产出的卵粒将全部退化，卵巢退回至 Ⅱ 期，即当年不会形成第二批成熟卵，且 Ⅵ～Ⅴ 期存在的大小卵粒，虽粒径不同，但核的位置基本一致，说明大小卵是同期成熟的，据此认为长吻鮠是一次产卵类型。人工养殖条件下，长吻鮠的性成熟年龄一般为 4～5 龄，3 龄性成熟的个体极少（张耀光等，1994）。

表 2-2-1　长吻鮠性成熟前至性成熟卵巢发育与年龄、体长、体重的关系（张耀光等，1994）

| 项　目 | 年　龄 | | | | |
|---|---|---|---|---|---|
| | 0 | 1 | 2 | 3 | 4 |
| 标本数（尾） | 16 | 27 | 20 | 11 | 20 |
| 体长（mm） | 25～141 | 156～215 | 198～350 | 328～513 | 545～645 |
| 体重（g） | 0.3～76.6 | 60～193 | 255～600 | 575～1 800 | 2 100～3 600 |
| 性腺重（g） | 0.07 | 0.1～0.45 | 1.0～5.0 | 7.0～17.0 | 85.7～218 |
| 性腺发育期 | Ⅰ | Ⅱ | Ⅱ | 多Ⅱ，少Ⅲ | Ⅳ～Ⅴ |

注：早期幼鱼和部分 1 龄鱼取自人工养殖个体，其余为嘉陵江合川至北碚段采捕的野生个体。

性成熟雌鱼，身体匀称，卵巢轮廓明显，腹部较为膨大、松软，泌尿生殖突短而圆，一般在 5 mm 以下。生殖期成熟度好的雄鱼，由于腹部膨大泌尿生殖突内凹，甚至无法测出其长度。性成熟雄鱼，个体较雌鱼大，身体苗条，腹部细瘦，尾部较长，泌尿生殖突长圆锥形，达 1～2 cm，生殖季节可达 2～3 cm。人工催情的亲鱼有发情表现，而参加过一次繁殖的雄鱼再次催情无明显发情表现。长吻鮠在自然产卵交配时，雌雄鱼尾部相交、腹部相贴、身体部分露出水面或全部埋于水下，雌鱼排卵，雄鱼排精，交配时间持续 1～3 h。产卵后，亲鱼具有护卵行为(张耀光等，1994)。

## 四、性腺发育

### 1. 卵巢发育

依据卵巢外形和组织学特征，长吻鮠卵巢发育时期可分为卵原细胞期、单层滤泡期、卵黄期、卵黄充满期、成熟期和退化期 6 个时期(张耀光等，1994；莫艳秀，2004)。

Ⅰ期：卵原细胞期。透明或半透明，扁窄带状，与腹膜相连紧贴肾和鳔的两侧，肉眼能从性腺边缘是否有微缺刻来区别雌雄(精巢边缘有微缺刻，卵巢边缘光滑)；此时鱼体长 150 mm 以下，体重 60 g 以下，卵巢宽 1～3 mm、重 0.2 g 以下(张耀光等，1994)。卵巢内部主要由卵原细胞构成，外无滤泡细胞。切片中明显看到卵原细胞位于生殖上皮边缘，圆形或椭圆形，核位于中央。核仁很大，呈酸性，被染成微红色，核径 2.1～6.3 μm，卵径 4.2～8.7 μm(图 2-2-2,1)(莫艳秀，2004)。

Ⅱ期：单层滤泡期。呈肉红色或粉红色，扁囊状，体积远较Ⅰ期大(张耀光等，1994)。鱼体长 7～35 cm，性腺宽 2.7～9.0 mm、重 1.8～2.6 g，横断面能见卵巢腔(张耀光等，1994；莫艳秀，2004)。卵巢中以第 2 时相卵母细胞为主，也含有部分第 1 时相卵原细胞，内部卵母细胞处于单层滤泡时相。由于在卵巢内各卵母细胞相互挤压，有些卵细胞形态不规则。第 2 时相早期的卵母细胞质膜外侧的一层完整的滤泡膜尚未形成，至第 2 时相中、后期，卵母细胞的卵膜外侧已形成一层由低立方形的滤泡细胞构成的完整滤泡膜。光镜下观察，滤泡细胞的核呈小的圆球形。根据卵黄核的发生情况又可分为前期($Ⅱ^{+}$)、中期($Ⅱ^{++}$)、后期($Ⅱ^{+++}$)。前期卵母细胞明显大于卵原细胞，细胞强嗜碱性，卵径 25.0～46.0 μm，核径 18.0～27.0 μm，中央大核仁消失，已出现 10～26 个不等的小核仁，均匀分散于核中，滤泡细胞不明显(图 2-2-2,2)；中期细胞体积有所增大，胞质呈嗜碱性，核仁 20～30

个。核中有呈网状或放射状、被染成淡紫色的灯刷染色体，其与核膜之间的部分透明，胞质深蓝色，单层滤泡细胞明显，卵径 35.0～61.0 μm，核径 13.6～32.0 μm(图 2-2-2,3)；后期卵母细胞体积进一步增大，核仁 80～100 个，多数均匀分排在核膜内缘，少数位于核中央，核膜内缘者较核中央者大一倍，卵径 46.0～63.0 μm，核径 19.7～43.0 μm，胞质嗜碱性大大减弱，卵母细胞质的一端有明显的卵黄核，并移向皮质附近，这也是第 2 时相向第 3 时相的一种过渡(图 2-2-2,4)(莫艳秀，2004)。

Ⅲ期：卵黄期。呈浅黄色，长囊状，肉眼可见性腺内有众多小黄点，卵巢壁上血管密布，卵巢宽 10～22 mm、重 17 g 左右(张耀光等，1994)。卵母细胞呈圆形，周边具有大小不等的液泡，细胞内卵黄沉积已经开始。滤泡细胞层内侧出现薄层，被伊红染成红色，此即卵母细胞的放射带。放射带附近细胞质密集，围成一圈，厚度略薄于放射带，染成蓝紫色在内侧，细胞质比较疏散地均匀分布。细胞核核膜清晰，染色较深，细胞核内的核物质充满整个细胞核，核仁的直径变大，仍分布在细胞核的边缘，且核仁染色最深。每一个较大的核仁外侧部分与核物质相接触，其余部分为较大的空泡包围。此时期为进入大生长时期的初级卵母细胞。由于卵母细胞内营养物质的不断合成和积累，卵母细胞的胞体明显增大。第 3 时相中后期的卵母细胞内液泡明显增多，散布于核外空间，液泡大小差异较大。此时，不同卵母细胞中的液泡构成许多非常不同的图形，液泡间有较小的卵黄颗粒出现(图 2-2-2,5、6)(莫艳秀，2004)。

Ⅳ期：卵黄充满期。呈淡黄或灰黄色，由于卵母细胞体积增大而使卵巢膨胀成前粗后细的长囊状，卵巢壁血管变细并渐不明显；肉眼可见增大的卵粒，卵母细胞中充满卵黄颗粒，卵粒相互黏连不游离，卵巢宽 36～47 mm、重 10.8～218 g，卵径 0.8～2.5 mm(张耀光等，1994；莫艳秀，2004)。根据卵体大小、卵黄积累情况和胚泡(核)位置，可把第 4 时相卵母细胞分为早(Ⅳ$^{+}$)、中(Ⅳ$^{++}$)、晚(Ⅳ$^{+++}$)期。早期滤泡细胞仍为两层，核位于中央，卵黄泡密集于围核区，卵黄颗粒逐渐向核方向充满细胞质，卵径约 480.0 μm，卵母细胞大部分为圆形，胞质边缘的颗粒带消失(图 2-2-2,7)；中期核仁分散于核膜内缘，数量明显减少，为 20～25 个，卵黄颗粒充满胞质，卵细胞大部分都为椭圆形，细胞核仍位于中央位置，卵径 240.0～470.0 μm，核径 112.0～196.0 μm(图 2-2-2,8)；晚期核开始向动物极移动，核质均匀，其周缘有 10～16 个核仁，卵黄泡消失，放射带减薄(图 2-2-2,9)(莫艳秀，2004)。

Ⅴ期：成熟期。呈橙黄色，血管极不明显，卵粒充满卵巢，游离(张耀光等，1994)。Ⅴ期卵母细胞可分为前期(Ⅴ$^{+}$)与后期(Ⅴ$^{++}$)，前期卵黄完全充满胞质，生

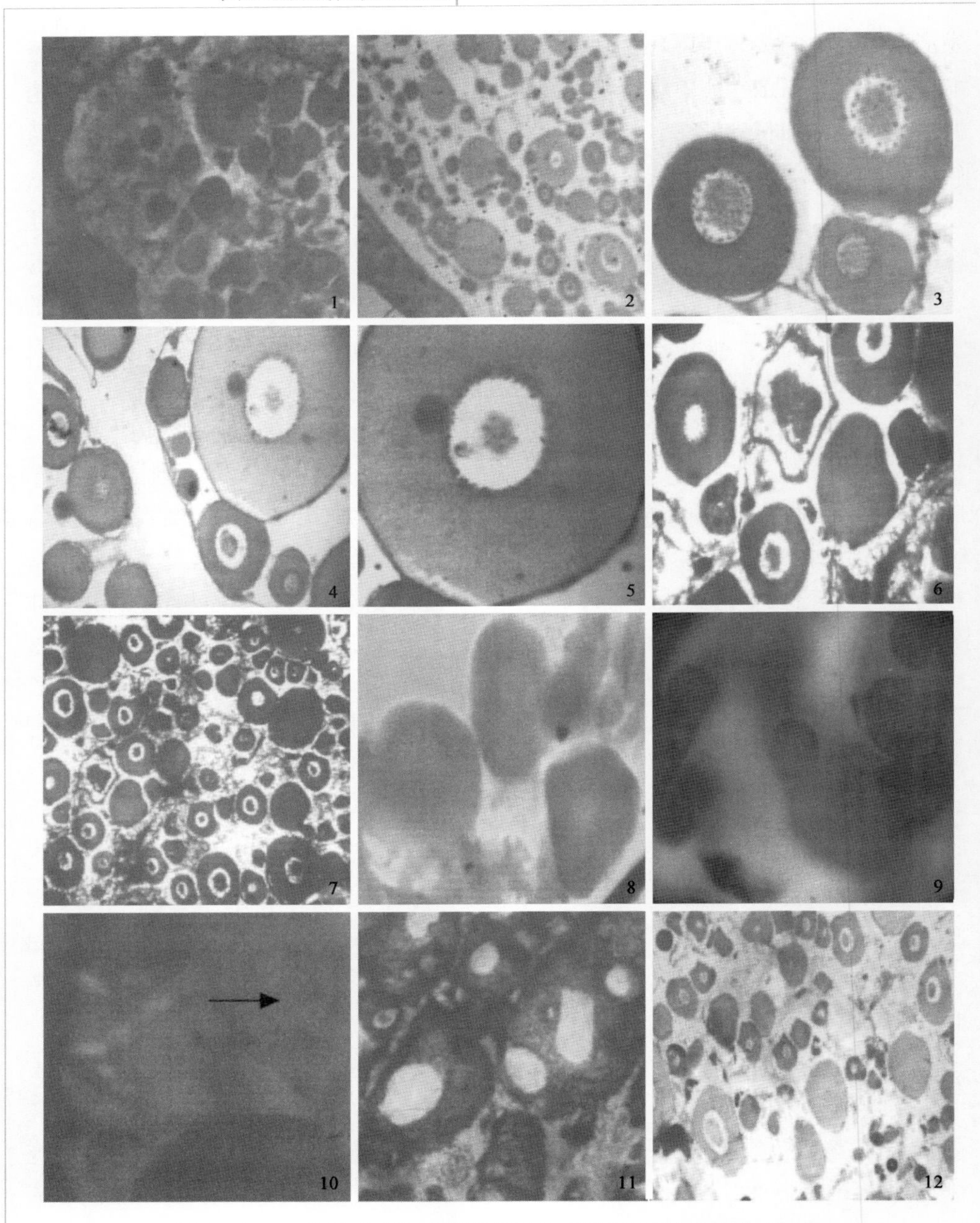


**图 2-2-2　长吻鮠不同发育时期卵巢组织切片图(莫艳秀,2004)**

1. Ⅰ期卵巢;2. Ⅱ期卵巢;3. Ⅱ$^{+}$时相卵母细胞;4. Ⅱ$^{++}$时相卵母细胞;5. Ⅱ$^{+++}$时相卵母细胞,核仁周围空泡明显;6. Ⅲ$^{+}$时相卵母细胞;7. Ⅲ$^{++}$时相卵母细胞;8. Ⅲ$^{+++}$时相卵母细胞;9. Ⅳ$^{+}$时相卵母细胞;10. Ⅳ$^{++}$时相卵母细胞,核偏向动物极;11. Ⅴ时相卵母细胞;12. Ⅵ期末卵巢,Ⅱ时相卵母细胞,中央的火红色物质及左侧卵细胞退化后留下的瘢痕发泡已破(图 2-2-2,10);后期卵粒呈游离状,轻压雌鱼腹部有卵流出,卵径约 2.5 mm,卵细胞已达生理性成熟。切片表明,核膜完全溶解,核质已和动物极细胞质融合。滤泡细胞颗粒显著并与产卵板分离,此时卵巢已达生理成熟(图 2-2-2,11)(莫艳秀,2004)。

Ⅵ期:退化期。卵巢呈淡黄或橘黄色,体积因卵细胞的产出而显著减小,质地松软,后部充血,大量滤泡膜的残留在卵巢内,内含少量未产出的成熟卵和正在退化吸收的卵母细胞。恢复至Ⅱ期的卵巢多呈紫红色,没能产出的成熟卵及部分第4时相卵母细胞尚在退化吸收(张耀光等,1994;莫艳秀,2004)。其余大部分为第2时相细胞,还有少数第1时相细胞(图 2-2-2,12)(莫艳秀,2004)。

**2. 精巢发育**

长吻鮠精巢位于肾脏腹面、消化道背方,从前至后高度分支呈指状,分支上也有次级分支。左右精巢后部合为一体,以一共同的输精管开口于泄殖乳突上。合并后的部分呈紫红色,生殖期间膨大,约占整个精巢长度的 1/3(图 2-2-3,1)。长吻鮠精巢发育与大多数硬骨鱼类一样,依据精巢发育外形和组织学特征可将其发育过程划分为6个时期:精原细胞增殖期、精母细胞生长期、精母细胞成熟期、精子开始出现期、精子完全成熟期和精子退化吸收期(张耀光等,1992)。

Ⅰ期:精原细胞增殖期。该期细胞只见于发育中的幼鱼,外观细线状,贴于腹腔背壁,边缘部有细小齿状突起;内部3～7个精原细胞被薄层结缔组织包裹在一起,呈不规则形,壶腹亦不明显。此时精原细胞的特点:细胞体积大,圆形或卵圆形,直径 12.5～18.75 μm。细胞核位于中央、嗜碱性极弱,细胞质无色或淡红色,核径 7.5～10.6 μm,内有1个大核仁,位于核中央或近一侧,在大核仁周围有一些点状或短条状的核质构成星网状。核膜清楚,附着有一些颗粒状物质,核中央略透明。精原细胞排列紧密,无壶腹腔(图 2-2-3,2a、2b)。精原细胞经过一段时间增殖后,数量增多,除大核仁外,还可见1～2个小核仁,个别壶腹中央出现壶腹腔雏形。

Ⅱ期:精母细胞生长期。精巢略微增宽,齿状突起变为十分显著的细指状,血管不明显。壶腹变得明显,圆形或椭圆形,每一壶腹中央裂开形成明显的壶腹腔,初级精母细胞排列在壶腹腔周围,多为1层,少数2～3层。细胞圆形或椭圆形,体积较精原细胞小,直径 8.75～11.25 μm,核径 5.0～6.25 μm,核膜仍清晰,除大核仁外,还有2～3个小核仁。核质亦显著,嗜碱性略增强(图 2-2-3,3a、3b)。除精巢边缘有少量精原细胞外,其余均同步发育。

Ⅲ期:精母细胞成熟期。呈粉红色,分支更甚,血管明显,合并后的部分深红色。壶腹腔扩大，壶腹壁上可见少量初级精母细胞，多为初级精母细胞经过第一次成熟分裂后形成的次级精母细胞，并向壶腹腔推移，排成4～6层。初级精母细胞染色深，体积约为初级精母细胞的一半，直径5.0～6.25 μm，核径3.75～4.40 μm，细胞质比例较小，核膜变得不明显，核嗜碱性显著增强，壶腹腔中央出现少量精子细胞(图2-2-3,4)。整个壶腹表现出明显的发育不同步性。低倍镜下次级精母细胞排成条索状，核形亦不规则。

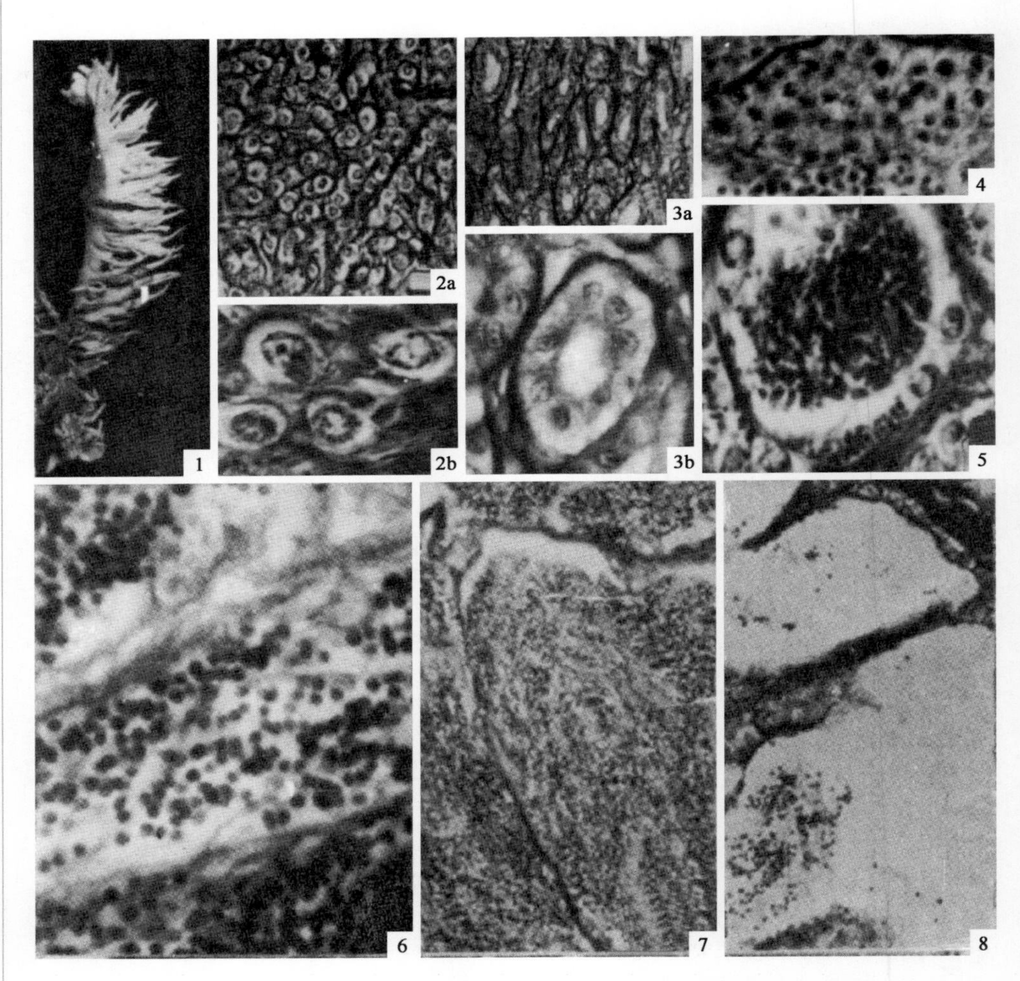


**图2-2-3　长吻鮠不同发育时期精巢的组织切片图(张耀光等，1992)**

1. 长吻鮠精巢外观；2. Ⅰ期精巢，示精原细胞，2a为低倍×54，2b为高倍×214；3. Ⅱ期精巢，示初级精母细胞，3a为低倍×54，3b为高倍×214；4. Ⅲ期精巢，示次级精母细胞及少量精子细胞，×214；5. Ⅳ期精巢，示精子细胞及少量初级精母细胞和精子，×214；6. Ⅴ期精巢，示成熟的精子，×214；7. Ⅴ期精巢低倍图，小叶内精子呈涡旋状，×54；8. Ⅵ期精巢，小叶内只剩少量精子，×100

Ⅳ期：精子开始出现期。呈乳白色，表面血管可辨。壶腹壁已变得很薄，壶腹边缘空出约成一圈或部分空出，壶腹腔全被精子细胞占据，个别壶腹边缘有少量精原细胞及次级精原细胞。细胞核因染色质浓缩而变圆，嗜碱性更强，深蓝色，几乎不能见细胞质，直径 2.37～2.50 μm（图 2-2-3，5）。此期见不到次级精母细胞，但能见到少量发育成熟的精子。

Ⅴ期：精子完全成熟期。呈乳白色，各分支十分饱满，无明显血管。挤压亲鱼腹部，没有或仅有少量乳白色精液流出。精原细胞经过变态，长出细长的鞭毛而成为成熟的精子，密集分布，呈圆颗粒状，直径 1.5～1.7 μm，被苏木素染为深蓝色。在精子较疏处能见不完整鞭毛聚集成从，对伊红着色。精子细胞变态为成熟的精子时，壶腹壁破裂，精子释放入小叶腔中，连成一片而呈漩涡流动状态（图 2-2-3，6、7）。

Ⅵ期：精子退化吸收期。参与生殖后的雄鱼精巢血管丰富，并略有萎缩。小叶汇总的精子部分被排空，壁增厚，结缔组织增多，生精囊又开始进入下一次生长发育（图 2-2-3，8）。6 月成鱼精囊小叶中已有不同发育时期的生殖细胞。

## 五、仔稚鱼的形态发育

张耀光和何学福（1991）对人工催产、自然产卵受精孵出的长吻鮠鱼苗进行了观察研究，在网箱中培育，培育水温 21～27℃，详细记录了仔稚鱼外部形态特征变化。根据其发育特征，将长吻鮠的早期发育分为仔鱼前期、仔鱼后期和稚鱼期 3 个阶段。

### 1. 仔鱼前期

本阶段从仔鱼孵化出膜至卵黄囊大部分被吸收、幼鱼开始摄食外界营养为止，共历时 5～6 d。

刚出膜的仔鱼，全长 5.33～6.62 mm，肛后长 3.32～3.50 mm，卵黄囊大，近圆形；体淡黄色，背部略弯，头伏于卵黄囊上，尾末端上翘；颌须 1 对，体后部侧扁，鳍褶窄而薄，有肛凹雏形（图 2-2-4，A）。刚出膜仔鱼常侧卧水底，运动能力不强，靠尾部不停摆动做旋转运动，很少窜游水面；当受震动时游至水体中上层，尔后又迅速垂直下沉，静卧水底。

出膜后 9 h 的仔鱼，口凹出现，眼黑色，耳囊部出现黑色素，颌须上分泌黏液，体后部伸直。

出膜后 15 h 的仔鱼，全长 6.0～6.7 mm，鳃板上出现 3 条鳃沟；嗅囊边缘突出，中间凹陷；颌须前端变圆，超过头前端(图 2－2－4，B)。

出膜后 18 h 20 min 的仔鱼，进入鳃盖分化期。鳃盖原基靠卵黄囊侧从卵黄囊上翘起；在第 1 对颌须基部出现第 1 对颌须原基；口凹中部突出，两侧深窝状(图 2－2－4，C)。

出膜后 24 h 的仔鱼，全长 6.5～7.0 mm，肛后长 3.5～4.0 mm，进入下颌形成期。头端从卵黄囊上抬起，口凹洞穿，上下颌分开并伴随心脏有节律地收缩而颤动。尾部环清楚。胸鳍增大，圆叶状。眼全黑，耳石 3 粒。黑色素在胸鳍正上方集中成小星团，在头端至卵黄囊上方分散呈点状，体后部中线两侧呈条带状分布。奇鳍褶增宽但仍相连续，尾端圆形(图 2－2－4，D)。

出膜后 48 h 的仔鱼，全长 6.5～7.5 mm，肛后长 3.5～4.2 mm。卵黄囊缩小，前后明显空出。第 2 对颌须原基出现，鳃盖扩大，胸鳍向体两侧伸出。尾鳍褶上有间叶细胞堆积，体黑色素增多(图 2－2－4，E)。

出膜后 68 h 20 min 的仔鱼，第 1 对颌须伸达吻端，下颌活动频繁，尾鳍褶出现雏形骨质鳍条，各奇鳍褶宽度有增加但仍连为一片。食道背方突出的鳔管延伸膨大而成鳔雏形，尚未充气，体积很小；鳃弓明显，鳃丝 2 列，为 7～8 个芽状突起。多静卧水底，时有短暂窜游活动，夜间靠须上的黏液吸着网箱壁或池壁摆动尾部栖息。

出膜 4 d 的仔鱼，全长 8.0～8.5 mm，肛后长 4.4～5.0 mm。鳃盖骨形成，并随鳃盖的启闭内外活动；下颌短于上颌，口下位，吻端有小刺状感觉突，下颌缘后方有一弧形沟；2 对颐须从侧面移至颐部；尾鳍形成 3 枚骨质鳍条，臀鳍褶出现；体近乎黑色，肉眼见呈灰白色，只卵黄囊下部无色素(图 2－2－4，F)。

出膜后 5～6 d 的仔鱼，全长 8.5～9.8 mm，肛后长 4.5～5.5 mm。颌须增长，伸达鳃盖后缘，须上出现小刺状感觉突，吻端之小刺状感觉突更为明显。胸鳍位置开始下移；背部鳍褶发生缢缩，分化出背鳍褶；尾鳍具 5 枚骨质鳍条。卵黄囊腹侧出现色素细胞，卵黄物质大部分被吸收(图 2－2－4，G)。

### 2. 仔鱼后期

仔鱼继续以卵黄物质为营养，并从外界摄取食物，进行混合营养。体形与成体有一定差异，器官分化仍不完善。历时 6～7 d。

出膜 7 d 的仔鱼，全长 9.8～10.5 mm，肛后长 5.5～6.0 mm。上颌须长 2.1 mm，向后翘过胸鳍起点，须上有发达的感觉突。上下颌缘有尖锐、稀疏的颌齿。卵黄囊上有血窦及丰富的微血管。胸鳍上出现硬棘，尾鳍条 8 枚，尾部呈桨状。

出膜 8 d 的仔鱼，全长 10.0～11.0 mm，肛后长 5.5～6.5 mm。头背高隆，吻突出。长条形外鼻孔中部相向突出，为上下鼻孔外形上分化的开始。鳃盖启闭加快，第 1 对颌须上也出现小刺状感觉突。卵黄囊很小。胸鳍条 1，3。尾鳍中央凹陷，开始形成上叶和下叶，有分枝鳍条 16 枚(图 2－2－4，H)。

出膜 9 d 的仔鱼，全长 10.5～11.5 mm，肛后长 6.0～6.7 mm。整个头部、吻端、颌缘均有白色小刺状感觉突。裂缝状外鼻孔中部靠拢成为中隔，分为两个外鼻孔，两外鼻孔之间的距离随着稳步的发展会越来越大，一个向背方、一个向腹面迁移。鳃盖尚未完全遮住鳃腔。在肛门前、卵黄囊后的凹陷处出现腹鳍原基。各奇鳍褶仍相连续，胸鳍条 1，6；尾鳍条 17；臀鳍条 7 枚(图 2－2－4，I)。

出膜 11～12 d 的仔鱼，全长 12.0～14.0 mm，肛后长 7.0～8.0 mm。上颌须

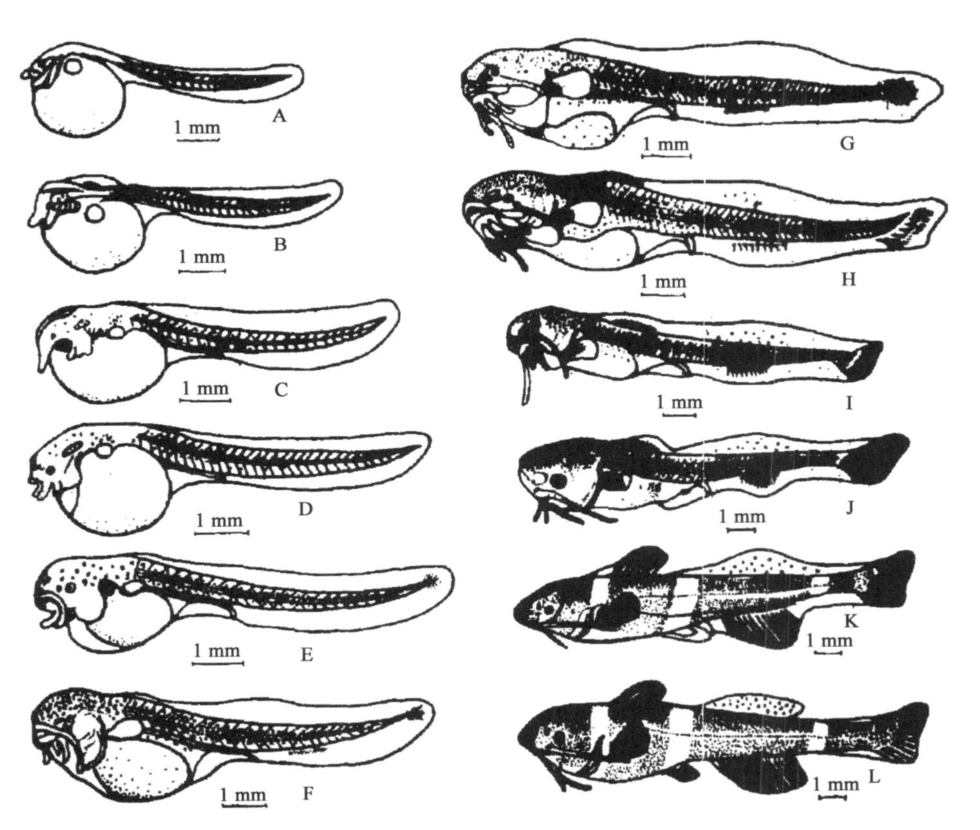


**图 2－2－4　长吻鮠仔稚鱼的发育(张耀光和何学福，1991)**

A. 刚出膜仔鱼；B. 出膜 15 h 仔鱼；C. 出膜 18 h 20 min 仔鱼；D. 出膜 24 h 仔鱼；E. 出膜 2 d 仔鱼；F. 出膜 4 d 仔鱼；G. 出膜 6 d 仔鱼；H. 出膜 8 d 仔鱼；I. 出膜 9 d 仔鱼；J. 出膜 11 d 仔鱼；K. 出膜 13 d 稚鱼；L. 出膜 20 d 稚鱼

长 3.5～4.0 mm。吻逐步尖突。鳃盖扩展，完全盖住鳃腔，只在后方留下一个鳃孔，可见 7 枚鳃盖条骨。下鼻孔移至吻腹面。背鳍独立，鳍条 8 枚，前 2 枚为硬棘；胸鳍条 1,8；臀鳍条 12～14 枚；尾鳍条 20 枚；腹鳍向体侧伸出，尚无鳍条(图 2-2-4,J)。

### 3. 稚鱼期

鱼苗完全以摄取外界食物获得营养，器官分化完善，外形向成体形态过渡。历时 7～8 d。

出膜 13 d 的稚鱼，全长 12.5～15.0 mm，肛后长 7.3～8.5 mm，肌节 40～42 对。在背鳍前、后和脂鳍后方有 3 条环绕身体的白色纹。上鼻孔具短棒状鼻须。尾鳍与脂鳍和臀鳍间相连的鳍褶已变得很窄，尾鳍上叶略长于下叶，背鳍、臀鳍、尾鳍的鳍条已分化完全，分别为 2,6～7；1,9,14～17；20～23 枚(图 2-2-4,K)。

出膜 16 d 的稚鱼，全长 16.0～17.0 mm，肛后长 8.0～8.5 mm。腹缘出现一枚骨质鳍条；腹鳍、臀鳍、尾鳍各自独立，但形状与成体有差异；尾鳍的骨质鳍条间血循环明显，并能见尾杆处跳动的淋巴心。

出膜 18～20 d 的稚鱼，全长 17.0～19.0 mm，肛后长 8.5～9.8 mm，上颌须长 5.5～6.0 mm。腹鳍条 5～6 枚，侧线形成(图 2-2-4,L)。

## 第三节　人 工 繁 殖

20 世纪 70 年代初，我国水产科技工作者开始了长吻鮠人工繁殖的试验研究，并于 80 年代中期全人工繁殖获得成功。繁育技术在生产中不断优化改进，四川、湖北等多地具备了规模化苗种生产能力。

本节内容主要依据相关文献，结合上海市水产研究所近年来开展的长吻鮠人工繁殖生产实践，介绍长吻鮠的人工繁殖技术。

### 一、繁育场建设

#### 1. 场地选择

繁育场宜选择在淡水资源丰富、水质良好、无工业及城市排污影响的地方。场地选择要求“三通”，即通水、通电和通路。

繁育场水源要求：长吻鮠繁育场水源的水质应符合《渔业水质标准》的规定。具体要求：pH为7.0～8.2；溶解氧(DO)不低于5 mg/L；总氨氮(TAN)0.05 mg/L以下；亚硝酸盐氮($NO_2$－N)0.01 mg/L以下；水中重金属含量不超过《渔业水质标准》的要求；水中杂质少，透明度以30～40 cm为宜。

### 2. 主要设施

(1) 供水系统：主要由蓄水池、过滤设备、水泵及管道组成。蓄水池可按功能设计建造露天沉淀池和室内黑暗沉淀蓄水池等。前者为池塘，主要用于初级沉淀和蓄水；后者通常为水泥结构，通过水泵和管道与繁育池连通，主要用于沉淀、消毒、曝气、预热或降温等。水泵管道主要包括闸口纳水泵房机组、引水渠道、蓄水池与繁育池的连接水泵、管道和阀门。

(2) 供电系统：主要由电源、配电房、输电线路组成。此外，需配置1台应急发电机组，发电容量以保证繁殖培育场正常运作而定。

(3) 供气系统：大型繁育场的供气系统由罗茨鼓风机(功率：7.5 kW)和供气管道组成，小型繁育场供气系统可由小型(功率：1.0～2.0 kW)气泵和供气管道组成。供气系统主要给亲鱼培育池和苗种培育池等送气增氧。此外，为防止使用中的供气设备出现故障，应加配1台同型号供气设备应急。

(4) 亲鱼池：长吻鮠亲鱼池应选择进排水方便、靠近产卵车间的长方形池塘，池底平坦，底部淤泥少，面积以2 000～2 667 $m^2$为宜。水深1.5 m左右，水质良好。

(5) 孵化设备：长吻鮠鱼卵是黏性卵，可以采取粘板静水充气或微流水孵化。将受精卵均匀地黏附在粘卵板上，置于孵化槽或孵化池中进行充气孵化。孵化池规格长8.0 m、宽2.5 m、深1.2 m，粘卵板间相隔30 cm左右。如果有条件，进行微流水孵化效果更佳。此外，也可以将脱黏后的受精卵置于孵化桶中进行孵化，利用曝气或水流的冲力使受精卵上下翻滚。

(6) 苗种培育池：仔鱼出膜后，如果直接置于室外池塘，鱼苗的成活率较低，因此一般都在室内进行一段时间的苗种培育。苗种培育池常见为水泥池结构，长方形，长宽比2∶1，面积10～20 $m^2$，深度1.2 m。

## 二、亲鱼培育与选择

### 1. 亲鱼来源

亲鱼来源有两种。一种是野生亲鱼。一般在繁殖季节直接从自然江河产卵场捕获或从长江沿岸渔民处收购而来。2020年1月，农业农村部发布的“关于禁止捕捞天然渔业资源的计划公告”——《长江十年禁渔计划》开始实施，长江开始了长达十年的禁渔期，这标志着长吻鮠野生资源自此被禁止采捕，野生亲鱼今后难以获取。另一种是人工养殖亲鱼，即从人工养殖的成鱼中挑选出来的后备亲鱼。尽管长吻鮠 3 足龄即可达到初次性成熟，但怀卵量和繁殖率均较低，人工授精效果不理想。因此，生产中一般选择 4 足龄或以上、体重 2～5 kg，以及体型好、体表无伤、健康无病、活力强的优质个体作为繁殖用的亲鱼。

**2. 后备亲鱼池塘培育**

一般选择 4 足龄或 4 足龄以上个体作为后备亲鱼，放养密度控制在 100～150 尾/667 $m^2$。此阶段要保障亲鱼营养需求，在投喂配合饲料的基础上，可在池塘内投放一定数量的鲜活饵料（小杂鱼、泥鳅或青虾），以促进亲鱼营养物质的积累。进入冬季以后，水温下降，此时可根据亲鱼的摄食情况灵活调整投喂量。到了次年春季 3 月，水温开始回升，进入关键的产前培育期。此阶段长吻鮠亲鱼性腺由Ⅲ期向Ⅳ期过渡，需要充足的营养补充。此时应加强投饲管理，除了配合饲料以外，酌情增加新鲜动物性饵料数量，以促进亲鱼性腺发育和生长。定期检测池塘水质，及时换水，以保证水质清新。池塘溶解氧应维持在 5 mg/L 以上。4 月底至 5 月上旬，可定期向池塘冲水，以促进鱼体性腺发育。

**3. 亲鱼选择**

长吻鮠亲鱼选择的标准：年龄在 4 龄或 4 龄以上。雌鱼 2～4 kg，生殖突 0.5 cm 左右，略带圆形，色泽红润，腹部膨大，仰腹可见明显的卵巢轮廓，用手触摸腹部松软并有弹性感觉。成熟度较好的雄鱼（3～4 kg），生殖突尖而长，一般可达 1 cm 左右，末端呈鲜红色（图 2-3-1）。采用人工授精时，雌雄比例可根据雌雄鱼的大小灵活掌握，生产上一般以（7～10）∶1 为宜。

**4. 亲鱼运输**

长吻鮠体无鳞且具硬棘，因此在亲鱼运输过程中特别要注意装运密度，以防止密度过高而导致鱼体受伤。根据亲鱼数量和运输时间长短选择防刺橡胶袋、塑料桶或活鱼运输车。短途运输可以选择防刺橡胶袋或塑料桶。防刺橡胶袋运输，可装水 1/2。根据鱼体大小选择相应规格的袋子，每袋装入 1 尾亲鱼，然后将袋子充满氧气，用橡皮筋扎紧袋口，置于泡沫箱或塑料箱中，运输过程中要注意防止袋子晃动，如外界气温过高可在箱内放置冰袋降温；塑料桶运输，亲鱼装运密度一般为 15 kg/$m^3$，通过持续曝气充氧可进行 4～6 h 的短途运输。长途运输选择活鱼运输车，亲鱼装运密度以 10～15 kg/$m^3$ 为宜，充氧方式可选择纯氧充氧，适于 8～10 h 的长途运输。

图 2-3-1　长吻鮠亲鱼(上: ♂;下: ♀)

**5. 亲鱼强化培育**

做好亲鱼的越冬管理和强化培育可以促进亲鱼性腺更好发育。长三角地区长吻鮠冬季可在室外池塘自然越冬。在越冬期间,合理控制放养密度(100 尾/667 $m^2$),适量投喂优质商品饲料,同时辅以泥鳅、小鱼虾等鲜活动物性饵料,以保证亲鱼在越冬期间的营养需求。后期,加大动物性饵料的比例,进一步促进营养强化,确保亲鱼质量,增强抗病力。越冬结束进入春季后,待水温逐渐上升时,可定期采取冲水措施,以促进性腺进一步发育。

**6. 产后亲鱼培育**

在长吻鮠人工繁殖过程中,需对亲鱼进行多次捕捞、运输及催产注射操作,且在效应期内要多次检查亲鱼产卵情况,亲鱼体能消耗较大,特别是挤卵操作容易造成亲鱼内脏器官受伤。因此,加强产后亲鱼护理,避免鱼体受伤,继发感染细菌性疾病而造成亲鱼死亡。后备亲鱼入池前,应对鱼体进行消毒处理,若发现亲鱼体表有伤，可用红霉素软膏涂抹处理，防止亲鱼受伤感染疾病。在实际生产过程中，为了降低产后亲鱼的死亡率，需要为亲鱼营造良好的生活环境，其间要保证亲鱼培育池水质清新、饵料充足，尤其要保证池塘溶解氧充足，因产后亲鱼体能消耗过大，需要消耗更多的溶解氧恢复体力。因此，产后亲鱼放回池塘后，可延长增氧机开启时间，必要时可另外增加水车式增氧机，以提高池塘溶解氧达 5 mg/L 以上。

## 三、催产

### 1. 催产条件

长江中上游地区和下游地区的长吻鮠自然种群产卵期均为 4—6 月，产卵期可一直延续到 6 月（孙帼英等，1993；张耀光等，1994）；长江中下游地区每年 4 月下旬至 5 月中旬为长吻鮠苗种的繁育季节，早期选择温室培育，主要控制好繁育和培育苗种水温（鲍美华等，2021）。在长三角地区露天池塘集中繁育的季节为 5—6 月，池塘水温在 23～25℃（高峰，2002）。

### 2. 催产亲鱼选择

催产雌鱼通常选择 4 足龄或 4 足龄以上，体质和成熟度较好，用手触摸腹部感觉柔软并富有弹性，仰腹可见明显卵巢轮廓，生殖乳突长约 0.5 cm、呈鲜红色，生殖孔宽而圆；催产雄鱼生殖乳突尖而长，长度 1 cm 左右，末端呈桃红色。催产亲鱼的雌雄比例一般为（7～10）∶1。

### 3. 催产药物及剂量

从已报道的文献来看，长吻鮠催产多数选择鲤、鲢、鳙等鱼类的脑下垂体（PG）和促黄体生成素释放激素类似物（LHRH－A）作催产剂，或采用 LHRH－A 和地欧酮（DOM）混合注射催产。通常采用 2 针注射法，第 1 针注射剂量为：5～10 μg LHRH－A/kg 雌鱼体重＋PG 0.5 颗；第 2 针注射剂量为：15～40 μg LHRH－A/kg 雌鱼体重＋PG 1～1.5 颗。雄鱼第 1 针不注射；第 2 针与雌鱼同时注射，剂量为雌鱼的 1/2。催产 2 针的间隔时间为 10～12 h。水温越高，催产后产卵的效应时间越短。水温 21～22℃、23～24℃、25～26℃、27～28℃条件下，对应的效应时间分别为 25～26 h、21～23 h、19～22 h、18～20 h（叶彬，2005）。

上海市水产研究所近年来单独采用 LHRH－$A_2$（宁波第二激素厂）对长吻鮠进行催产也获得了一定的催产效果。具体方法：雌鱼分 2 次注射，第 1 针注射剂量 2 μg/kg，第 2 针 20 μg/kg；雄鱼第 1 针不注射，第 2 针注射剂量为雌鱼一半。催产 2 针的间隔时间为 12 h。水温 23～24℃的效应时间为 10～12 h。

### 4. 催产方法

使用时，将 LHRH－$A_2$ 溶于 0.9%的生理盐水，现配现用。采用胸鳍基部注射法，从胸鳍基部向胸腔内与身体呈 45°入针，入针深度为 1.0～1.5 cm，注射液量为 1 mL/尾。

### 5. 催产中存在的主要问题及预防措施

催产过程中主要存在的问题：① 挑选亲鱼性腺发育不同步导致催产效果不佳；② 长吻鮠对光刺激和应激比较敏感，在进行注射催产时，尾部剧烈摆动，常常致使针头脱落或插入心脏而导致出血。因此，选择催产亲鱼时，应尽量选择腹部较为膨大松软、性腺发育较为同步的亲鱼，以便获得较为理想的催产效果。此外，在催产过程中应尽量减少亲鱼受到较强刺激。注射催产素时，应用干净毛巾遮住亲鱼双眼，固定住头部和尾部，待亲鱼安静、不再挣扎时从胸鳍基部凹处缓慢下针注射。

## 四、人工授精

### 1. 产卵前检查

临近效应期时，每隔 2 h 左右检查雌鱼 1 次。自待产池中手持捞网逐尾捞出雌鱼，放入铺有干净湿毛巾的塑料盆中，一人以干净毛巾包裹住鱼体上半部，另一人固定住尾部，然后从胸鳍基下方的腹部逐步向尾部轻轻挤压，若有游离卵粒流出，则开始人工授精。准确把握亲鱼的排卵时机，以便适时采卵，这对于人工授精至关重要。若错过最佳排卵时间，会导致受精率不高或卵子完全不受精。

### 2. 采精、采卵方法

长吻鮠精巢构造特殊，无法挤出精液，需要通过杀鱼获取精巢的方式取得精液。因此，在发现催产后的雌鱼即将临产，可现场采取杀鱼取精的方式获取精液，也可以根据效应时间提前宰杀雄鱼取精(图 2－3－2)。具体方法：选择成熟度较好的雄鱼(生殖突 1 cm 以上，末端鲜红)，从泄殖孔处开始用剪刀剪至胸鳍下方的腹部，打开腹腔，将内脏取出后，可见树枝状的精巢，用剪刀轻轻剪断精巢与体壁的连接组织，取出后置于 0.9%生理盐水中洗去血迹，于纱布上吸干水分后，放于研钵中用剪刀剪碎，然后用研钵研磨均匀后置于精子保存液中低温保存。精子保存液配方：NaCl 4.675 2 g/L、KCl 3.727 5 g/L、$CaCl_2$ 0.554 9 g/L、$MgCl_2 \cdot 6H_2O$ 0.406 6 g/L、$NaHCO_3$ 4.200 4 g/L。精子储备液应保存在 4℃冰箱或用碎冰保存，使用前检查精子活力情况，一般以 1～3 d 使用完最佳。

采卵时，用干净毛巾擦干亲鱼体表特别是泄殖孔附近的水分，并用半湿毛巾包裹亲鱼，防止滑落。一手置于亲鱼腹部，用手掌和手腕托住鱼体，再用该手手指和虎口挤压亲鱼的下腹部，成熟的卵即会顺利流淌出来；另一手捏住亲鱼的尾柄，以防亲鱼挣扎。在采卵过程中，雌鱼有时应激比较强烈，会剧烈甩动尾部而造成卵粒溅出，此时应待鱼体不再挣扎后再行采卵。采卵时避免用力挤压腹腔，以免亲鱼内脏受伤(图 2-3-3)。

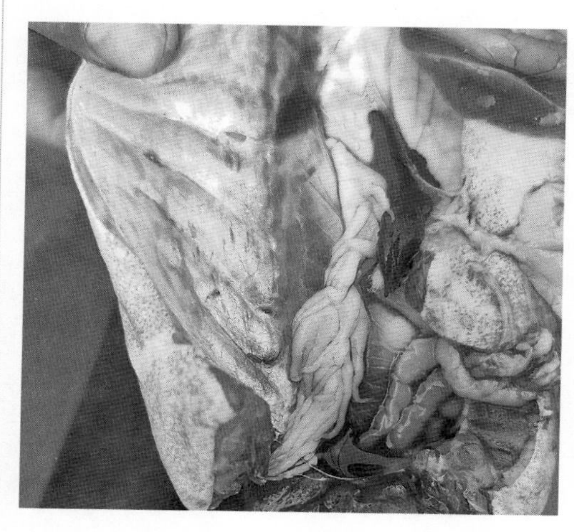

图 2-3-2　长吻鮠取精

图 2-3-3　长吻鮠采卵

**3. 人工授精操作**

尽管人工催产后的长吻鮠可以进行自然交配产卵受精，但因自然产卵率、受精率低，难以获得批量受精卵，现在已很少采用此方法。目前主要还是采用人工授精的方式获得受精卵。具体方法：将雌鱼用湿毛巾包裹，以降低雌鱼的应激反应，避免尾部剧烈甩动而导致卵子流出。准备白瓷盆，用 0.9%的生理盐水润洗 2 次后，倒入 100 mL 左右 0.9%的生理盐水，然后采卵至白瓷盆中，其间分 3～5 次加入精液，用毛刷不停搅拌，使卵子和精子充分混合，直至雌鱼卵采空。为保证精液质量、提高受精率，一般选择 2 尾雄鱼提供精液。精、卵充分混合后，再向白瓷盆中缓慢注入淡水，并用毛刷不停搅拌，以激活精、卵结合受精，完成人工授精过程(图 2-3-4)。在人工授精过程中应避免阳光直射，应在阴暗处进行。在完成人工授精过程后，立即将受精卵黏附在粘卵板上(图 2-3-5)，并放入孵化池进行孵化。由于长吻鮠受精卵遇水后很快产生黏性，因此在布卵过程中动作要迅速，操作者要密切配合，防止时间过长而致受精卵遇水后成团状。

图 2-3-4　长吻鮠人工授精

图 2-3-5　长吻鮠受精卵粘卵板

## 五、受精卵孵化

### 1. 孵化条件

长吻鮠胚胎发育的水温范围在 18～29℃，孵化水温为 22～27℃，适宜水温为 25～27℃（张耀光等，1991；胡梦红和王有基，2006）。若水温低于 20℃或高于 28℃，均会导致胚胎发育不良，畸形和死卵较多，孵化率较低。因此，在长吻鮠的繁殖季节，最好在室内水泥池开展孵化，优点是可以人工调控水温，使其在最佳发育水温范围内，以确保良好的孵化效果。孵化池面积一般在 10～30 $m^2$，水泥池深度 80～120 cm，内部铺设不锈钢 U 形加热管。

### 2. 孵化管理

采用静水充气孵化时，应将育苗池充气量调至沸腾状。从挂卵第 2 d 开始，及时剔除粘卵板上的死卵，以防死卵发霉影响正常受精卵。及时加、换水，以保持水质清新，有条件的地方推荐采用流水孵化。对于脱黏后的受精卵可采取流水和孵化桶孵化，通过水流的冲力使受精卵上下翻滚。一般在 24～26℃水温条件下，正常发育的受精卵可在 48～60 h 孵化出膜（叶彬，2005；林显道等，2009）。

### 3. 受精卵计数

待受精卵发育至原肠中期后，可见正常发育的受精卵呈现晶莹透明的黄色（受精后约 13 h，水温 22～25℃），而未受精卵呈现白色浑浊状，通过肉眼即可观察到受精情况。此时随机抽取 100 粒卵，计算受精率。

### 4. 孵化管理注意事项

长吻鮠受精卵遇水具有较强的黏性，各受精卵通过黏着丝附着在粘卵板上，在孵化过程中容易发生水霉病。如果在泼洒过程中不均匀,会导致粘卵板上的受精卵堆积成块,特别是与坏卵混在一起易发霉,严重影响胚胎正常发育,导致出膜仔鱼畸形。此外,孵化过程中还有部分未受精卵会脱落至池底,分解后会在育苗池中产生大量有机污染物,进而败坏水质,影响正常的受精卵孵化。因此,孵化期间密切关注水质状况,中后期及时换水,保证水质清新。为预防水霉病孳生,在入池孵化前可将附着受精卵的粘卵板置于水霉净等溶液中浸泡 15 min。浸泡过程中要注意充氧。刚出膜的仔鱼,侧卧池底,尾部不停摆动,卵黄囊占据身体 2/3,游泳能力弱,不能平游,此时仔鱼依赖自身卵黄囊生存。

## 典型案例

**案例 1**

上海市水产研究所奉贤科研基地于 2021 年 5—6 月,采用 3 龄以上长吻鮠亲鱼开展了 6 批次人工繁殖试验。其中,第 5、第 6 批次共催产雌性亲鱼 60 尾,51 尾催产成功,催产率为 85.0%,第 6 批受精卵经室内水泥池孵化培育,获得全长 1.2 cm 的 14 d 鱼苗 3.5 万尾。

**案例 2**

上海市水产研究所奉贤科研基地于 2022 年于 5—6 月,采用 4 龄以上长吻鮠亲鱼开展了 5 批次的长吻鮠人工育苗,雌雄配比约为 10∶1,催产亲鱼 154 尾,产卵亲鱼 135 尾,平均催产率 87.7%,合计繁育体长 1.3 cm 的苗种 7.25 万尾。

## 六、影响胚胎发育的主要环境因子

环境因子会影响长吻鮠的胚胎发育。探明各环境因子对长吻鮠胚胎发育的影响,有助于提高长吻鮠受精卵的孵化率。下面主要依据已有文献,介绍影响长吻鮠胚胎发育的主要环境因子(水温、盐度和 pH)。

### 1. 水温

鱼类的胚胎发育与水温有着密切的关系,水温是影响鱼类生长和发育的最重要的环境因子之一。据张耀光等(1991)报道,在一定的水温范围内,长吻鮠的胚胎发育时间随水温升高而缩短。长吻鮠胚胎可耐受水温范围为 18～29℃,适宜水温范围为 25～27℃,不同水温下从受精卵发育至各主要胚期所需时间见表 2-3-1。超过适宜水温范围,胚胎的孵化率降低,畸形率和死亡率升高。23℃以下、29℃以上均对胚胎发育不利,31℃发育至囊胚早期即全部死亡。水温每升高 2℃,胚胎发育总时程缩短 13.1%～25.3%。

表 2-3-1　不同水温下长吻鮠胚胎发育速度比较(张耀光等,1991)

| 发育阶段 | 水温(℃) | | | | | |
| --- | --- | --- | --- | --- | --- | --- |
| | 21～27 | 23 | 25 | 27 | 29 | 31 |
| 胚盘期 | 0 h 35 min | 0 h 35 min | 0 h 35 min | 0 h 35 min | 0 h 35 min | 0 h 35 min |
| 囊胚晚期 | 5 h 15 min | 8 h | 6 h 25 min | 5 h 25 min | 4 h 10 min | |
| 原肠早期 | 7 h 5 min | 14 h | 9 h | 6 h 25 min | 5 h 5 min | |
| 神经胚期 | 12 h 45 min | 19 h 40 min | 17 h 55 min | 15 h 20 min | 14 h 5 min | |
| 肌肉效应器 | 28 h 20 min | 34 h | 28 h 25 min | 27 h 15 min | 23 h 5 min | |
| 心跳期 | 34 h 35 min | 37 h 5 min | 32 h 40 min | 31 h 15 min | 28 h 15 min | |
| 孵化期 | 59 h 5 min | 75 h 5 min | 64 h 50 min | 48 h 25 min | 42 h 5 min | |

**2. 盐度**

据刘晓蕾等(2013)报道,随着水环境盐度的升高,胚胎各发育期的成活率下降。盐度越高,长吻鮠胚胎的孵化率和存活率越低,发育速度越慢。原肠胚期和神经胚期是对盐度最敏感的时期。胚胎发育的最适盐度在 6 以下,最高临界盐度为 11。盐度 3 和 6 条件下,胚胎完成发育所需要的时间分别为 49.3 h 和 50.7 h;盐度大于 8,长吻鮠胚胎完成发育时间延长 7 h 左右;盐度 11 条件下胚胎完成发育时间达 57.2 h。这说明随着盐度的升高,胚胎完成发育所需时间延长,表现为胚胎完成发育时间与盐度呈正比。在一定盐度范围内(6 以下),适当增加孵化水的盐含量可以使胚胎发育速度略为加快,例如盐度 3 和 6 时胚胎发育时间比对照组短 3 h 左右。

**3. pH**

pH 对胚胎发育的影响主要表现在氢离子对胚胎产生的毒性作用。长吻鮠胚胎发育的适宜 pH 为 7,最高临界 pH 为 9,最低临界 pH 为 5(刘晓蕾等,2013)。

## 第四节　苗 种 培 育

长吻鮠仔鱼刚出膜时,靠自身卵黄囊提供营养。随着发育,仔鱼逐渐由内源性营养向外源性营养阶段过渡，开始摄食饵料。刚开口的鱼苗体质较弱，如果直接放入露天土池养殖，成活率较低。因此，根据长吻鮠仔稚幼鱼生活习性和食性转变情况，一般将仔稚幼鱼的培育分成两个阶段，即室内水泥池苗种培育(出膜仔鱼培育至体长 1.2～1.5 cm)和露天池塘夏花鱼种培育(从体长 1.2～1.5 cm 培育至体长 3～5 cm)阶段。本节内容结合上海市水产研究所最近两年研究成果和生产实践以及公开报道资料对长吻鮠的苗种培育技术进行总结。

## 一、室内水泥池苗种培育

### 1. 培育条件

长吻鮠初孵仔鱼可在室内水泥池中培育。池底面积 10～20 m²，水深 1.0～1.2 m，池内布设散气石。不间断充气，充气时水体呈微翻滚状态。

### 2. 放苗

长三角地区 5 月中下旬水温已达 22℃以上，室内水泥池布苗时水温 23～24℃。室内水泥池放苗水位 60 cm，布苗密度 1 000～2 000 尾/m²。室内培育池要求散气石 1.5 个/m²，溶解氧保持在 5 mg/L 以上。

### 3. 饵料系列

刚出膜的仔鱼全长 6 mm 左右，仔鱼出膜 3 d 内为内源性营养阶段，依靠吸收自身卵黄囊中的卵黄作营养。4 d 起进入混合营养阶段，开始被动摄取外源性营养——绿藻、硅藻等，鱼体全长达到 8.0～8.3 mm 时，开始主动摄食绿藻和硅藻，也可以摄食 100 目过筛的蛋黄；5 d 鱼苗可摄食 60 目过筛的小型枝角类、桡足类等；8 d 的仔鱼(全长 1.1～1.2 cm)可吞食体长 1 mm 的枝角类、桡足类，并开始摄食摇蚊幼虫。

### 4. 饵料投喂方法

3～5 d：开口阶段的饵料采用蛋黄，用 100 目筛绢过筛，采用全池均匀泼洒投喂，6 次/d，每次投喂蛋黄 1 个/20 m³。

5～8 d：饵料为枝角类、桡足类等小型水溞。根据鱼苗发育情况，选择 60～80 目筛绢网过滤。上、下午各投喂 2 次，投喂量根据池内浮游动物数量决定，以次日检查密度为 1～2 个/mL 为宜。

8～14 d：用 20～40 目过筛的枝角类和桡足类等，也可以少量投喂水蚯蚓等。

### 5. 水质调控

苗种培育水温范围保持在 22～26℃，长三角地区一般在 5 月中旬以后无须专门加温。苗种入池后，因放养密度较高，加上残饵和代谢物的积累，水质容易变坏。因此，在苗种培育过程中要定期监测水质，并根据水质监测结果及时换水。

#### 6. 日常管理

室内水泥池培育日常管理主要包括吸污、换水和分池。

（1）吸污

刚破膜的仔鱼游泳能力弱，一般侧卧池底，尚不能平游，仅靠尾部不停摆动做螺旋运动，此时不宜吸污，以免对初孵仔鱼造成伤害。破膜后3～4 d，仔鱼可以自由游动，运动能力逐步加强，一般聚集在池底角落等阴暗处，此时可对育苗池底角落以外的非仔鱼聚集区域进行短时吸污，尽量不要吸到仔鱼。仔鱼主动摄食后，生长迅速，一般在体长1 cm时，体色已达灰黑色，此时应及时对池底进行吸污，以防残饵和排泄物等污染水质。吸污前，移出散气石，培育池水静置10 min后，用虹吸法吸除池底污物。前期吸污框网目为60目，鱼苗9 d后吸污框网目改为40目。将吸出的污物和极少量的鱼苗带水舀入白搪瓷盆内，然后再将分离出的活鱼苗舀回育苗池内。

（2）加、换水

放苗后每天加水20 cm，3 d后达到满水位。此时进行短时吸污，吸污后换水1/2。一般以后需要每天换水，每次换水量1/2，并根据吸污情况可加大换水频率和换水量。前期换水框网目为60目，后期换水框网目改为40目。换水时，要求加入的新水与原池水温差不超过0.5℃。

（3）翻池、分池

长吻鮠苗种喜欢微流水的清新水质，一般在仔鱼出膜后1周内，原池内死卵、残饵和粪便的累积容易造成水质败坏，通过吸污、换水已不能有效维持水质，此时需将原池仔鱼及时翻池。另外，鱼苗长至一定阶段后要及时分池，以免因苗种密度过大或饵料不足而导致苗体大小分化过大。一般养至1.0～1.5 cm后，即可从室内培育池出池转入露天池塘，进行夏花鱼种的池塘培育。

### 二、露天池塘夏花鱼种培育

长吻鮠仔鱼在室内培育一段时间后，已具备一定的游泳能力和主动捕食能力，此时可转入露天池塘进行夏花鱼种培育，保证顺利转食人工饲料。

#### 1. 池塘条件

池塘面积以1 000～1 667 $m^2$ 为宜、水深1.5～2.0 m，进排水方便，配备1台

1.5 kW 叶轮式增氧机。水源充足、无污染,水质符合《渔业水质标准》(GB 11607—1989)规定,pH 为 7.0～8.0。

**2. 下塘前准备**

在鱼苗下塘前 15 d,彻底清塘曝晒消毒。提前 7～10 d 将池塘清洗干净,注入新水 60～70 cm,为防敌害生物及野杂鱼苗进入,进水口采用双层 60 目筛绢网过滤。加水完毕后,应施有机肥以培养浮游动物,一般每 667 $m^2$ 施 200 kg 发酵有机肥。施肥后应及时检查池塘浮游动物变化情况,当观察到枝角类处于高峰期时可进行放苗。

**3. 鱼苗放养**

在正式放苗前 1 d,在塘中放入数十尾长吻鮠苗进行试水,测试水质没有问题后即可放苗。若试水效果不理想,应及时查明是鱼苗自身问题还是池塘水质原因,以便采取针对性措施,确保放苗工作顺利进行。放苗时水温不低于 23℃,放苗规格为体长 1.3～1.5 cm,放养密度为 75 000～150 000 尾/$hm^2$。提前开启增氧机,选择晴好天气的上午或者黄昏时分,在上风口处将装有苗种的塑料桶或者苗袋轻轻放入池塘中,待桶或袋内的水温同池水温度一致后逐步装入池水,缓慢倾倒塑料桶或者苗袋,让鱼苗进入池塘。

**4. 饵料系列**

鱼苗全长 3.2 cm 前为广食性,食物组成中植物藻类占有一定比例,同时摄食浮游动物、底栖动物和人工配合饲料;鱼苗全长 3.2 cm 以后,食性逐渐转化为较大型的动物性饵料,主要为枝角类和底栖性的摇蚊幼虫;鱼苗全长 5～6 cm 以后,主要摄食摇蚊幼虫及人工投喂的水蚯蚓和配合饲料,其食性由杂食的混合营养向肉食的单一营养转化(黄明显等,1988);幼鱼体长 10 cm 后,摄食小鱼虾、泥鳅、陆生蚯蚓、昆虫幼虫及螺蚌肉等。通过转食驯化,长吻鮠可以较好地适应人工饲料(万松良和刘能玉,1999)。

**5. 饵料投喂及驯食方法**

鱼苗刚下塘时主要以枝角类和桡足类为食。为维持塘中浮游动物密度,每天可泼洒一定量的豆浆和煮熟的蛋黄浆。从鱼苗下塘第 4 d 开始,根据池内饵料生物数量的情况,每天可增加投喂经 30 目绢筛过滤后的水溞。鱼苗下塘后的第 10 d,塘内大部分大型浮游动物被鱼苗摄食,数量已不多,难以满足鱼苗生长发育所需,此时应开始投喂水蚯蚓,上、下午各 1 次。当鱼苗长到 3～5 cm 时,可开始转食驯化。选用粗蛋白含量 45%的鳗鱼配合饲料混合水蚯蚓用水拌成浆,在塘边大范围投喂,每日投喂 2～4 次,日投喂量为鱼体重的 15%～20%。随着转食的进行,逐步降低水蚯蚓在混合饲料中的比例，直至最后鱼种完全摄食人工饲料。一般经 1 周的驯化，长吻鮠鱼种可完成转食过程。

**6. 水质调控**

放苗 3 d 内，为保证稳定的生长环境，尽量不加水，以便于鱼苗顺利度过适应期。此后逐步加入新水直至最高水位，根据鱼苗生长情况和池塘水质监测结果予以灵活调整。加注新水要注意少量多次，逐步加注，一般每次加水量在 30 cm 左右。注水时注意做好防拦，严防敌害生物进入池塘危害苗种。放苗 20 d 后，可根据水质状况进行换水，换水量 1/3 左右。

**7. 日常管理**

鱼苗放塘后，坚持早晚巡塘，及时观察水色、池内饵料生物的变化。若发现饵料生物密度开始下降，应及时泼洒豆浆或者蛋黄浆。长吻鮠营底栖生活，日常应注重及时开启增氧机，以维持池塘丰富的溶氧量。因长吻鮠为无鳞鱼，每半个月检查一次鱼体生长状况，并查看是否有寄生虫等病害，做好病害防治。通常经过 1 个月的时间可培育成 3～4 cm 的鱼种，此时可转入常规的当年鱼种养殖。

## 三、影响仔稚幼鱼的主要环境因子

水温作为限制性环境因子，直接影响鱼类的存活和生长，尤其在鱼类早期发育阶段，水温的影响作用更甚。大多数鱼类在发育过程中需要一定的光照来维持正常的发育与生长。对于早期仔鱼来说，光照除对生长和存活产生影响外，对鱼体色素的沉积也是不可缺少的。众多研究表明，光谱、光照强度、光周期在一定程度上会影响仔鱼对饵料的选择、仔鱼的孵化与迁移及新陈代谢等（刘变枝，2011）。长吻鮠仔稚鱼生长发育期间，会受到外界环境因素的影响，如水温、光照等。下面参考现有文献介绍影响仔稚幼鱼生长发育的主要环境因子。

**1. 水温**

（1）仔鱼阶段

刘变枝（2011）开展了水温变化对长吻鮠仔鱼（9.5 mg）生长、存活、生理状态的影响研究。试验分别设置 15℃、20℃、25℃、30℃、34℃等 5 个水温梯度（其中 25℃为对照组），结果表明，3 h 内水温增加 9℃或降低 10℃对长吻鮠的仔鱼存活率没有显著影响（$P>0.05$），但降温 10℃显著抑制了长吻鮠仔鱼的生长（$P<0.05$）。

（2）幼鱼阶段

长吻鮠幼鱼（35.6 g±0.48 g）在 20～32℃（20℃、24℃、28℃和 32℃）条件下，

摄食率(FR)、特定生长率(SGR)和饲料转化率(FER)在20℃至最适水温间均呈现先上升后下降的趋势，水温(T)与FR、SGR和FER的回归曲线分别为 $SGR = -0.026T^2 + 1.39T - 17.29(n=12, R^2=0.7599)$、$FR = -0.016T^2 + 0.91T - 1.88(n=12, R^2=0.8752)$ 和 $FER = -0.013T^2 + 0.70T - 8.43(n=12, R^2=0.7272)$，经回归分析，达到最大FR、SGR和FER时的最适水温分别为27.66℃、26.69℃和26.44℃(Zhao 等，2009)。

**2. 光照强度**

(1) 仔鱼阶段

有研究表明，长吻鮠仔鱼(13.4 mg)在5 Lux、50 Lux、150 Lux、200 Lux、250 Lux等5个光照强度处理下，仔鱼生长和存活不受光照强度的显著影响($P>0.05$)，存活率随光照强度的增加而增加，特定生长率则以150 Lux处理组最高。特定生长率变异系数随光照强度的增加先下降后上升，以5 Lux处理组最高、150 Lux处理组最低(刘变枝，2011)。

(2) 幼鱼阶段

光照强度对长吻鮠幼鱼生长的影响研究表明，在5 Lux、74 Lux、198 Lux、312 Lux和434 Lux光照强度下，长吻鮠幼鱼(4.8 g±0.01 g)在较低或较高光照强度下生长速率均显著降低，但光照强度不影响存活率。光照强度显著影响长吻鮠幼鱼的生长，其最佳光照强度约为312 Lux(Han 等，2005)。

## 参考文献


Han D, Xie S, Lei W, et al. 2005. Effect of light intensity on growth, survival and skin color of juvenile Chinese longsnout catfish (*Leiocassis longirostris* Günther). Aquaculture, 248(1-4): 299-306.

Zhao H, Han D, Xie S, et al. 2009. Effect of water temperature on the growth performance and digestive enzyme activities of Chinese longsnout catfish (*Leiocassis longirostris* Günther). Aquaculture Research, 40(16): 1864-1872.

鲍美华，冯军，何锦军，等. 2021. 长江特色鱼类长吻鮠大规格苗种培育技术要点. 中国水产，(8): 76-77.

陈定福，何学福，周启贵. 1988. 长吻鮠与大鳍鳠的含肉率及鱼肉营养成分的比较研究. 淡水渔业，(5): 21-23+13.

褚新洛，郑葆珊，戴定远，等. 1999. 中国动物志·硬骨鱼纲·鲇形目. 北京: 科学出版社.

邓晓川，张义云. 1994. 池养长吻鮠的生长特性及高产措施. 水产科技情报，(6): 243-

246.
丁庆秋，许国焕，王燕，等. 1999. 水库网箱养殖长吻鮠鱼种试验. 淡水渔业，(7)：23－25.
高峰. 2002. 长江野生长吻鮠的人工繁殖技术. 渔业现代化，(6)：13－14.
郜卫华，谢芳丽，胡伟，等. 2017. 3 龄长吻鮠肌肉营养成分分析与评价. 江苏农业科学，45(9)：163－167.
郭和清，于涛，王从友，等. 2000. 长吻鮠池塘养殖技术. 科学养鱼，(8)：18－19.
胡梦红，王有基. 2006. 长吻鮠的生物学特性及人工繁养技术. 渔业致富指南，(24)：27－29.
湖北省水生生物研究所鱼类研究室. 1976. 长江鱼类. 北京：科学出版社.
黄明显，杜军，王超钖. 1988. 池养条件下长吻鮠苗种期的食性分析. 西南农业学报，(4)：16－21.
姜仁良，吴嘉敏，邬梅初，等. 1990. 长江口长吻鮠人工繁殖研究. 水产科技情报，(6)：162－165.
金丽，张耀光. 2006. 长吻鮠循环系统结构的研究. 西南师范大学学报(自然科学版)，31(5)：136－141.
金丽，赵海鹏，张耀光. 2005. 长吻鮠肾和膀胱的组织结构. 西南师范大学学报(自然科学版)，30(1)：131－135.
金丽. 2005. 长吻鮠循环系统结构及血细胞发生. 西南师范大学.
梁友光，黄永川，李世平. 1995. 长吻鮠网箱养殖初试. 水利渔业，(5)：38－39.
林显道，李晓营，邹记兴. 2009. 长吻鮠的人工繁殖与养殖技术. 河北渔业，(6)：18－19.
刘变枝. 2011. 长吻鮠仔稚鱼培育的投喂管理研究. 中国科学院大学.
刘小华，彭超，欧建华，等. 2009. 微流水池塘主养长吻鮠高产试验. 水生态学杂志，30(3)：139－141.
刘晓蕾，金丽，张耀光. 2013. 盐度和 pH 对长吻鮠胚胎发育的影响. 安徽农业科学，41(8)：3422－3423.
罗泉笙，张耀光. 1987. 长吻鮠脑和脑神经的形态观察. 西南师范大学学报(自然科学版)，(3)：71－78.
罗泉笙. 1984. 长吻鮠骨骼的研究. 西南师范学院学报(自然科学版)，(3)：35－43.
罗银辉，张义云. 1986. 长吻鮠蓄养人工繁殖技术的研究. 淡水渔业，(4)：5－9＋39.
罗银辉，赵文英. 1990. 长吻鮠内塘人工繁殖技术初步研究. 淡水渔业，(1)：41－43＋34.
莫艳秀，王晓清，莫永亮. 2004. 长吻鮠消化系统的形态学与组织学观察. 湖南农业大学学报(自然科学版)，30(3)：267－271.
莫艳秀. 2004. 长吻鮠脑垂体的超微结构和卵巢组织学研究. 湖南农业大学.
农业部渔业局. 2004—2021. 中国渔业统计年鉴. 北京：中国农业出版社.
钱华，张建，干波，等. 2004. 江滩浮动式网箱养殖长吻鮠试验. 渔业现代化，(1)：8－9.

四川省长江水产资源调查组泸州工作小组. 1974. 长吻鮠的人工繁殖试验. 水产科技情报,(1): 14－15.
苏良栋. 1993. 长吻鮠常见鱼病的防治. 重庆师范学院学报(自然科学版),(1): 58－61.
孙帼英,吴志强,陈建国,等. 1993. 长江口长吻鮠的生物学和渔业. 水产科技情报,(6): 246－250.
万松良,刘能玉. 1999. 长吻鮠的生物学及人工养殖技术. 渔业致富指南,(10): 31－33.
王林,谢雷坤. 2003. 湖北长吻鮠良种场通过国家级验收. 中国水产,(3): 39.
王晓清,莫艳秀,钟蕾,等. 2005. 长吻鮠性周期变化的组织学研究. 淡水渔业,35(4): 18－20.
吴清江. 1975. 长吻鮠[*Leiocasis longirostris* (Günther)]的种群生态学及其最大持续渔获量的研究. 水生生物学集刊,5(3): 387－409.
伍汉霖,邵广昭,赖春福,等. 2012. 拉汉世界鱼类系统名典. 水产出版社.
肖明松,崔峰,康健,等. 2013. 长吻鮠养殖群体与野生群体遗传多样性分析. 水生生物学报,37(1): 90－99.
叶彬. 2005. 长吻鮠的人工早繁技术. 渔业致富指南,(9): 39－41.
殷江霞,张耀光. 2003. 长吻鮠行为的初步观察. 水产养殖,(6): 42－44.
张超峰,张健. 2007. 长吻鮠成鱼池塘高产养殖技术探究. 河南水产,(2): 10－11.
张升利,孙向军,张欣,等. 2013. 长吻鮠含肉率及肌肉营养成分分析. 大连海洋大学学报,28(1): 83－88.
张思林,龙祥平,汪中荣,等. 2000. 水库网箱养殖长吻鮠技术研究. 水利渔业,(2): 14－16.
张素芳,陈万生,马成伦,等. 1988. 长吻鮠常见病调查. 四川农业学报,(1): 40－43.
张艳玲. 2021. 看国家级原种场如何守护水产"芯片". 农民日报.
张耀光,何学福,蒲德永. 1991. 长吻鮠胚胎和胚后发育与温度的关系. 水产学报,15(2): 172－176.
张耀光,何学福. 1991. 长吻鮠幼鱼发育的研究. 水生生物学报,15(2): 153－160.
张耀光,罗泉笙,何学福. 1994. 长吻鮠的卵巢发育和周年变化及繁殖习性研究. 动物学研究,15(2): 42－48＋98.
张耀光,罗泉笙,钟明超. 1992. 长吻鮠精巢发育的分期及精子的发生和形成. 动物学研究,13(3): 281－287＋305－306.
张耀光,罗泉笙,钟明超. 1993. 长吻鮠精巢及精子结构的研究. 水生生物学报,17(3): 246－251＋293－294.
中国水产科学研究院东海水产研究所,上海市水产研究所. 1990. 上海鱼类志. 上海: 上海科学技术出版社.

# 第三章
# 河川沙塘鳢

## 第一节 概　　述

### 一、分类地位

对河川沙塘鳢分类地位的研究最早可追溯至20世纪40年代，当时的学者（Nichols，1943）将河川沙塘鳢由沙塘鳢属移入有犁骨齿的细齿塘鳢属（*Philypnus*），误认为中国仅有暗色沙塘鳢（*Odontobutis obscura*）而无河川沙塘鳢。但Iwata等（1985）发现河川沙塘鳢并无犁骨齿，应属于沙塘鳢属。伍汉霖等（1993）将形态可数性状、头部感觉管孔有无、感觉乳突分布结合起来研究沙塘鳢属鱼类分类问题，认为中国存在4个种，即为河川沙塘鳢（*Odontobutis potamophila*）、海丰沙塘鳢（*Odontobutis haifengensis*）、鸭绿沙塘鳢（*Odontobutis yaluensis*）和暗色沙塘鳢（*Odontobutis obscura*）。2002年，伍汉霖等（2002）对自己以往的研究作了补充，将以前中国产称之为沙塘鳢或暗色沙塘鳢（*O. obscura*）与日本产暗色沙塘鳢进行比较，发现两者存在差别，并将中国产以前称之为暗色沙塘鳢定为一新种，称为中华沙塘鳢（*Odontobutis sinensis*），并以此认为中国无真正的暗色沙塘鳢。目前，公认的中国产沙塘鳢属鱼类共计4种，分别为中华沙塘鳢（*O. sinensis*）、河川沙塘鳢（*O. potamophila*）、海丰沙塘鳢（*O. haifengensis*）和鸭绿沙塘鳢（*O. yaluensis*）（王吉桥等，2005）。

河川沙塘鳢 *Odontobutis potamophila* (Günther) 隶属鲈形目(Perciformes)、鰕虎鱼亚目(Gobioidei)、沙塘鳢科(Eleotridae)、沙塘鳢属(*Odontobutis*),为淡水小型底栖肉食性鱼类,中国特有种,主要分布于我国长江中下游及沿江各支流、钱塘江和闽江等水系,偶见于黄河水系(伍汉霖等,1993)。

## 二、产业现状

河川沙塘鳢常见个体 30～50 g,最大个体可达 175 g(张根玉等,2012),且肉嫩刺少,味道鲜美,可食部分比例大,经济价值高,深受苏、浙、沪、闽等地人们的喜爱,是著名的淡水小水产。在 2010 年上海世博会开幕式晚宴上,胡锦涛主席设宴招待世界各国元首和贵宾的菜谱中第一道炒菜就是荠菜炒塘鳢鱼片,此后上海各大饭店均将此菜命名为"世博第一菜",使河川沙塘鳢成为一个极具潜力的水产养殖新种。

目前,河川沙塘鳢资源的开发利用主要有两种形式:一是靠捕获天然的成鱼直接上市;二是苗种养殖后上市。河川沙塘鳢的商品鱼主要依靠天然水域捕捞,但随着消费需求的增加,再加上生态环境不断恶化,产卵环境屡遭破坏,致使河川沙塘鳢野生资源急剧衰退,部分地区已难觅踪迹,靠捕捞供应市场远不能满足人们的需求。从各地河川沙塘鳢市场成交量和成交价来看,该鱼的天然资源日益枯竭。据统计,现在沙塘鳢天然捕获量只有 1980 年以前的 20%,资源量严重下滑,市场价格更是高达 100～200 元/kg(张根玉等,2012)。

随着河川沙塘鳢人工繁殖技术的突破,安徽、江苏、上海等地先后开展了该鱼养殖的尝试(朱建明等,2012;赵军,2013;陈树桥等,2015)。目前河川沙塘鳢主要在蟹塘(中华绒螯蟹)或虾塘里(日本沼虾、克氏原螯虾、罗氏沼虾)套养或混养。一方面可以充分利用池塘水体,另一方面还能控制野杂鱼的过度繁殖。然而,在河川沙塘鳢养殖规模和产量上均未形成规模。

## 三、面临的主要问题

河川沙塘鳢虽然个体不大,但是性情凶猛,且为肉食性鱼类,倘若在池塘中过多地投放,可能会对主养品种造成一定的威胁。比如,在虾、蟹池塘中混养河川沙塘鳢,其会摄食养殖的蟹、虾,造成主养品种成活率下降,所以河川沙塘鳢与虾、蟹混养模式尚须进一步研究,以优化主养和套养品种的配比,找出合理的、科学的养殖参数，最大限度地提高养殖的综合效益。此外，受产量和规格的限制，河川沙塘鳢单品种的精养仅限于试验阶段。除此之外，还有一个关键问题，河川沙塘鳢驯食配合饲料问题还没有完全解决，市面上尚未有适宜的专用配合饲料，这也在一定程度上限制了其养殖业的发展。

### 四、发展前景与建议

河川沙塘鳢1龄即可达到性成熟，在初次性成熟后仍有一快速生长期，且此阶段生长肥满度系数较前阶段加大，鱼肉品质有所提高，在养殖生产实践中要充分发挥其生长潜力。此外，在蟹塘或虾塘里套养河川沙塘鳢可以提高淡水池塘养殖的综合效益。因此，积极开发河川沙塘鳢养殖模式，不但是满足其不断扩大的市场之需与延伸产业链的重要路径，而且也是促进河蟹和淡水虾类养殖向纵深发展的有力支撑，其产业发展前景呈现朝阳之势。

在今后的生产和科研实践中，可以侧重于河川沙塘鳢经济养殖模式的开发和推广，同时对其开展营养需求相关的研究，为河川沙塘鳢配合饲料的开发提供理论依据。

## 第二节　生物学特性

### 一、形态特征

体延长，前部圆筒形，后部侧扁。头大，平扁。吻宽短。眼小，上侧位，稍突出；眼间隔宽，大于眼径。鼻孔2个，前鼻孔具1短管；后鼻孔小，圆形。口裂大，端位，斜裂，下颌突出，长于上颌，上颌骨末端延伸到眼睛中部的下方或稍前。舌大且游离，前端圆形。牙细小、锐尖，两颌均有，多行排列，呈带状。犁骨无齿，有咽齿（倪勇等，1990）。前鳃盖骨后下缘无棘。鳃孔宽大，向前延伸至眼前缘或中部，鳃盖膜与颊部相连，鳃耙粗短（乔德亮和洪磊，2007a）（图3-2-1）。

体被栉鳞，腹面和胸鳍基部被圆鳞，吻和头部腹面无鳞。不具侧线，但侧线位置的鳞片表面有感觉乳突，形成体侧感觉乳突线（乔德亮和洪磊，2007b）。

背鳍2个，第1背鳍较低，具鳍棘，起点位于胸鳍基部上方；第2背鳍高于第

图 3-2-1　河川沙塘鳢

1背鳍；臀鳍与第2背鳍相对；胸鳍宽圆，位于鳃盖后缘；腹鳍胸位，左右分离；尾鳍圆弧形（倪勇等，1990）。

头、体褐色至黑褐色，有3～4个横跨背部至体侧的黑色斑块，体色可随环境的变化发生改变。头及腹面具黑色斑块和斑点。各鳍均有明暗交替的带状纹（乔德亮和洪磊，2007a）。

## 二、生态习性

### 1. 生活习性

河川沙塘鳢是底栖穴居鱼类，喜栖于多水草生长、有一定微流水的泥沙、砾石相混杂水体中。游泳能力较弱，冬季潜伏在深水区域或泥沙、石缝中越冬。

### 2. 食性

河川沙塘鳢为杂食偏肉食性，主要捕食水蚯蚓、摇蚊幼虫、水生小昆虫和甲壳类等水生生物。人工苗种培育条件下，根据鱼苗生长阶段需依次投喂淡水轮虫、枝角类、桡足类及卤虫幼体等生物饵料；成鱼主要摄食较小个体的鱼、虾；其虽属捕食性鱼类，但它不是追击型捕食，而是守候型捕食（张根玉等，2012）。研究发现，自然水域的河川沙塘鳢消化道中鱼类、甲壳类、贝类、昆虫和植物碎片分别占食物总重的46.3%、37.8%、5.8%和1.9%；全年摄食率和胃饱满指数变动范围分别为37.0%～92.1%和3.94%～20.03%，两者均在10月到次年4月较高，而水温较高的5—9月较低（孙帼英和郭学彦，1996）。河川沙塘鳢摄食量约为体重的2%～3%；人工养殖条件下河川沙塘鳢也能摄食配合饲料，摄食量较大（王吉桥等，2005）。

### 3. 年龄和生长

河川沙塘鳢3龄前生长较快，体长和体重的相对增长率在1～2龄达到最高，最大寿命只有4龄（孙帼英和郭学彦，1996）。自然环境中的2龄个体规格在20～30 g（王吉桥等，2005）；在人工养殖条件下，当年体重就能达到30～60 g（张根玉等，2012）。

## 三、繁殖习性

河川沙塘鳢属分批非同步产卵鱼类，繁殖季节至少产卵 2 次。河川沙塘鳢 1 足龄已性成熟，产卵群体由 1～4 龄个体组成。雌雄体形相似，通常雌鱼个体小于雄鱼。在繁殖季节，雌鱼腹部膨大，体表粗糙，生殖乳突圆形、微红、外突；繁殖期雄鱼栉鳞上的栉大部分脱落，鱼体显得光滑，生殖乳突呈尖三角形、灰白色、外突不明显(王吉桥等，2005)。

当河川沙塘鳢产卵时，雄鱼先进入产卵巢，用压缩鳃膜发出的"咕咕"声引诱雌鱼进巢产卵。产卵结束雌鱼即离巢，而雄鱼则开始护卵，主要特征行为有：① 扇鳍，靠胸鳍搅动引起胚胎表层水体流动；② 清理，雄鱼对坏卵和死亡胚胎及时清除；③ 巡游和归巢，雄鱼在白天会暂时离巢活动和觅食，傍晚返回巢内且夜间不离巢；④ 攻击，雄鱼在护卵期间对靠近产卵巢的物体采取驱逐、追咬等行为(赵晓勤，2006)。

### 1. 性腺指数(GSI)

养殖河川沙塘鳢雌、雄鱼性腺指数的月变化见图 3－2－2 和图 3－2－3(赵晓勤，2006)。雌鱼从 9 月起，由于卵巢逐渐开始积累卵黄，雌鱼性腺指数逐步上升。进入冬季后卵巢发育停滞，性腺指数略有下降；至次年 2 月，大部分卵巢发育到Ⅳ期，性腺指数显著升高，在 3 月达到最大值，并维持至 5 月后开始下降，到 6 月后性腺指数显著降低。雄鱼随着精巢发育进入Ⅱ期，性腺指数从 8 月开始缓慢上升，到

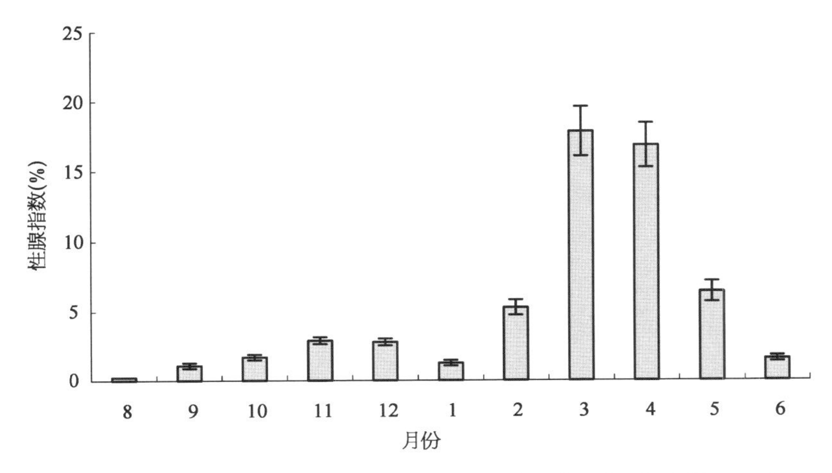


图 3－2－2　养殖雌性河川沙塘鳢性腺指数的周期变化(赵晓勤，2006)

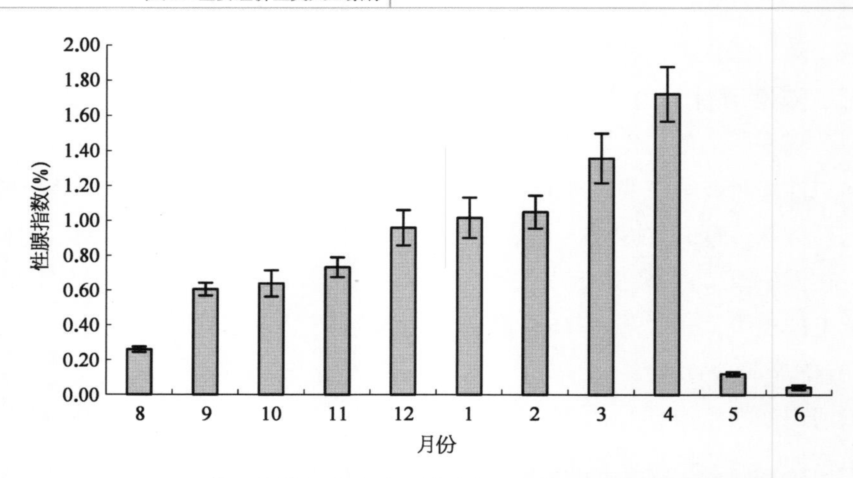


图 3-2-3 养殖雄性河川沙塘鳢性腺指数的周期变化(赵晓勤,2006)

次年 3 月进入繁殖期后该指数急剧升高,在 4 月的繁殖高峰期达到最大值,繁殖期结束后又直线下降,至 6 月降至最低水平。

### 2. 肝体比(HSI)

雄性河川沙塘鳢肝指数在繁殖前(2 月)、繁殖期间(3—4 月)、繁殖后(5—6 月)均保持在相对稳定的水平(图 3-2-4)(赵晓勤,2006)。

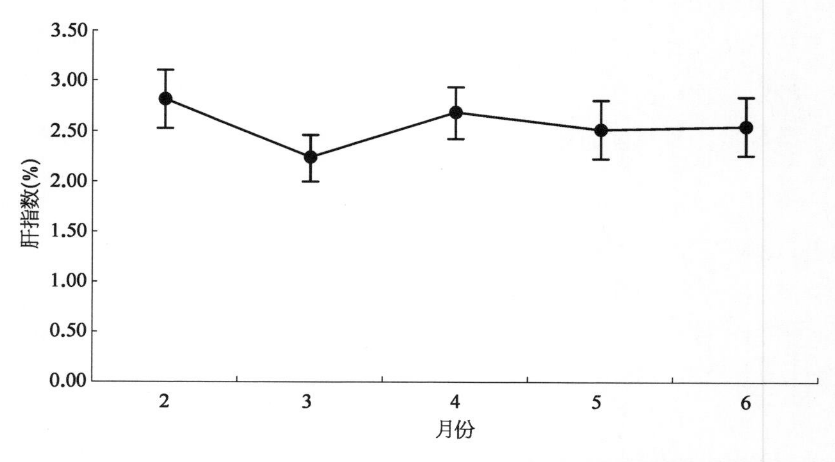


图 3-2-4 养殖雄性河川沙塘鳢肝指数的周期变化(赵晓勤,2006)

### 3. 肥满度(CF)

从养殖河川沙塘鳢雌鱼肥满度周期变化图可知,性腺发育启动后,肥满度出现了 3 次下降,即 10 月、2 月、4 月。对照性腺指数变化可以发现,10 月的肥满度降低出现在 11 月性腺指数高峰之前，2 月的肥满度降低正好对应性腺指数的回升，4 月的肥满度降低滞后于 3 月的性腺指数峰值（图 3-2-5），表明性腺的发育阻碍了鱼体的增长，真正的鱼体稳定育肥生长阶段在繁殖期以后（赵晓勤，2006）。

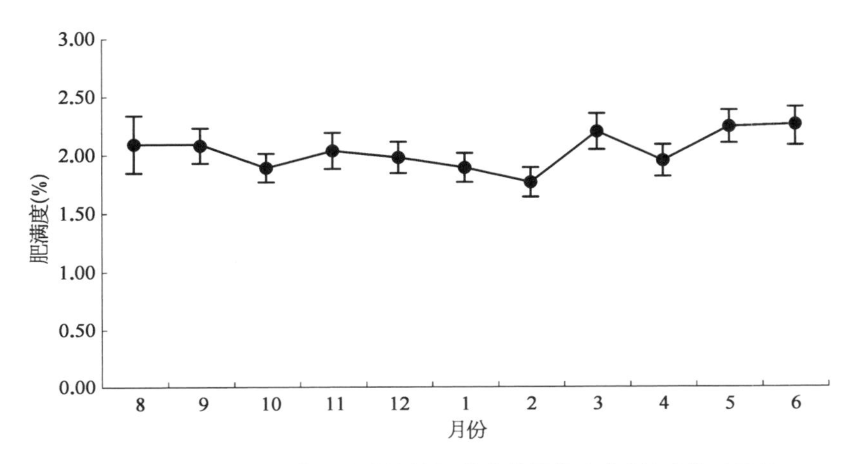


**图 3-2-5　养殖雌性河川沙塘鳢肥满度的周期变化（赵晓勤，2006）**

## 四、性腺发育

河川沙塘鳢成鱼卵巢一般为圆棒形，一端游离、钝圆，一端延长与输卵管相连。卵巢在 7—10 月无明显变化，平均长度 16.31～18.45 mm，宽度 2.43～3.61 mm。从 11 月开始，卵巢体积逐渐增大，到次年 4 月达到长度和宽度的最大值（45.69 mm±19.73 mm，18.53 mm±11.50 mm），此后卵巢体积逐渐缩小（图 3-2-6）（赵晓勤，2006）。

河川沙塘鳢精巢位于鳔和肾脏的腹面，成熟时呈长指状，由上段乳白色的生精部和下段半透明的贮精囊构成；左右精巢各发出 1 根输精管，输精管均开口于尿殖腔，尿殖腔开口于肌肉质的尿殖突（图 3-2-7）（赵晓勤，2006）。

### 1. 卵巢发育

河川沙塘鳢雌性卵巢发育由秋季开始，随着季节的更替，河川沙塘鳢卵巢的形态和结构呈现明显的周期性变化（顾建华，2006）。

Ⅰ期：一般在 7 月卵巢外形呈细线状，银白色，透明，位于腹腔壁背面两侧，不见血管，肉眼很难观察到。在此时的石蜡切片中，可见性腺横向延展并且弯折，两端相接，使得中间形成一个空腔，即为日后的卵巢腔（图 3-2-8，A）。

Ⅱ期：一般在 8 月卵巢白色，体积小，呈细狭带状，肉眼可辨认（图 3-2-8，

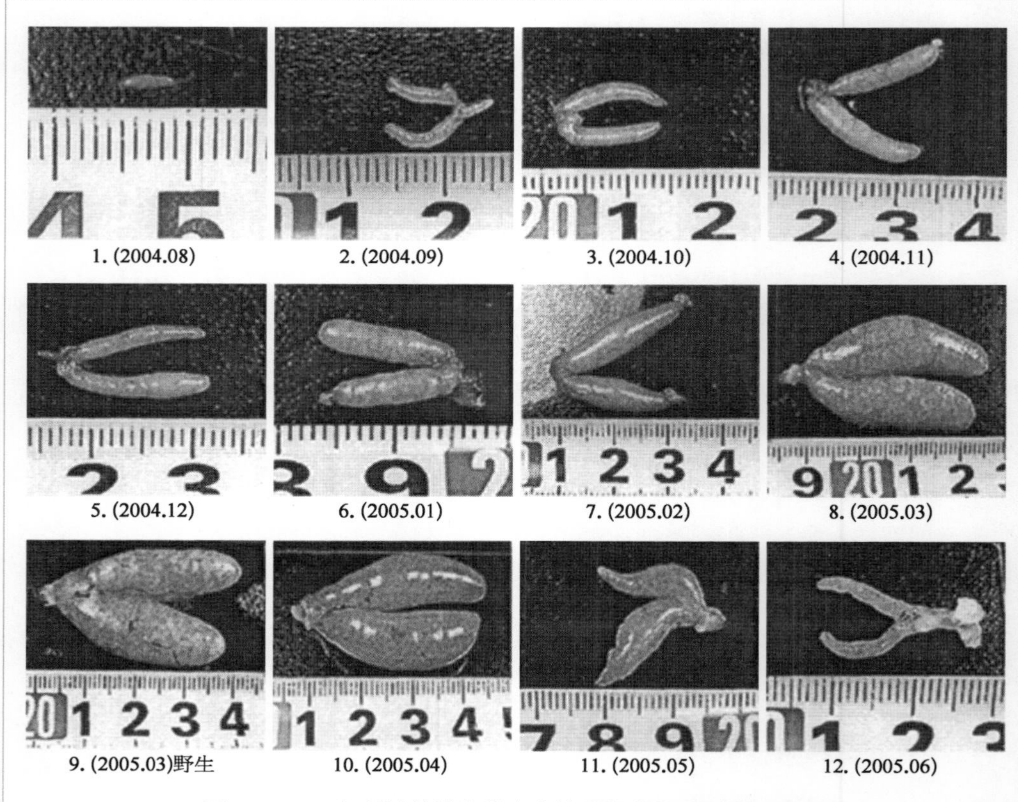


**图 3-2-6　河川沙塘鳢卵巢发育的周期变化(赵晓勤,2006)**

B)。9 月部分卵巢仍处于Ⅱ期,也有部分卵巢在 9 月中旬即开始向Ⅲ期过渡,说明 9 月是河川沙塘鳢的卵巢由Ⅱ期卵巢向Ⅲ期卵巢过渡的阶段。

Ⅲ期：一般在 10—11 月卵巢呈长囊状,颜色由白色向浅黄色过渡,血管明显,可以看见细小的卵粒(图 3-2-8,C)。至 12 月卵巢体积进一步增大,有些卵巢开始呈现黄色,血管增粗。许多雌鱼卵巢在 12 月仍处于Ⅲ期状态,有些个体卵巢则开始由Ⅲ期向Ⅳ期发育,说明 12 月是河川沙塘鳢的卵巢由Ⅲ期卵巢向Ⅳ期卵巢过渡的阶段。

Ⅳ期：一般在次年 1—2 月卵巢体积进一步增大,卵粒饱满,呈黄色,易于分离。2 月的卵巢体积稍有减小。至 3 月,卵巢结构松软,体积膨大,呈深黄色,卵细胞游离,光泽透明(图 3-2-8,D)。3 月的河川沙塘鳢雌鱼卵巢在个体之间存在较大差异,有些雌鱼卵巢仍处于Ⅳ期状态,而有些则已进入Ⅴ期卵巢,还有极个别的雌鱼甚至已经产过一次卵,说明 3 月是河川沙塘鳢卵巢由Ⅳ期卵巢向Ⅴ卵巢过渡的阶段。

Ⅴ期：成熟期。一般在 4—5 月卵巢膨大,充满整个膜腔。卵巢松软,外观为橙黄色或橘黄色,卵细胞游离,光泽透明,卵粒可以从泄殖腔自动流出(图 3-2-8,E)。

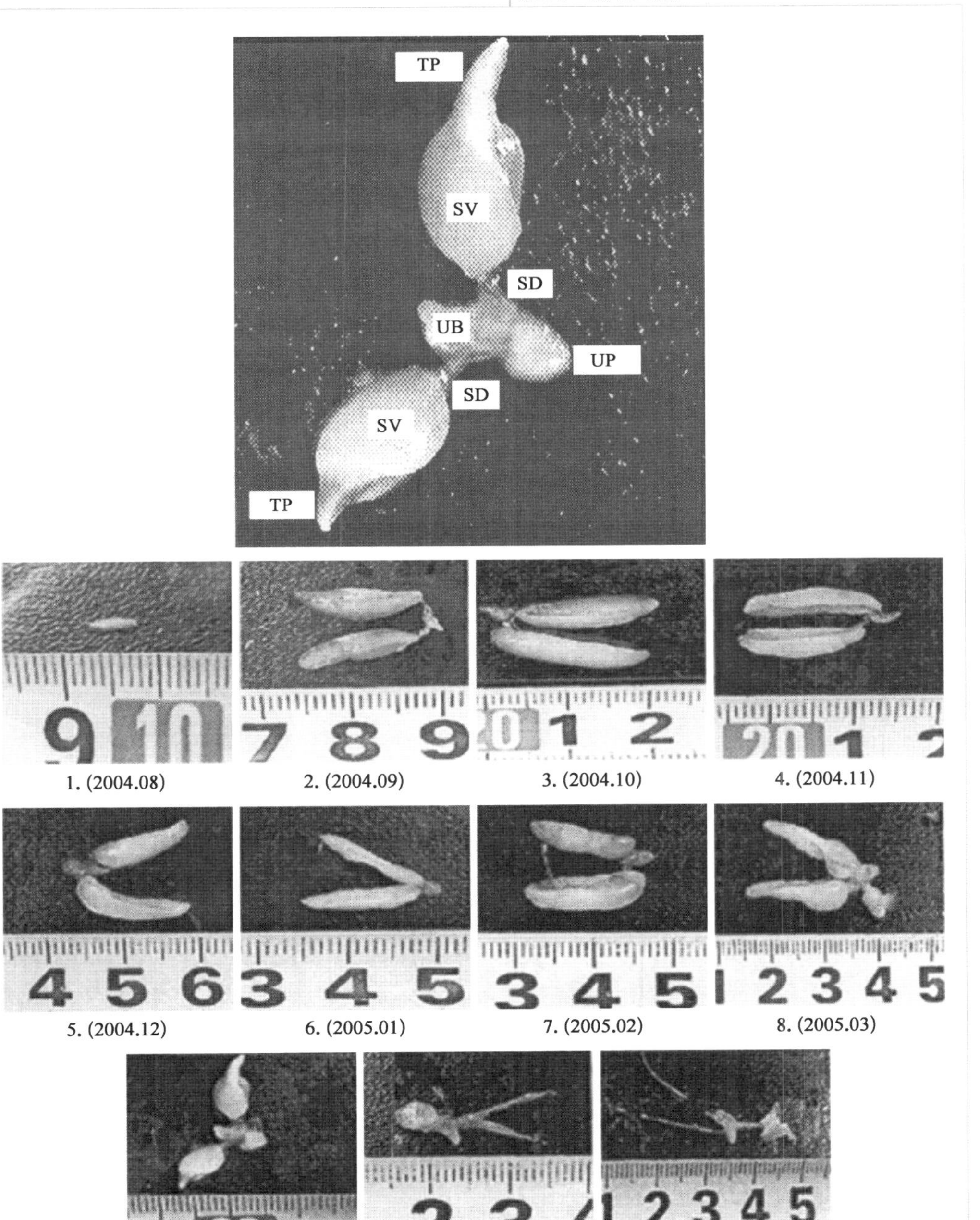


**图 3-2-7　河川沙塘鳢精巢外观和发育变化(赵晓勤,2006)**

TP. 生精部;SV. 贮精囊;SD. 输精管;UB. 尿殖腔;UP. 尿殖突

Ⅵ期：排空期，或称为退化期。一般在6月卵巢大部分呈囊状、萎缩，有些卵巢会充血，呈现暗红色。卵巢内的大部分成熟卵细胞排出体外，残留一些滤泡；部分未产出的第4、第5时相的卵母细胞将会被机体吸收(图3-2-8,F)。至7月，卵巢恢复到浅色，体积缩小，回到Ⅱ期。

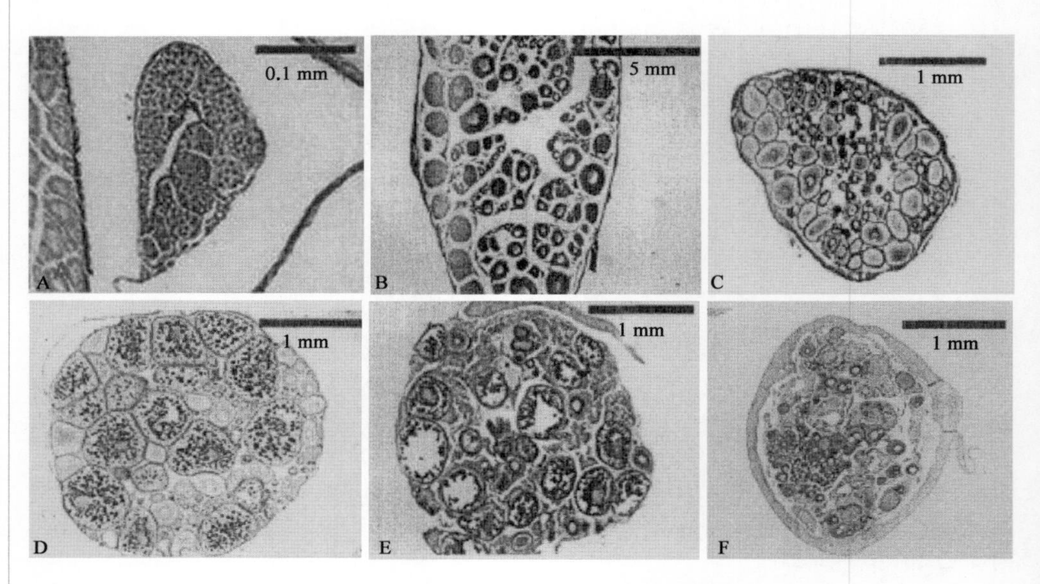


**图3-2-8　河川沙塘鳢卵巢的组织学变化(顾建华,2006)**

A. Ⅰ期卵巢;B. Ⅱ期卵巢;C. Ⅲ期卵巢;D. Ⅳ期卵巢;E. Ⅴ期卵巢;F. Ⅵ期卵巢

### 2. 精巢发育

河川沙塘鳢精巢发育可分为6个时期(赵晓勤,2006)。

Ⅰ期：一般在6—7月精巢呈细线状，透明，紧贴体壁，肉眼难以区分雌雄(图3-2-9,A)。

Ⅱ期：一般在8月精巢体积增大，细带状，半透明(图3-2-9,B)。

Ⅲ期：一般在9月精巢呈半透明瓣状，略带红色(图3-2-9,C)。

Ⅳ期：一般在10—12月精巢呈乳白色，表面血管清晰(图3-2-9,D)。

Ⅴ期：一般在次年1—4月精巢随着贮精囊出现并逐渐膨大(图3-2-9,E)，明显分为两部分：前段的生精部和后段的贮精囊。完全成熟时的贮精囊饱满而圆厚，长约1.20 cm，宽约0.75 cm；生精部长约1.1 cm，宽约0.35 cm。

Ⅵ期：一般在5—6月精巢排空，萎缩，细带状，淡红色或粉红色(图3-2-9,F)。

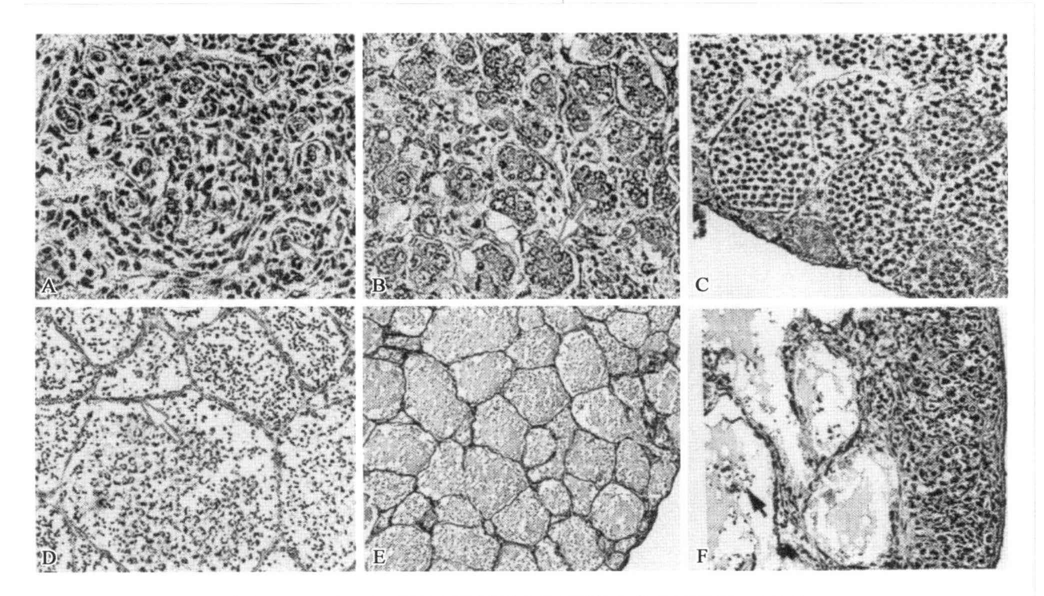

图 3-2-9　河川沙塘鳢精巢组织学变化(赵晓勤,2006)

A. Ⅰ期精巢,箭头示精原细胞(×400);B. Ⅱ期精巢,箭头示成束精原细胞(×400);C. Ⅲ期精巢(×400);D. Ⅳ期精巢,箭头示膨大的生精囊间质细胞(×400);E. Ⅴ期精巢的贮精囊腔(×100);F. Ⅵ期精巢的贮精囊,箭头示残留精子(×400)

河川沙塘鳢雄鱼的精巢在发育过程中具有明显的非同步性,精巢的成熟从中部精囊腔开始向周围辐射扩散,此种渐进发育模式决定了精子的渐续成熟和渐续排出,这与雌性河川沙塘鳢的分批产卵习性相适应(孙帼英和郭学彦,1996)。

## 五、胚胎发育

河川沙塘鳢的受精卵为椭球形,透明的橙黄色,一端产生黏性细丝附着在产卵巢上,长径 5.286 mm、短径 2.141 mm(鲍华江,2019)。在 21℃±1℃充气孵化,发育历经 8 个阶段和 35 个时期,历时 502 h 孵化出膜。根据卵裂球数量、胚层形成、胚层下包程度、中枢神经系统的发育、体节数和各器官发育特征,把河川沙塘鳢胚胎发育分为受精卵、卵裂阶段、囊胚阶段、原肠胚阶段、神经胚阶段、体节分化阶段、器官形成阶段和孵化阶段(张君等,2010)。河川沙塘鳢胚胎发育见表 3-2-1 和图 3-2-10(张君等,2010)。

### 1. 受精卵阶段

受精卵期：卵子受精后,卵体收缩,放射膜向外隆起成受精膜;受精膜与卵体间空隙增大，形成卵周间隙，细胞质移向动物极。卵黄囊具脂肪球，植物极具附着盘(图 3-2-10,3)。

胚盘期：胚盘形成，外周细胞质向动物极移动，油球向植物极移动并融合(图 3-2-10,4)。

**2. 卵裂阶段**

2 细胞期：第 1 次卵裂，分裂面与胚盘垂直，将胚盘分为 2 个相似的分裂球(图 3-2-10,5)。

4 细胞期：第 2 次卵裂，分裂沟与第 1 次分裂沟垂直，2×2 排列。油球大，集中在植物极(图 3-2-10,6)。

8 细胞期：第 3 次卵裂面平行于第 1 次卵裂面，分裂成 8 细胞，2×4 排列(图 3-2-10,7)。

16 细胞期：第 4 次卵裂，形成 16 细胞，2×8 排列(图 3-2-10,8)。

32 细胞期：第 5 次卵裂，胚盘分 3 层，细胞界限清楚(图 3-2-10,9)。

64 细胞期：第 6 次分裂，分裂面模糊，细胞界限可见，5～6 层圆形分裂球(图 3-2-10,10)。

桑葚期：分裂球体积变小，层数增多，中间细胞分裂速度快，边缘细胞体积较大。胚盘堆积在动物极，形似桑葚(图 3-2-10,11～12)。

**3. 囊胚阶段**

囊胚早期：胚盘细胞数量成倍增多，体积变小，分裂周期延长。胚盘位于卵黄囊之上(图 3-2-10,13)。

囊胚中期：胚盘四周形成一圈 1～2 层细胞组成的边缘细胞，胚胎由椭圆形转变成球形(图 3-2-10,14～15)。

囊胚晚期：胚盘开始下包至 30%，呈扁平帽状覆盖于卵黄上(图 3-2-10,16)。

**4. 原肠胚阶段**

原肠早期：胚盘前沿区细胞迅速增生，增生速度超过下包速度，前沿细胞内卷，形成胚环(图 3-2-10,17)。

原肠中期：胚盘下包至 50%，胚环隆起，胚盾出现(图 3-2-10,18)。

原肠晚期：胚盾伸长，增厚，前端膨大成脑泡原基；脑泡原基膨大，眼原基出现，尾芽原基形成，胚孔逐渐闭合。具卵黄栓，胚盘下包 95%(图 3-2-10,20)。

**5. 神经胚阶段**

胚孔完全封闭，胚体后端下方出现克氏囊泡，整个胚体呈“C”字形伏在卵黄上，神经索隆起(图 3-2-10,21～23)。

**6. 体节分化阶段**

2 体节期：胚体侧位或正位,胚体中部出现 2 个体节。前、后脑分化,前脑两侧出现眼囊,胚体前端腹面及卵黄囊前上方形成一腔状结构(图 3-2-10,24)。

8 体节期：眼囊轮廓逐渐清晰,并在后方出现 1 对耳囊;分化出前、中、后脑(图 3-2-10,25)。

14 体节期：体轴延长,体节数 14 对,尾芽游离,尾芽细胞团分裂旺盛,胚体向后延伸。神经管雏形可见(图 3-2-10,26)。

24 体节期：体轴背侧神经管清晰可见。耳囊增大,耳石出现。眼囊下陷形成视杯,其相邻的外胚层产生晶体,晶体嵌入视杯之中。尾部伸长,尾鳍褶可见,胚体开始间歇性抽动(图 3-2-10,27)。

25 体节期：胚体头部五脑室分化,左右脑室之间出现狭缝,脊索隆起。眼囊前方出现一对囊状结构,为嗅囊,至孵化期形成鼻孔。围心腔内心脏原基开始跳动,尚无血液形成(图 3-2-10,28)。

28 体节期：神经管向尾部延伸,胚体腹面可见围心腔,心脏呈直管状,开始跳动,频率为 39～40 次/min(图 3-2-10,29)。

29 体节期：背部肌肉有少量星状黑色素。形成透明胸鳍褶。头部两侧鳃裂出现。胚体与卵黄囊相连肌节处分化出透明、圆球状结构消化道,末端未开口(图 3-2-10,30～31)。

30 体节期：每个耳囊中出现 2 粒大小相等、形状相似、折光性较高的钙状耳石,呈前后排列。第 7～13 体节处出现血岛。球状晶体发育完成(图 3-2-10,32)。

34 体节期：视杯边缘出现一圈黑色素沉淀,后消化道由圆球形发育成直管状。体轴和心脏中出现浅红色血流,卵黄囊上血管未分化(图 3-2-10,33)。

38 体节期：视杯中充满黑色素,晶体乳白色。血管开始分化,胚体和卵黄囊密布血管。心脏分化为静脉窦、心房、心室,依次排列,其搏动时由后向前交替收缩。心室前为膨大的动脉球,搏动增加至 96 次/min。鳃弓 4～5 对,胸鳍增大,耳形,略呈三角状。耳石变大,折光性强,耳囊内出现半规管雏形(图 3-2-10,34)。

41 体节期：体节分化完成,体节数不再增加。卵黄囊表面血管呈足球状分布,血液色深。鳃部血液循环形成(图 3-2-10,35)。

**7. 器官形成阶段**

消化道形成期：消化道末端膨大,与卵黄囊分离,向胚体移动,肠道出现黄绿色内含物。背鳍原基分化,尾鳍清晰可见。卵黄囊体积减小,油球数量减少(图 3-2-10,36)。

肝脏形成期:消化道体积变大,颜色加深,弯曲成 3 段,开始蠕动,周围血液开始循环。第 2、3 体节腹面处形成肝脏,绛红色,其上方出现鳔原基。胚体、胸鳍上星状黑色素增多。背部两鳍原基发育成透明背鳍,但鳍条尚未分化。消化道后端臀鳍清晰可见(图 3-2-10,37)。

鳃裂期:心脏位置逐渐上移,第 3~4 脊椎腹面鳔形成,未充气。肝脏体积增大,绛红色,处于鳔下方。胸鳍向两侧伸展开,布满黑色素,呈三角形,鳍条清晰可见。鳃开始张合运动(图 3-2-10,38~39)。

脾脏形成期:消化道分化形成膨大的胃和肠,第 3、4 体节左下方区域消化道背侧面出现浅红色球状体,脾脏形成。眼睛伴随鳃和胸鳍灵活转动。尾鳍扇形,鳍条分化,鳍条间有血液流动(图 3-2-10,40)。

口裂形成期:口张开,有规律地作张合运动(图 3-2-10,41)。

鳔形成期:鱼体布满星状黑色素,鳔分化成两室,乳白色,尚未充气(图 3-2-10,42~43)。

**8. 孵化阶段**

孵化前期:各器官发育完善,孵化酶分泌,绒毛膜开始溶解,变薄(图 3-2-10,44)。

孵化期:依靠身体抖动冲破卵膜,尾部先出膜,通过尾部不断摆动,头部也随即脱离卵膜。出膜仔鱼体长 6.36 mm±0.08 mm,卵黄囊长径 1.60 mm±0.07 mm,短径 0.91 mm±0.18 mm,游泳能力不充足,下沉到水底,偶尔会有快速的窜游现象(图 3-2-10,45~46)。

表 3-2-1　河川沙塘鳢胚胎发育过程(张君等,2010)

| 胚胎发育时期 | 受精后时间(h: min) | 主　要　特　征 | 图 3-2-10 中编号 |
| --- | --- | --- | --- |
| 受精卵 | 00:10 | 卵膜隆起,卵周间隙形成 | 3 |
| 胚盘期 | 02:43 | 胚盘形成 | 4 |
| 2 细胞期 | 05:00 | 2 分裂球 | 5 |
| 4 细胞期 | 07:32 | 2×2 分裂球 | 6 |
| 8 细胞期 | 09:40 | 2×4 分裂球 | 7 |
| 16 细胞期 | 11:34 | 盘状结构 | 8 |

续　表

| 胚胎发育时期 | 受精后时间(h: min) | 主　要　特　征 | 图 3-2-10 中编号 |
|---|---|---|---|
| 32 细胞期 | 13:26 | 胚盘 3 层 | 9 |
| 64 细胞期 | 15:30 | 胚盘 5～6 层 | 10 |
| 桑葚期 | 17:30 | 桑葚状 | 11,12 |
| 囊胚早期 | 21:10 | 胚盘呈半球状 | 13 |
| 囊胚中期 | 25:35 | 胚胎呈椭圆形、球形 | 14,15 |
| 囊胚晚期 | 29:20 | 下包 30% | 16 |
| 原肠早期 | 32:30 | 胚环出现 | 17 |
| 原肠中期 | 43: 20 | 胚盾出现,下包 50% | 18 |
| 原肠晚期 | 54:34 | 下包 95% | 20 |
| 神经胚早期 | 63:00 | 神经胚出现 | 21,22 |
| 神经胚晚期 | 67:00 | 胚胎呈“C”字形 | 23 |
| 2 体节期 | 96:00 | 前、后脑分化,眼囊、围心膜出现 | 24 |
| 8 体节期 | 110:00 | 耳囊出现 | 25 |
| 14 体节期 | 136:00 | 尾芽游离 | 26 |
| 24 体节期 | 183:00 | 耳石、视杯、晶体、尾鳍褶形出现,胚体抽动 | 27 |
| 25 体节期 | 185:30 | 五脑室,嗅囊出现,心脏原基跳动 | 28 |
| 28 体节期 | 198:30 | 心脏直管状,跳动 40 次/min | 29 |
| 29 体节期 | 205:30 | 黑色素、胸鳍、鳃裂、消化道出现 | 30,31 |
| 30 体节期 | 207:00 | 血岛出现,晶体发育完成 | 32 |
| 34 体节期 | 210:00 | 视杯边缘黑色素沉淀,血液循环开始 | 33 |
| 38 体节期 | 243:00 | 视杯充满黑色素,卵黄囊密布血管,心脏分化为静脉窦、心房、心室 | 34 |
| 41 体节期 | 261:00 | 体节完成,鳃部血液循环 | 35 |
| 消化系统形成期 | 281:00 | 消化管蠕动,胃分化 | 36 |
| 肝脏形成期 | 305:00 | 肝脏形成 | 37 |
| 鳃裂期 | 336:00 | 鳃形成 | 38,39 |
| 脾脏形成期 | 360:00 | 脾脏形成 | 40 |
| 口裂形成期 | 402:00 | 口裂形成,上下张合 | 41 |
| 鳔形成期 | 436:00 | 鳔形成,充气 | 42,43 |
| 孵化前期 | 484:00 | 孵化酶分泌 | 44 |
| 孵化期 | 502:00 | 脱膜 | 45,46 |

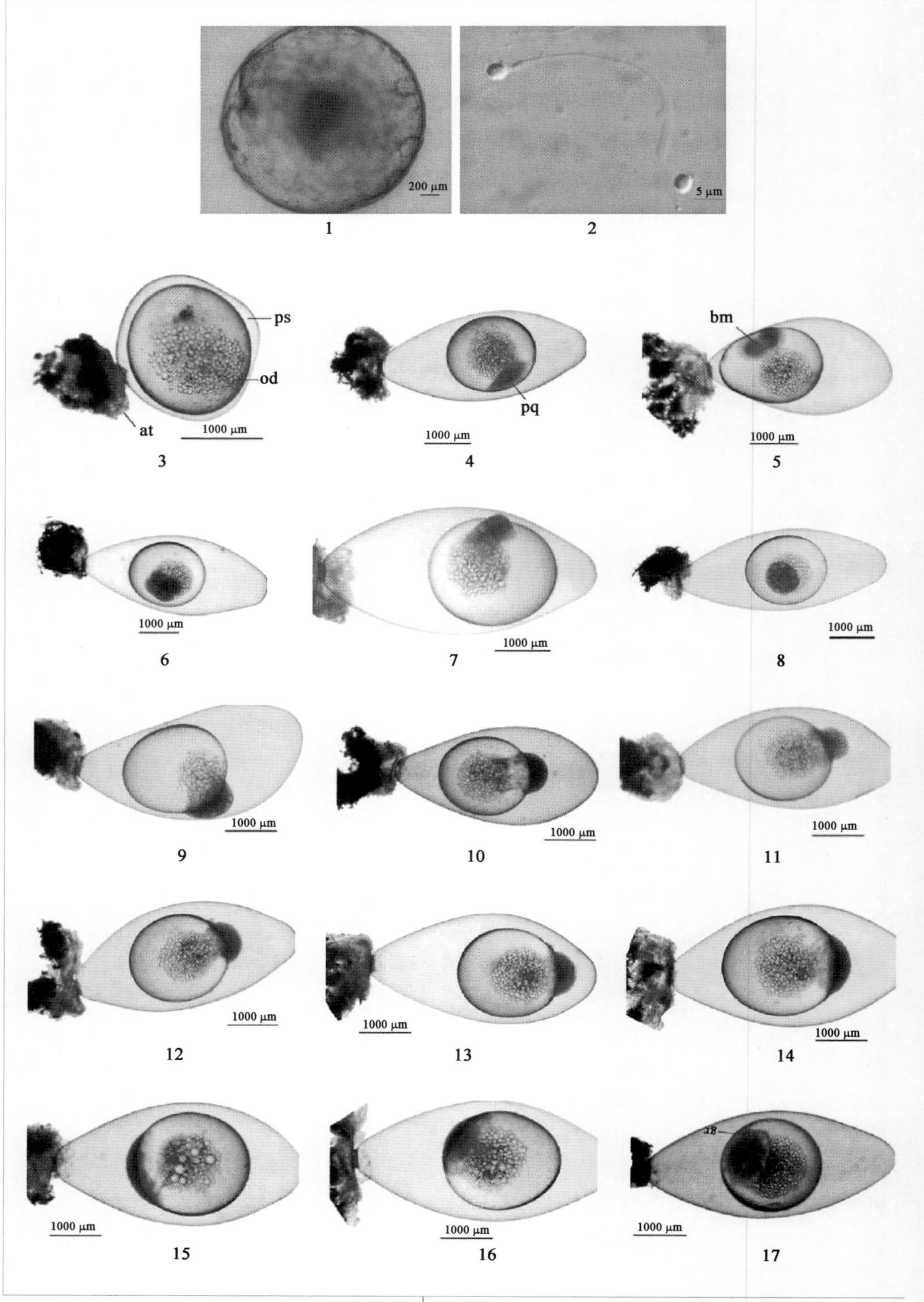
200 μm
5 μm
1
2
ps
od
at
1000 μm
3
bm
pq
4
5
6
7
8
9
10
11
12
13
14
15
16
17

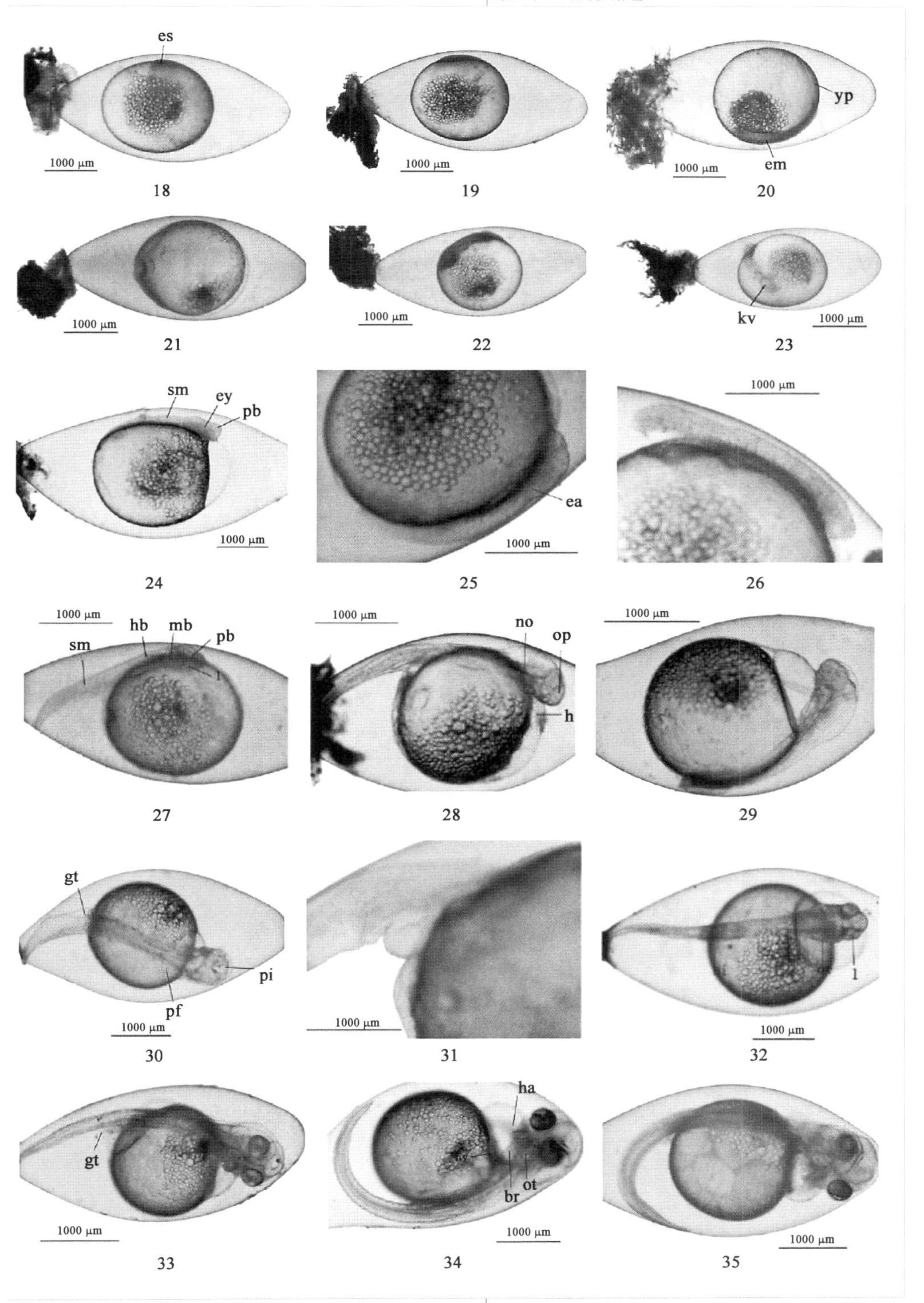
es
1000 μm
18
1000 μm
19
yp
em
1000 μm
20
1000 μm
21
1000 μm
22
kv
1000 μm
23
sm
ey
pb
1000 μm
24
ea
1000 μm
25
1000 μm
26
1000 μm
hb
mb
pb
sm
l
27
1000 μm
no
op
h
28
1000 μm
29
gt
pi
pf
1000 μm
30
1000 μm
31
l
1000 μm
32
gt
1000 μm
33
ha
br
ot
1000 μm
34
1000 μm
35

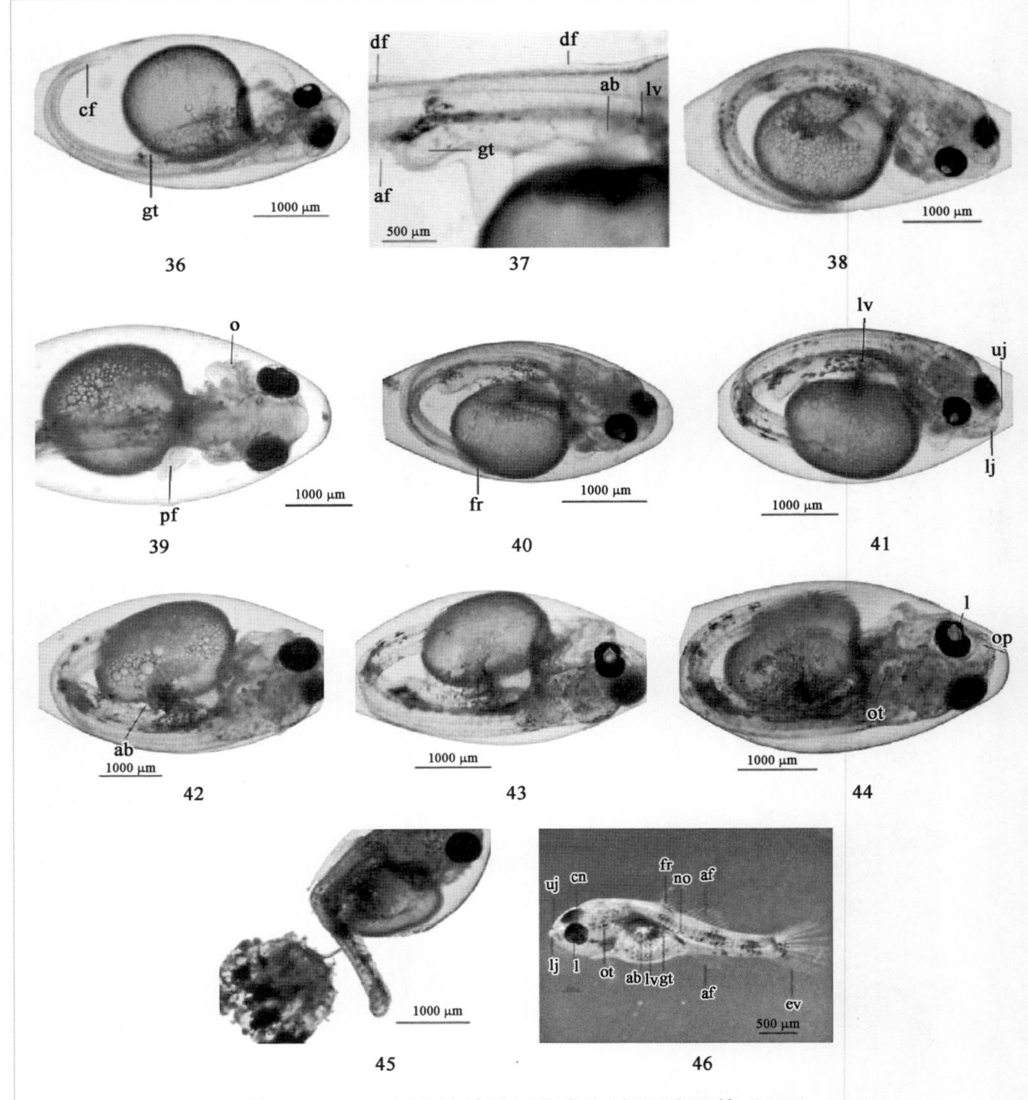


**图 3-2-10　河川沙塘鳢胚胎发育过程(张君等,2010)**

1. 未受精卵;2. 精子;3. 受精卵;4. 胚盘期;5. 2 细胞期;6. 4 细胞期;7. 8 细胞期;8. 16 细胞期;9. 32 细胞期;10. 64 细胞期;11～12. 桑葚期;13. 囊胚早期;14～15. 囊胚中期;16. 囊胚晚期;17. 原肠早期;18. 原肠中期;19. 下包 75%;20. 原肠晚期;21～22. 神经胚早期;23. 神经胚晚期;24. 2 体节期;25. 8 体节期;26. 14 体节期;27. 24 体节期;28. 25 体节期;29. 28 体节期;30～31. 29 体节期;32. 30 体节期;33. 34 体节期;34. 38 体节期;35. 41 体节期;36. 消化系统形成期;37. 肝脏形成期;38～39. 鳃裂期;40. 脾脏形成期;41. 口裂形成期;42～43. 鳔形成期;44. 孵化前期;45～46. 孵化期

ab: 鳔;af: 臀鳍;bd: 胚盘;bi: 血岛;bm: 分裂球;br: 鳃盖;cf: 尾鳍;cn: 角膜;cv: 尾脉;df: 背鳍;ea: 耳囊;em: 胚体;es: 胚盾;ey: 眼囊;fr: 鳍条;gr: 胚环;gt: 消化道;h: 心脏原基;ha: 心房;hb: 后脑;hv: 心室;kv: 克氏囊;l: 晶体;lj: 下颚;lv: 肝;mb: 中脑;no: 脊索;od: 油滴;o: 鳃盖骨;op: 嗅囊;ot: 耳石;pb: 前脑;pf: 胸鳍;pi: 松果体;ps: 卵周间隙;sm: 体节;uj: 上颚;yp: 卵黄栓

## 六、仔稚幼鱼的形态发育

研究河川沙塘鳢早期仔稚幼鱼的形态发育有助于了解其形态发育的特点，明确各器官形成的关键期，分析其组织和器官形成与环境相适应的变化规律，对制定合理的投喂策略以及提高苗种培育早期的成活率有重要意义。韩晓磊等（2016）对水温 21.0℃±1.0℃条件下 0～56 d 河川沙塘鳢鱼苗各发育时期的连续取样进行观察，确定了各期的形态发育特征。由于河川沙塘鳢仔鱼在胚胎发育时各器官均已发育成形，故在胚后发育中主要是体型发育的变化以及各个鳍条部位的分化发育（韩晓磊等，2016）。

0 d：初孵仔鱼，平均体长 5.89 mm，平均体重 0.001 6 g。刚出膜的仔鱼通体透明，血流遍布全身（眼、鳃丝、尾鳍等部位均已存在），血液为红色，鳔 1 个；仔鱼全身布满黑色素，并且主要集中在头部、第 1 和第 2 背鳍、卵黄囊两侧、尾部靠尾端 1/3 处、尾基部和围心腔部，色素形状不规则，有的呈点状，有的呈星芒状；口裂已张开，下颌长于上颌，能自主活动，颌上出现倒钩状牙齿；眼大，黑色且银膜已经出现；听囊内耳石清晰可见，后耳石体积是前耳石体积的 3 倍；鼻孔已经形成；椭圆形的卵黄囊约占身体 1/3，卵黄囊内布满油球，中间小而密，边缘大而疏；卵黄囊背侧为肠道，消化道已经畅通，少数仔鱼肠道开始蠕动且有初便在肛门处；各鳍已经形成且十分明显，腹鳍胸置，背鳍已经分化成 2 部分，尾鳍为圆尾型，背鳍鳍条数为（Ⅳ+8）、胸鳍鳍条数为 8、腹鳍鳍条数为 4、臀鳍鳍条数为 6、尾鳍鳍条数为 12；鳃弓数为 4，且布满鳃丝，鳃盖骨已长成，鳃盖膜清晰可见；尾索伸直；肌节为 30 节（图 3-2-11，A）。

1 d：鱼苗卵黄囊体积减小；黑色素进一步加深，尾鳍处也开始出现零星黑色素；各鳍条数有所增加，背鳍鳍条数为（Ⅴ+9），胸鳍鳍条数为 9，腹鳍鳍条数为 5，臀鳍鳍条数为 7，尾鳍鳍条数为 13；肌节增至 32 节（图 3-2-11，B）。

2 d：鱼苗第 1 背鳍出现黑色素；胸鳍鳍条数增至 10，尾鳍鳍条数增至 15，背鳍、腹鳍和臀鳍鳍条数未变；尾鳍鳍条分化为 2 节（图 3-2-11，C）。

3 d：鱼苗胸鳍鳍条数增至 11，其余鳍条数未发生变化；尾鳍鳍条分化为 3 节（图 3-2-11，D）。

4 d：鱼苗胸鳍鳍条数增至 12，其他鱼鳍鳍条数未发生变化；多数鳍条开始分节，第 2 背鳍、胸鳍和腹鳍鳍条分化为 2 节，尾鳍鳍条分化为 4 节（图 3-2-11，E）。

5～6 d：鱼苗尾鳍鳍条分化为 5 节，卵黄囊体积进一步减小（图 3-2-11，F）。

7 d：鱼苗卵黄囊内油球数量明显减少；胸鳍鳍条分化为 3 节（图 3-2-11，G）。

8～10 d：鱼苗卵黄囊所剩无几且紧贴消化道于腹部底侧；胸鳍鳍条分化为 4 节，第 2 背鳍和腹鳍鳍条分化为 3 节，臀鳍鳍条分化为 2 节(图 3-2-11，H)。

11 d：鱼苗腹内肝脏颜色加深，其下部有囊状物为胆囊；胸鳍延长至臀鳍前部，第 2 背鳍和腹鳍部分鳍条分化为 4 节，尾鳍鳍条分化为 5 节；卵黄囊完全吸收，仍有少许油球。此时鱼苗平均体长 6.92 mm，平均体重 0.002 7 g(图 3-2-11，I)。

12～13 d：鱼苗胸鳍鳍条数为 14，背鳍鳍条数为(Ⅶ+10)，腹鳍鳍条为 5，臀鳍鳍条为 8；油球已经消失。此时鱼苗平均体长 7.20 mm，平均体重 0.002 7 g(图 3-2-11，J)。

14 d：鱼苗胸鳍鳍条分化为 5 节，第 2 背鳍和腹鳍鳍条分化为 4 节，臀鳍鳍条分化为 3 节(图 3-2-11，K)。

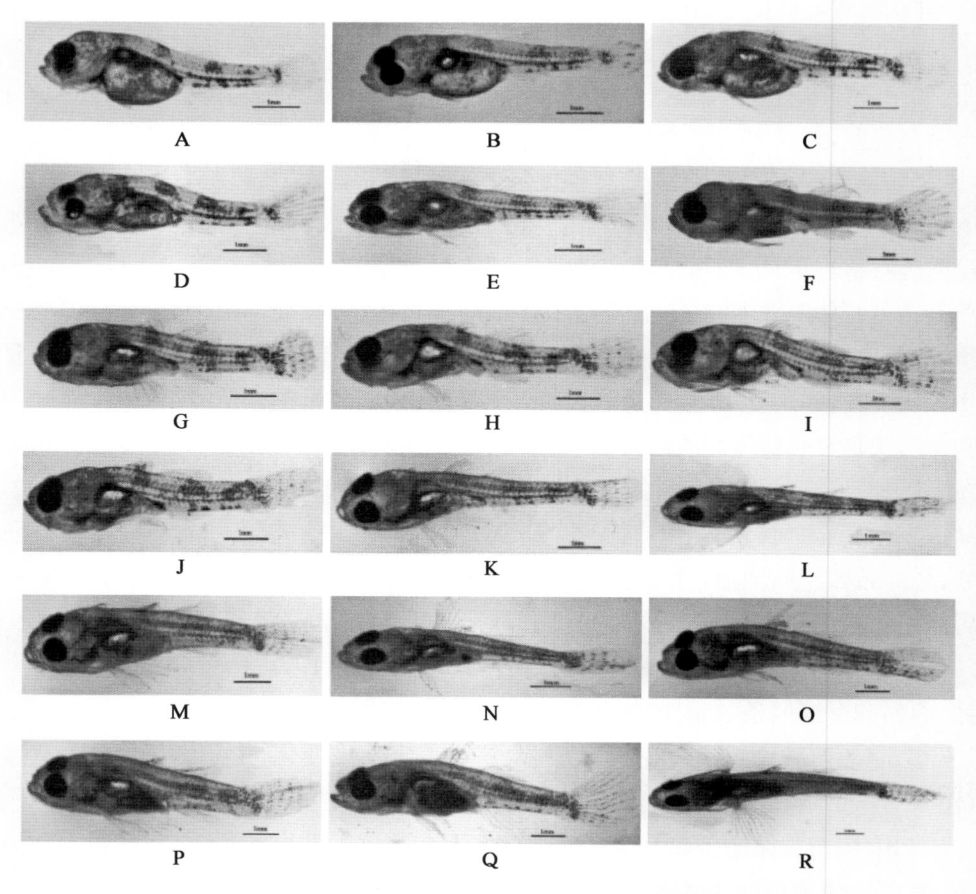


**图 3-2-11　河川沙塘鳢胚后发育形态特征(韩晓磊等，2016)**

A. 0 d；B. 1 d；C. 2 d；D. 3 d；E. 4 d；F. 5～6 d；G. 7 d；H. 8～10 d；I. 11 d；J. 12～13 d；K. 14 d；L. 15～19 d；M. 20～21 d；N. 22～23 d；O. 24～25 d；P. 26～27 d；Q. 28～37 d；R. 38～56 d

15～19 d：鱼苗胸鳍鳍条分化为 6 节(图 3－2－11,L)。

20～21 d：鱼苗尾鳍分化为 6 节(图 3－2－11,M)。

22～23 d：鱼苗胸鳍鳍条分化为 7 节,腹鳍鳍条分化为 5 节;后耳石是前耳石的 4 倍(图 3－2－11,N)。

24～25 d：鱼苗尾鳍鳍条数增至 17(图 3－2－11,O)。

26～27 d：鱼苗尾鳍鳍条分化为 7 节(图 3－2－11,P)。

28～37 d：鱼苗胸鳍鳍条分化为 8 节,腹鳍鳍条分化为 6 节,第 2 背鳍分化为 5 节,臀鳍分化为 5 节,尾鳍分化为 8 节(图 3－2－11,Q)。

38～56 d：鱼苗各个器官发育基本成熟,鳍条发育完善,通体被细小圆鳞所覆盖且富有黏液,鱼体形态和生活习性与成鱼十分相似,已经进入幼鱼发育阶段。此时鱼苗平均体长 11.85 mm,平均体重 0.012 1 g(图 3－2－11,R)。

## 第三节　人 工 繁 殖

自 20 世纪 90 年代起,河川沙塘鳢人工繁殖在湖北、安徽、江苏、浙江、上海等地展开,并先后报道了人工繁殖获得成功(张海明等,2012)。目前,河川沙塘鳢人工繁殖方法主要有以下几种。① 人工授精法。利用鱼用催产激素对亲鱼进行人工催产,精卵通过人工授精后进行人工孵化获得鱼苗。由于沙塘鳢亲鱼个体较小,人工授精的劳动强度大,且技术要求高,在规模化生产中难以操作,因此,实际生产中该方法很少运用(杨长根等,2003a)。② 池塘网箱产卵法。将网箱直接架设在成鱼养殖池中,池塘中培育成熟的亲鱼放入网箱中,并在网箱中放置产卵巢,通过冲水等方法诱使亲鱼产卵,产卵后,将雄鱼及产卵巢移入孵化箱中孵化,孵化后鱼苗直接进入池塘养殖,其优点在于不需要专门的苗种培育池,可根据苗种需要量定量生产,生产出的苗种直接下塘,而且技术简单易行,操作方便,该方法可满足部分生产单位自繁自养的生产需求(李跃华等,2006)。③ 池塘生态自然交配产卵受精法。亲鱼在池塘中通过强化培育达到性成熟,在适宜的水温条件下,通过人工催产激素进行催产或通过大量换水以及定期水泵冲水等生态调节,诱导亲鱼同步产卵受精,然后收集受精卵片进行人工孵化。此方法是目前河川沙塘鳢人工繁殖的主流方法,生产上运用较多,适合规模化育苗生产,其主要工艺流程是采集亲鱼进行强化培育、设置人工产卵巢、诱导雌雄亲鱼在产卵巢中自然产卵受精、收集受精卵片、集中人工孵化。

本节内容主要依据上海市水产研究所的研究结果结合相关文献,介绍河川沙塘鳢池塘生态自然交配产卵受精的人工繁殖技术。

## 一、亲鱼培育与选择

### 1. 亲鱼来源

亲鱼的来源主要有2种：一是产于自然区域的野生亲鱼，从市场上直接收购或从天然水域进行捕捞获得。野生亲鱼的收购一般在每年的年底至次年3月进行，特别是次年开春后随着水温升高，河川沙塘鳢的活动力加强，此时便于使用地笼网等捕捞工具进行集中捕捞、收购，而且此时的河川沙塘鳢开始发育成熟，雌雄性征明显，较易辨别，收购时可直接按照雌雄比为1∶1.2收购，但收购的成鱼不能是非法捕捞的，渔民一定要持有捕捞证。二是从池塘人工养殖的成鱼中挑选，如河川沙塘鳢鱼种套养于成蟹生态养殖池或虾塘等池塘内养成，冬季起捕时，从中挑选生长快、个体大、体质健壮、无病无伤的个体作为亲鱼。

### 2. 放养前准备

亲鱼培育池塘以面积0.13～0.33 $hm^2$、水深1～1.5 m为宜，要求池塘的注排水系统完善，池底平坦，水源充足，水质清新、无污染。

在亲鱼放养前，对培育池进行清整消毒，采用2 250～3 000 $kg/hm^2$生石灰干法清塘消毒，注水1周后放养。亲鱼培育池四周放置鱼巢，鱼巢一般用2～3片合拢的弓形瓦片用尼龙绳捆扎形成或用PVC管(直径10～16 cm、长20～30 cm)、蚌壳、竹筒等，其中以弓形瓦片为最佳，用于营造亲鱼良好的生态环境和栖息场所。

### 3. 后备亲鱼放养

亲鱼一般要求雄鱼体重不小于50 g、雌鱼不小于40 g，雌雄按1∶1.2选留。河川沙塘鳢雌雄较易区分，特别在繁殖季节，成熟亲鱼通常雄鱼个体较大、健壮、体色暗淡、斑纹非常明显，体表黏液多、手摸感觉较光滑，生殖乳突短薄、呈三角形，外突不明显、颜色不红；雌鱼个体相对较小，体表粗糙，体色亮丽，成熟的雌鱼腹部膨大柔软、有明显的卵巢轮廓，生殖乳突较长、呈扁圆管状、向外突出、颜色微红。收购的河川沙塘鳢亲鱼放养前用3%～5%的食盐水溶液浸浴5～10 min进行消毒处理，放养密度15 000～22 500尾/$hm^2$。

### 4. 后备亲鱼越冬培育

亲鱼要进行越冬培育。亲鱼入塘后，应同时投入足量活的幼青虾或麦穗鱼等小型、小规格、鲜活的野杂鱼等饵料生物作为亲鱼的天然饵料，冬季一般不投喂人工配合饲料。平时坚持每日早晚巡塘，观察池塘水质及亲鱼、饵料鱼活动情况，定期加注新水，保持较高水位。

### 5. 亲鱼强化培育

开春后，随着水温的升高，除了投喂充足的鲜活饵料鱼、虾以外，还要投喂剁成肉糜的鲜活鱼、虾肉或蚌、螺肉等，投喂量随水温上升而逐渐加大，一般日均投喂量控制在亲鱼体重 2%～5%，上、下午各投 1 次。根据池塘水质情况定期适量换水，保持池塘水质清新。另外，用 225 kg/hm² 生石灰化开后全池泼洒，以调节水质、预防疾病的发生。平时要勤巡塘、勤检查，以便及时发现问题及时解决。从 3 月下旬开始每隔 3～5 d 冲水 1 次，以促进亲鱼性腺发育。

## 二、催产

### 1. 设置人工产卵巢

人工产卵巢一般按 3 000～4 500 个/hm² 设置，人工产卵巢与鱼巢相似，可用三合瓦片（三片瓦互合用包装绳捆牢）、蚌壳、毛竹筒，还有用木板、脊瓦等做成（图 3－3－1）。

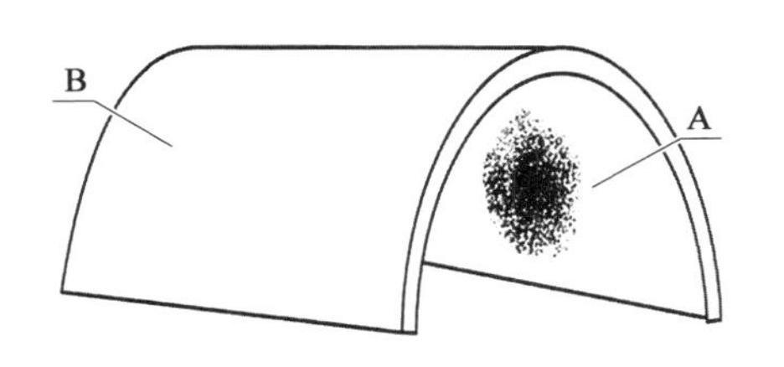


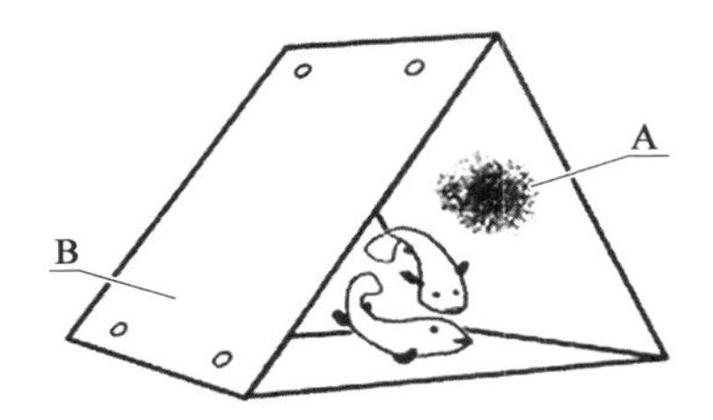


图 3－3－1　产卵巢（张海明等，2012）

A. 卵块；B. 瓦片、木板

另外，还有 PVC 管产卵巢。采用内径 10～12 cm、长度 20～25 cm 的 PVC 管做成。塑料管内壁光滑，在其内壁贴附一层 30～40 目的聚乙烯网片，网片整理平整，紧贴管壁，网片两端伸出管口并反包端口，在管两端用橡皮筋将其固定（图 3－3－2）。

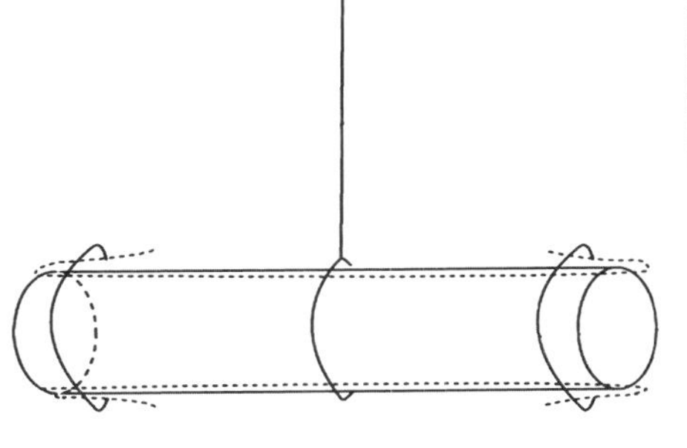

图 3－3－2　PVC 产卵巢（张海明等，2012）

### 2. 催产

当水温上升至 18～20℃时，河川沙塘鳢进入产卵季节。河川沙塘鳢亲鱼的诱导交配产卵受精主要采用生态调控的方法，通过生态调节，如大换水、冲水等方法刺激亲鱼，促使其自然产卵受精。当水温达到 18℃以上时，亲鱼已基本成熟，可将池水进行大换水（李跃华等，2006），以后每隔 2～3 d 用水泵对亲鱼培育池进行冲水 1～2 h 来刺激亲鱼产卵受精，连续冲水 3～5 次即可达到催产效果，以后每天下午检查 1 次产卵巢，发现鱼卵即取走产卵巢集中进行孵化；未产卵的空巢，如附有较多污泥应及时清洗，以免影响亲鱼产卵及鱼卵黏附；污泥较少则不必清洗，因鱼卵通常产在鱼巢上壁，亲鱼产卵前有清洁鱼巢的习性。尽量减少对亲鱼的惊扰，防止亲鱼流产或半产。

另外，也有采用注射激素人工催产的方法。常用激素有 PG，HCG，LHRH－A 等，注射催产激素后，将亲鱼放入产卵池中自然产卵受精。目前河川沙塘鳢规模化繁育较少用此法，这里列举研究技术人员的一些试验成果供参考。杨彩根等（2005）用 PG（3～4 mg/kg）、LHRH－A（20～40 μg/kg）、HCG（500～800 IU/kg）分 2 次注射：第 1 针雌鱼注射 PG 与 LHRH－A，剂量为总量的 1/6～1/5，雄鱼不注射；第 2 针雌、雄鱼等剂量注射，用量为余下的药量。2 次间隔 8～10 h。注射部位为胸鳍基部，每尾注射剂量为 1 mL。催产水温控制在 21～23℃，并以微流水刺激促使亲鱼产卵，效应时间为 42～45 h，催产率约 65%，受精率达 87%左右。史杨白和李潇轩（2011）用 LHRH－A（20 μg/kg）和 HCG（300 IU/kg），雌鱼每尾肌肉或腹腔注射其混合液 0.2 mL，雄鱼剂量减半，1 次性注射，催产率在 70%左右。沈蓓杰等（2011）用 LHRH－A（30 μg/kg）和 HCG（300～500 IU/kg），雄鱼剂量减半，1 次注射，催产率达到 81%。

## 三、受精卵孵化

### 1. 孵化池的准备

孵化池一般面积 10～20 $m^2$，水深 1 m 左右，具有加温、充气、进排水设施，使用前要用高锰酸钾进行消毒处理，孵化用水用漂白粉消毒、去除余氯后再用 150 目筛绢网过滤。

### 2. 卵片的收集和处理

通常催产后的每天下午检查产卵巢并收集受精卵片。受精卵片收集后应进行漂洗和消毒，用 10 mg/L 亚甲基蓝溶液浸泡受精卵片 2～3 min 进行消毒处理，以防止病菌的侵害。

### 3. 受精卵孵化

（1）亲鱼培育池直接孵化

河川沙塘鳢雄鱼具有护巢习性，利用其胸鳍在产卵巢内不停扇动，带动水流给胚胎增氧，促进胚胎发育；同时，雄鱼不断剔除坏卵死胚，防止受精卵霉变，直至鱼苗孵出。这是比较直接、简便的孵化鱼苗的方法。鱼苗孵出后直接在产卵池中培育，其缺点是鱼苗数量难以把握。

（2）孵化池孵化

将受精卵片收集后吊于孵化池中，通过充气增氧、控温等措施进行集中孵化。该方法可以准确统计鱼苗数量，控制生产规模。采用该方法的受精卵孵化率、苗种培育成活率都比较容易控制。

受精卵片吊入孵化池中应均匀分布，鱼卵密度为 2 万～5 万粒/$m^3$，弱光条件下微流水充氧孵化。孵化池 24 h 不间断充气，保证胚胎发育过程中得到充足的氧气，但充气量不宜太大，以免冲落瓦片上的鱼卵而影响孵化率。孵化前期要经常抖动和漂洗受精卵片，使坏卵死胚掉落，防止霉菌侵害。

**4. 防治霉菌**

河川沙塘鳢受精卵孵化周期较长，在水温 20.5～24.5℃下孵化，胚胎发育约需 386 h(16 d)，在孵化过程中极易被水霉菌感染而导致死亡。因此，防霉是提高孵化率的关键。

防霉药物处理：① 定期使用福尔马林溶液，一般每 2 d 使用 1 次，浓度为 25 mL/L(李跃华等，2006)；② 定期用 10 mg/L 亚甲基蓝溶液浸泡 2～3 min(宋长太等，2010)；③ 用 5 mg/L 聚维铜碘溶液(1%有效碘)泼洒消毒(史杨白和李潇轩，2011)；④ 用 0.5 mg/L 的二氧化氯消毒孵化用水，也有较好的预防作用(赵军和盛劲东，2011b)。

另外，通过水体消毒和适当提高孵化水温对水霉病有一定的抑制作用。在孵化过程中，若发现坏卵或者发霉的卵，需要及时人工清理出去，防治霉菌蔓延。

## 典 型 案 例

2012 年上海市水产研究所奉贤科研基地开展河川沙塘鳢人工繁育试验。

1 亲鱼准备及培育

1.1 亲鱼培育池条件

亲鱼池面积 1 300 $m^2$，长方形，东西走向，四周水泥护坡，进排水设施完善。水深 1 m。2011 年 11 月 2 日用 300 kg 的生石灰清塘消毒，第 2 d 注水，注水时用 60 目的筛绢进行过滤。池塘内种植一些轮叶黑藻，四周放置了 300 个鱼巢作为亲鱼的隐蔽栖息场所。鱼巢是由三片平板状的洋瓦连环对扣捆扎形成三角形结构用细绳吊入池塘四周，细绳上端系一浮球便于捞取鱼巢。

1.2 亲鱼收集

2011 年 11 月 10 日从位于五四农场农业园区的北场成蟹养殖池中收购人工养殖的 1 龄亲鱼 1 000 尾,2012 年 3 月又分别从青浦区莲盛镇以及奉贤区平安镇水产市场上收购了 1 000 尾野生亲鱼。收购时按雌雄比例 1∶1.2 配置。

1.3 亲鱼越冬培育

亲鱼放养后,同时投入 75 kg 活的小规格青虾以及一些麦穗鱼等野杂鱼作为亲鱼的生物饵料,越冬期间保持池塘最高水位,注意巡塘观察,水色浓时适量换水。

1.4 亲鱼强化培育

开春后亲鱼活力增强,离巢进行觅食,此时逐渐增加投喂人工饵料,人工饵料主要是用鲜活的鱼、虾肉或蚌、螺肉剁成肉糜,然后加入鳗鱼饲料和适量的水揉成面团,放在饲料台上吊入池塘中进行投喂。饲料台为边长 50 cm 的正方形,四边框架用直径 8 mm 的钢筋匡围,缝上皮条网布覆盖,四角系相等长度的绳子,吊起时能保持平衡。1 个食台为 1 个投饲点,共设置 10 个投饲点,每天上、下午各投 1 次,第 2 d 早上进行检查,根据亲鱼的摄食量和活动情况进行增减饲喂量。

2 诱导产卵

亲鱼培育至 4 月初水温已达 18℃以上,4 月 5 日将所有鱼巢移除,同时在池塘四周放入 PVC 产卵巢 400 个。在 PVC 管中间系 1 根尼龙绳以便将产卵巢吊入产卵池中,方便日后的检查以及收取受精卵。每次收取受精卵片后,只要将新的网布装入,产卵巢可反复使用。

4 月 6 日培育池换水 50%以诱导亲鱼产卵,以后每隔 1 d 用水泵冲水 2 h 进一步诱使亲鱼产卵,4 月 9 日起每天下午检查收取受精卵片,4 月 20 日产卵结束。

3 人工孵化

3.1 孵化池

孵化池即为人工培育池,面积 10 $m^2$ 的长方形水泥池,水深 1 m。孵化池上口纵向固定两根聚乙烯绳,以便悬挂卵片,按 1 个/$m^2$ 设置散气石充气增氧,孵化池具有进排水系统及加温设施,孵化前先用高锰酸钾将池子消毒洗净,注水待用。

3.2 孵化用水

孵化水用 20 mg/L 漂白粉进行消毒,经过沉淀后,用大苏打去除余氯,再用 200 目的筛绢过滤后注入孵化池中,经过曝气后使用。

3.3 卵片处理

产卵开始后,每天将收集到的受精卵片集中处理。首先把卵片漂洗干净,在每一片卵片的下端系一小石块,上端系 1 根细绳,以便将卵片垂直吊入孵化池中。然后，将卵片用消毒液浸浴 10 min 进行消毒处理。消毒过的卵片一片片垂直吊入孵化池中进行人工孵化。卵片用细绳固定在两根挂绳上，呈均匀分布状态，悬挂密度控制在 5～10 片/$m^2$。

3.4 孵化管理

孵化期间保持 24 h 充气增氧，充气量适中，不宜太大，以免池水翻滚搅动卵片使卵片互相缠绕在一起而引起缺氧死亡。孵化水温控制在 25～27℃。孵化 7 d 后换水 1 次，换水量为 100%，同时对孵化池进行清底处理。

3.5 光线调控

自然环境中河川沙塘鳢鱼卵一般都产在洞穴、破瓦罐、石板底下等，这种环境下光线都比较暗，因此，孵化池上要覆盖黑膜或遮阴膜，以控制孵化池的光线，一般将光照强度控制在 50～200 Lux。

3.6 水霉预防

河川沙塘鳢受精卵在孵化过程中极易被水霉菌感染而导致死亡，因此在孵化过程中，卵片每 3 d 要用消毒液浸浴 10 min。特别是前 2～4 d 未受精卵和死胚颜色已发白、浑浊不透明、黏性变差较易脱落；正常发育的受精卵呈卵黄色、透明，黏性强较易区分。因此，应经常用力抖动、漂洗卵片，将坏卵和死卵抖落，可防止霉菌孳生。在孵化过程中每天要检查受精卵的发育情况，如卵片上有块状的霉菌团应及时用镊子剔除，以防止大面积感染。

4 结果

本试验共投放河川沙塘鳢亲鱼 2 000 尾，共收获受精卵片 356 片。在 25～27℃水温下，受精卵经过 13～14 d 孵化全部出苗，孵化率 42%，共收获鱼苗 12.87 万尾。

## 四、影响胚胎发育的主要环境因子

在河川沙塘鳢的生命周期中，死亡率较高的是胚胎发育阶段，在此阶段会受到诸如水温、水质等一系列外部环境条件的影响。明确河川沙塘鳢胚胎发育阶段所需适宜环境因子对繁殖的影响具有非常重要的意义。下面依据现有研究文献，介绍影响河川沙塘鳢胚胎发育的主要环境因子。

### 1. 水温

水温是鱼类早期发育阶段中重要的外部影响因子。水温是通过酶反应的速度来决定个体发育的。不同的种类因其生活环境不同而具有不同的适宜水温，即使是同一种鱼，在适应不同的生长环境后，也会有其特定的适温范围。水温对河川沙塘鳢受精卵孵化影响最大的是培育周期、孵化周期和孵化率(鲍华江，2019)。水温18～30℃，河川沙塘鳢受精卵的培育周期和孵化周期随着水温的增加而缩短(表3-3-1)。当水温为18℃时，孵化周期最长，达100.7 h±3.06 h；当水温为30℃时，孵化周期最短，为33.7 h±2.52 h。

表3-3-1　不同水温下河川沙塘鳢受精卵的孵化情况(鲍华江，2019)

| 项　目 | 水　温　(℃) | | | | | | |
|---|---|---|---|---|---|---|---|
| | 18 | 20 | 22 | 24 | 26 | 28 | 30 |
| 培育周期(h) | 517.0±7.21[a] | 419.7±7.64[b] | 347.3±7.02[c] | 289.7±6.03[d] | 254.3±4.51[e] | 223.7±5.51[f] | 196.7±4.04[g] |
| 孵化周期(h) | 100.7±3.06[a] | 92.7±3.21[b] | 80.0±2.65[c] | 63.7±3.06[d] | 48.0±2.65[e] | 40.7±3.51[f] | 33.7±2.52[g] |
| 总孵化率(%) | 40.0±1.89[a] | 48.6±2.11[b] | 61.5±3.61[c] | 75.9±3.04[d] | 82.7±2.06[e] | 69.4±2.48[f] | 46.4±4.66[b] |
| 畸形率(%) | 0.0±0.00[a] | 0.0±0.00[a] | 0.0±0.00[a] | 0.0±0.00[a] | 0.0±0.00[a] | 0.0±0.00[a] | 0.0±0.00[a] |
| 24 h存活率(%) | 100.0±0.00[a] | 99.7±0.58[a] | 99.3±0.58[a] | 100.0±0.00[a] | 100.0±0.00[a] | 99.7±0.58[a] | 98.3±0.58[b] |
| 48 h存活率(%) | 99.7±0.58[a] | 99.0±1.00[a] | 99.3±0.58[a] | 99.3±1.16[a] | 100.0±0.00[a] | 98.7±0.58[a] | 94.3±1.53[b] |
| 有效积温(℃·h) | 3825.8±53.36[a] | 3944.9±71.79[a] | 3959.6±80.07[a] | 3881.5±80.77[a] | 3916.7±69.44[a] | 3891.8±95.83[a] | 3815.3±78.40[b] |
| 生物学零度(℃) | | | | 10.6 | | | |

水温18～30℃，河川沙塘鳢受精卵孵化率随温度升高呈先升后降的趋势；22～28℃，受精卵孵化率均在50%以上，最高孵化率(82.7%±2.06%)出现在水温26℃时，说明河川沙塘鳢受精卵孵化的最佳水温为26℃、适宜水温范围为22～28℃。

**2. 氨氮**

氨氮是水环境中最常见的污染物之一。研究氨氮对胚胎发育的影响对河川沙塘鳢的人工繁育具有积极意义。在水温25℃±1℃、pH 8.0环境条件下，采用半静水生物测试方法，发现氨氮对河川沙塘鳢胚胎24 h、48 h、72 h、96 h的半致死浓度分别为 153.02 mg/L、139.20 mg/L、123.59 mg/L、98.13 mg/L，安全浓度为 9.81 mg/L；转化为非离子氨的半致死浓度分别为 8.13 mg/L、7.40 mg/L、6.57 mg/L、5.21 mg/L，安全浓度为 0.52 mg/L（刘国兴等，2019）。在河川沙塘鳢的人工繁育过程中，坏卵和卵膜等有机质的分解极易导致水体氨氮浓度升高，需要加强水质监测，及时换水，确保水体的氨氮浓度不超过安全浓度，从而提高河川沙塘鳢的苗种繁育成效。

**3. 重金属离子**

鱼类早期胚胎发育的过程中，对水体中重金属离子极为敏感（陈其昌等，1988）。采用静水生物测试法分别测试 $Hg^{2+}$、$Cr^{6+}$、$Zn^{2+}$ 和 $Cu^{2+}$ 等 4 种重金属离子对河川沙塘鳢胚胎发育的毒性作用。这 4 种重金属离子对河川沙塘鳢早期发育死亡率和孵化率影响大小依次为 $Hg^{2+} > Cu^{2+} > Zn^{2+} > Cr^{6+}$（韩晓磊等，2011）。水体中重金属离子会造成河川沙塘鳢胚胎发育受阻或中断、延迟胚胎发育时间，还会增加胚胎发育过程中（神经胚期）的死亡率。

# 第四节　苗 种 培 育

河川沙塘鳢作为一种广受消费者喜爱的名贵水产品，每年的 4—5 月是该鱼上市的最佳时段，而又恰是其自然繁殖的盛期。因此，仅靠天然资源已远远不能解决市场需求，同时对其资源量也是极大的威胁。人工养殖势在必行，而进行人工养殖首先必须解决苗种问题。由于繁殖模式、饵料、仔鱼发育的同步性以及病害等方面的原因，致使苗种培育技术还很不完善，大规格健康的河川沙塘鳢鱼种还难于批量生产，极大地限制了河川沙塘鳢的养殖。

本节主要介绍目前河川沙塘鳢苗种培育的相关研究成果及上海市水产研究所的生产实践。

## 一、培育模式及准备

河川沙塘鳢苗种培育的模式有网箱培育、水泥池培育和土池培育。

水泥池提前用水浸泡 10 d，用高锰酸钾消毒 30 min 后洗净。培育用土池，放苗前 1 个月排干水，修整曝晒，再用 1 200 $kg/hm^2$ 生石灰清塘，育苗前 15 d 进水 80～90 cm，进水口用 100 目网袋过滤。

育苗用淡水为天然河道水。通过水泵抽入土池池塘自然沉淀净化，每天中午和晚上开启增氧机各 2 h，再抽入棚内蓄水池并用 80 目网袋过滤，沉淀曝气 48 h 后才可以放苗。

## 二、放养密度

网箱培育法和水泥池培育法均采用分级培育，一级培育至 1.8～2.2 cm 乌仔，放养密度为 10 000 尾/$m^2$；二级培育从乌仔至育成 3.94～4.3 cm 的大规格鱼种，放养密度为 4 800 尾/$m^2$（赵军和盛劲东，2011a）。土池培育法，放养密度为 100 尾/$m^2$（史阳白等，2012）。

## 三、饵料及投喂方法

### 1. 室内水泥池培育

刚孵化出的仔鱼主要依靠体内卵黄囊作为内源性营养，且不能自主游动，易沉入池底，依靠充气随水翻起。一般认为人工培育条件下河川沙塘鳢鱼苗的主要饵料依次为淡水轮虫、小型枝角类、桡足类、卤虫无节幼体、大型浮游动物及鱼糜等人工饵料。卤虫无节幼体为市场上购买的真空包装的卤虫卵经孵化而成。

河川沙塘鳢出膜后 3～4 d 鱼苗侧卧水底，第 5 d 开始阵发性向上游动觅食，此时便可开食，开口饵料以轮虫、枝角类为主，水中至少保持 10 个/mL 适口饵料；出膜 10 d 后鱼苗卵黄囊消失，游动活跃，此时要补充一些桡足类、卤虫无节幼体等大型浮游动物，并适当增加投饵量，水中要保持 15 个/mL 以上适口饵料（杨彩根等，2005）。随着鱼苗长大，可逐渐投喂一些水蚯蚓、龙虾肉糜等，每次投喂量 8%～10%，分 2 次投喂，经 1 个月左右可育成 2 cm 左右的夏花鱼种。

### 2. 土池培育

土池培育需要根据不同的发育阶段培养不同的饵料生物。鱼苗下塘前，要提前施足基肥、培育足够的基础饵料，一般鱼苗下塘前 5 d，每天 3 kg 黄豆浆与 45 g/$m^2$ 饲料酵母全池泼洒，每天 1 次，培养轮虫；早期需要大量轮虫，而鱼苗下塘前若出现大量枝角类、桡足类，则用 0.3～1 mg/L 的晶体敌百虫泼洒（史阳白等，2012）。消杀后，要等敌百虫毒性失效后才能放苗，一般需要 10 d 以上。鱼苗出膜 3 d，待腰点出现后直接下塘。一般培育前 15 d 是苗种培育的关键（杨长根等，2003b），即鱼苗全长 1 cm 前饵料主要投喂蛋黄＋豆浆＋饲料酵母＋鱼肉浆等，少量多次（杨长根等，

2003b；史阳白等，2012）；当鱼苗全长达 1 cm 后，饵料主要投喂枝角类、桡足类等；当鱼苗全长达到 2 cm 后，投喂捞取的枝角类、桡足类、水蚯蚓等。池塘培育 45 d 以后可以开始人工饵料的驯食，摄食率为 100%（史阳白等，2012）。

### 四、水质调控

室内水泥池苗种培育期间，培育用水需用 120 目网袋过滤；每天吸污 1 次、换水 50%，后期还要加大换水量，以确保水质清新。土池苗种培育期间，每周换水 1 次，每次换水 33%。

### 五、日常管理

室内水泥池苗种培育期间，每周倒池 1 次，将特大、特小的鱼苗筛出单养，避免同类相残，有利于提高苗种培育的成活率（赵军和盛劲东，2011a）。

土池培育期间要做到勤巡塘、勤检查、勤记录。放苗时水深 50 cm，以后逐步加高水位，直至加满。定期监测池塘内饵料生物，如果少于 5～10 个/mL，需要及时补充鲜活饵料生物。每天定时开启池塘增氧设备，以防缺氧；如遇恶劣天气，需适当延长开机时间。

### 六、病害防治

河川沙塘鳢病害情况不算极为严重，常见的有水霉病、车轮虫等。水霉主要危害受精卵，用 0.5 mg/L 的二氧化氯对水体消毒具有良好的预防效果；患车轮虫病的河川沙塘鳢鱼体消瘦，体色发黑，不食或少食，久之则逐步死亡，可用 20 mg/L 的福尔马林或 0.7 mg/L 的硫酸铜、硫酸亚铁合剂（5∶2）全池泼洒。另外，河川沙塘鳢鱼苗比较贪食，暴食引起消化不良或投喂变质饵料容易引发肠胃炎，病鱼腹部膨大、活力弱，可用 0.6 mg/L 的硫酸铜、硫酸亚铁合剂（5∶2）全池泼洒消毒（赵军和盛劲东，2011b）。

## 典 型 案 例

### 案例 1

2011 年、2012 年上海市水产研究所奉贤科研基地河川沙塘鳢春季苗种培育情况。

1. 育苗池的准备

苗种培育选用有效水体为 10 $m^3$ 的水泥池，使用前用高锰酸钾 25 mg/L 消毒、浸泡。散气石 1 个/$m^2$，且保持连续充气，确保水体溶解氧不低于 6 mg/L。

2. 布苗

根据受精卵的数量按 1 000～5 000 粒/$m^3$ 布入育苗池孵化。布卵时，水位一次加足，保持微充气，待鱼苗出膜后逐渐加大充气量。

3. 饵料及投喂

(1) 饵料种类

开口饵料为淡水轮虫以及枝角类无节幼体，5～7 d 后为小型浮游动物如枝角类、桡足类等的幼体，15 d 后改为中型浮游动物和卤虫无节幼体，随着鱼苗逐渐长大，可增加大型浮游动物的投喂量。

(2) 投喂

在水温 25～27℃时，3 d 后开始少量投喂轮虫，直至该池完全出膜后才正常投喂，将收集的饵料生物用 80 目网袋过滤后投喂(主要是轮虫及枝角类无节幼体)；7 d 后改用 60 目网袋过滤，投喂量以水体中 5～10 个/mL 饵料生物；15～20 d 后用 40 目网袋过滤，投喂量逐渐增加，后期则仅去除一些野杂鱼、虾及垃圾即可直接投喂。

4. 日常管理

(1) 吸污

当孵化池内鱼苗完全出膜后应及时吸污，将池内的死卵、卵膜及其他垃圾清理出池。此后每天吸污 1 次，根据苗种大小依次使用 80 目、60 目、40 目、30 目吸污框网。吸污时，分段停气，小心轻移吸污头。吸出的污物带水捞于盆内，分离出鱼苗放回苗池。

(2) 水温调控

布苗时水温控制在 25～27℃，15 d 后逐渐降为 23～25℃。换水时保持水温相同，温差不超过 0.5℃，以减少鱼苗的应激反应。

(3) 水质管理

育苗池每 2 d 换水 1 次，换水量为 50%，生产中可根据实际情况调整换水量和换水次数。

(4) 倒池与分池

由于河川沙塘鳢的繁殖模式所限，孵化时留下的死卵、卵膜及其他黏液污物都进入水体。因此，及时倒池极为必要。当池内鱼苗完全出膜后应及时倒池。具体方法：首先准备备用苗池，加水并升温至与待倒池同水温，充分曝气。然后，待倒池在合适网目的换水框内用虹吸管抽水至 10～20 cm 水位，在出水口张一集苗小网箱(维持网箱内水位),拔掉排水塞放水收苗。由于鱼苗有顶水习性,当池底将露时,可用同温水小心冲赶。集苗小网箱内鱼苗要随时捞入新池,以避免缺氧。

一般7～10 d倒池1次,以彻底改善水质环境。同时,根据鱼苗具体数量进行分池。分池放养密度为500～1 000尾/$m^3$。计数前,应将特大、特小鱼苗筛出单放,避免同类相残以及出现"黑苗""僵苗"。

5. 出苗计数

当鱼苗生长至1.5～2.5 cm时,即可出苗放入外塘进行大规格鱼种培育或直接进行成鱼养殖。

6. 结果

详见表3-4-1。

表3-4-1　2011年、2012年河川沙塘鳢苗种培育情况

| 年份 | 产卵日期(月/日) | 布苗时间(月/日) | 池数(个) | 平均规格(cm) | 出苗数量(万尾) | 成活率(%) |
|---|---|---|---|---|---|---|
| 2011 | 4/14—5/15 | 6/1—6/7 | 4 | 1.53 | 2.1 | 50 |
| 2012 | 4/9—4/30 | 5/30—6/5 | 12 | 2.11 | 11.1 | 86.2 |

**案例2**

2018年上海市水产研究所奉贤科研基地开展河川沙塘鳢人工繁育试验。

2018年3月,选取两个有效水体为20 $m^3$的室内水泥池作为亲鱼培育池。亲鱼培育池使用前用高锰酸钾25 mg/L消毒、浸泡。散气石1个/$m^2$,且保持连续充气确保水体溶解氧不低于6 mg/L。每个亲鱼培育池内放PVC产卵巢80～100个,从4月中下旬开始检查并收集卵片,至5月底结束。

受精卵孵化池为面积10 $m^2$、水深1 m的长方形水泥池。沿水泥池长轴的正上方约20 cm处悬拉3～4根尼龙绳。将收集到的卵片均匀挂在尼龙绳上,保证受精卵全部浸入水体中孵化。每天定时检查并剔除坏的受精卵。每周换水1次,换水量为100%。

本试验共投放河川沙塘鳢亲鱼1 069尾,共收获有效受精卵片142片。在水温25～27℃条件下,河川沙塘鳢受精卵经过13～14 d孵化全部出苗,孵化率40%,共收获鱼苗5.6万尾。

## 七、影响仔稚幼鱼生长的主要环境因子

影响鱼类仔稚幼鱼生长发育的因素有很多,下面根据现有研究报道列述水温、

水质、饵料等主要因子对河川沙塘鳢仔稚幼鱼的影响。

### 1. 水温

水温是影响仔鱼存活和生长发育的重要环境因素之一。生产实践中，可以通过不投饵系数(SAI)来判断仔鱼的活力，其值越大，表明仔鱼活力越好、在育苗过程中的成活率就越高。水温 18～30℃，河川沙塘鳢仔鱼的不投饵系数随水温的升高呈现先升后降的变化趋势(图 3-4-1)(鲍华江，2019)。当水温低于 18℃或高于 28℃，仔鱼的 SAI 值均小于 20；在水温 24℃时，SAI 值最高，达 36.91±1.832。表明，河川沙塘鳢仔鱼生存的适宜水温范围在 20～26℃，最佳水温为 24℃。

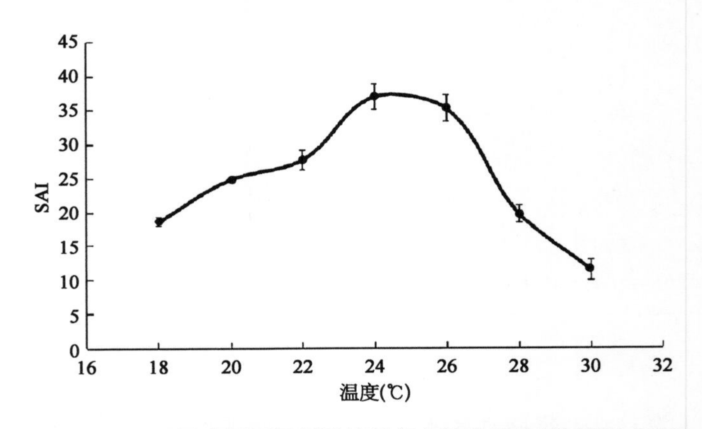


**图 3-4-1　不同水温下河川沙塘鳢仔鱼的 SAI 值(鲍华江，2019)**

### 2. 盐度

对于淡水鱼类而言，适当增加养殖水体盐度可以预防寄生虫病、水霉病、细菌感染等疾病(Lu 等，2013)。Lu 等(2013)对河川沙塘鳢幼鱼分别开展了耐盐性试验和盐度生长试验，观测统计河川沙塘鳢在两种模式中的存活和生长情况。研究发现，河川沙塘鳢幼鱼适宜生长盐度范围在 0～6。

试验开始前，先将河川沙塘鳢鱼苗放入体积 300 L 的室内循环养殖水缸中适应 1 周，养殖用水盐度为 0.7，每天用卤虫无节幼体和枝角类投喂 2 次(8:00 和 15:00)。正式试验时，选取 2 000 尾大小均匀、健康的河川沙塘鳢鱼苗，平均体重为 0.010 6 g±0.003 6 g，平均体长为 17.23 mm±2.06 mm。试验用容器为直径 20 cm、体积 25 L 的玻璃缸，试验水温为 27℃，各试验盐度通过稀释海水(盐度为 32)得到，所有试验用水均经过滤后使用。

(1) 耐盐性试验

经预试验，河川沙塘鳢在盐度低于 10 时均未发生死亡，直至盐度高于 15 时才出现。据此,设计 8 个盐度试验组,分别为 9(对照)、10、11、12、13、14、15、16,每组 3 个重复,每个重复 20 尾鱼;连续记录各个试验组在 12 h、24 h、48 h、72 h 和 96 h 的死亡数量。此外,为测定河川沙塘鳢的平均成活时间和 50%成活时间,将 30 尾健康的鱼苗直接从淡水移入盐度为 32 的海水中,记录每一尾鱼的成活时间,然后计算出平均值,即为平均成活时间;记录达到一半的鱼苗存活时间,即为 50%成活时间。试验过程中发现死鱼须及时捞出。死亡标志:鳃盖停止活动,轻触刺激无反应。结果显示,河川沙塘鳢 12 h、24 h、48 h、72 h 和 96 h 的半致死盐度分别为 15.84、15.01、14.66、14.34 和 13.79。在盐度 32 时的平均成活时间为 35.4 min,50%成活时间为 37 min(表 3-4-2、表 3-4-3)(Lu 等,2013)。

表 3-4-2　河川沙塘鳢在不同盐度中 96 h 成活率(%)(Lu 等,2013)

| 盐　度 | 耐受时间(h) | | | | |
|---|---|---|---|---|---|
| | 12 | 24 | 48 | 72 | 96 |
| 9 | 100 | 100 | 100 | 100 | 100 |
| 10 | 100 | 100 | 100 | 100 | 100 |
| 11 | 100 | 100 | 100 | 100 | 100 |
| 12 | 100 | 100 | 100 | 100 | 95 |
| 13 | 100 | 100 | 100 | 100 | 87.5 |
| 14 | 100 | 97.5 | 95 | 77.5 | 47.5 |
| 15 | 75 | 60 | 27.5 | 10 | 5 |
| 16 | 37.5 | 5 | 0 | 0 | 0 |

表 3-4-3　河川沙塘鳢的平均成活时间和 50%成活时间(Lu 等,2013)

| 盐　　度 | 平均成活时间(min) | 50%成活时间(min) |
|---|---|---|
| 32 | 35.4 | 37 |

(2) 盐度生长试验

设计 6 个盐度试验组,分别为 0、2、4、6、8、10,每组 3 个重复,每个重复 50 尾鱼苗,养殖试验持续 22 d。试验期间,每天用卤虫无节幼体和枝角类投喂 2 次(8:00 和 15:00),每天换水 50%。结果显示,河川沙塘鳢成活率随盐度升高显著下降,盐度0试验组成活率最高，但与盐度2、4组无显著差异；体长特定生长率和体重特定生长率也随盐度升高而下降，最大值出现在盐度0组，但与盐度2、4、6组无显著差异(表3-4-4)(Lu等，2013)。

表3-4-4　盐度对河川沙塘鳢生长的影响(Lu等，2013)

| 盐　度 | 成活率(%) | 体长特定生长率(%) | 体重特定生长率(%) |
| --- | --- | --- | --- |
| 0 | $97.33 \pm 0.02^{z}$ | $1.05 \pm 0.12^{z}$ | $3.74 \pm 0.37^{z}$ |
| 2 | $95.33 \pm 0.03^{zy}$ | $1.04 \pm 0.13^{z}$ | $3.62 \pm 0.35^{z}$ |
| 4 | $90.7 \pm 0.08^{zy}$ | $0.92 \pm 0.15^{z}$ | $3.23 \pm 0.28^{zy}$ |
| 6 | $84.67 \pm 0.10^{y}$ | $1.03 \pm 0.04^{z}$ | $3.17 \pm 0.14^{zy}$ |
| 8 | $66.7 \pm 0.01^{x}$ | $0.93 \pm 0.15^{z}$ | $3.00 \pm 0.49^{y}$ |
| 10 | $35.3 \pm 0.11^{w}$ | $0.68 \pm 0.07^{y}$ | $2.00 \pm 0.15^{x}$ |

综上所述，河川沙塘鳢适宜生长盐度范围在0～6。由于河川沙塘鳢可以在高盐度海水(盐度为32)中存活长达35.4 min，据此，生产实践可以采用盐水短时(10～30 min)浸浴的方法以预防寄生虫、真菌等疾病。

**3. 氨氮**

在水温25℃±1℃、pH 8.0±0.1条件下，采用半静水生物测试方法研究水体中氨氮对河川沙塘鳢仔鱼的影响。随着氨氮浓度的增加及处理时间的延长，河川沙塘鳢仔鱼的死亡率逐渐上升。当氨氮浓度达80.00 mg/L时，河川沙塘鳢仔鱼在72 h和96 h的死亡率均为100%。氨氮对河川沙塘鳢仔鱼的24 h、48 h、72 h和96 h的半致死浓度分别为54.52 mg/L、40.63 mg/L、30.32 mg/L和26.16 mg/L，安全浓度为2.62 mg/L(刘国兴等，2019)。

**4. 重金属离子**

受环境污染的影响，水体中往往会含有重金属离子，给苗种培育带来潜在威胁。为此，采用静水生物测试法分别测试$Hg^{2+}$、$Cr^{6+}$、$Zn^{2+}$、$Cu^{2+}$等4种重金属离子对河川沙塘鳢仔鱼的毒性。$Zn^{2+}$对河川沙塘鳢早期发育致畸症状不明显，但$Hg^{2+}$、$Cr^{6+}$、$Cu^{2+}$等3种重金属离子均表现出明显的致畸作用，其致畸强度依次为$Cu^{2+} > Cr^{6+} > Hg^{2+} > Zn^{2+}$，主要表现为双头、眼睛数目异常、胚体扭曲、尾鳍损伤、体型短小和运动失调等(韩晓磊等，2011)。

## 参考文献


Iwata A, Jeon S R, Mizuno N. 1985. A revision of the eleotrid goby genus *Odontobutis* in Japan, Korea and China. Japanese Journal of Ichthyology, 31(4): 373-388.

Lu G H, Zhang H M, Shi Y H, et al. 2013. Studies on the salinity tolerance of the juvenile dark sleeper. North American Journal of Aquaculture, 75(3): 441-444.

Nichols J T. 1943. The fresh water fishes of China. American museum of Natural History.

鲍华江. 2019. 河川沙塘鳢受精卵孵化及其仔稚鱼开口饵料研究. 浙江海洋大学.

陈其昌,张克俭,徐关文. 1988. 重金属对鱼类毒性的综合研究. 水产学报,12(1): 21-33.

陈树桥,周国勤,尹绍武,等. 2015. 青虾池套养不同规格河川沙塘鳢养殖试验. 科学养鱼,(11): 29-30.

顾建华. 2006. 河川沙塘鳢 *Odontobutis potamophila* (Günther)卵巢发育和物质积累的研究. 华东师范大学.

韩晓磊,梁廷明,薛凯,等. 2016. 河川沙塘鳢胚后发育及仔鱼饥饿试验研究. 江苏农业科学,44(10): 314-317.

韩晓磊,杨忠华,李小蕊,等. 2011. 四种重金属离子对河川沙塘鳢早期发育的毒性影响. 生态毒理学报,6(3): 234-240.

李跃华,顾志华,吕梅良,等. 2006. 塘鳢的人工繁殖与苗种培育技术. 水产养殖,27(4): 36-37.

刘国兴,郑友,霍春林,等. 2019. 氨氮对河川沙塘鳢胚胎和仔鱼的急性毒性研究. 江西农业学报,31(12): 82-86.

倪勇,张列士,张国祥. 1990. 上海鱼类志. 上海: 上海科学技术出版社.

乔德亮,洪磊. 2007a. 淮河水系沙塘鳢形态特征和分类地位初步研究. 淡水渔业,37(2): 20-23.

乔德亮,洪磊. 2007b. 淮河水系沙塘鳢形态生物学和繁殖力. 生态学杂志,26(2): 228-232.

沈蓓杰,朱元贞,周洵. 2011. 南漪湖沙塘鳢人工繁殖技术研究. 中国水产,(9): 27-28.

史阳白,李潇轩,唐祝琴,等. 2012. 沙塘鳢苗种培育技术. 科学养鱼,(2): 8-9+93.

史杨白,李潇轩. 2011. 沙塘鳢人工繁殖试验. 水产养殖,38(5): 8-10.

宋长太,陈立志,朱宏元,等. 2010. 塘鳢的生物学及人工繁殖技术. 渔业致富指南,(5): 46-48.

孙帼英,郭学彦. 1996. 太湖河川沙塘鳢的生物学研究. 水产学报,20(3): 193-202.

王吉桥,王声权,程俊驰,等. 2005. 沙塘鳢属鱼类的生物学. 水产科学,24(10): 32-34.

伍汉霖,陈义雄,庄棣华. 2002. 中国沙塘鳢属(*Odontobutis*)(鲈形目: 塘鳢科)鱼类之一新种. 上海水产大学学报,11(1): 6-13.

伍汉霖,吴小清,解玉浩. 1993. 中国沙塘鳢属鱼类的整理和一新种的叙述. 上海水产大学学报,2(1): 52 - 61.

杨彩根,王永玲,宋学宏,等. 2005. 沙塘鳢人工繁殖及鱼苗培育试验. 水利渔业,25(6): 49+112.

杨长根,江志栋,宋长太,等. 2003a. 沙塘鳢人工繁殖与苗种培育技术. 水产养殖,30(2): 19 - 20.

杨长根,江志栋,宋长太,等. 2003b. 沙塘鳢人工繁殖与苗种培育技术实验. 淡水渔业, 33(3): 51 - 52.

张君. 2010. 河川沙塘鳢细胞培养及胚胎繁育研究. 苏州大学.

张根玉,施永海,张海明,等. 2012. 河川沙塘鳢养殖技术① 河川沙塘鳢的生物学特性及市场前景. 水产科技情报,40(3): 123 - 127+131.

张海明,刘建忠,施永海,等. 2012. 河川沙塘鳢人工繁殖技术. 水产科技情报,39(4): 183 - 186+192.

赵军,盛劲东. 2011a. 河川沙塘鳢的人工繁殖与集约化苗种培育技术. 水产养殖, 32(6): 17 - 18.

赵军,盛劲东. 2011b. 沙塘鳢的人工繁殖与苗种培育试验. 水产科技情报,38(1): 21 - 23.

赵军. 2013. 人工配合饲料养殖河川沙塘鳢试验. 水产养殖,(2): 9 - 11.

赵晓勤. 2006. 河川沙塘鳢的生殖系统发育及其繁殖行为研究. 华东师范大学.

朱建明,王建军,施永海,等. 2012. 河川沙塘鳢养殖技术④ 河川沙塘鳢成鱼养殖技术. 水产科技情报,39(6): 310 - 313.

# 第四章

# 中华鳑鲏

## 第一节　概　　述

### 一、分类地位

鳑鲏原产于亚欧大陆，广泛分布于东亚、东南亚、欧洲等地，其中尤以中国、朝鲜半岛、日本、俄罗斯远东地区最常见。在我国，除西北高原地区外，各地的池塘、沟渠、溪流、江河、湖库、沼泽等水体均有分布。我国自古就有对鳑鲏的历史记载，《本草纲目》对鳑鲏注称："郭璞所谓妾鱼、婢鱼，崔豹所谓青衣鱼，世俗所谓鳑鲏鲫。似鲫而小，且薄黑而扬赤。其行，以三为率，一前二后，若婢妾然，故名。"鳑鲏自古便为人们所食用，《滇南本草》中记载："味甘，煮食令人下元有益。添精补髓，补三焦之火。"《清稗类钞·饮食·爆鱼》中记载："亦有以旁皮鱼为之者，则整而不碎，松脆鲜香，骨肉混和，亦甚美。"姚可成《食物本草》中记载，益脾胃。《医林纂要》中记载，善发疮，可用以起痘毒。

鳑鲏是鲤科、鲤形目、鱊亚科（鳑鲏亚科）所属鱼类的通称，特征为体侧扁而高，卵圆形或近长圆形。头短小。吻短钝。口小，前位或亚前位。无后角须。眼中大，上侧位。鳃耙 6～14，短小。下咽齿 1 行，5/5。齿侧面锯纹有或无，体被中大圆鳞。侧线不完全，侧线鳞不超过 10 枚。背鳍或臀鳍末根分枝鳍条细弱，不骨化成硬刺。背鳍具 8～12 分枝鳍条，臀鳍具 8～15 根分枝鳍条。鳔 2 室，后室较长（倪勇和伍汉霖，2006）。我国鳑鲏属鱼类主要有 8 种，其中长江流域常见品种为中华鳑鲏、高体鳑鲏、方氏鳑鲏(杨晴,2010),8种鳑鲏主要特征与地理分布如下。

(1) 中华鳑鲏 *Rhodeus sinensis*

由于缺乏形态鉴别特征,认为彩石鳑鲏 *Rhodeus lighti* 和朝鲜鳑鲏 *Rhodeus uyekii* 均是中华鳑鲏 *Rhodeus sinensis* 的同物异名。主要特征:侧线不完全,侧线鳞3～7;口角须缺失;背鳍Ⅲ-9～11,臀鳍Ⅲ-11～12,雄鱼臀鳍外缘有宽黑边。主要分布:中国长江、闽江、珠江和黄河。

(2) 高体鳑鲏 *Rhodeus ocellatus*

主要特征:侧线不完全,侧线鳞2～6;口角无须;背鳍Ⅲ-10～12,臀鳍Ⅲ-9～12;雄鱼背鳍、臀鳍外缘有狭黑边。地理分布:中国长江、珠江、韩江和黄河;韩国;日本。

(3) 方氏鳑鲏 *Rhodeus fangi*

主要鉴别特征:侧线完全,侧线鳞2～7;口角须缺失;背鳍Ⅲ-8～11,臀鳍Ⅲ-8～11;鳃盖后缘上角有一明显的蓝黑色斑点,雄鱼臀鳍边缘黑色。地理分布:长江、珠江、黄河和黑龙江。

(4) 黑龙江鳑鲏 *Rhodeus sericeus*

主要特征:侧线不完全,侧线鳞5～9;口角无须;背鳍Ⅲ-8～10,臀鳍Ⅲ-8～9;背、臀鳍间膜具有不连续黑点,组成2～3列纵条。地理分布:中国黑龙江;中欧和东欧。

(5) 阿穆尔河鳑鲏 *Rhodeus amurensis*

地理分布:兴凯湖。

(6) 济南鳑鲏 *Rhodeus notatus*

曾被认为是高体鳑鲏 *Rhodeus ocellatus* 的同物异名。主要特征:侧线不完全,口明显下位,口角无须;眼较大,头长为眼径长的2.7倍;背鳍Ⅱ-9～10;臀鳍Ⅱ-8～9。济南鳑鲏 *Rhodeus notatus* 和高体鳑鲏 *Rhodeus ocellatus* 的区别在于尾柄黑纵条更长,从尾柄基部延伸至头部附近;下位口(高体鳑鲏 *Rhodeus ocellatus* 是端位口)。地理分布:中国和朝鲜半岛。

(7) 原田鳑鲏 *Rhodeus haradai*

主要特征:侧线不完全,侧线鳞5～8;口角无须;背鳍Ⅲ-12～13,臀鳍Ⅲ-12～14;尾柄黑纵条较窄,鱼体胸部处有突起;背鳍、臀鳍的末根不分枝鳍条,是鳑鲏属鱼类中最粗壮的,刺也最多。地理分布:中国海南岛。

(8) 刺鳍鳑鲏 *Rhodeus spinalis*

主要特征:侧线不完全,侧线鳞3～10;口角须缺失;背鳍Ⅲ-11～12,臀鳍Ⅲ-

13～15，雄鱼臀鳍外缘有极狭黑边。地理分布：中国海南岛、珠江和元江；越南。

## 二、产业现状

### 1. 观赏价值与产业发展

鳑鲏为我国著名的原生观赏鱼类，其个体不大，体态优美、色彩艳丽，是一种极具市场潜力的观赏鱼。20世纪60年代以观赏鱼进入欧洲，被称为中国彩虹。20世纪90年代初，日本天皇派人专门到无锡太湖边来寻找此鱼。每当生殖季节，处于发情期的雄鳑鲏色彩分外鲜丽，更具吸引力，是名副其实的水中蝴蝶；而雌鱼在生殖期间拖着一条长长的产卵管，在雄鱼的陪伴下更加别具一格。

然而，由于鳑鲏的特殊繁殖习性，不仅个体怀卵量不大，而且繁殖期间需借助蚌类，故鳑鲏繁殖是阻碍其观赏鱼市场产业化发展的棘手问题。

### 2. 食用价值与产业发展

鳑鲏味道微苦，性平，肌肉含蛋白质、肽类、氨基酸、脂肪、胆甾醇、胡萝卜素等。归经肺、肾经，可补气健脾、解毒，对身体虚弱和治疗痘疮之毒有极好功效。然而，由于鳑鲏体型较小，经济价值不高，规模化人工繁育和养殖技术并未得到深入研究和应用，在城市市民的餐桌上并不多见，反而在以前的一些水乡古镇小摊贩处能见到售卖的野生鳑鲏，作为当地特色菜肴。现在，人们的环境保护意识不断加强，各地政府也相继出台开放水域的禁捕政策，野生鳑鲏作为水乡古镇的特色美食将逐渐消失。

## 三、发展前景与建议

2021年，中华鳑鲏与长江刀鲚、鳙浪白鱼、黄唇鱼等水产品种一起被农业农村部列入我国十大水产优异种质资源，可见中华鳑鲏在种质资源的开发利用方面具有广阔的空间。鳑鲏对于控制富营养化水体产生的“藻华”现象，改善河道、景观水域、养殖池塘的底质具有积极作用。随着人工繁殖技术的突破，可为增殖放流、生态修复提供充足的苗种资源，也可为农（渔）民养殖提供鱼种，农（渔）民可将其套养于养殖池塘内用于改善养殖池塘水质，提高养殖成功率，养殖成鱼可带来一定的经济收益，直接或间接实现农（渔）民的增产增收；此外，鳑鲏人工繁殖技术突破后，后续可开展其在观赏鱼、药用领域的研究。

# 第二节 生物学特性

## 一、形态特征

中华鳑鲏(图 4－2－1)体侧扁,腹部无腹棱;口小,端位,口角无须;眼圈红色;唇简单,无乳突,上下唇在口角处相连;侧线不完全,侧线鳞 3～6;下咽齿 1 行,5/5;齿侧的锯纹有或无;鳔 2 室,后室较大(王权等,2014)。

图 4－2－1 中华鳑鲏

体侧中央银蓝色纵带前伸不超过背鳍起点正下方;胸鳍和腹鳍为黄色,雄鱼臀鳍红色,后缘黑色;背鳍Ⅲ－9～11,臀鳍Ⅲ－10～12;幼体阶段背鳍前部鳍条具一黑斑,雌鱼性成熟后仍保留该黑斑,以后逐渐消失,而雄鱼性成熟后消失;鳃孔后上方有小蓝点(肩斑);尾柄中央有红色色带,背鳍下方及前部鳞片具有金属光泽。雄鱼吻部具珠星,背、臀、胸鳍的鳍条延长,生殖期婚姻色鲜艳,体侧有绚丽发亮的纵行彩虹条。雌鱼具有产卵管,不同种类长短不一(王权等,2014)。

中华鳑鲏体长一般不超过 10 cm,体重一般不超过 10 g;雄性成体的体长和体重均显著大于雌性成体,雌性成体的平均成熟系数极显著大于雄性成体,而雌性成体的平均肥满度则显著小于雄性成体,体重/体长、头宽/体长、背鳍基长/体长、胸鳍腹鳍间距/体长和消化道长/体长的比值在雌性成体和雄性成体之间差异显著,体侧中央纵带长/体侧中央纵带宽的比值在雌性成体与雄性成体之间差异极显著(王权等,2013)。

## 二、生态习性

### 1. 生活习性

中华鳑鲏广泛分布于我国黑龙江、黄河、长江和珠江等各大水系,栖息于淡水湖泊、水库和河流等浅水区的底层，喜欢在水流缓慢、水草茂盛的水体中群游。仔鱼期聚集成团，多停留在靠近河岸的水草边缘或无水草的近河岸上层水域，营浮游生活；游泳迅速，反应敏捷，具有一定的避敌能力。幼鱼和成鱼则喜欢在水的中下层生活。中华鳑鲏适宜生活的水域温度范围为0～35℃，溶解氧范围为4～8 mg/L，pH范围为6.5～7.5。

**2. 食性**

中华鳑鲏为杂食性鱼类，食物以藻类为主，一般摄食硅藻及其他藻类、碎屑，少量的枝角类和桡足类，也可摄食水草、高等植物的叶片、藻类、沉淀的有机物、浮游动物、水生昆虫。在饲养观察中发现，中华鳑鲏也喜摄食死亡河蚌的腐肉，摄食后生长速度很快。

## 三、繁殖习性

中华鳑鲏的最小性成熟期为4～5月龄，繁殖时期在每年3—10月，水温14～28℃，产卵旺季在4—7月，分批产卵，卵呈橘黄色，长圆形似葫芦。在繁殖季节，雌、雄亲鱼均出现第二性征：雄鱼体色变得格外鲜艳，且背鳍的前外缘显红色，腹鳍不分枝鳍条呈乳白色，臀鳍根部红色，外缘还镶着黄色或黑色，吻端、眶上骨上可见细小成簇的珠星；雌鱼产卵管延长，大部分呈粉红色，长度最长可达到体长的2/3，繁殖期过后雌鱼的产卵管萎缩，下次产卵时又逐渐伸长。

中华鳑鲏在交配期间常常雌雄相伴，在水中寻找河蚌的栖息场所，一旦在水域中找到合适的河蚌，雌鱼就伸出产卵管并插入河蚌的出水孔中，将卵产在河蚌的外套腔里，随后雄鱼在蚌的入水孔附近射精，精子随水流入外套腔使卵受精。受精卵附着在河蚌鳃瓣间进行发育。由于河蚌不断呼吸水流，可供给受精卵充足的氧气，利用蚌壳的保护，受精卵在蚌壳内孵化、发育至卵黄吸收完毕、鳔充气、幼鱼可以自由游泳时，才会离开河蚌自行生活。在水温25℃左右时，中华鳑鲏2次产卵间隔约为10 d，产卵最合适的河蚌为6～8 cm宽的背角无齿蚌或圆顶珠蚌。

## 四、胚胎发育

在自然界中，受精卵依附在河蚌鳃瓣间进行发育。

在中华鳑鲏人工繁殖过程中，通过解剖河蚌获得中华鳑鲏胚胎和幼体，将胚胎或幼体转移至孵化器中培育，提前离开河蚌的胚胎或幼体仍能存活。同一河蚌解剖出的胚体可能处于不同的发育阶段，这与中华鳑鲏分批产卵有关。当本来在河蚌体内的中华鳑鲏胚胎被转移至孵化器中培育后，会出现胚体加速发育的现象，特别是器官和体色素的形成。

中华鳑鲏受精卵呈鸭蛋形，区别于高体鳑鲏的长圆形，受精卵外可见卵系膜，受精卵膜外未见丝状物(图 4-2-2)；眼囊期胚胎特征表现为卵黄头部区域眼泡原基的结构内，出现 1 对扁豆形的结构(图 4-2-3)；耳石期特征表现为耳囊内半规管明显，可见 2 粒晶莹的黑色耳石(图 4-2-4)；仔鱼期特征表现为围心腔宽大，透过围心腔可见含血液的管状心脏(图 4-2-5)。此外，在河蚌体内发育成熟的中华鳑鲏仔鱼吻端具有吸盘，河蚌体内解剖取出的中华鳑鲏受精卵在外界环境下发育未见吸盘结构(图 4-2-6、图 4-2-7)。

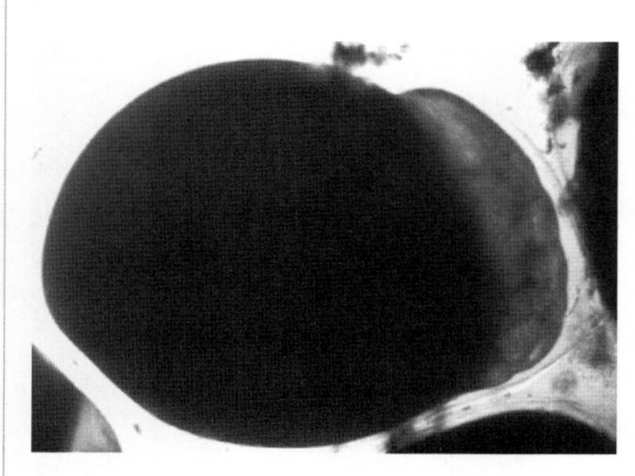

图 4-2-2　受精卵

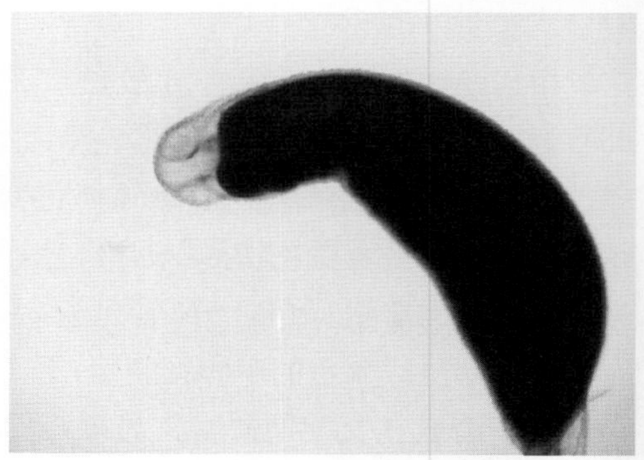

图 4-2-3　眼囊期胚胎

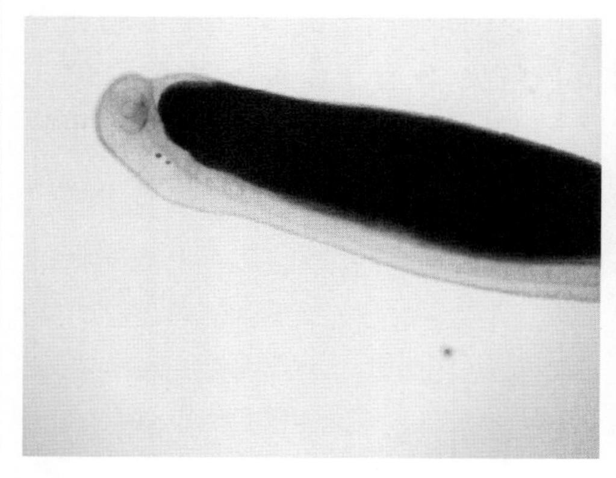

图 4-2-4　耳石期胚胎

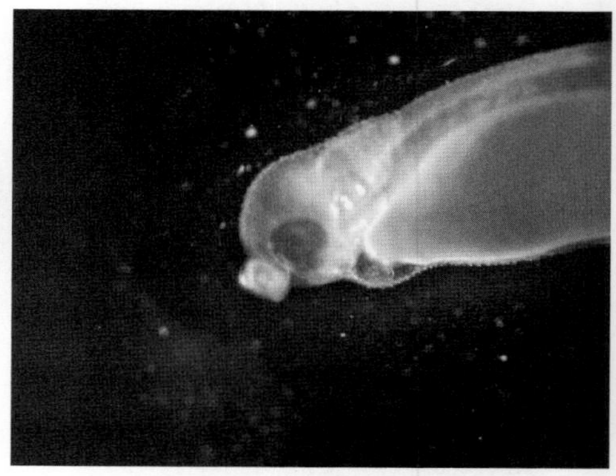

图 4-2-5　仔鱼期

图4-2-6 河蚌内取出鳑鲏幼体

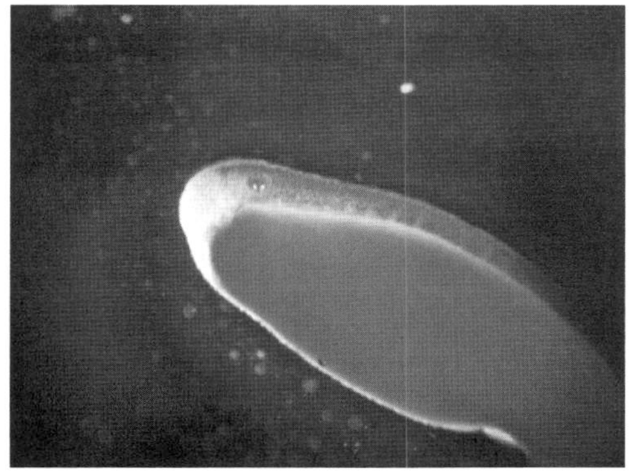

图4-2-7 外界环境下发育的胚胎

# 第三节 人工繁育

上海市水产研究所自2013年起着手开展中华鳑鲏的人工繁育技术研究，经过多年关键技术参数的优化，创建了中华鳑鲏室内人工繁育（徐嘉波等，2013、2016）、大棚水泥池生态早繁（徐嘉波等，2015）和池塘生态繁育等3套人工繁育技术方案，实现了中华鳑鲏苗种的规模化生产。

## 一、室内人工繁育

### 1. 繁育准备

繁育所需水池的大小、形状等无严格要求，一般水深在1 m以上。现有鱼、虾、贝、藻类苗种培育池均可兼用。水池按功能划分为亲鱼培育池、繁殖产卵池、孵化及苗种培育池。其中，亲鱼培育池用于亲鱼蓄养、强化培育；繁殖产卵池用于亲鱼交配，河蚌暂养；孵化及苗种培育池用于河蚌释放仔鱼以及苗种培育。水池在使用前用20 mg/L高锰酸钾消毒30 min，然后冲洗干净，进水。繁育用水为池塘淡水。

如池子干放过很长时间，则需先用20 mg/L高锰酸钾溶液10 cm左右水深浸泡15～20 min，再人工不断向池壁上泼洒。如果育苗期间倒池，则需先用20 mg/L高锰酸钾溶液进行全池泼洒，再用刷子全池刷洗干净后放水冲干净待用。

### 2. 亲鱼培育

亲鱼的来源，可用自然水域捕捞的、经驯养后的中华鳑鲏成鱼，也可采用经室内水泥池人工繁殖的成鱼。选择发育良好、鱼体无伤、体表光滑和活动正常的个体作亲鱼。

亲鱼强化培育在每年1—3月进行,挑选亲鱼放入亲鱼培育池进行强化培育。强化培育放养密度为50尾/$m^3$。培育期间,池内连续充气,散气石密度为0.5个/$m^2$,每日投喂1#虾料2次,隔天吸污清底1次,每周换水1次。当室内外水温差小于2℃时,直接由池塘引水至亲鱼培育池,并采用30目筛绢过滤;当室内外水温差大于2℃时,则由池塘引水至室内蓄水池,待温差缩小后引入亲鱼培育池,每次换水量为1/2,每月倒池1次。

**3. 亲鱼交配、河蚌引入**

当水温达到15℃时,在强化培育的亲鱼中挑选繁育用亲鱼进入繁殖产卵池。挑选标准:雌鱼有清新的卵巢轮廓、输卵管延长成管状;雄鱼,轻压腹部有乳白色的精液流出,雌雄比为1∶1,放养密度为10～15组/$m^3$。同时,按6～8个/$m^2$投放河蚌,河蚌个体以体宽6～8 cm为宜,日常管理参照亲鱼培育阶段。

**4. 亲鱼、河蚌分离**

在水温18～20℃时,河蚌投放约25 d后,将繁殖产卵池中河蚌移出,放入孵化及苗种培育池中孵化。河蚌移出时脱水刺激1 min。繁殖产卵池中重新按原有密度投入未被产卵的河蚌。

**5. 河蚌管理**

孵化及苗种培育池放入河蚌时,用水为池塘肥水,进水口采用60目筛绢过滤,水泥池内采用连续充气,散气石密度为0.5个/$m^2$。

**6. 苗种培育管理**

孵化及苗种培育池水温为当地自然水温。苗种培育开口饵料为80目过筛的小型淡水轮虫,轮虫密度为1～2个/mL,上、下午各投1次。培育7 d后,补充投喂60目过筛的轮虫、枝角类,增加其适口性。鱼苗全长15 mm时,投喂40目过筛的轮虫、枝角类以及桡足类的幼体,上、下午各投1次。通过观察水中饵料剩余量及鱼苗的饱食程度确定每次的投喂量。后期,补充少量0#虾颗粒饲料以驯食鱼苗。

苗种培育前20 d不吸污清底,每周换水1次。当室内外水温差小于1℃时,直接由池塘引水至孵化及苗种培育池,并采用40目筛绢过滤;当室内外水温差大于1℃时,则由池塘引水至室内蓄水池,待温差小于1℃后再引入孵化及苗种培育池。第21 d换水时,将放空中华鳑鲏仔鱼的河蚌移出重新放入放养亲鱼的繁殖产卵池。水温20～22℃、经约20 d后,第二批产有中华鳑鲏受精卵的河蚌又可移入孵化池孵化。孵化及苗种培育池移出河蚌后，苗种拉网翻池并计数（图4-3-1、图4-3-2），幼鱼培育阶段密度为150尾/$m^3$。

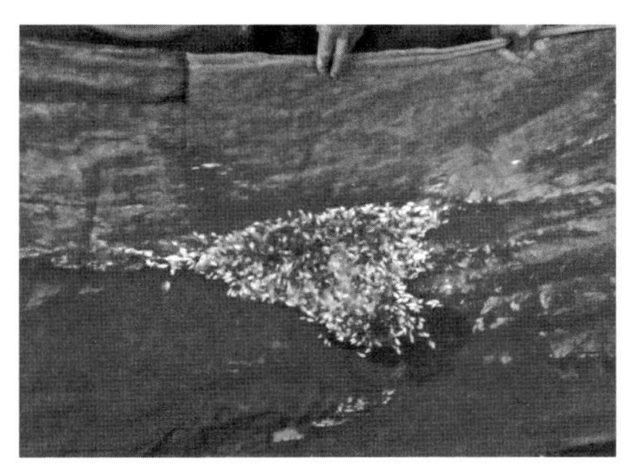

图4-3-1　室内水泥池培育苗种拉网

图4-3-2　室内水泥池培育苗种计数

**7. 倒池与分池**

苗种培育40 d左右进行倒池与分池。首先准备备用苗种培育池，加水并调温至与待倒池同水温，充分曝气；将待倒池抽水降低水位至20 cm，在备用苗种培育池中放置网箱，采用合适网目重复多次拉网收集，将收集鱼苗带水移入集苗网箱。可根据鱼苗具体数量进行分池。分池放养密度为200～400尾/$m^2$。

## 典型案例

2014—2015年，上海市水产研究所奉贤科研基地开展中华鳑鲏室内人工繁育，采用室内水泥（面积20 $m^2$，体积20 $m^3$）作为亲鱼培育池、繁殖产卵池、孵化及苗种培育池使用。开展4批次的人工繁育，培育苗种共10 500尾，规格为全长2.0～2.5 cm，每组亲鱼每批次培育苗种10～12尾，每批次每个河蚌培育苗种20～24尾（表4-3-1）。

表4-3-1　室内人工繁育各批次苗种培育情况（徐嘉波等，2016）

| 批　次 | 出苗时间 | 出苗数量（尾） | 亲鱼组 | 河蚌数量 |
|---|---|---|---|---|
| 1 | 2014年4月 | 2 500 | 250 | 150 |
| 2 | 2014年5月 | 3 000 | 250 | 130 |
| 3 | 2014年6月 | 2 000 | 250 | 120 |

续 表

| 批 次 | 出苗时间 | 出苗数量(尾) | 亲鱼组 | 河蚌数量 |
|---|---|---|---|---|
| 4 | 2015年6月 | 3 000 | 250 | 150 |
| 合计 | | 10 500 | | |

## 二、大棚水泥池生态早繁

### 1. 繁育准备

前期准备包括陆基水泥池塑料薄膜大棚的搭建和水泥池的消毒。陆基水泥池为长方形，有独立的进排水与连续充气设施，进水口套筛绢网，出水口插限水位PVC管，池底从进水口方向向出水口处形成微小的斜坡。养殖池水位120 cm、面积为100～150 $m^2$。养殖池底尽量修整平坦，放养前1～2 d用高浓度高锰酸钾溶液全池泼洒、浸泡，之后冲洗干净，干池1～2 d，放养前1 d养殖池进水。

### 2. 亲鱼放养

3月初，棚内水温升至12℃以上，采用拉网操作将亲鱼集中在室内水泥池的网箱中进行繁殖用亲鱼的挑选，挑选标准同室内人工繁育，所挑选亲鱼要求体格健壮活力好、鳞片和鳍条完整体表光滑无伤痕，雌雄比为2∶1；采用带水运输方式将繁殖用亲鱼移入陆基大棚水泥池，放养密度为10～15尾/$m^2$。

### 3. 河蚌投放

至3月中下旬，陆基大棚水温升至18℃以上，水泥池中投放河蚌，投放密度为3～5个/$m^2$，供鳑鲏交配产卵用。

### 4. 生态肥水和生物饵料培养

放养前期不换水，用生态肥水培养藻类，亲鱼主要以水体中轮虫、裸腹溞等生物饵料为食。至投放河蚌时，水质育肥并且水体内有机碎屑含量增加，河蚌食物供给充足，此时水体大型浮游动物已被亲鱼摄食，监测饵料生物品种与规格，并从外源池塘补充小型轮虫进行生态培养，保持轮虫密度高于30个/L。

### 5. 日常管理

亲鱼放养后和生态繁育期间，进水采用60目网袋过滤，每隔2～3 d检测饵料生物密度1次；若发现饵料生物密度低于10个/L，则需补充投喂人工配合饲料，人工配合饲料选择 1# 虾颗粒饲料。放河蚌后开始换水，排水 PVC 管套 60 目网袋防止鱼苗排出。每隔 10 d 换水 1 次，每次换水量 1/5～1/4。换水后检测饵料生物密度，若发现饵料生物密度低于 50 个/L，则从外源池塘捞入饵料生物及时补充和扩繁。5 月中下旬至 7 月，换水口 PVC 管改套 40 目网袋，每隔 1 周换水 1 次，每次换水量 1/2，每隔 3～5 d 检测饵料生物密度 1 次，按量补充。亲鱼投喂 1# 虾颗粒饲料，鱼苗少量投喂 0# 虾颗粒饲料驯食。

**6. 亲鱼移出和鱼苗计数**

到 7 月中下旬，用 20 目聚乙烯皮条网拉网，移出亲鱼，检查鱼苗并计数（图 4-3-3）。一般每 100 $m^2$ 能拉到 10 000～15 000 尾鱼苗，鱼苗规格为全长 1.5～3.0 cm。当鱼苗平均全长约 2.5 cm 时，可以放入池塘进行常规养殖。

图 4-3-3　中华鳑鲏亲鱼与苗种

## 典 型 案 例

2015 年，上海市水产研究所奉贤科研基地开展中华鳑鲏大棚水泥池生态早繁，陆基水泥池面积 150 $m^2$，水深 1.2 m，水泥池上方覆盖保温薄膜用于水温调控。3 月初，在陆基水泥池中投放中亲鱼，放养密度 10 尾/$m^2$，雌雄比为 2∶1；3 月中下旬放养河蚌，投放密度为 4 只/$m^2$；至 7 月下旬收获苗种 15 000 尾，规格为全长 2.0～2.5 cm，每 100 $m^2$ 繁育中华鳑鲏苗种 10 000 尾。

## 三、池塘生态繁育

### 1. 池塘的准备

生态繁殖池塘面积一般为 0.2 $hm^2$ 左右，水深为 1.2～1.5 m，进、排水方便，池底平整，配备 1.5 kW 增氧机 1 台。放养前做好池塘整修、清理工作，先用漂白粉 20 mg/L 或生石灰 750 kg/$hm^2$ 带水消毒，消毒时池底留水 20 cm，以杀灭病虫害、存塘野杂鱼，3 d 后放干消毒水，并于放养前两周蓄好水，确保水质安全、良好。进水口套 60 目筛绢网，避免野杂鱼进入池塘中；同时，保证池塘中有一定数量的浮游动物，以利于后期浮游动物的繁殖，并保证中华鳑鲏亲鱼和繁殖鱼苗的食物来源。

### 2. 亲鱼的选择与放养

每年 3 月挑选繁育用亲鱼，选择标准同室内人工繁育（图 4-3-4），雌雄比为 2∶1，放养密度为 4 500～7 500 尾/$hm^2$，放养至预先准备好的池塘（图 4-3-5），其间一般无须再专门投喂配合饲料，亲鱼以池塘内浮游植物和藻类为食。

图 4-3-4　鳑鲏亲鱼挑选

图 4-3-5　鳑鲏亲鱼放养

### 3. 河蚌的投放

至 3 月中下旬，投放河蚌，投放密度为 1 500 个/$hm^2$，河蚌个体选择体宽 6～8 cm，蚌体不受损，闭合力强的为宜。河蚌投放时，沿池塘周边均匀分布。

### 4. 日常管理

每天早、晚巡塘，观察水色和水质等情况，定期检查浮游动物数量，在河蚌投放

1 个月以内，若浮游动物数量急剧减少，可适量换水，并补充适量配合饲料作为亲鱼饵料，后期，少量投喂 0# 虾颗粒饲料驯食鱼苗。河蚌投放 1 个月以后，则不换水，避免中华鳑鲏仔鱼从河蚌中游出后，被换水排出。

定期测量盐度、溶解氧、pH、氨氮、亚硝酸等常规水质指标，依据天气、水温、水色、水质状况，适时开启和关闭增氧机。

**5. 鱼苗的收集**

中华鳑鲏繁殖期较长，3—7 月均产卵繁殖，因此至 9 月上旬待鱼苗长至 3～4 cm 时，用 20 目的聚乙烯皮条网拉网收集。

### 典 型 案 例

2015 年，上海市水产研究所奉贤科研基地开展中华鳑鲏池塘生态繁育，池塘面积 0.2 $hm^2$。3 月初投放中华鳑鲏亲鱼，放养密度为 4 500～7 500 尾/$hm^2$，雌雄比为 2∶1；3 月中下旬投放河蚌，放养密度为 1 500 个/$hm^2$，河蚌个体选择体宽 6～8 cm 的；至 9 月上旬待鱼苗长至 3～4 cm 时拉网收集，收获苗种 10 000 尾。

## 第四节　影响中华鳑鲏幼鱼的环境因子

与大多数鱼类不用，中华鳑鲏借助蚌类完成繁殖过程。对胚胎发育至幼体从蚌类体内排出期间，个体发育过程的研究具有一定的难度，因此对中华鳑鲏在蚌内生长发育阶段环境因子影响的研究尚未见公开报道。

本节结合现有研究进展和文献资料，总结影响离开蚌体后中华鳑鲏幼鱼的一些环境因子，包括水温、氨氮、亚硝态氮、重金属离子以及一些消毒剂等。

### 一、水温

水温是影响鱼类呼吸和排氮最重要的环境因素，在一定耐受范围内，随着外界水温的升高，鱼体细胞酶的活性增强，新陈代谢亦加快，从而需要更足的氧。上海市水产研究所奉贤科研基地对中华鳑鲏幼鱼（规格为 0.8 g/尾）开展耗氧率和排氮率研究（表 4-4-1），结果表明，在 10～30℃的水温范围内中华鳑鲏幼鱼耗氧率和排氮率都随着水温的上升而逐渐增加，说明 10～30℃在中华鳑鲏幼鱼适宜水温范围之内。

表 4-4-1 中华鳑鲏幼鱼的耗氧率、排氮率

| 水温(℃) | 耗氧率[mg/(g·h)] | 排氮率[mg/(g·h)] |
| --- | --- | --- |
| 10 | 0.249±0.034 | 0.009±0.004 |
| 14 | 0.493±0.023 | 0.014±0.008 |
| 18 | 0.328±0.024 | 0.118±0.030 |
| 22 | 0.344±0.022 | 0.019±0.003 |
| 26 | 0.407±0.018 | 0.024±0.005 |
| 30 | 0.440±0.052 | 0.023±0.003 |

热能效系数 *Q*10 值能够揭示水生动物对水温的敏感程度，常作为水生动物对水温的调整能力的参考依据。上海市水产研究所奉贤科研基地研究了中华鳑鲏幼鱼的热效能系数值(表 4-4-2)，结果表明中华鳑鲏幼鱼在 10～30℃范围内对水温有较好的调节能力，最低 *Q*10 值范围(1.124)出现在 18～22℃，据此判断，中华鳑鲏幼鱼的最适宜水温范围为 18～22℃。

表 4-4-2 中华鳑鲏幼鱼的 $Q_{10}$ 值

| 温度范围(℃) | 热能效系数 |
| --- | --- |
| 10～18 | 1.411 |
| 18～22 | 1.124 |
| 22～26 | 1.528 |
| 26～30 | 1.216 |
| 10～30 | 1.330 |

## 二、氨氮

中华鳑鲏幼鱼在短时间内对高浓度氨氮刺激具有一定的耐受性，但随着暴露时间的延长，氨氮对幼鱼机体的免疫系统会产生抑制作用(封琦等，2018)。在 25℃、pH 7.4 条件下，中华鳑鲏幼鱼(规格为 0.6 g/尾)氨氮的 24 h 半致死浓度为 263.28 mg/L，高于斑马鱼、鳜；氨氮浓度和暴露时间均会对幼鱼血清中过氧化氢酶和碱性磷酸酶活性造成显著影响，并且两者之间存在交互作用(封琦等，2018)。

## 三、亚硝态氮

在 25℃、pH 7.4 条件下，中华鳑鲏幼鱼（规格为 0.6 g/尾）亚硝态氮的 24 h 半致死浓度为 12.76 mg/L（封琦等，2019）。在亚硝态氮胁迫作用下，中华鳑鲏幼鱼血清中过氧化氢酶活性先显著上升，48 h 后开始下降；碱性磷酸酶活性则是先显著下降，在 48 h 恢复，然后再下降。亚硝态氮浓度和暴露时间两者之间存在显著的交互作用，且碱性磷酸酶可以作为亚硝态氮毒性检测的生物标记物（封琦等，2019）。

## 四、重金属离子

中华鳑鲏幼鱼对 $Cd^{2+}$ 有较强的耐受力，对 $Cu^{2+}$ 比较敏感（杨建华和宋维彦，2010）。在 24℃、pH 7.4～7.7 条件下，$Hg^{2+}$ 和 $Cu^{2+}$ 对中华鳑鲏鱼幼鱼（规格为 1.1 cm/尾）的毒性较强；$Cd^{2+}$ 对中华鳑鲏鱼幼鱼的毒性相对较弱；毒性大小顺序为：$Hg^{2+}>Cu^{2+}>Cd^{2+}$，中华鳑鲏幼鱼的 $Hg^{2+}$、$Cu^{2+}$ 和 $Cd^{2+}$ 96 h 半致死浓度分别为 0.193 mg/L、0.236 mg/L 和 7.270 mg/L，安全浓度分别为 0.001 93 mg/L、0.002 36 mg/L 和 0.072 70 mg/L（杨建华和宋维彦，2010）。

## 五、消毒剂

中华鳑鲏幼鱼对高锰酸钾较敏感，对三氯异氰尿酸具有一定耐受力，三氯异氰尿酸连续用药对其影响不大，养殖水体及鱼种消毒时采用三氯异氰尿酸比高锰酸钾更安全（王建国等，2013）。中华鳑鲏幼鱼（规格为 0.7 g/尾）的高锰酸钾 24 h、48 h、72 h 和 96 h 半致死浓度分别为 2.56 mg/L、2.11 mg/L、1.69 mg/L 和 1.60 mg/L，安全浓度为 0.43 mg/L；三氯异氰尿酸（有效氯含量为 61%）24 h、48 h、72 h 和 96 h 的半致死浓度分别为 6.84 mg/L、5.75 mg/L、5.55 mg/L 和 5.30 mg/L，安全浓度为 1.21 mg/L（王建国等，2013）。

## 参考文献

封琦，胡春风，洪奥博，等. 2019. 亚硝态氮对中华鳑鲏的急性毒性及短期影响. 水产科学，38(3)：401－405.

封琦,朱光来,王建国,等. 2018. 氨氮对中华鳑鲏的急性毒性及 2 种代谢酶活性的影响. 淡水渔业,48(1):91 - 96.

倪勇,伍汉霖. 2006. 江苏鱼类志. 北京:中国农业出版社.

王权,李育培,王建国,等. 2013. 中华鳑鲏两性形态特征和雌性成体生育力. 江苏农业科学,41(2):200 - 203.

王权,王建国,封琦,等. 2014. 中华鳑鲏的生物学特性及人工养殖技术. 江苏农业科学,43(5):193 - 194.

王建国,王权,黄爱军,等. 2013. 高锰酸钾和三氯异氰尿酸对中华鳑鲏的急性毒性作用. 江苏农业科学,41(1):239 - 241.

徐嘉波,陆根海,施永海,等. 2015. 一种鳑鲏大棚水泥池生态早繁方法:中国,CN105379649A.

徐嘉波,施永海,陆根海,等. 2016. 中华鳑鲏室内水泥池人工繁育技术. 水产科技情报,43(2):72 - 74.

徐嘉波,施永海,谢永德,等. 2013. 一种鳑鲏室内人工繁殖方法:中国,CN103636542A.

杨晴. 2010. 鱊亚科鱼类分类整理及分子系统发育研究. 华中农业大学.

杨建华,宋维彦. 2010. 3 种重金属离子对中华鳑鲏鱼的急性毒性及安全浓度研究. 安徽农业科学,38(23):12481 - 12482,12485.

# 第五章 梭鱼

## 第一节 概 述

### 一、分类地位

梭鱼(=鲅)(*Liza haematocheila*),又名赤眼梭鲻,俗称红眼鲻、肉棍子,为近海底层鱼类,属硬骨鱼纲(Osteichthyes)、鲻形目(Mugiliformes)、鲻科(Mugilidae)、鲅属(=梭鱼属)(*Liza*)。梭鱼性情活泼、善跳跃,喜栖息于江河口和海湾内,主要分布于俄罗斯远东地区、朝鲜半岛、日本及中国。我国在黄海、渤海、东海和南海沿海都有分布,尤以黄海、渤海为多(陈四海等,2013)。梭鱼肉质细嫩、味道鲜美、营养丰富、经济价值较高,具有广温、广盐、广食、生长快、抗逆性强等特点,是一种极具养殖价值的水产品种。食用梭鱼的最佳时期在春季,民间有“食用开凌梭,鲜得没法说”的说法,而“开凌梭”正是指春暖冰开后被捕获的第一批梭鱼(郑澄伟和徐恭昭,1977)。

### 二、产业现状

近几十年来,梭鱼为海水、半咸水养殖的主要对象,其苗种主要依赖沿海水域采捕的天然苗,但天然苗种受外界多种因素的影响,产量极不稳定。因此,世界各国对鲻梭鱼类人工繁育十分重视,被列为重要的研究课题。20 世纪 60 年代初,我国广东省水产研究所、中国水产科学院南海水产研究所以及中国科学院海洋研究所对海水鲻、梭鱼卵的人工授精及人工育苗开展了研究；60 年代末，中国科学院海洋研究所和实验生物研究所成功实现淡水养殖梭鱼的人工繁殖；70 年代初，中国科学院水生生物研究所探索向内陆淡水区域引进梭鱼开展养殖的可能性研究，1973—1975 年先后在湖北省武昌、江苏省东台以及河北省唐山柏各庄农场等地进行了淡水和少盐水养殖梭鱼的人工催产试验；至 80 年代，中国科学院、河北省水产研究所等单位利用外源药理学方法抑制淡水梭鱼垂体分泌催乳素，促使亲鱼自身释放促性腺激素的生理方法，取得了 85%的雌性梭鱼发育成熟率，为开展淡水梭鱼人工繁殖奠定了基础(河北省水产研究所和中国科学院水生生物研究所，1980；陈惠彬，1989)。如今，随着梭鱼人工繁育技术的不断突破，梭鱼养殖业迅速发展，已由我国沿海地区发展延伸到内地养殖，在淡水池塘中与四大家鱼混养，取得了比较好的养殖效果。上海市水产研究所于 2011 年起开展梭鱼原种的引种和驯养，2015 年成功实现梭鱼人工繁育，至 2022 年已连续 8 年开展梭鱼的人工繁育，累计获得全长 1～2 cm 的梭鱼鱼苗 1 000 多万尾。在十余年的研发过程中，已攻克了梭鱼人工繁育、苗种培育等技术难题，苗种繁育已达规模化繁育水平(刘永士等，2015；张海明等，2018)。

## 三、面临的主要问题

梭鱼应激反应强烈，故人为操作相对比较困难，特别是夏季高温和冬季寒潮时段，在池塘拉网收网时常会发生梭鱼瞬间应激“假死”现象，表现为腹部朝天、身体发硬、即刻僵直，部分个体缓不过来，直接死亡。正是因为这一点，梭鱼运输难度比较大，运输成本较高，而且运输过程中梭鱼体表容易出血，造成整个身体发红，既影响运输后的养殖成活率，还影响销售时的外观。此外，梭鱼肌肉品质的季节性差异较大，秋冬及早春季的梭鱼营养积累好、肌肉品质较好，其他季节肉质较差、市场价格较低，目前商品鱼销售市场尚未较好地开发。

## 四、发展前景与建议

梭鱼营养丰富，经济价值亦佳，同时兼具适应范围广、生产能力强、生长快等优点，具有广阔的养殖前景。此外，为了梭鱼的可持续发展，建议进一步开展梭鱼的生理生化和营养学等研究。主要研究方向：① 解析梭鱼应激反应强烈的生理调控机理，以解决拉网操作和运输等困难问题；② 开发优质、高效、低污染的饲料，提高饲料利用率，最大限度地减少资源浪费和环境污染；③ 利用梭鱼的生活、摄食习性，探索梭鱼套养或生态养殖模式；④ 开展梭鱼控藻研究，在频频暴发蓝藻的渔业领域发挥生态效应，为富营养化水域控藻、净水和减污开拓新路，开拓鱼类控藻新时代。

## 第二节　生物学特性

### 一、形态特征

体延长，前部圆筒状，后部侧扁，体长一般为 20～40 cm。头短小而宽，背面扁平，吻端钝尖。口小，前下位，口裂略呈“人”字形，上颌中央有 1 缺口，可与下颌中央突起相吻合。上颌稍长于下颌。上颌齿细弱，下颌无齿。眼较小，侧上位，脂眼睑不发达，眼旁一圈呈红色；眼间隔宽平，宽约为眼径的 1.9 倍；眶前骨末端在近口角处稍下弯，边缘有锯齿。鳃孔大，前鳃盖骨和鳃盖骨边缘平滑。尾柄粗，长为高的 1.8～2.2 倍。体被大栉鳞，胸鳍基部上缘无长鳞，无侧线（辽宁省海洋与渔业厅，2011）。

体背灰青色，体侧淡黄色，上部具有几条黑色纵纹和许多斜横纹，腹部白色。眼睛液体呈红色。尾鳍、胸鳍淡黄色，其他各鳍均浅灰色（图 5-2-1）。

图 5-2-1　梭鱼外形图

背鳍 2 个，分离。第 1 背鳍位于体背中间稍偏前，由 4 根鳍棘组成，前 3 棘粗，第 1 棘最长；第 2 背鳍位于第 1 背鳍末基与尾鳍基之间中央稍偏后，前缘有 1 棘，后缘微凹。胸鳍较宽长，侧中位，鳍条向下渐短。腹鳍较小，位于胸鳍起点与第 1 背鳍起点之间近中央下方，左右两鳍靠近，各有 1 棘。臀鳍始于第 2 背鳍起点稍前下方，两鳍近同形，后基近相对，其前缘有 3 棘。尾鳍后缘微凹，呈浅叉形(辽宁省海洋与渔业厅，2011)。

## 二、生态习性

### 1. 生活习性

梭鱼属近海鱼类，生活在江河口以及海湾内，有时也进入淡水。喜栖息于咸淡水交界处，有沿江河进入淡水觅食的习性，且具有明显的趋光性及趋流性。梭鱼一般生长在浅海，每当春季水温上升后，大批亲鱼游向近岸浅水区索饵育肥和寻找产卵场。浙江象山港是梭鱼产卵的良好场所，该港水深，透明度较大(1.0～1.5 m)；港内潮流平稳，港面风浪较小。梭鱼在狮子口一带海区产卵最为集中，此处有宽广、平坦的滩涂，中潮带底质大部为泥底，底上覆有丰富的黄褐色“油泥”，并有淡水流入，水中带有大量的有机物质和营养盐类，形成了饵料丰富区，为仔、幼鱼的索饵创造了良好的条件。

梭鱼的盐度适应范围为 0～38，在海水、咸淡水及内河淡水湖泊中均能生存。梭鱼能在水温 3～35℃的水域中正常栖息和觅食，最适宜的水温范围为 15～25℃，水温低于－0.7℃时出现死亡(施泽荣，2003)。

### 2. 行为习性

梭鱼喜欢集群生活，性活泼，喜欢跳跃，在逆流中常常成群溯游。梭鱼体型较大，个性凶猛且极具侵袭性。

### 3. 食性

梭鱼的食性很广，属于以植物饲料为主的杂食性鱼类。以刮食沉积在底泥表面的底栖硅藻和有机碎屑为主，也摄食一些丝状藻类、头足类、多毛类、软体类和小型虾类等。在人工养殖条件下，也喜摄食米糠和豆饼粉、花生饼粉、干水溞及人工配合饲料等(林重先等，1982)。

梭鱼的摄食强度有昼夜、季节、个体之间的差异。在日周期中，昼夜均摄食，但通常在黎明前后及日落前后的摄食强度大于夜间。从季节上看，以春末夏初和秋季为摄食的旺盛季节；入冬后，因水温降低，梭鱼进入越冬期，此时摄食极少或停止摄食(林重先等，1982)。在生长周期中，体长 20～40 cm 的梭鱼摄食强度大。在生殖期之前，摄食强度较大，食道和胃部总是充满食物；在生殖期和产卵洄游期，则很少摄食或不摄食。

## 三、繁殖习性

### 1. 性成熟年龄

梭鱼为一年繁殖一次的鱼类。性成熟年龄一般为雄鱼 2～3 龄、雌鱼 3～4 龄。浙江象山港的梭鱼,雄性达到性成熟的最早年龄为 1 冬龄,而雌鱼则为 4 冬龄。雌鱼体长达 44 cm、体重 1 580 g 时性成熟;雄鱼体长 32.5 cm、体重 450 g 时则可达性成熟(李明德等,1982)。

### 2. 产卵时间

一般每年从 4 月开始,梭鱼便在各河口区产卵。浙江象山港梭鱼的产卵期为 4 月初至 5 月初,以 4 月上旬到中旬(清明到谷雨)产卵最盛,此时正逢桃花盛开,故渔民特称其为“桃花鲻”。江苏、浙江沿海梭鱼的产卵期为 4 月初至 5 月中旬,5 月上中旬用筛绢拖网在江苏连云港北面至山东日照之间的海区可捕捞到大量梭鱼卵;海州湾秦山岛附近,梭鱼产卵盛期为 5 月上旬至下旬;渤海湾、河北黄骅地区产卵期为 4 月底到 6 月初。在 6 月初至 7 月底,黄海、渤海沿岸梭鱼幼鱼十分丰富,并进入江河入口处成群觅食,此时是人工捕捞野生鱼种的最佳时期(王振怀等,2006)。

### 3. 生殖力

梭鱼成熟卵巢的重量随鱼体大小、年龄和成熟度在 230～2 200 g 之间波动。怀卵量也随个体、年龄和体重的增长而增大,一般为 150 万～400 万粒;河北黄骅地区的梭鱼,其怀卵量为 30.11 万～311.5 万粒,辽宁省体重 1.5 kg 以上梭鱼的怀卵量为 30 万～50 万粒。

### 4. 产卵场

港内梭鱼产卵喜在礁岛附近水深 6～8 m、潮流较稳、有淡水冲入、盐度较低(20.7～23.3)、避风向阳的内湾浅海滩处进行。产卵时表层水温为 13～18℃,pH 为 8.0～8.2。据河北省水产研究所在渤海湾海区产卵场的调查,梭鱼产卵的重要环境条件:水深 1～10 m(以 6 m 左右为中心),底质为泥或软泥,表层水温 18～22℃,盐度为 27.0～30.3,pH 为 8.04～8.30,透明度为 0.27～1.00 m,其中表层水温与盐度均比象山港为高。

### 5. 交配产卵行为

产卵前常见成群的梭鱼互相追逐,在 1 尾雌鱼之后常紧跟有 3～4 尾雄鱼(多至 9 尾)。产卵鱼群有时将腹部靠在海底的泥滩上滑行(象山港渔民在繁殖季节则采用拉钓捕捞产卵亲鱼)，有时跳上水面又潜入水中，此种异常激烈的动作乃是摩擦刺激腹部和生殖器官促其性成熟和产卵。潮汐是导致梭鱼交配产卵的一个生态因素。梭鱼首批产卵正是大潮(朔望潮)期间，此时产卵个体较为集中，因此呈现高峰。在海区不论白天还是黑夜均产卵，象山港梭鱼产卵多在黎明前 3:00～4:00 进行(袁合侠，2011)。

## 四、卵巢发育

达性成熟年龄的梭鱼，越冬时性腺发育至第Ⅲ期，到次年 3 月水温开始逐渐升高，梭鱼的性腺很快发育，到 3 月下旬卵巢发育至第Ⅳ期。4 月下旬梭鱼开始进入产卵期，盛产期为 5 月上中旬，5 月底至 6 月初产卵期结束。9 月中旬性腺开始进入到下一个繁殖周期。性腺的这种周年变化，在产卵后至次年 3 月之前发育很缓慢，3 月至 5 月上旬发育非常迅速，形成性腺发育周年变化曲线上的单峰突起，卵巢成熟系数从 3.86%增加到 17.85%，增长近 5 倍。卵巢成熟系数的这种特点与产卵前期卵母细胞体积急剧增大是一致的，而卵母细胞的增大是由于卵黄的大量积累引起的。越冬期间卵黄形成十分缓慢。根据观察，3—4 月水温还相当低，梭鱼的摄食强度还比较弱，显然卵黄的积累主要依靠上年秋季育肥期积存在体内的脂肪转化而形成(李明德等，1982)。根据卵巢的外部形态和内部组织结构，可将梭鱼卵巢发育分为 6 期(李明德等，1982)。

Ⅰ期：出现在性腺未发育的幼鱼。卵巢呈透明的细线状、紧贴于体壁背侧，肉眼不能区别雌雄，其表面看不到血管(图 5-2-2,1)；成熟系数平均为 0.093 7%。从组织切片看，卵巢内含卵原细胞和早期卵母细胞，直径为 0.07～0.09 mm；核的比例很大，核仁通常 1 个，位于核的中部(图 5-2-2,2A、2B)。

Ⅱ期：出现在刚开始发育的雌鱼或卵巢退化吸收的雌鱼。刚开始发育的Ⅱ期卵巢呈肉红色且透明，扁平带状，卵巢套膜薄，表面可清晰地看到血管分布；平均成熟系数为 0.52%；卵母细胞的直径为 0.10～0.18 mm。退化吸收恢复到第Ⅱ期的卵巢呈紫红色，不透明，表面布满充血的血管，卵巢套膜较厚，卵巢饱满度极小(显得松软)，卵巢中还保留有少量的第 2～4 时相卵母细胞的过渡类型(图 5-2-2,3)。卵巢内主要由一层滤泡时期的卵母细胞组成，细胞呈圆形或多角形(图 5-2-2,4)。最老一代卵母细胞直径为 13～179.6 μm，核圆形，仍占很大比例，核仁数目增多，15～31 个，大小不等，沿核膜分布。在卵母细胞的外缘，有由一层细胞组成的滤泡膜围绕，在本期末出现油脂类物质(图 5-2-2,5)。

Ⅲ期：卵巢呈淡黄色，圆筒形，体积显著增大，卵巢占腹腔的 2/3～3/4，卵粒清楚可见，但卵粒紧密结合成块，很难分离，平均成熟系数为 2.369%。卵巢中卵母细胞进入大生长阶段，最大的特点是卵母细胞的直径增加迅速，较早期为 170～200 μm，后期扩大到 590 μm。核仁大部分分布在核的边缘，球状的卵黄颗粒在卵边缘开始形成，并迅速聚积，但在整个卵质中尚未完全充塞卵黄，油滴由核膜的外围逐渐发展至整个细胞质中，卵膜变厚，具有两层细胞结构的滤泡膜(图 5-2-2,6)。

Ⅳ期：卵巢呈橘黄色，布满血管，外观粗大，几乎充满整个体腔，早期卵粒还不能分离，后期卵粒饱满，易脱落分离，稍加压力，卵子即能挤出，卵径为 600～800 μm，平均成熟系数为 7.436%(4.15%～14.7%)。卵黄颗粒和油滴充满整个卵母细胞，根据油滴、卵黄颗粒和核的变化。本期又可分为以下 3 个亚期。

Ⅳ-1 期(Ⅳ期初)：卵母细胞呈杏黄色，油滴细小，分散于卵质内的卵黄粒之间，镜检活卵时不易看出。核位于正中，卵黄颗粒增大，圆形或长椭圆形，均匀分布(图 5-2-2,7)。

Ⅳ-2 期(Ⅳ期中)：卵母细胞内油滴变大，并向核周围集中，已开始汇合成少数几个油滴，镜检活卵时清晰可见。卵黄颗粒变大且相互融合，核呈波浪形、偏向动物极；核仁沿波谷分布(图 5-2-2,8)。

Ⅳ-3 期(Ⅳ期末)：卵母细胞呈橘黄色，油滴汇合成为一个大油球；卵黄颗粒融合明显，核移向动物极一端，即出现所谓“极化现象”。细胞大小趋于均匀(图 5-2-2,9)。

Ⅴ期：卵巢呈淡黄色，柔软膨大，充满整个腹腔。卵子透明、分离。卵径约 1 mm。成熟的卵细胞自滤泡中释出，游离于卵巢腔中(图 5-2-2,10)，轻按鱼体腹部或提起鱼头，卵子能自然流出。

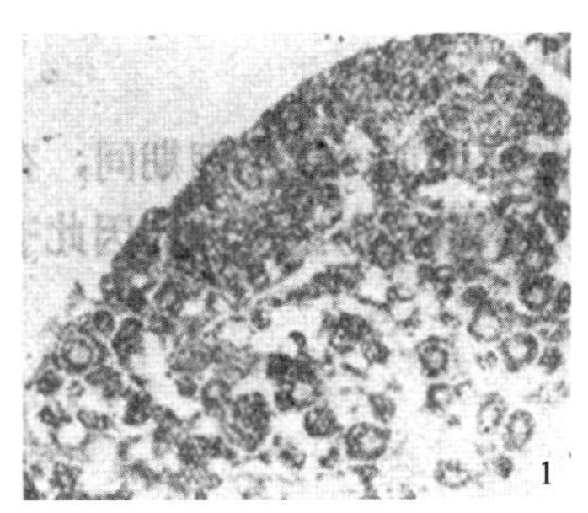


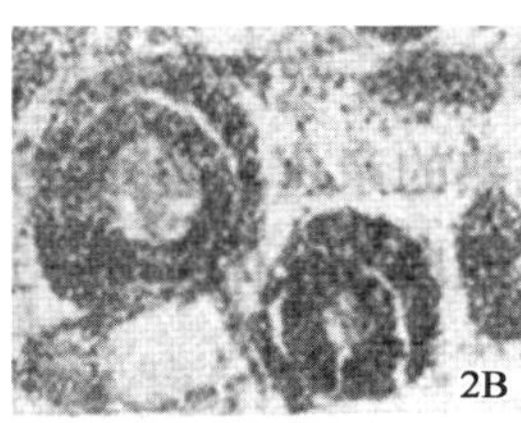


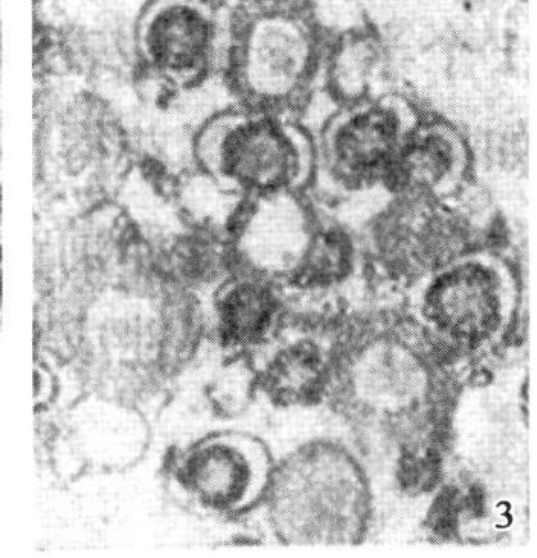

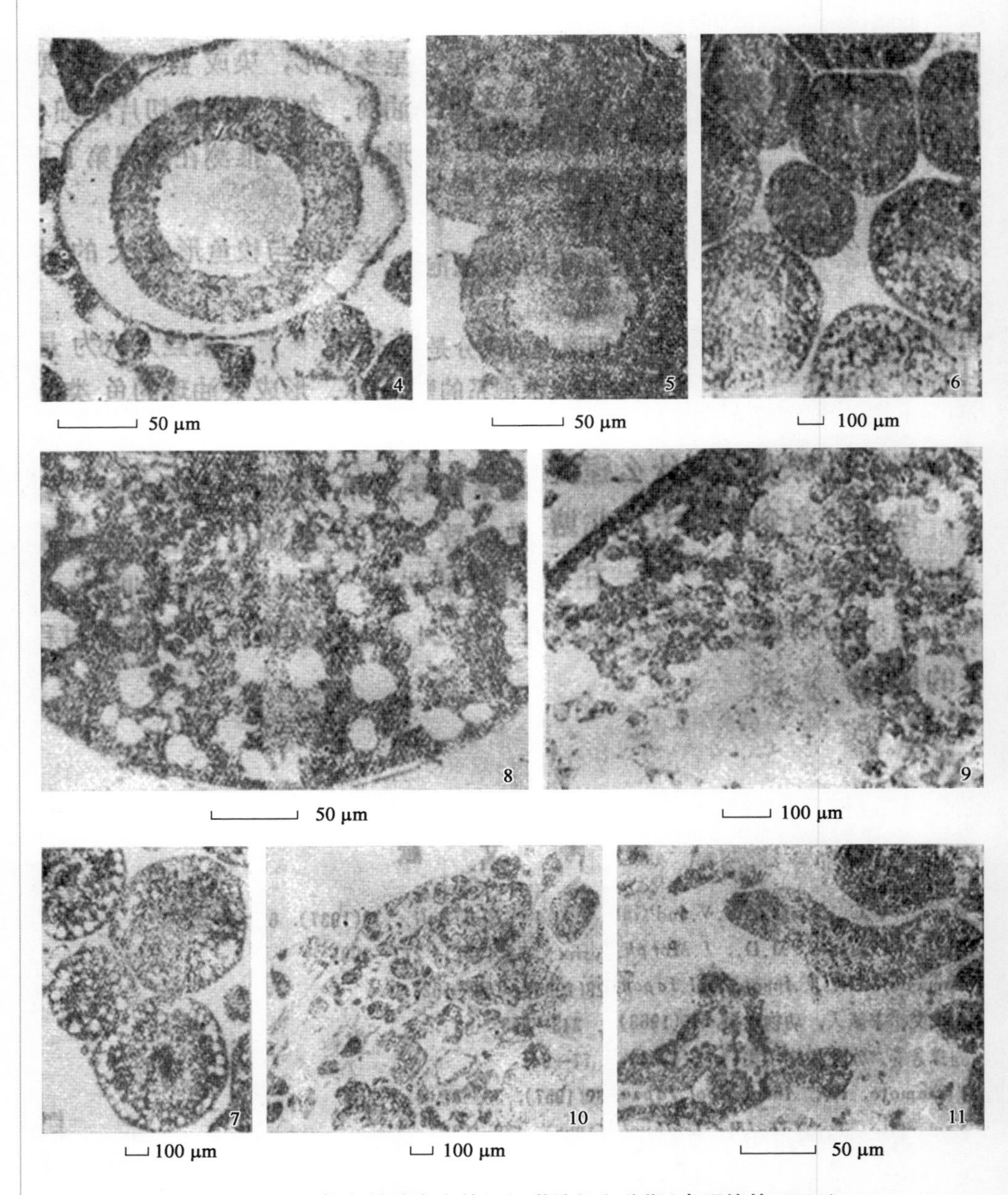


**图 5-2-2　梭鱼性腺发育的组织学特征和分期(李明德等,1982)**

1. 第Ⅰ期性腺,稚龄时相;2. 第Ⅰ期性腺,稚龄时相卵母细胞放大,2A 大椭圆形,2B 形圆形;3. 第Ⅱ期性腺;4. 一层滤泡卵母细胞放大;5. 两层滤泡,下为核周出现少数油滴,上为油滴环形成;6. 第Ⅲ期性腺,示两层及三层滤泡,卵黄开始沉积时相;7. 第Ⅳ期性腺,Ⅳ期初稍后;8. 第Ⅳ期卵母细胞,示原生质被分离;9. 第Ⅳ期中放大,示卵黄颗粒、油球及卵膜;10. 第Ⅴ期性腺;11. 第Ⅵ期性腺,示空滤泡及第2时相卵母细胞

Ⅵ期：产过卵不久的卵巢呈紫红色，排卵后卵巢萎缩、松软而充血。卵巢切面呈松弛状态，由于成熟卵粒排出，使卵巢中遗留很多空隙，在切片中可见到一些幼年的卵母细胞，最老的相当于Ⅲ期的后期，各种卵母细胞都有(图 5-2-2,11)。在排卵后的空隙中充满了血液。具有空滤泡是产卵的主要标志。

## 五、胚胎发育

梭鱼成熟卵子为圆球形，具有 1 个大油球，卵径在 0.90 mm 以上，油球径在 0.40 mm 以上。卵不具黏性，遇水后分离，盐度 20 以上时为浮性。梭鱼受精卵在水温 19.0～21.5℃、盐度 20 条件下，经过细胞分裂期、囊胚期、原肠期、神经胚期、肌节出现期、眼泡出现期、耳囊出现期、尾芽出现期、心跳出现期、晶体出现期和出膜期等阶段，44 h 完成整个胚胎发育过程，随即破膜(河北省梭鱼人工育苗试验协作组，1980)。

### 1. 细胞分裂期

梭鱼卵裂与其他硬骨鱼类的卵裂基本相似，属盘状卵裂均等分裂型(河北省梭鱼人工育苗试验协作组，1980)。

卵裂前期：受精卵遇水一段时间后，吸水膨胀，约 0.5 h 后膨胀到最大限度，卵球直径达 1.022 mm，油球直径 0.511 mm，卵周隙较小(图 5-2-3,1)；受精后 1 h，原生质逐渐向动物极集中，动物极出现胚盘，并逐渐隆起。此时，卵内不同部位的比重出现明显的变化，由于油球比重小，逐渐移到卵黄的上方，胚盘则处于卵的下方，所以在观察胚胎发育时，要透过油球才能看到底面的胚体；经 1 h 20 min 后，隆起达到最大限度，这时卵裂即将开始(图 5-2-3,2)。

2 细胞期：受精后 1 h 25 min 左右，在胚盘处出现第 1 条分裂沟，将胚盘纵分成 2 个大小相等的细胞。第 1 次分裂为纵裂(图 5-2-3,3)。

4 细胞期：受精后 1 h 45 min 左右，出现第 2 条分裂沟，与第 1 条分裂沟垂直，将胚盘分成 4 个大小相等的细胞。这次分裂为横裂(图 5-2-3,4)。

8 细胞期：受精后 2 h 10 min，出现第 3 次分裂，仍然为纵裂，有 2 条分裂沟，分别在第 1 条分裂沟的两侧，并与其平行，将胚盘分成 8 个细胞。8 个细胞排成两排，中间 4 个细胞较大，其余 4 个细胞较小(图 5-2-3,5)。

16 细胞期：受精后 2 h 40 min，出现第 4 次分裂，也有 2 条分裂沟，分别与第 2 条分裂沟平行，将胚盘分成 16 个细胞。中间 4 个大，外围 12 个小(图 5-2-3,6)。

32 细胞期：受精后 3 h 左右，第 5 次分裂完成，胚盘出现 32 个细胞，均处在同一平面上(图 5-2-3,7)。

64 细胞期：受精后 3 h 30 min，胚盘出现 64 个细胞，分裂方向不规则，细胞大小不一（图 5－2－3，8）。

128 细胞期：受精后 3 h 55 min，胚盘出现 128 个细胞。由于分裂次数增多，分裂方向多变，使分裂出的细胞逐渐缩小（图 5－2－3，9）。

多细胞期：受精后 4 h 35 min，多细胞期出现。此期细胞分裂不规则，由于层次增多，细胞界线清晰，开始向囊胚期过渡（图 5－2－3，10）。

#### 2. 囊胚期

分为囊胚早期、中期和晚期，历时 11 h。

囊胚早期：受精后 5 h 30 min，细胞的个体更小，囊胚突出于卵黄之上，形成馒头状的隆起，即高囊胚（图 5－2－3，11）。

囊胚中期：受精后 7 h 30 min 左右，胚盘细胞界线模糊不清；馒头状的隆起逐渐降低（图 5－2－3，12），胚盘细胞向植物极下包。

囊胚晚期：受精后 8 h 10 min 左右，囊胚细胞向卵黄表面包围，外观囊胚色深区域缩小，细胞层次增多，由囊胚期向原肠期过渡（图 5－2－3，13）。

#### 3. 原肠期

囊胚期细胞不断分裂和向植物极延伸，通过下包、内卷等方式使 2 个胚层的囊胚逐渐发育成 3 个胚层的原肠胚，全期历时 8 h，可分为原肠早期、中期和晚期。

原肠早期：受精后 10 h 左右，胚盘逐渐下包，在与卵黄交界处开始内卷，内卷的结果使细胞的层次增加，于是就形成了 1 圈较其他地方加厚的环状部分，即胚环（图 5－2－3，14）。

原肠中期：受精后 12 h 20 min 左右，胚环上出现突起，即胚盾雏形，后来雏形盾随胚盘下包而延长，当胚盘下包卵黄将近 1/2 时，胚盾已成形（图 5－2－3，15）。

原肠晚期：受精后 16 h 20 min～17 h 20 min，胚盘继续下包，当超过卵黄的 1/2 时，胚盾充分展开，并逐渐形成 3 个胚层，胚体雏形出现（图 5－2－3，16）。

#### 4. 神经胚期

此期包括神经沟、脊索的出现与形成。受精后 18 h 45 min，神经沟出现，并不断延伸，同时脊索位于神经沟腹面也不断伸长，卵黄栓与胚孔不断缩小，体节也开始出现（图 5－2－3，17）。

#### 5. 器官形成阶段

组织的形成和器官的出现，历时 25 h，约占整个胚胎发育时长的 3/5。

肌节出现期：受精后 19 h，在胚轴的中部出现肌节，此时眼泡已具雏形（图 5－2－3，18）。

眼泡出现期：受精后 19 h 15 min，在胚体的前端明显出现 1 对囊状物，即为眼泡。体节 7 对，体轴两侧出现色素(图 5－2－3，19)。

耳囊出现期：受精后 20 h 20 min，在胚轴前方、眼泡的后方出现 1 对囊状物，即为耳泡。油球和头部的色素增多，星芒状，分布不规则(图 5－2－3，20)。

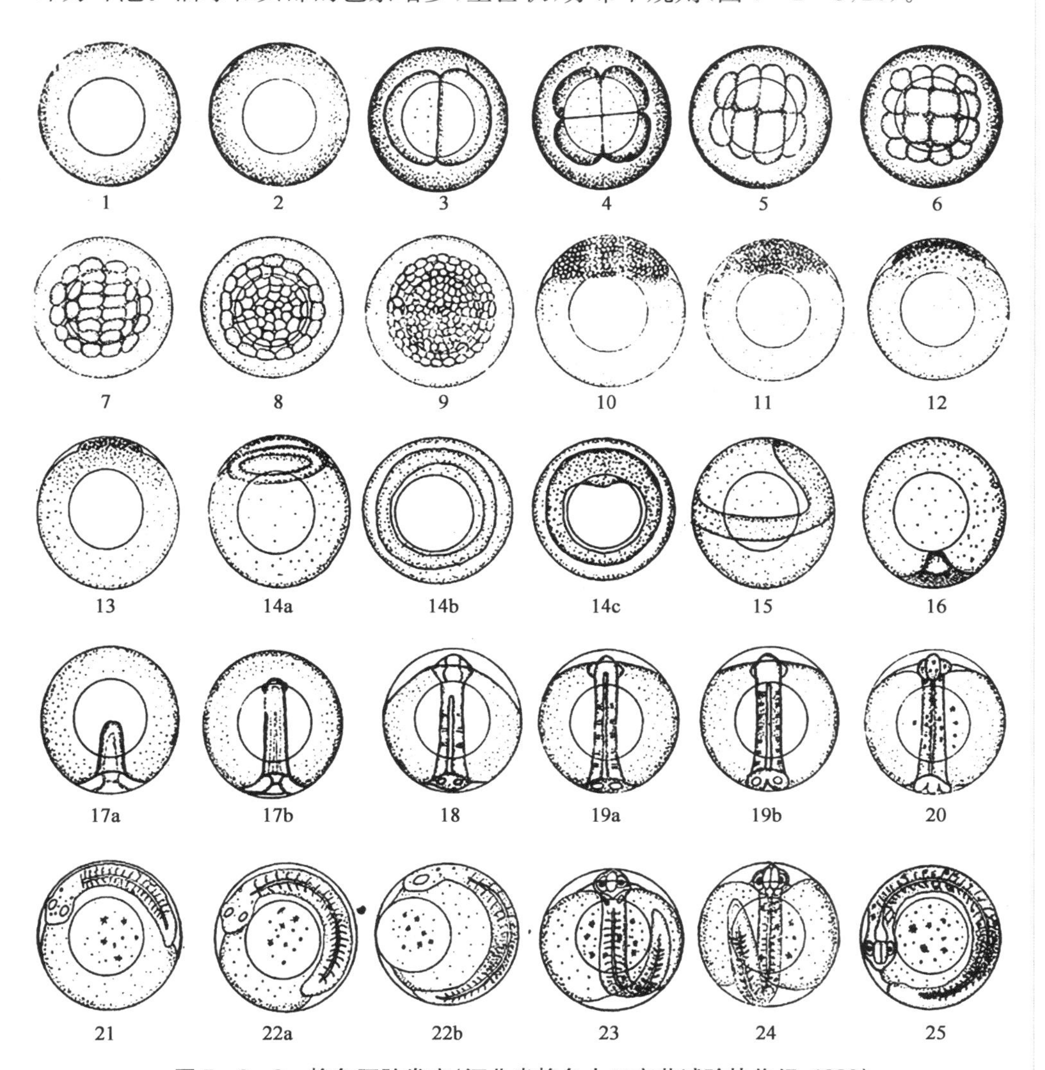


**图 5－2－3 梭鱼胚胎发育(河北省梭鱼人工育苗试验协作组，1980)**

1. 受精卵；2. 胚盘侧面观(示原生集中)；3. 2 细胞期；4. 4 细胞期；5. 8 细胞期；6. 16 细胞期；7. 32 细胞期；8. 64 细胞期；9. 128 细胞期；10. 多细胞期；11. 囊胚早期(示高囊胚变低)；12. 囊胚中期；13. 囊胚晚期；14a. 原肠早期(胚环侧面观)；14b. 胚环腹面观；14c. 胚环腹面观(示胚盾雏形)；15. 胚盾形成；16. 原肠晚期；17a. 神经沟出现；17b. 神经胚；18. 肌节出现；19a. 眼泡出现(肌节增加)；19b. 体侧出现色素；20. 听囊出现；21. 尾芽出现；22a. 尾芽伸长；22b. 尾部形成；23. 晶体出现；24. 尾部接头部；25. 尾部接近头部(侧面观)

尾芽出现期：受精后 23 h 30 min，体节 20 对左右，尾芽变细(图 5-2-3,21)，并开始向卵黄囊的背面伸展，胚体不断增长(图 5-2-3,22)。卵黄囊呈现压缩状态，其观察图形似苹果的纵剖面。

心跳出现期：受精后 35 h 30 min，心脏跳动出现。开始很微弱，频率为 86～96 次/min。胚体收缩、出现颤动现象。

晶体出现期：受精后 37 h 50 min，眼球的晶体出现，尾部可以左右摆动(图 5-2-3,23)。

尾部接近头部：受精后 40 h 30 min，胚体尾部与头部逐渐接近，而且尾部左右摆动加剧(图 5-2-3,24、25)。

**6. 出膜阶段**

受精后 44 h，仔鱼破膜而出。梭鱼胚胎破膜一般有 2 种方式：有的头部先破膜，有的尾部先破膜。不论哪种方式，其动力来源于尾部的摆动。健康仔鱼破膜后，全身挺直，游泳活泼。不健康仔鱼破膜后，尾部下弯，游泳能力弱。尾部下弯的个体虽经一段时间能恢复正常，但比破膜后挺直的个体更易死亡。刚破膜的仔鱼全长 3 mm 左右，肌节 40 对左右，心跳 118 次/min。脑开始分化出前、中、后脑。此时，除卵黄囊呈现淡黄色外，均为无色透明。

## 六、仔稚幼鱼的形态发育

仔稚幼鱼的培育水温控制在 20～24℃；随着仔鱼开口摄食，培育盐度由 20 逐步淡化至 10～15，即慢慢过渡到当地自然海水。在适时开口、适量适口投喂以及水质清新的情况下，历时 30 d 仔鱼发育成幼鱼(聂广锋等，2016)。

0 d 初孵仔鱼(全长 2.27 mm±0.12 mm)：头部倾曲于卵黄囊上，漂浮生活。消化器官仅为一简单的短管，位于卵黄囊与脊索之间。卵黄囊较大，约为仔鱼全长的一半，椭圆形。在卵黄囊上中央具有哑铃状的黑色色素。口和肛门尚未发育。油球较小，圆形，暗黑色，处于卵黄囊底部(图 5-2-4,a)。

1 d 仔鱼(全长 3.25 mm±0.23 mm)：卵黄囊变小，颜色变浅。油球增大，覆盖卵黄囊底部。消化道成一条直形盲管。眼睑形成，黑色素不明显，口凹出现。肛门结构基本形成，但未与外界相通，管腔窄小。形态学上食道、胃和肠道之间的分界不明显(图 5-2-4,b)。

2 d 仔鱼(全长 3.53 mm±0.24 mm)：头胸部之间的鳃盖缢裂雏形形成，口裂形成，口前下位，尚未开口，消化道增粗。肠管末端由肛孔与外界相通，为肛门结构

(图 5－2－4,c)。

3 d 仔鱼(全长 3.80 mm±0.28 mm):卵黄囊被吸收变小,油球变小,但相比之下,卵黄囊减小的速度较快。鳃盖后缘分界明显。口咽腔形成,部分开口,可观察到口的张合,但还不能摄食。在卵黄囊顶端靠背部的一端膨大成胃雏形,但肠、胃分界尚不明显。胸鳍出现(图 5－2－4,d)。

4 d 仔鱼:口能够机械地闭合,且已能够摄食。消化道进一步分化,加粗,弯曲增多,第 1 肠区盘曲处开始膨大成胃囊结构,消化道末端分化出后肠。食道、胃和肠道之间的区分不明显,消化系统各器官形态结构初步形成。卵黄囊进一步变小,腾出的空间由肝细胞迅速分裂填充。此时可看到眼睛结构(图 5－2－4,e)。

5～6 d 仔鱼:身体细瘦,胸鳍生长较快,尾鳍分化出来,已能够独立垂直上下游动。卵黄囊已变得很小,位于消化道后缘。肝胰脏雏形呈透明的三角形,口裂发

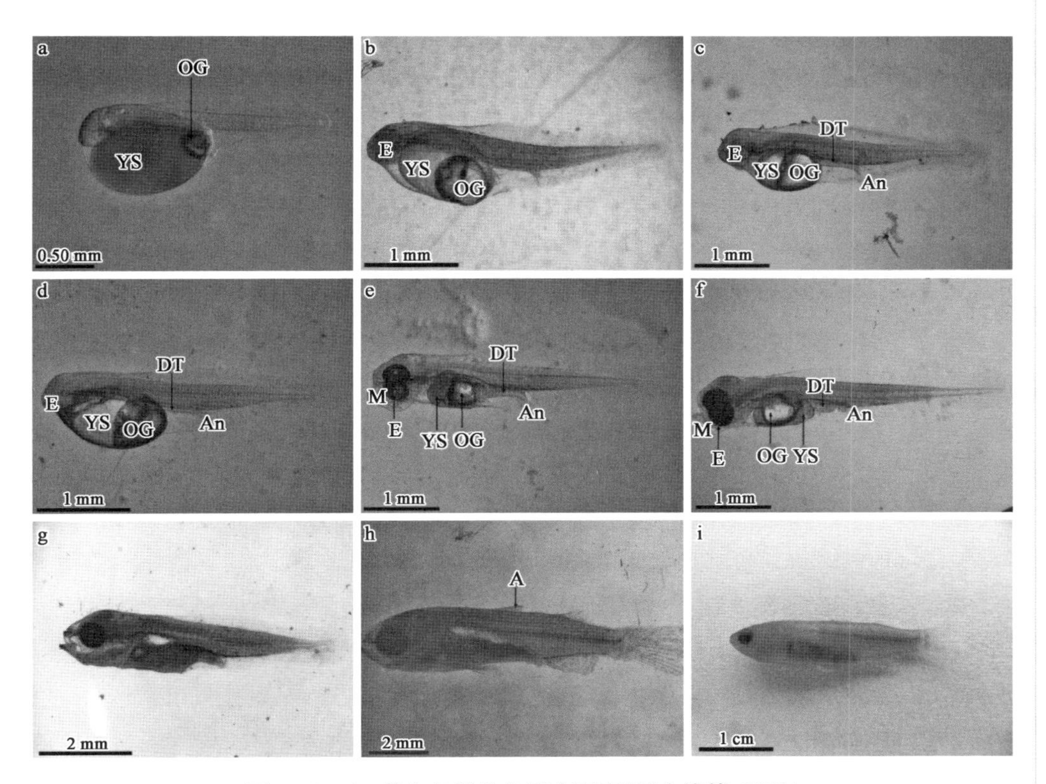


**图 5－2－4 梭鱼仔稚幼鱼形态观察(聂广锋等,2016)**

a. 初孵仔鱼;b. 1 d 仔鱼;c. 2 d 仔鱼;d. 3 d 仔鱼;e. 4 d 仔鱼;f. 6 d 仔鱼;g. 8 d 仔鱼;h. 18 d 稚鱼;i. 30 d 幼鱼

A. 第 2 鳍棘;An. 肛门;DT. 消化道;E. 眼;OG. 油球;M. 口;YS. 卵黄囊

育完全，可见上下颌，鳃盖明显可辨，肠道再度盘曲形成肠圈。此时消化道可分为5个部分：口咽腔、食道、胃、前肠和后肠。已由内源性营养转化为混合性营养阶段，具备摄食、消化和吸收的能力(图5-2-4,f)。

7～8 d仔鱼：卵黄囊消失，油球已极小或消失。胃肠处形成明显盘区。尾鳍由圆形变为方形，而后开始分叉(图5-2-4,g)。

稚鱼阶段(18 d)：各鳍均已形成，体被鳞片，已具备成鱼的外形，稍短粗，第2鳍棘形成。之后，梭鱼在形态上不断完善、成熟(图5-2-4,h)。

幼鱼期(30 d)：基本上具备了成鱼的形态结构，功能上也不断完善和加强(图5-2-4,i)。

## 第三节　人工繁殖

梭鱼是我国沿海地区主要的养殖对象之一，也是沿海地区咸淡水鱼类养殖中混养的主要品种。我国自20世纪60年代以来，对沿海各地梭鱼的生物学、人工繁殖、育苗及养殖技术进行了大量的研究和试验(林重先等，1985；彭士明等，2008；王茜等，2008)。80年代利用外源药理学方法对淡水梭鱼实施人工催熟并获得成功，为淡水区养殖的梭鱼开展人工繁殖奠定了基础。

目前，我国梭鱼人工繁殖的方法主要有2种：河北省、江苏省、浙江省、福建省和广东省等地区开展梭鱼人工繁殖的技术方案为亲鱼培育、人工催产、人工授精、人工孵化(熊良伟等，2010；张维前等，2021)；上海地区的梭鱼人工繁殖技术方案为亲鱼培育、人工催产、自然产卵、人工孵化。

上海梭鱼人工繁殖技术的突出特点：① 亲鱼培育由外塘移入陆基水泥池可以进行精细化管理、精准投喂、精准控温和精准控水，对梭鱼亲鱼性腺发育成熟具有积极作用；② 减少盐卤使用量，比常规节省70%的盐卤成本；③ 改人工授精为自然产卵，效应期不再需要每2 h检查1次亲鱼，只需每天早上检查1次池中有没有受精卵即可。此举避免了频繁检查对亲鱼性腺发育的影响，同时也减少了对亲鱼的损伤，尤其是在人工挤卵授精时对亲鱼造成的伤害；④ 减轻劳动强度，降低亲鱼催产死亡率；⑤ 催产效果好，受精率高，自然产卵的受精率、孵化率都达90%以上。

上海市水产研究所从2011年引进并驯养梭鱼，于2013年开始进行梭鱼人工繁殖，并在2015年获得成功。近8年来，累计获得全长1～2 cm梭鱼鱼苗1 000多万尾。在十余年的研发过程中，已攻克了梭鱼人工繁育、苗种培育等技术难题，实现了梭鱼苗种规模化生产。本节主要介绍近几年上海市水产研究所在奉贤科研基地开展梭鱼人工繁育的技术要点和技术方法。

## 一、繁育场建设

梭鱼人工繁育场宜选择在海水资源丰富、水质良好、周围无工业及城市排污影响的江河口，并要求具备“三通”设施条件，即通水、通电、通路。在具备海水养殖池塘的情况下，还需要配备陆基水泥池、室内孵化池和苗种培育池，供梭鱼亲鱼强化培育、催产产卵和苗种培育之用。陆基水泥池（即工厂化养殖池）要具备供水、供电和供气系统，并且水泥池的上方要有简易的棚架。海水养殖池塘适宜面积 0.20～0.33 $hm^2$，水深 1.8～2.0 m；陆基水泥池适宜面积 200～400 $m^2$，水深 1.2～1.5 m；室内孵化池（苗种培育池）适宜面积 20 $m^2$，水深 1.0～1.2 m。

## 二、亲鱼培育与选择

### 1. 亲鱼来源

亲鱼来源可为海捕梭鱼苗种、经过人工养殖而成的性成熟个体。亲鱼选择标准为体型好、体表光滑无损伤、身体肥壮活力强。

### 2. 亲鱼池塘培育

为了培养好人工繁殖用的亲鱼，必须注重常年培育，特别强调秋季强化培育，这同大多数水产养殖品种秋季积累营养相一致，使亲鱼在越冬前有足够的肥满度。

亲鱼培育池选择进排水方便（杭州湾河口区常年海水盐度变化范围在 10～17），面积 0.20～0.33 $hm^2$ 为宜，配备 1.5 kW 的叶轮式增氧机 1 台。

放养前培育池塘需清塘消毒，池塘进水口套 60 目筛绢网袋以过滤进水。梭鱼亲鱼放养密度为 1 200～1 500 尾/$hm^2$，单养或少量混养一些暗纹东方鲀或刀鲚等其他品种。投喂蛋白质含量 30%～36%的海水鱼膨化饲料，每天早上和傍晚各投饲 1 次。饲料投喂在饲料框（长 5 m、宽 3 m）内，亲鱼摄食时间控制在 2 h 以内，以摄食八分饱为宜。到了水温适宜的培育黄金季节——秋季，更要注重亲鱼的投饲（包括饲料质量、数量）和水质管理，适时注水或换水，保证亲鱼培育池水质肥、活、嫩、爽，透明度在 25～35 cm，并合理、科学地开启增氧机，晴天中午开机 1～2 h。坚持早、晚巡塘，严防缺氧浮头事件发生。进入冬季，注意要加高水位，保持培育池最高水位，有利于梭鱼亲鱼安全越冬。在水温 15℃ 以上时要加强投饲，尽量让梭鱼亲鱼吃好、吃饱。投饲原则是秋冬季不控料，水温低于12℃时停止投饲。

### 3. 亲鱼升盐强化培育

一般在每年的2月底至3月上旬，将梭鱼从室外池塘移入陆基水泥池进行产前升盐培育。此阶段的主要任务是升盐和保温，为梭鱼亲鱼性腺快速发育创造条件。利用保温设施可以提前升高基础水温，并通过池上的保温膜和遮阴膜人为调控水温，保证培育水温平稳上升；其次在没有高盐度海水的地区需通过添加盐卤的方式来提升盐度。相较于池塘，陆基水泥池既方便又经济。

亲鱼升盐强化培育采用陆基水泥池，面积200～400 $m^2$，池深1.2～1.5 m，配有充气增氧设备，每5～10 $m^2$ 配备1个散气石，池上方架设棚架，覆盖塑料膜保温。使用前，先清理、清洗水泥池，并用20 mg/L漂白精全池消毒浸泡24 h(包括充气管、散气石)，然后冲洗干净，曝晒待用。养殖用水取自当地河口区自然海水(盐度10～12)，经沉淀和150～200目筛绢网过滤后注入亲鱼培育池。

挑选符合催产标准的亲鱼转入亲鱼强化培育池。挑选标准为雌雄鱼体质强壮、体表光滑无损伤。雌鱼腹部稍有轮廓，体重4～6 kg/尾；雄鱼体型好、活力强，体重2～4 kg/尾。雌雄比为1∶1.5。选好的亲鱼用浸湿的亲鱼夹在遮阴保湿下运输至目的地，400 $m^2$ 的水泥池一般放养60～80尾。

由于亲鱼性腺发育的最后成熟阶段需要一定的盐度环境，因此，需要有一个升盐过程，通常称为“盐水过渡法”。根据属地资源优势选择高盐度海水或加注盐卤。多年的实践证明，这种“盐水过渡法”对促进梭鱼性腺发育最后阶段的成熟是相当有效的，可大大提高梭鱼亲鱼的催产率。一般等亲鱼在新环境适应2～3 d后开始升盐，升盐过程不宜太快，需要慢慢提升，直至升到目标盐度20～22。具体方法：为方便升盐，池水不能加满，需留下1/4～1/3空间加盐卤。池底安置1台4寸潜水泵，在加注盐卤时开启，起搅匀作用。分3次加入盐卤升盐，第1次由自然海水盐度10～12升至13～15；第2次由13～15升至16～18；第3次由16～18升至目标位20～22，然后保持到催产。每次升盐间隔时间3 d。

升盐结束后，待亲鱼稳定1～2 d后开始投饲，投饲品种为淡水鱼膨化配合饲料4号料(粒径6.3～6.8 mm)，粗蛋白含量≥36%。先少量投饲，待亲鱼正常摄食后，每天投饲2次(上午8:00、下午16:00)，每次投饲控制在2 h内摄食完为宜，并根据天气、水温、摄食等情况灵活调整投饲量。每天上、下午各测温1次，若发现水温上升过快，需打开培育池两端的保温膜，以保持通风，并在塑料保温膜上加盖遮阴膜，可保证水温平稳过渡。培育期间应注意观察池水变化，若池水过肥，需要换水1次或翻池1次。

## 三、催产

### 1. 催产亲鱼挑选

进入 4 月下旬，亲鱼升盐培育接近 2 个月、水温达 18～20℃时可以催产繁殖。催产亲鱼的挑选标准：雌鱼应腹部膨大、柔软而富弹性，生殖孔红润、略突出，用取卵器插入生殖孔从卵巢取卵进行肉眼和显微镜观察，卵呈米黄色，饱满而有光泽，周围有个半透明的圈，卵径 0.60 mm 以上，卵粒间黏连松弛，放入水中搅动能散开(图 5－3－1)；雄鱼选择轻压腹部近生殖孔处有浓稠的乳白色精液流出者。挑选催产亲鱼的步骤：① 准备 3 个带盖网箱，2 个放雌雄亲鱼，1 个周转，网箱规格长 230 cm×宽 130 cm×水深 50 cm；② 亲鱼培育池抽掉 3/4 水挑选亲鱼，选择符合催产要求的梭鱼亲鱼放入网箱，雌雄各放 1 个网箱。一般首次挑选 3～5 尾雌鱼，配 6～8 尾雄鱼。亲鱼挑选结束后，把抽掉的水抽回亲鱼培育池。

图 5－3－1　雌鱼亲鱼

### 2. 激素注射

分 2 次注射：第 1 次雌鱼催产剂量 LHRH－$A_2$ 2～5 μg/kg，雄鱼不催产；第 2 次雌鱼催产剂量 LHRH－$A_2$ 10～30 μg/kg＋HCG 1 000～2 000 IU/kg，雄鱼催产剂量减半。催产时间 15:00～16:00。催产激素用 0.9%的生理盐水配制成，胸腔注射，每次每尾注射 2 mL。2 次催产间隔时间 24 h。假如亲鱼性腺发育很好，也可 1 次催产，催产剂量同上第 2 次。

### 3. 自然交配产卵

完成催产的梭鱼亲鱼按雌雄 1∶1.5 放入新准备的陆基培育池待自产，不进行人工授精。效应时间 50～60 h。一般在清晨 4:00～5:00 交配产卵，雌雄 1 对 2 或

1对3(图5-3-2)沿池边游动或上下潜游，雄鱼紧追或陪伴左右，不时发出追逐声，待身体互相摩擦时产卵射精。

图5-3-2 梭鱼雌雄亲鱼交配

### 4. 产后亲鱼培育

产后亲鱼需留在陆基水泥池暂养2～3周，待培育盐度下降到自然水域盐度后再移到室外池塘，进入常规培育阶段。

## 四、受精卵孵化

人工催产后50～60 h，注意观察亲鱼交配情况并及时收集受精卵。每天早上需仔细观察梭鱼自产情况，发现有受精卵应及时用30目筛绢网收集，并称重计数受精卵后移入室内育苗池孵化(育苗池兼作孵化池)。室内育苗池规格6.0 m×3.5 m×1.5 m，准备相同盐度(20～22)、相同水温、相同沉淀过滤的海水，先加入半池(50 cm)，配散气石1个/$m^2$，放入受精卵5万～8万/$m^2$，剩下半池分3 d加满，即放卵的第2 d加10 cm、第3 d加20 cm、第4 d再加20 cm。水温20～22℃时，受精卵孵化42～45 h后破膜。

## 典型案例

采用上述方法，上海市水产研究所奉贤科研基地连续开展了3年的试验，每年的2月下旬由外塘挑选梭鱼亲鱼移入陆基水泥池进行亲鱼强化培育，3月上旬升盐至目标盐度，4月下旬至5月上旬催产繁殖。

### 案例1

2019年3月4日在基地1#北塘(0.2 $hm^2$)挑选梭鱼亲鱼36尾放入陆基东4#水

泥池(30.0 m×5.0 m×1.5 m),分别于3月10日、13日、16日进行升盐操作,盐度由12.0升至22.1,4月20日换水1次。5月9日挑选了3尾雌鱼和5尾雄鱼进行催产,第1 d的16:00和第2 d的16:00分2次催产,催产完成移入新池(陆基东1# 水泥池,规格相同)待自产。5月13日清晨见受精卵,共收集受精卵330万粒(3 300 g),收集的受精卵移入室内孵化池孵化,受精率95%,孵化率91%,育成率66%。

### 案例2

2020年3月2日在基地57# 塘(0.33 $hm^2$)挑选梭鱼亲鱼29尾,其中12尾梭鱼亲鱼放入陆基西2# 水泥池(320 $m^2$),分3次升盐,于3月12日升到目标盐度22.0。4月30日挑选3尾进行催产,因性腺发育比较好,于16:00注射激素催产,催产完成移入新池(陆基东1# 水泥池)待自产。5月2日收集受精卵450万粒(4 500 g),受精率90%,孵化率36%,育成率41%。造成孵化率和育成率低的主要原因是孵化时淡化过快。

### 案例3

2021年3月11日基地56# 塘(0.2 $hm^2$)挑选梭鱼亲鱼25尾,其中10尾梭鱼亲鱼放入陆基西8# 水泥池(320 $m^2$),分3次升盐,于3月18日升到目标盐度22.0。4月20日挑选4尾进行催产,因性腺发育比较好,于15:00注射激素催产,催产完成移入新池(陆基东8# 水泥池)待自产。4月23日收集受精卵490万粒(4 900 g),受精率97%,孵化率93%,育成率83%。

## 五、影响胚胎发育的主要环境因子

水温和盐度是鱼类受精卵孵化成功的决定性理化因子,直接影响初孵仔鱼的数量与质量。pH、溶解氧、光照以及敌害生物等间接影响受精卵的孵化,也是影响胚胎发育的重要因子。

### 1. 水温

梭鱼胚胎发育适宜水温为12~24℃,最适水温为15~24℃。胚胎发育的快慢取决于水温高低,水温16~20℃时,经46~52 h可完成胚胎发育(袁合侠,2011)。

### 2. 盐度

梭鱼受精卵在盐度3~28的咸淡水中皆能孵化,但盐度在7以上时胚胎发育较好。采用静水孵化时宜用盐度15以上的海水,流水孵化时宜用盐度14左右的咸淡水(袁合侠,2011)。梭鱼自产的受精卵孵化盐度一定要同产卵池盐度保持一致,否则会严重影响胚胎发育,甚至会造成胚胎死亡。因此,一般在繁育实践中,梭鱼受精卵孵化的盐度应保持在20～28。

**3. pH**

梭鱼胚胎发育的适宜pH为7.0～9.0,最适pH为7.5～8.5(袁合侠,2011)。

**4. 溶解氧**

梭鱼卵在孵化中要求水中溶解氧不低于5 mg/L。流水、静水孵化均可,但流水孵化率较高(袁合侠,2011)。

# 第四节　苗 种 培 育

我国多个地区(如河北省、江苏省、浙江省、福建省、广东省等)开展的梭鱼苗种培育技术方案为待仔鱼破膜后直接下塘培育。上海地区的培育技术方案为受精卵人工孵化后,仔鱼继续在室内培育池培育20多天后再移入室外土池培育。这两种方法各有优势,实践中可根据自身条件选择和改进。本节主要介绍上海地区采用的方法。

## 一、室内水泥池苗种培育

**1. 培育池条件及准备**

培育池规格以6.0 m×3.5 m×3.5 m为宜,配散气石1个/$m^2$。培育池使用前需消毒和清洗,可用50 mg/L漂白精进行全池浸泡消毒48 h,清洗干净后干燥2 d再使用。培育用水为杭州湾水系自然海水(盐度13～15),通过水泵抽入土池,经土池自然沉淀净化后再抽入室内,并加入事先准备好的盐卤配制成与孵化池相同盐度的培育用水,最后经150目筛绢网过滤方可注入培育池。

**2. 放苗**

梭鱼无须配备专门的受精卵孵化设施,一般都在培育池直接孵化,即培育池兼作孵化池。因此,放苗(包括培育池准备)其实已经在孵化阶段完成。

**3. 饵料投喂**

仔鱼破膜后需重点关注饵料投喂量和适口性。在正常情况下,破膜后100～120 h开始投喂开口饵料(蛋黄+轮虫)。仔鱼破膜后,主要靠卵黄囊供给营养,5～

6 d 后开口摄食，由内源性营养向外源性营养转变，此时仔鱼的体质较弱，极易死亡，故通常称此阶段为仔鱼发育危险期。因此，要重视开口饵料的质量和数量，并强调饵料的适时和适口性。仔鱼开口 2 d 后可以投喂经 80 目筛绢网过滤的浮游动物或补充卤虫无节幼体，投饵密度 10～13 个/mL；5 d 后可以投喂经 60 目筛绢网过滤的浮游动物，投饵密度 8～10 个/mL；10 d 后可以投喂经 30 目筛绢网过滤的浮游动物，投饵密度 7～8 个/mL；20 d 后可以投喂经 20 目筛绢网过滤的浮游动物，投饵密度 3～5 个/mL。

#### 4. 水质调控

室内苗种培育期间，每天排污 1 次、换水 1 次，即从受精卵放入后第 5 d 起开始排污（虹吸方法）和换水，操作顺序是先排污后换水，注意排污有排污框、换水有换水框，并根据仔鱼发育规格依次选择 80 目、60 目、30 目的筛绢排污框和换水框。前 7 d 每天换水量为 1/3，7 d 后每天换水量为 1/2，15 d 后每天换水量为 2/3。仔鱼开口摄食后可以逐步淡化，但淡化速度不宜过快。整个育苗期不加温，水温在 20～24℃波动。

#### 5. 日常管理

每天观察鱼苗摄食强度以及培育池中剩饵，同时观察培育池每次排污的情况，及时掌握整个培育池仔鱼的发育动态，及时调整饵料投喂的规格和密度，尽最大可能让仔鱼在良好的水环境中吃饱吃好，即 80%～90%的鱼苗达到饱食状态。同时，需要每天监测盐度和水温，有条件的定期检测水体氨氮含量，确保培育池水质良好。在培育 10 d 后，如发现仔鱼密度偏高，需要及时分池。

#### 6. 出苗计数

室内培育 20 d 后就可出售或移入室外露天池塘进行夏花鱼种培育。出苗前 1～2 d 进行 2～3 次拉网锻炼，拉网采用 30～40 目的筛绢网具，拉网锻炼选择在停止投喂饵料的时间段进行。经过拉网锻炼的幼鱼在以后的操作过程中会降低应激反应，减少机械损伤。出苗前 1 d 不投喂，并于出苗当天先对培育池吸污清底，避免拉网操作时池底污物泛起。出苗时准备一大一小 2 个网箱，网箱规格根据当地使用习惯选择，网箱材质为 30～40 目的筛绢。吸污清底、恢复充气 10 min 后再进行拉网操作。由于培育池育苗密度较高，故拉网出池时先拉全池体积的 1/3～1/2，重复操作 2 次后再进行整池拉网。部分未被拉网出池的幼鱼需待水位降低至 30～40 cm 后再行拉网。全部拉入网箱的幼鱼应及时打样计数，移入室外土池或出售。

#### 7. 注意事项

在受精卵孵化期间切忌降低盐度，应同产卵池的盐度保持一致，否则会影响受精卵的孵化率。待仔鱼开口摄食后可以通过加注河口区自然海水来逐步淡化，无需再换入高盐度海水，但淡化过程需要给予一定的时间来过渡，直至完全过渡到自然海水。

仔鱼前期生长缓慢是由于受梭鱼本身的生理因素所限制。仔鱼摄食量有限，不必过多投喂。开口 5 d 后，仔鱼的消化器官和运动器官功能逐渐加强，摄食量增加，育苗池的适口饵料需要得到充分保证。10 d 后要关注培育密度，如果密度太高，要及时进行分池。

梭鱼应激反应强烈，故拉网等操作务必动作要熟练、准备工作要充分。

### 典型案例

2019—2021 年，上海市水产研究所奉贤科研基地开展室内水泥池梭鱼苗种培育均取得较好成果。2019 年收集 330 万粒受精卵，育成 1～2 cm 梭鱼苗 189 万尾，其中放流 100 万尾、赠送 50 万尾、出售 30 万尾；2020 年收集 450 万粒受精卵，由于受精卵孵化时淡化过快，仅育成 1～2 cm 梭鱼苗 60 万尾；2021 年收集 490 万粒受精卵，育成 1～2 cm 梭鱼苗 367 万尾。

## 二、露天池塘夏花鱼种培育

梭鱼鱼苗在室内培育 20 多天后，幼鱼规格达 1.0～2.0 cm，此时需要移入露天池塘进行夏花鱼种培育。一般在每年的 5 月中下旬进行。在浮游生物饵料丰富的池塘内，鱼种摄食旺盛，生长速度加快，有助于提高鱼种育成率、降低鱼种培育风险。

### 1. 池塘条件

池塘以面积 0.20～0.33 $hm^2$、水深 1.5～2.0 m 为宜，进排水方便，配备 1～2 台 1.5 kW 叶轮式增氧机。水源充足、无污染，水质符合《渔业水质标准》(GB 11607—1989)规定，pH 为 6.5～8.0。

### 2. 放苗前准备

在放苗前 10～15 d，清塘消毒。池底留 30 cm 水，用 225～450 $kg/hm^2$ 的漂白精浸泡消毒 24 h 后，彻底排干、曝晒。也可用其他消毒药物消毒。放养前 7～10 d，池塘进水 1.0～1.2 m，注水时进水口用 2 层 60 目筛绢网滤除敌害生物；并施基肥 750～1 500 $kg/hm^2$，以发酵的粪肥为最好，培养基础性生物饵料。当池内浮游生物量达到 20～40 个/L 时，即可放养梭鱼苗种。

**3. 苗种放养**

梭鱼苗种放养规格为全长 1.0～1.5 cm，放养密度为 120 万～150 万尾/$hm^2$。苗种移入室外露天池塘前，在盐度和水温保持一致的情况下，仍需要提前 1 d 先试水，确认没有问题后再进行苗种放养。苗种放养前先开启池塘增氧机，选择晴好天气的上午，在池塘的上风口缓慢放入。苗种运输选择常规的充气外加遮光方式，根据苗种放养数量和运输距离长短选择容器大小，大容器一般通过虹吸方法将苗种放入池塘。

**4. 饵料投喂**

苗种刚入塘时不用投喂人工饲料，主要摄食浮游生物饵料，待塘内浮游生物饵料接近稀少、又看见苗种集群绕塘边巡游时，即开始投喂人工饲料驯食。具体方法：选用粗蛋白含量 45%的鳗鱼配合饲料用水拌成浆，泼洒投喂，每天需要泼洒多次。4～5 d 后改为在池塘的上风口直接抛投鳗鱼配合饲料粉料，每天抛投 5～6 次。10～15 d 后逐步驯食粗蛋白含量 40%的海水鱼膨化料（粒径 1.8 mm），池塘内设置一个浮性饲料框（6.0 m×3.0 m）。驯食成功后每天投喂 2 次，上午和下午各 1 次，每次摄食时间控制在 2 h。之后，根据苗种规格大小选择合适的颗粒（粒径 2.2～2.6 mm）膨化料，粗蛋白含量 30%～40%为宜。

**5. 水质调控**

苗种放入后，水位逐步加高直至最高水位，之后每半月换水 1 次，具体根据池塘水质实际情况灵活掌握，原则是保证池塘水质肥、活、爽、嫩，透明度 30～40 cm。另外，根据苗种需求地区的具体情况，确定是否需要淡化。若需要淡化，注意逐渐推进，给予一定的淡化时间。

**6. 日常管理**

每天早晚各巡塘 1 次，前期重点观察池塘内浮游生物饵料密度，发现稀少时及时泼浆投喂并驯食饲料；后期重点观察苗种摄食与活动、池塘水质变化等情况，及时发现问题并解决问题。在培育期间严防苗种缺氧浮头，每天晚上务必开启增氧机。

培育 1～2 个月后，当鱼苗的规格达 3～6 cm 时，进行拉网、计数、分塘，开始成鱼养殖。梭鱼应激反应强烈，分塘前要进行 3 次拉网锻炼，避免因应激而出现死亡。

**7. 注意事项**

需要提前培养好浮游生物，供幼鱼下塘时有丰富的饵料可摄食；在池塘内浮游生物饵料被幼鱼摄食完之前，应及时用鳗鱼配合饲料泼浆和驯食膨化料；严防缺氧死亡事件发生;拉网、运输等操作要熟练和轻柔,避免梭鱼因应激反应强烈而发生意外。

## 三、影响仔稚幼鱼生长的主要环境因子

鱼苗的发育与外界环境因子有密切的关系,其中水温、盐度和 pH 是影响鱼苗生长和发育的最主要的 3 种环境因子。探究水温、盐度和 pH 对梭鱼苗发育的影响,有助于提高梭鱼苗种培育的成活率。下面主要依据现有研究报道,介绍影响仔稚幼鱼生长发育的主要环境因子。

### 1. 水温

水温是影响鱼类生长和发育最重要的环境因子之一。中国科学院水生生物研究所梭鱼研究组(1984)对梭鱼苗种(全长 4.3~6.9 cm)的临界水温进行探究,开展了低温和高温致死试验。低温致死试验表明,在水温降至 1℃时,梭鱼苗种开始死亡,在水温 1℃以上的水温里无死亡。高温致死试验表明,当水温升至 36℃时,梭鱼苗摄食明显减退,甚至停止进食;当水温升高至 37℃时,梭鱼苗开始陆续死亡。张金星等(1987)在开展梭鱼海水工厂化人工育苗试验时发现梭鱼苗(体长 0.85 cm)放入池塘 2 d 内,水温从 24.2℃降到 17.2℃后,梭鱼苗生长状况良好,无死亡现象。在实际的苗种培育期间,培育水温一般保持在 17~24℃为宜。

### 2. 盐度

盐度是影响鱼类生长发育、代谢及机体物质积累的重要因素之一(张鼎元等,2020)。在梭鱼苗种培育过程中盐度不可降低太快,否则会严重影响鱼苗的生长发育甚至导致畸形,故培育的盐度应控制在 10~20.8 范围内(倪树松和王振怀,1992)。税春等(2015)开展了盐度对梭鱼幼鱼(体重 1.28 g±0.25 g,体长 4.27 cm±0.28 cm)生长和渗透生理影响的研究表明,梭鱼幼鱼在盐度小于 10 时,成活率明显降低;盐度在 10~25 时幼鱼的成活率均达到 94%以上,且生长速度较快。因此,梭鱼幼鱼生长的适宜盐度范围为 10~25。

### 3. pH

相关研究表明,梭鱼胚胎和仔鱼发育的 pH 应控制在 7.5~8.8(潘海军,2005)。倪树松和王振怀(1992)研究发现,pH 在 7.8~8.4 范围内符合梭鱼苗种的培育要求,否则将影响其生长发育和成活率。

### 4. 氨氮

氨氮胁迫对梭鱼幼鱼生长的影响及其毒理效应研究结果表明,氨氮对梭鱼幼

鱼的 96 h 半致死浓度($LC_{50}$)和安全浓度分别为 1.74 mg/L 和 0.17 mg/L。同时，在相同的摄食水平条件下，高氨氮浓度组(3.32 mg/L)梭鱼幼鱼受到明显抑制，特定生长率明显小于对照组(0.31 mg/L)和低氨氮浓度组(0.76 mg/L)(黄厚见，2012)。

## 参考文献


陈惠彬. 1989. 淡水养殖梭鱼的人工繁殖机理. 水产学报，13(2)：109－115.

陈四海，区又君，李加儿，等. 2013. 珠江口池养梭鱼消化道的形态学和组织学研究. 广东农业科学，(17)：127－129＋136－137.

河北省水产研究所，中国科学院水生生物研究所. 1980. 环境盐度对梭鱼脑下垂体及性腺发育的影响. 水产学报，4(3)：229－240＋314－315.

河北省梭鱼人工育苗试验协作组. 1980. 梭鱼(*Mugil Soiuy* BasilewSKy)胚胎发育及仔鱼前期的观察. 河北水产科技，(1)：29－39.

黄厚见. 2012. 摄食水平、氨氮胁迫对梭鱼幼鱼生长的影响及其毒理效应研究. 上海海洋大学.

李明德，周爱莲，潘永浩. 1982. 梭鱼性腺发育的组织学特征及其分期. 海洋学报，4(5)：627－632.

辽宁省海洋与渔业厅. 2011. 辽宁省水生经济动植物图鉴. 沈阳：辽宁科学技术出版社.

林重先，李文杰，唐天德. 1982. 梭鱼鱼苗池的饵料生物组成和鱼苗食性及生长的研究. 水产学报，6(4)：359－367.

林重先，李文杰，唐天德. 1985. 养殖条件下梭鱼仔、幼鱼摄食习性的研究. 水产学报，9(3)：289－296.

刘永士，张海明，施永海，等. 2015. 梭鱼早期发育过程中生长及主要消化酶活性的研究. 上海海洋大学学报，24(3)：357－364.

倪树松，王振怀. 1992. 梭鱼海水工厂化人工育苗. 海洋渔业，(2)：64－65.

聂广锋，李加儿，区又君，等. 2016. 梭鱼仔、稚、幼鱼消化系统胚后发育的组织学观察. 中国水产科学，23(1)：90－103.

潘海军. 2005. 梭鱼的人工繁殖技术. 水产养殖，26(2)：24－26.

彭士明，施兆鸿，陈超. 2008. 鲻梭鱼营养与环境因子方面的研究现状及展望. 海洋渔业，30(4)：356－362.

施泽荣. 2003. 梭鱼的人工繁殖及育种技术. 农村养殖技术，(9)：15－16.

税春，张海明，施永海，等. 2015. 盐度对梭鱼幼鱼生长、渗透生理和体成分组成的影响. 大连海洋大学学报，30(6)：634－640.

梭鱼研究组. 1984. 梭鱼的临界温度和临界氧量. 水产学报，(1)：75－78.

王茜，常洪敏，孟思远. 2008. 梭鱼消化系统的组织学研究. 四川动物，27(5)：740－742.

王振怀，张忠悦，张金升. 2006. 梭鱼海水工厂化人工育苗技术. 中国水产，(9)：51－52.

熊良伟，顾慧敏，王帅兵，等. 2010. 梭鱼人工繁殖和工厂化育苗技术研究. 科学养鱼，(11)：36－37.

袁合侠. 2011. 梭鱼人工繁殖及苗种培育技术研究. 中国水产，(1)：52－55.

张鼎元，柴学军，阮泽超，等. 2020. 长期低盐胁迫对梭鱼生长及生理的影响. 浙江海洋大学学报(自然科学版)，39(4)：296－302.

张海明，刘永士，谢永德. 2018. 梭鱼池塘养殖密度对其生长性能的影响. 水产科技情报，45(6)：318－321.

张金星，蒋观祥，王振怀. 1987. 梭鱼海水工厂化人工育苗试验初报. 河北渔业，(2)：57－60.

张维前，单乐洲，邵鑫斌，等. 2021. 梭鱼池塘网箱循环水育苗新技术. 中国水产，(2)：94－96.

郑澄伟，徐恭昭. 1977. 鲻科鱼类养殖历史和现状简述. 水产科技情报，(Z4)：7－10.

# 第六章

# 金钱鱼

## 第一节　概　　述

### 一、分类地位

金钱鱼(*Scatophagus argus*)俗称金鼓鱼,隶属鲈形目(Perciformes)、刺尾鱼亚目(Acanthuroidei)、金钱鱼科(Scatophagidae)、金钱鱼属(*Scatophagus*),广泛分布于印度洋—太平洋水域。金钱鱼科仅金钱鱼1属3种,除金钱鱼外,还有多带金钱鱼(*Scatophagus multifasciatus*)和四棘金钱鱼(*Scatophagus tetracanthus*)2种(Froese等,1995)。金钱鱼是目前我国唯一记录在案的该科鱼类(黄宗国,1994),主要分布于我国东海南部至南海及北部湾区域,栖息于近岸岩礁、红树林及海藻丛生的海水或咸淡水水域(蔡泽平等,2010)。

### 二、产业现状

金钱鱼是以草食性为主、兼有肉食性的杂食性鱼类,鱼肉富含EPA、DHA等多不饱和脂肪酸,营养价值高、味道鲜美,且有一定的保健作用(施永海等,2015);其体形优美、色彩斑斓、性情温顺,具观赏和食用双重价值。金钱鱼背鳍毒腺具有溶血、镇静和水解蛋白的作用,在医药领域也有应用前景(Sivan等,2007;Ghafari等,2013)。此外,金钱鱼环境适应性和抗病抗逆性极强,能在海水、咸淡水和淡水等不同环境下生长，适合推广养殖。近年来，金钱鱼正逐渐成为我国南方沿海池塘和网箱养殖的重要品种（孙雪娜等，2020）。

**1. 人工繁殖现状**

目前关于金钱鱼繁殖的研究主要集中在其繁殖习性、性腺分化及发育、精卵特性与胚胎发育、人工繁殖以及繁殖生理与调控机制等方面。由于雌雄鱼性腺成熟不同步、卵巢不易充分发育成熟、催产不及时卵巢很快退化、催产后亲鱼死亡率高等原因，金钱鱼的人工繁殖比较困难。20 世纪 80 年代，国外尝试了用促黄体素释放激素类似物（LHRH－A）、17α，20β－二羟黄体酮＋人绒毛膜促性腺激素（HCG）等激素诱导精、卵成熟，但未取得实用性成果（Gupta，2016）。国内曾用 LHRH、多巴胺拮抗剂地欧酮（DOM）和 HCG 进行人工催产，可产出大量的卵，但受精率和孵化率很低，难以应用。蔡泽平等（2010）报道了金钱鱼养殖群体的繁殖生物学特性和人工诱导产卵试验，通过自然产卵和受精培育出人工苗，但只有实验性的育苗，没有形成规模化苗种生产。自 2011 年开始，上海市水产研究所着手开展金钱鱼人工繁殖技术研究，于 2017 年实现了苗种规模化生产，2017—2020 年累计繁育大规格苗种 13.4 万尾（全长 1.3～3.0 cm），其中 2017 年繁育 8.5 万尾。

**2. 养殖现状**

金钱鱼的人工养殖主要集中在广东、广西和台湾等地区。据不完全统计，目前金钱鱼的养殖总产值每年可达 1.5 亿元（人民币），养殖规模也在逐渐扩大（Yang 等，2020）。

金钱鱼的主要养殖模式有池塘混养、网箱养殖和淡化养殖。

（1）池塘混养

金钱鱼、对虾、蕹菜多营养级综合养殖及金钱鱼、长毛对虾（*Penaeus penicillatus*）、锯缘青蟹（*Scylla serrata*）和缢蛏（*Sinonovacula constrzcta*）立体生态混养均能增加池塘生态系统与结构的空间，维持良好的养殖生态环境，减少水污染和疾病的发生（林财，2009；胡振雄等，2013），可有效提高水域生产力和综合经济效益，是重点发展的养殖模式之一（王耀嵘，2020）。

（2）网箱养殖

金钱鱼喜食网衣上的附生植物、小型动物和有机碎屑，具有网箱“清道夫”的美誉。在生产中，金钱鱼常常混养在其他鱼类的网箱中，且海区网箱养殖金钱鱼生长速度高于池塘养殖约 18%，只是海水网箱养殖的风险及成本相对较高（蔡泽平等，2010）。

（3）淡化养殖

我国于 20 世纪 90 年代就开始试验将金钱鱼淡水驯化后进行养殖，并取得了一定的经济效益。近年来,珠江口附近一些海水池塘的金钱鱼经过逐步淡化后完全在淡水中养殖,早期阶段以浮游生物和鱼浆为饵料,逐渐转变为投喂配合饲料,生长良好,取得较好的经济效益(盘润洪和骆明飞,2008)。金钱鱼的淡水驯化养殖突破了地域和条件限制,可在淡水资源丰富的内陆地区实现金钱鱼养殖,大大促进了该品种的推广。

## 三、面临的主要问题

### 1. 繁育技术还不够完善

目前,金钱鱼苗种供应很大程度上还依靠海捕苗,然而我国金钱鱼自然资源逐年减少,特别是闽浙粤桂沿海地区的渔获量较往年显著下降,天然鱼苗已远远不能满足需求,兴起的养殖业与种苗短缺现状之间矛盾突出。但是,金钱鱼人工繁育技术的部分参数还有待进一步优化,特别是亲鱼的强化培育和人工繁殖阶段,受精率与苗种培育成活率总体较低,规模化繁育还存在一定的偶然性,还不能持续大量供应人工繁育的苗种。

### 2. 养殖水温的局限性

作为暖水性鱼类,金钱鱼对低温敏感,在极端天气时常发生冻死事件。金钱鱼的极限生存水温为8℃,其幼鱼低温耐受力差,水温低于16℃就会影响摄食,这就导致了金钱鱼的露天养殖局限于我国南方地区,长三角地区养殖金钱鱼需要进暖棚越冬。

### 3. 雌雄生长差异显著

金钱鱼雌雄生长差异显著。通常在相同养殖条件下,同龄雄鱼性腺成熟早于雌鱼。1龄雄鱼性腺已发育成熟,随着年龄增加雄鱼生长速度减缓,而1龄雌鱼性腺大多没有发育完全成熟,仍然保持较快的生长速度;1龄雌鱼比雄鱼生长速度快30%～50%,2龄雌鱼生长速度高于同龄雄鱼1倍以上(蔡泽平等,2010)。

### 4. 病害问题

随着金钱鱼养殖的推广,病原种类逐年增多,威胁逐年加剧。鱼苗阶段最常见的是诺达病毒,以垂直传播为主,同一雌鱼孵化出的苗可能全部携带病毒,危害性较大。整个养殖阶段常出现鳃丝车轮虫病、嗜水气单胞菌感染、刺激隐核虫病、海水小瓜虫病、鱼虱病和疖疮病等。车轮虫主要寄生在鳃丝,损伤鳃丝,也会损伤肝、胆、肠。该病主要危害鱼苗,对成鱼致死率不高。嗜水气单胞菌是一种暴发性疾病,会引起金钱鱼鳃、肠、肾脏、肝脏等器官的病理损伤,感染后期会出现严重的败血症症状。惠州长宫吸虫主要危害少数重感染个体，对养殖生产的威胁相对较小（杨尉等，2018）。

## 四、发展前景与建议

### 1. 发展前景

（1）养殖优势

金钱鱼容易驯养摄食人工配合饲料，这种既有食性杂，又有独特的温盐适应性的优良品种在我国海水鱼类养殖的物种中不多见，适合我国南方港湾河口水域及各类咸、淡水池塘环境养殖（崔丹等，2013）。金钱鱼性情温顺，对盐度、pH、溶解氧都有较高的耐受极限，不论是远距离运输还是在淡水资源丰富的内陆地区养殖都能很好应用。此外，金钱鱼营养生态位低，对动物性蛋白需求低，投喂植物性蛋白饲料的生长速度显著快于投喂动物性蛋白饲料。植物性蛋白来源广、价格低、营养较全面，用其作为配合饲料中的主要成分，比用价格高又短缺的鱼粉等动物性蛋白源，在养殖生产中的饲料成本上更具有优势（宋郁等，2012；杨尉等，2018）。

（2）市场优势

金钱鱼营养价值高、肉质鲜美，在我国沿海、内地经济较发达城市与港澳台，以及韩国、日本、泰国等地有广阔的市场，市场价格高达 100～200 元/kg（张敏智，2013）。据联合国粮食及农业组织（FAO）公布的 2016 年全球鱼和鱼产品贸易中主要品种组成占比显示，金钱鱼与狐鲣（*Sarda sarda*）、剑旗鱼（*Xiphias gladius*）贸易额占所有水产品贸易额的 8.6%，是第二大交易额占比鱼类（王耀嵘，2020）。

国内外市场也将金钱鱼作为一种主要名贵水族观赏鱼类进行驯养。由于其色彩斑斓、体态优美，深受观赏鱼市场的喜爱（崔丹等，2013）。同时，金钱鱼外形有很多独特之处，其身体左右两侧对称分布有大小不一的黑色斑点，特别像金钱状，具有富贵吉祥之意，因此金钱鱼作为观赏鱼饲养在国内已形成一定的市场需求（Lin 等，2021）。

（3）优良的放流品种

金钱鱼为杂食性、群居性鱼类，以藻类等水生植物及小型底栖无脊椎动物为食，喜浒苔、水绵，对浒苔暴发和赤潮等环境污染具有防治作用；金钱鱼不做长距离迁徙，是近海及岛礁增殖放流的优良品种。

#### 2. 发展建议

(1) 苗种规模化持续供应

熟化金钱鱼全人工繁育技术参数，并寻找仔鱼最适开口饵料和苗种培育的最佳环境参数，提高苗种存活率，实现人工苗种的持续规模化供应，从而摆脱对金钱鱼苗种自然资源的依赖，并提高其种群资源量(孙雪娜等，2020)。

(2) 研发耐低温品种

金钱鱼在极端天气时常发生大规模冻死事件，给金钱鱼商品鱼的养殖发展带来严重影响。在金钱鱼养殖过程中，当水温低于 14℃时，要增加防寒保暖措施(如搭建温棚等)。此外，可以借鉴罗非鱼的养殖经验，在其养殖过程中还可通过适宜的低温驯化，降低其最低致死水温，提高金钱鱼的抗寒能力(Rajaguru 和 Ramachandran，2001；马胜伟等，2005)。

(3) 全雌育种

金钱鱼性腺分化发育相关基因及其分子调控机理已经成为近年的研究热点。已有研究证明，在外源类固醇激素作用下金钱鱼性腺发育具有可塑性，为性逆转及全雌育苗中伪雄鱼的培育奠定了理论基础(Chen 等，2016)。因此，选育全雌品系，实现全雌金钱鱼养殖产业化，对提高金钱鱼养殖效率和经济效益具有重要意义。

(4) 病害防治

在金钱鱼苗种阶段要加强病毒的检测，在后期养殖阶段要注重寄生虫病和细菌性疾病防治。目前，水产动物的病害仍以细菌性疾病为主，各种水生的病原菌作为主要的传染性疾病的病原造成了巨大的经济损失(张庆华等，2016)。但是，对金钱鱼细菌性病原学的研究仍十分薄弱，有必要加大研究力度，为疾病预防和控制提供理论支撑(杨尉等，2018)。

## 第二节　生物学特性

### 一、形态特征

#### 1. 外部形态

(1) 体形

鱼体较高，身侧扁，呈钝角六边形。头部小，吻钝，口近前位，鳃孔大，上、下颌

图 6-2-1 金钱鱼

约等长，两颌齿呈细刚毛刷状、带状排列。金钱鱼体表坚韧，体被细小的栉鳞。侧线完全，延伸至尾鳍基底，侧线鳞为 $83\frac{25—30}{55—70}89$(图 6-2-1)。金钱鱼体长为体高的 1.5～1.7 倍，为头长的 2.8～3.5 倍；头长为吻长的 3.0～3.4 倍，为眼径的 3.3～4.6 倍(张邦杰等，1999)。

(2) 体色和斑点

鱼体呈黄褐色，腹部呈浅银白色，体侧有许多大小不等的圆形黑斑，幼鱼时体侧黑斑多而明显，头部一般隐有 2 条黑色横带(张邦杰等，1999；石琼等，2013)。金钱鱼在光线较强的养殖环境下，鱼体颜色会变暗很多；在光线较弱的养殖环境下，鱼体颜色会更黄(林晓展，2021)。

(3) 鳍

背鳍 Ⅺ-16～17；臀鳍 Ⅳ-13～15；胸鳍 16～17；腹鳍 Ⅰ-5；尾鳍 17(石琼等，2013)。金钱鱼的背鳍、臀鳍的鳍条部及胸鳍与尾鳍都布满栉鳞，腹鳍有腋鳞。胸鳍稍圆，腹鳍长于胸鳍，尾鳍宽大、呈扇形，鳍条挺括，背鳍有 1 向前平卧棘，臀鳍有 4 根鳍棘；鳍棘前部具凹槽，有毒腺，人被刺伤后患处会有疼痛及红肿(杨尉等，2018)。

**2. 内部构造**

(1) 呼吸系统

前鳃盖骨边缘有细锯齿，鳃盖膜与峡部稍连，鳃耙 4～6+10～13；具 4 对鳃，每一鳃弓上有 2 片大小、结构相似的鳃片，每一鳃片由许多鳃丝连续紧密排列而成，每一鳃丝两侧具有许多以鳃丝为主轴呈褶状的、薄片状的鳃小片(李加儿等，2007)。

(2) 生殖系统

性成熟前，雌雄鱼性腺外形较相似，均呈白色细丝状，成对存在；性成熟后，雌雄性腺差异明显。雌鱼卵巢似三角形，成对同形，前部较尖，后部略呈弧状，肝脏覆盖卵巢前半部，胆囊位于卵巢双叶中间(蔡泽平等，2010)(图 6-2-2，a)；雄鱼精巢为长囊状，大部分成对同形，也存在成对但不同形、一侧偏大的情况，基本为横向的"Y"形(崔丹等，2013)(图 6-2-2，b)。

a

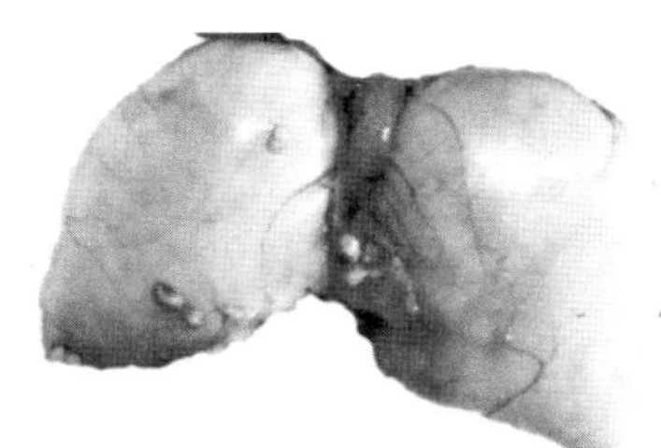

b

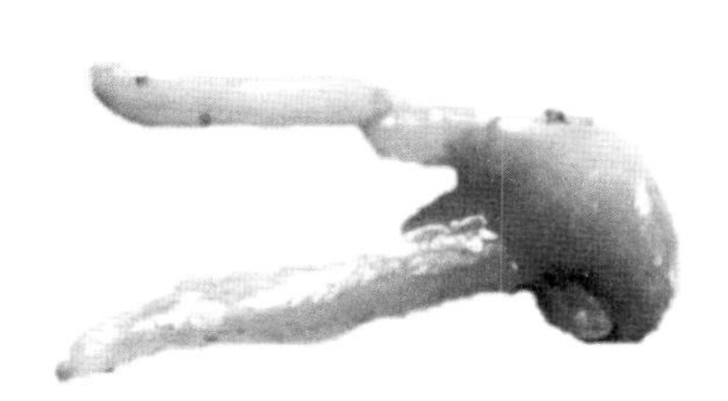

**图 6-2-2　金钱鱼性腺**

a. 卵巢；b. 精巢

## 二、生态习性

### 1. 生活习性

金钱鱼为广盐性鱼类。在自然条件下，稚鱼在咸淡水中生活，随着生长逐渐向深海移动。金钱鱼水温及 pH 适应范围广，极限低温生存水温为 8℃，最适水温为 20～28℃，适宜 pH 为 6.5～8.4（蔡泽平等，2010）。

### 2. 行为习性

金钱鱼为群居性鱼类，常成群游动，性情温和，同池鱼不相互打斗或抢掠食物。金钱鱼与比其口径大的其他鱼类也相处很好，通常不会有互相骚扰或打斗现象（兰国宝等，2005）。

### 3. 食性

金钱鱼为杂食性，食性广且随生长逐渐变化，自然状态下偏爱植物性饵料，但人工驯化能使其食性发生转化。稚、幼鱼主要摄食单胞藻、硅藻类、轮虫、小型软体动物、桡足类、十足类幼体、鱼卵等；幼、成鱼则以多胞藻为主，也摄食硅藻类、甲壳类、双壳类、轮虫类、桡足类、海绵动物、多毛类等（Sivan 等，2011）。成鱼对动物性蛋白需求低，而且摄食植物性蛋白为主的饲料更有利于生长（杨尉等，2018）。

## 三、繁殖习性

金钱鱼性成熟与产卵受水温、盐度、降雨、食物等环境因素影响。在菲律宾等东南亚地区，金钱鱼繁殖季节为 6—7 月；我国南方沿海地区繁殖季节较长，为 4 月中下旬至9月，盛期在5—8月。雌、雄鱼最小生殖生物学年龄均为1龄，雌、雄鱼首次性成熟体重分别为150～200 g和83.5～90 g，雄鱼性腺成熟系数(GSI)最高达2.2%，雌鱼GSI最高达14.7%(蔡泽平等，2010)。金钱鱼体重与怀卵量的重量比约为(20～18)∶1，但具体繁殖力数值存在差异(杨尉等，2018)。体重范围为420～800 g的雌性亲鱼，其绝对生殖力变动范围为337 309～635 755粒，平均为456 320粒，且绝对生殖力随体重和年龄增加而增大；个体相对生殖力，即单位体重的怀卵量为720.4～963.3粒/g，平均为843.1粒/g(蔡泽平等，2010)。

#### 1. 性腺指数(GSI)

金钱鱼在不同月份、性腺不同发育期的GSI变化情况如下。在人工培育条件下，Ⅰ期卵巢的产卵板上为正在增殖的卵原细胞，GSI为0.40%～0.48%，主要出现在尚未进入生殖期的1龄和2龄雌鱼的卵巢中；Ⅱ期卵巢的GSI为0.99%～1.15%；Ⅲ期卵巢中卵母细胞卵黄出现沉积，GSI为2.85%～3.85%；Ⅳ期卵巢即将成熟，卵母细胞饱满、充满卵黄，GSI为4.78%～7.82%；Ⅴ期卵巢完全成熟，卵黄融合，部分卵子脱离滤泡膜进入卵巢腔，GSI达10.56%～14.74%；在催产激素作用下，卵巢快速发育成熟，Ⅴ期卵巢GSI最高达45.6%，卵巢巨大，充满整个腹腔；Ⅵ期卵巢的GSI为7.30%～9.60%，卵巢内有正在退化吸收的滞产卵子和4时相、3时相的卵母细胞群(表6-2-1)(蔡泽平等，2010)。

Ⅲ期雄鱼精巢的GSI为0.32%～0.55%，性成熟雄鱼精巢的GSI为1.30%～2.2%，激素对提高性成熟雄鱼的释精量没有明显的作用(表6-2-1)(蔡泽平等，2010)。

表6-2-1　金钱鱼养殖群体性腺成熟系数变化(蔡泽平等，2010)

| 检测月份 | 性腺发育期 | 卵巢成熟系数(%) | 卵母细胞直径(μm) | 精巢成熟系数(%) |
|---|---|---|---|---|
| 3 | Ⅰ | 0.40～0.48 | 40～60 | |
| 4 | Ⅱ | 0.99～1.15 | 100～200 | |
| 4、5 | Ⅲ | 2.85～3.85 | 200～375 | 0.32～0.55 |
| 6、7 | Ⅳ | 4.78～7.82 | 400～475 | |
| 6、7 | Ⅴ | 10.56～14.74 | 475～575 | 1.30～2.20 |
| 7、8 | Ⅵ | 7.30～9.60 | 350～500 | |

#### 2. 肝体比(HSI)

金钱鱼雌鱼HSI值随着卵巢的发育呈现升高趋势，在卵巢发育到Ⅲ期时有所下降,卵巢发育到Ⅳ期时 HSI 值出现最高峰值(平均值为 3.0%),随后开始下降。雄鱼的 HSI 值在精巢发育过程中呈升高趋势,直到精巢发育到Ⅳ期时达到峰值(平均值为 3.1%),随后开始下降(表 6-2-2)(崔丹等,2013)。

表 6-2-2　金钱鱼各发育时期的肝体比(崔丹等,2013)

| 发育时期 | 体重(g) | | 肝重(g) | | 肝体比(%) | |
|---|---|---|---|---|---|---|
| | 雌 | 雄 | 雌 | 雄 | 雌 | 雄 |
| Ⅰ | 19.8±5.3 | 19.5±7.1 | 0.3±0.1 | 0.3±0.2 | 1.8±0.4 | 1.6±0.2 |
| Ⅱ | 129.6±28.4 | 83.5±21.2 | 3.4±0.8 | 2.2±0.6 | 2.6±0.5 | 1.9±0.2 |
| Ⅲ | 244.5±44.3 | 143.2±18.6 | 6.1±2.0 | 3.6±1.3 | 2.4±0.4 | 2.5±0.3 |
| Ⅳ | 283.3±29.4 | 206.3±30.3 | 8.4±1.1 | 6.2±1.1 | 3.0±0.6 | 3.1±0.5 |
| Ⅴ | 387.2±56.2 | 233.0±26.1 | 11.3±3.2 | 5.2±0.6 | 2.6±0.4 | 2.1±0.2 |

## 四、性腺发育

鱼类的性腺发育过程是将外界摄取的营养物质和能量分配给生殖细胞供其发生、发育的过程。崔丹等(2013)通过组织切片观察,依据生殖细胞的发育特征将金钱鱼卵巢和精巢的发育过程各划分为 5 个时期(Ⅰ～Ⅴ)。

**1. 卵巢发育**

金钱鱼卵巢发育各期的界定是根据卵巢切面中所占面积超过 50%的卵母细胞的时相作为划分依据。金钱鱼卵巢发育分为以下 5 期。

Ⅰ期:一般出现在 2 月龄后的幼鱼中,卵巢前端为黑色细线,被脂肪包裹,肉眼无法分辨雌雄。卵巢中的生殖细胞以第 1 时相的卵原细胞为主,位于上皮细胞附近,体积较小且形态不规则,胞质均匀,被 H.E 染成深蓝色而显嗜强碱性。核内染色质为网状分布,被 H.E 染成红色而显嗜酸性。核仁多为 1 个,分布在核的中央或边缘(图 6-2-3,a)。

Ⅱ期:一般为 6 月龄后的金钱鱼,卵巢乳白色,中部明显膨大,前段仍然为黑色细线,卵巢中的生殖细胞以第 2 时相的卵母细胞为主,处于小生长期的初级卵母细胞,细胞核和细胞质都有所增长。第 2 时相早期的卵母细胞呈不规则形,胞质嗜碱性强,核圆形或椭圆形,核仁体积较大,多为 1 个。卵黄核为胞质中出现被染成深蓝色的团块状结构(图 6-2-3,b)。第 2 时相中晚期的卵母细胞呈多角圆形或圆形，体积增大，大小不等的核仁增多，卵母细胞外周出现单层滤泡膜。卵黄核在胞质中围绕细胞核，成环状分布。卵母细胞嗜酸性增强，嗜碱性减弱(图 6-2-3,c)。

Ⅲ期：一般为 12 月龄后的金钱鱼，卵巢呈浅黄色或黄色，体积增大，为拟三角形。卵巢中的生殖细胞以第 3 时相的卵母细胞为主，为进入大生长期的初级卵母细胞，其形态基本呈圆形。第 3 时相早期的卵母细胞滤泡膜仍为单层，呈不规则

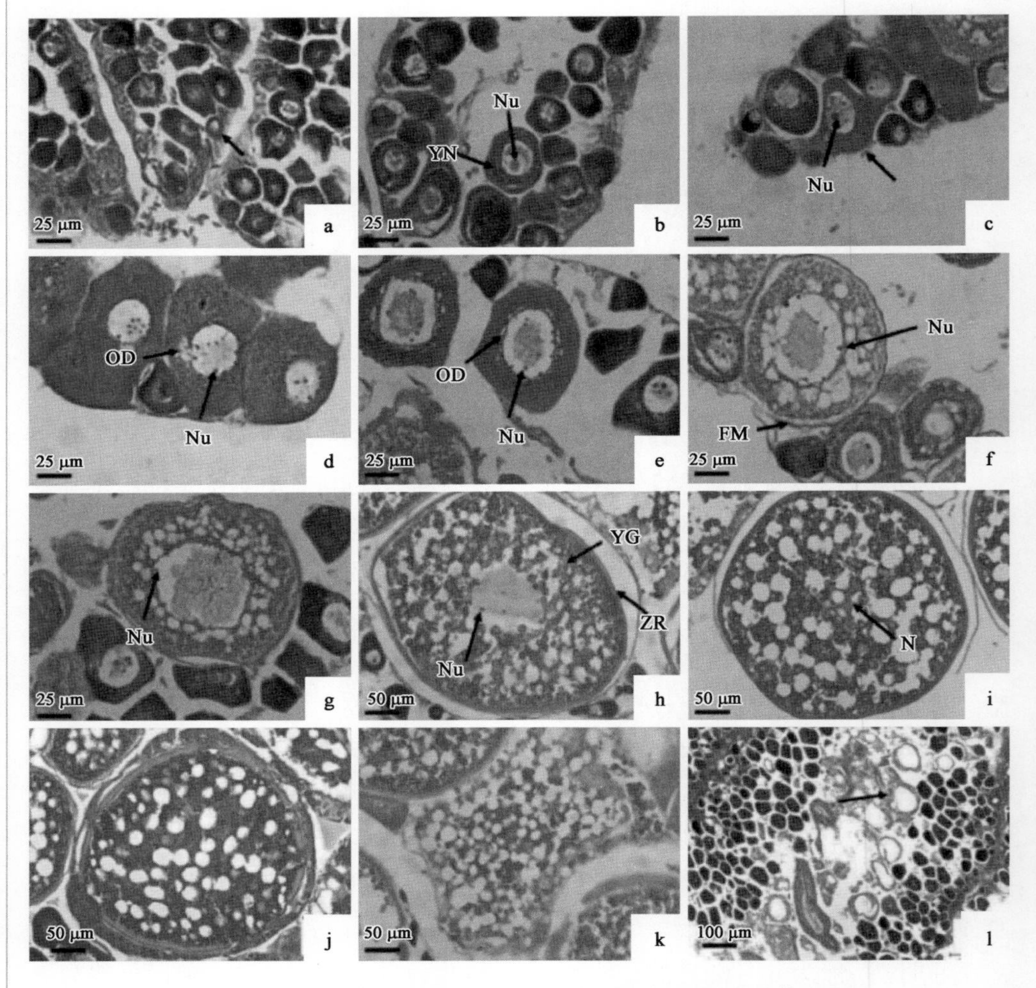


**图 6-2-3　金钱鱼不同时相卵母细胞发育形态特征(崔丹等,2013)**

a. 第 1 时相卵母细胞，黑色箭头所示卵原细胞；b. 第 2 时相早期卵母细胞；c. 第 2 时相中期卵母细胞，黑色箭头所示；d. 第 3 时相早期卵母细胞；e. 第 3 时相中期卵母细胞；f. 第 3 时相晚期卵母细胞；g. 第 4 时相早期卵母细胞；h. 第 4 时相中期卵母细胞；i. 第 4 时相晚期卵母细胞；j. 第 5 时相卵母细胞；k. 有闭锁现象的卵母细胞；l. 产卵后的卵巢，黑色箭头所示为空的滤泡膜

N. 核；YN. 卵黄核；OD. 油滴；FM. 滤泡膜；ZR. 放射膜；YG. 卵黄颗粒；Nu. 核仁

状。核周边缘胞质出现大小不一的油滴(图 6-2-3,d)。中期卵母细胞与核体积明显增大,细胞质出现分层现象。核仁大部分紧贴核膜内缘分布,油滴数量增多,向胞质边缘扩展,呈环行带状分布(图 6-2-3,e)。晚期卵母细胞与核体积进一步增大,卵膜为双层滤泡膜结构。细胞质经 H. E 染成浅紫色而显弱嗜碱性(图 6-2-3,f)。

Ⅳ期:一般为 18 月龄后的金钱鱼,卵巢膨胀,肉眼可见卵黄颗粒,卵巢中的生殖细胞以第 4 时相的卵母细胞为主,为进入大生长期晚期的初级卵母细胞。在早期,卵黄颗粒形成,油滴增多,细胞核呈不规则状,卵核表面有许多辐射状突起,出现放射膜(图 6-2-3,g)。中期卵母细胞体积迅速增大,而位于中央的细胞核体积减小,核质经 H. E 染成浅红色。核仁分布在核膜周围。细胞质充满了卵黄颗粒和油滴,且两者均存在融合现象(图 6-2-23,h)。晚期卵母细胞体积略有缩小,油滴进一步融合,形成体积较大的油滴,核质缩小(图 6-2-3,i)。

Ⅴ期:一般出现在 $2^{+}$ 龄的金钱鱼中,卵巢内充满黄色的卵子,卵膜透明。卵巢中的生殖细胞以第 5 时相的卵母细胞为主,为由初级卵母细胞经过成熟分裂向次级卵母细胞过渡的阶段,是成熟卵母细胞。细胞核移至动物极,核膜溶解,核仁消失。卵黄颗粒融合成均匀一片,油滴融合形成油球,卵膜增厚(图 6-2-3,j)。

### 2. 精巢发育

根据金钱鱼精巢发育过程中生精细胞的变化过程及其特点,精巢发育可划分为以下 5 个时期。

Ⅰ期:精原细胞增殖期。一般出现在 2 月龄后的幼鱼中,精巢为细线状,被脂肪包裹,肉眼无法辨别雌雄。精巢内的生殖细胞主要为精原细胞。早期精原细胞分散排列于间质细胞之间,是精小叶中个体最大的细胞,呈圆形或椭圆形,核位于中央,核膜明显,核中央有一个核仁(图 6-2-4,a)。

Ⅱ期:精母细胞生长期。一般出现在 7 月龄后的金钱鱼中,精巢体积变大,前部为扁平细带状,后部成半透明囊状(图 6-2-4,b)。切片显示精小管已经形成,以初级精母细胞为主,其直径比精原细胞小,核内染色质丰富,染色质浓缩成团块状,染色比精原细胞深,呈嗜碱性。胞质表现为嫌色性,H. E 染色淡,较精原细胞胞质不明显。

Ⅲ期:精母细胞成熟期。一般出现在 13 月龄后的金钱鱼中,精巢呈浅黄色,体积变大。切片观察,精小管内主要有部分初级精母细胞、次级精母细胞和精子细胞。次级精母细胞细胞质很少,核膜消失,核的嗜碱性比初级精母细胞强(图 6-2-4,c)。

Ⅳ期:精子细胞变态期。一般出现在 19 月龄后的金钱鱼中,精巢呈乳白色,较Ⅲ期精巢更加饱满。切片观察精小管内主要有精子细胞和精子。精子细胞的核更小,圆形或椭圆形,无明显细胞质,细胞核呈强嗜碱性。当精小囊内精子细胞发育为成熟精子时,精小囊便破裂(图 6-2-4,d)。

Ⅴ期:精子成熟期。一般出现在 $2^+$ 龄的金钱鱼中,精巢体积膨胀至最大,饱满且基本呈白色。切片观察,精巢精小管管腔扩大,并充满大量的精子,H.E 染色呈深紫色(图 6-2-4,e)。

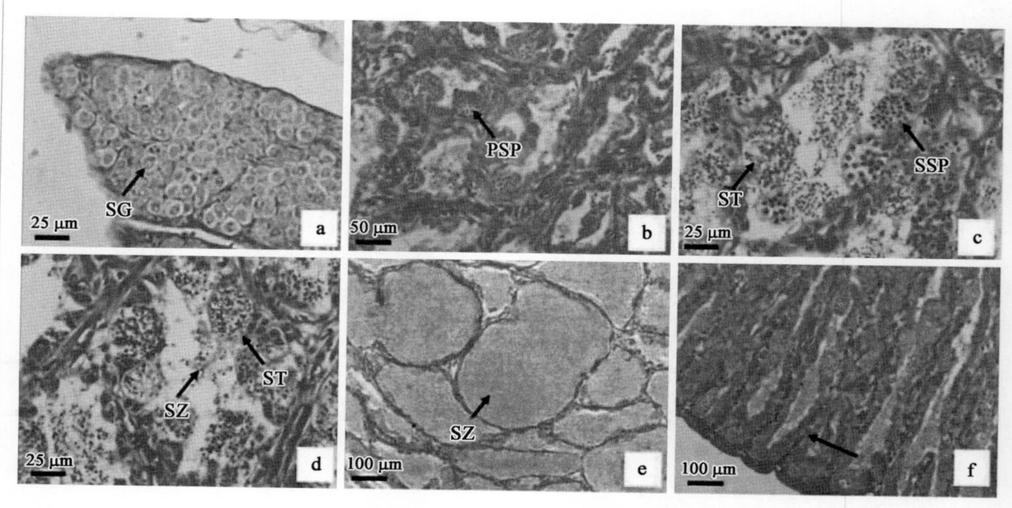


**图 6-2-4 金钱鱼精巢发育分期的形态特征(崔丹等,2013)**

a. 精原细胞增殖期,箭头示精原细胞;b. 精母细胞生长期,箭头示初级精母细胞;c. 精母细胞成熟期,箭头示次级精母细胞;d. 精子细胞变态期,箭头示精子细胞;e. 精子成熟期;f. 辐射排列的精小管

SG. 精原细胞;PSP. 初级精母细胞;SSP. 次级精母细胞;ST. 精子细胞;SZ. 精子

## 五、胚胎发育

金钱鱼受精卵在水温 24℃±0.2℃、盐度 28、微充气条件下培育,经过受精卵阶段、卵裂阶段、原肠期、神经胚期、器官形成期、肌肉效应期、心跳期、出膜期等阶段,历时 28.5 h 完成整个胚胎发育过程(表 6-2-3,图 6-2-5)(徐嘉波等,2016a)。

### 1. 受精卵

金钱鱼受精卵(图 6-2-5,a)呈规则圆形、具光泽、卵膜薄且无色透明,直径 681.5 μm±11.2 μm。单油球,无黏性,浮性卵。无充气状态下,受精卵集群浮于水体表面。受精后 1 h,原生质向动物极集中,此时胚盘形成(图 6-2-5,b)。

### 2. 卵裂期

受精卵卵裂方式为盘状卵裂，受精后 1 h 10 min 第 1 次经裂，分裂为 2 个大小相同的细胞(图 6－2－5,c)；受精后 1 h 20 min 第 2 次分裂，进入 4 细胞期(图 6－2－5,d)；受精后 1 h 30 min 第 3 次分裂，进入 8 细胞期(图 6－2－5,e)；受精后 1 h 40 min 进入 16 细胞期(图 6－2－5,f)；受精后 2 h 发生第 5 次分裂，细胞大小不等，排列不规则，进入 32 细胞期(图 6－2－5,g)；2 h 20 min 进入 64 细胞期(图 6－2－5,h)、2 h 30 min 进入 128 细胞期(图 6－2－5,i)、3 h 进入多细胞期(图 6－2－5,j)，此三阶段细胞排列不规则，分裂面紊乱；受精后 3 h 30 min 细胞变小并呈圆形，进入桑葚期(图 6－2－5,k)。

### 3. 囊胚期

受精后 4 h 细胞分裂球越来越小，细胞间间隙已经不清楚，胚盘与卵黄之间形成囊胚腔，囊胚中部向上隆起，此时为高囊胚期(图 6－2－5,l)。此后，囊胚层高度逐渐变低，细胞间隙不清。受精后 5 h 30 min，囊胚层细胞下包明显，囊胚层变扁平，紧贴卵黄，此时进入低囊胚期(图 6－2－5,m)。

### 4. 原肠期

受精后 6 h 30 min，囊胚层边缘细胞向下包，约占整个胚胎的 1/3，胚环出现，此时进入原肠早期(图 6－2－5,n)；受精后 8 h，胚层继续下包卵黄至 2/3 处，胚盾出现，此时进入原肠中期(图 6－2－5,o)；受精后 9 h 45 min，胚层下包卵黄至 4/5 处，此时进入原肠晚期(图 6－2－5,p)。

### 5. 神经胚期

受精后 12 h 30 min，胚层细胞下包几乎整个卵黄，胚环缩小，胚孔末端少量卵黄外露形成卵黄栓(图 6－2－5,q)。

### 6. 器官形成期

受精后 13 h 30 min，胚体头部前两侧出现突起，胚体进入视囊形成期(图 6－2－5,r)；受精后 14 h 30 min，尾部由尾基处逐步发育，出现椭圆状囊泡结构，此为尾泡期(图 6－2－5,s)；受精后 16 h，胚体进入肌节期，色素细胞开始出现，在胚体上可见的黑点(图 6－2－5,t)；受精后 18 h，视囊之间出现长方圆角形板状脑泡，脑泡尚未分室，胚体进入脑泡形成期(图 6－2－5,u)；受精后 19 h，油球出现点状散射黑色素，在胚体头部视囊后方两侧出现 1 对耳囊，肌节增多，色素沉积明显，此时进入耳囊形成期(图 6－2－5,v)；受精后 20 h，胚体后端腹面出现圆锥形突起，鳍褶逐渐形成，尾部与卵黄囊分离，胚体进入尾芽期(图 6－2－5,w)；受精后 21 h，晶体形成，晶体轮廓清晰(图 6－2－5,x)；受精后 22 h，尾芽边缘表皮外突成皮褶状，胚体进入尾鳍期(图 6-2-5,y);受精后 23 h,体节明显增多,胚体出现无规律扭动,此时进入肌肉效应期(图 6-2-5,z)。

**7. 心跳期**

受精后 24 h,胚体全身扭动,心脏分化并开始跳动,心跳 96 次/min(图 6-2-5,aa);受精后 24.5 h,心跳 100 次/min;受精后 25.5 h,心跳 120 次/min;受精后 26.5 h,心跳 140 次/min,此时耳囊轮廓十分明显,耳囊内耳石形成(图 6-2-5,ab)。

**8. 出膜期**

受精后 26 h 30 min,胚体尾部剧烈摆动,仔鱼头部先行出膜,整个出膜过程持续约 3 min(图 6-2-5,ac、ad)。

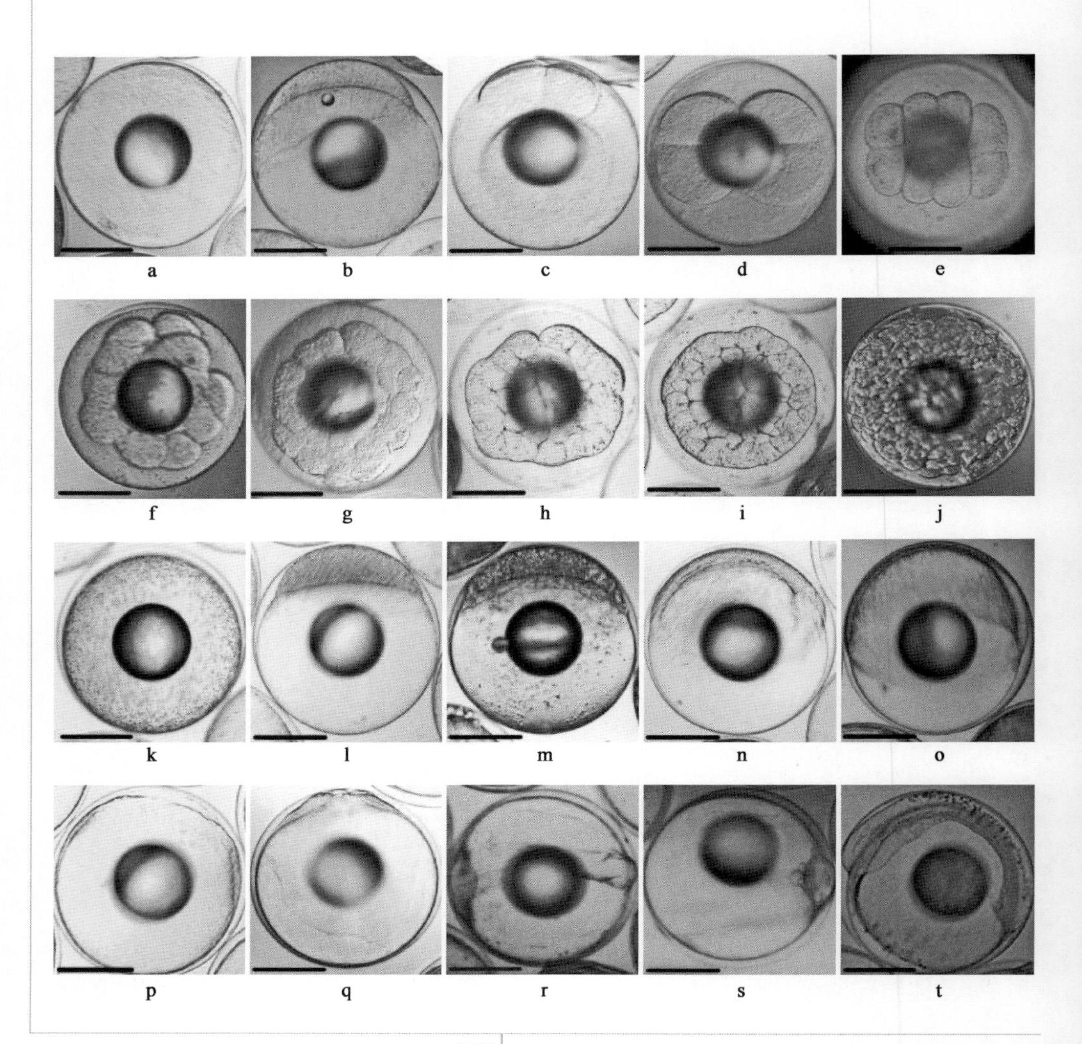

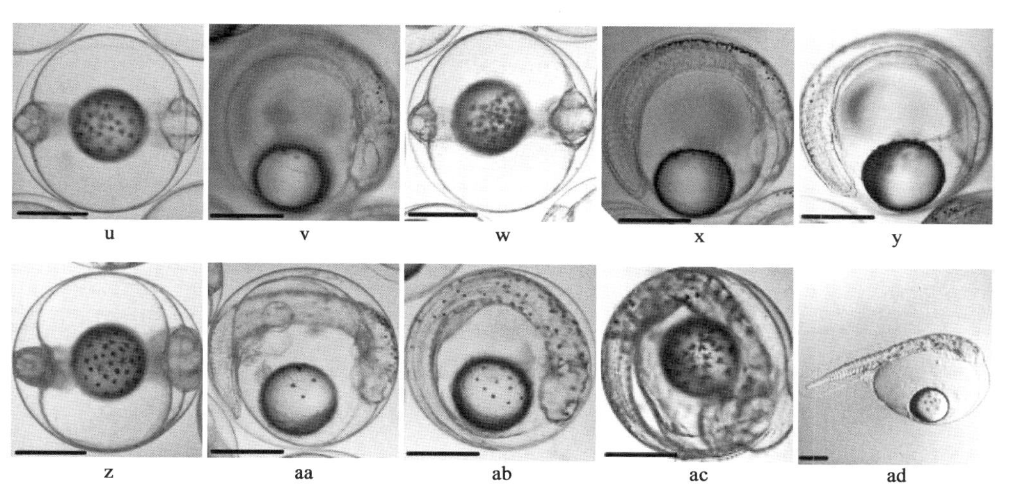


**图 6-2-5　金钱鱼胚胎发育(徐嘉波等,2016a)**

a. 受精卵;b. 胚盘形成期;c. 2 细胞期;d. 4 细胞期;e. 8 细胞器;f. 16 细胞期;g. 32 细胞期;h. 64 细胞期;i. 128 细胞期;j. 多细胞期;k. 桑葚期;l. 高囊胚期;m. 低囊胚期;n. 原肠初期;o. 原肠中期;p. 原肠晚期;q. 胚体形成期;r. 视囊形成期;s. 尾泡出现期;t. 肌节出现期;u. 脑泡形成期;v. 耳囊形成期;w. 尾芽期;x. 晶体形成期;y. 尾鳍期;z. 肌肉效应期;aa. 心跳期;ab. 耳石形成期;ac. 将孵期;ad. 初孵仔鱼

表 6-2-3　金钱鱼胚胎发育时序(徐嘉波等,2016a)

| 发育时期 | 发育时间(h: min) | 水温(℃) | 主要形态特征 | 图 6-2-5 中编号 |
|---|---|---|---|---|
| 受精卵 | 0:00 | 24.0 | 圆形、无色透明、单油球、无黏性,浮性卵 | a |
| 胚盘期 | 1:00 | 24.0 | 原生质向动物极集中,形成隆起 | b |
| 卵裂期 | | | | |
| 2 细胞 | 1:10 | 24.0 | 形成 2 个对等细胞 | c |
| 4 细胞 | 1:20 | 24.0 | 分裂面与第 1 次垂直,形成 4 个对等细胞 | d |
| 8 细胞 | 1:30 | 24.0 | 形成 8 细胞 | e |
| 16 细胞 | 1:40 | 24.0 | 形成 16 细胞 | f |
| 32 细胞 | 2:00 | 24.0 | 形成 32 细胞 | g |
| 64 细胞 | 2:20 | 24.0 | 形成 64 细胞 | h |
| 128 细胞 | 2:30 | 24.0 | 形成 128 细胞 | i |
| 多细胞 | 3:00 | 24.2 | 分层明显,开始重叠 | j |
| 桑葚期 | 3:30 | 24.2 | 细胞团呈桑葚球形状 | k |
| 囊胚期 | | | | |
| 高囊胚期 | 4:00 | 24.2 | 胚盘与卵黄之间形成囊胚腔,囊胚中部向上隆起 | l |

续 表

| 发育时期 | 发育时间(h:min) | 水温(℃) | 主要形态特征 | 图6-2-5中编号 |
| --- | --- | --- | --- | --- |
| 低囊胚期 | 5:30 | 24.2 | 囊胚层细胞下包明显,囊胚层变扁平,紧贴卵黄 | m |
| 原肠期 | | | | |
| 原肠早期 | 6:30 | 24.2 | 囊胚层边缘细胞向下包,约占整个胚胎的1/3,胚环出现 | n |
| 原肠中期 | 8:00 | 24.0 | 胚层继续下包卵黄至1/2处,胚盾出现 | o |
| 原肠晚期 | 9:45 | 24.0 | 胚层下包卵黄至4/5处 | p |
| 胚体形成期 | 12:30 | 24.0 | 胚体轮廓清晰,胚孔将封闭 | q |
| 器官形成期 | | | | |
| 视囊期 | 13:30 | 24.0 | 胚体头部前两侧出现突起 | r |
| 尾泡出现期 | 14:30 | 24.0 | 尾部出现尾泡 | s |
| 肌节期 | 16:00 | 24.0 | 出现长方形体节,胚体出现色素 | t |
| 脑泡期 | 18:00 | 24.0 | 长方圆角形板状脑泡,脑泡尚未分室 | u |
| 耳囊期 | 19:00 | 23.8 | 胚体头部视囊后方两侧出现1对听囊 | v |
| 尾芽期 | 20:00 | 23.8 | 胚体后端腹面出现圆锥形突起,尾部与卵黄囊分离 | w |
| 晶体出现期 | 21:00 | 23.8 | 晶体轮廓清晰 | x |
| 尾鳍期 | 22:00 | 23.8 | 尾芽边缘表皮外突成皮褶状 | y |
| 肌肉效应期 | 23:00 | 23.8 | 体节明显增多,胚体出现无规律扭动 | z |
| 心跳期 | 24:00 | 23.8 | 心窦波动,心跳次数随时间匀速增加 | aa |
| 耳石形成期 | 26:30 | 23.8 | 耳囊轮廓十分明显,耳囊内耳石形成 | ab |
| 将孵期 | 28:30 | 23.8 | 胚体扭动,头部先破膜 | ac |
| 初孵仔鱼 | 28:30 | 23.8 | 仔鱼出膜所需时间约3 min | ad |

## 六、仔稚幼鱼的骨骼发育

鱼类仔稚鱼骨骼系统的发育与早期功能需求密切相关,特别是卵生鱼类。上海市水产研究所(邓平平等,2021)在水温25.5～29.1℃、盐度由25逐渐降至1.7的养殖条件下选取了培育1～45 d的人工繁育金钱鱼苗,运用软骨-硬骨双染色技术对金钱鱼仔稚鱼脊柱、腹鳍、臀鳍等附肢骨骼进行观察。金钱鱼各附肢支鳍骨均为先软骨化后硬骨化，而髓弓、脉弓、腹肋、髓棘和脉棘是先部分软骨化后再硬骨化，软骨染色液对脊柱、尾杆骨和部分髓弓、脉弓、腹肋、髓棘和脉棘无显色作用，躯椎和尾椎节数、鱼鳍发育骨化的先后顺序、鳍棘和鳞片的特殊性均可以作为金钱鱼系统进化分类的重要判断依据。

**1. 脊柱的发育**

1～8 d 金钱鱼早期仔鱼经过试验处理后脊索内部透明，外有流畅的线性轮廓，整体呈长圆锥体，无着色分节现象，其中躯干部近圆柱形、尾部近锥形(图 6－2－6，a)。1 d(全长 3.12 mm)常常头部下沉，偶做间歇性运动。11 d(全长 3.78 mm)时，靠近头部的髓弓和临近肛门的脉弓先发育，标志着脊柱发育的启动，但整个发育过程中髓弓比脉弓的速度快(图 6－2－6，b)。13 d(全长 3.92 mm)时，脊柱在髓弓和脉弓的基部呈现规则的凹凸。17 d(全长 4.46 mm)时，髓弓和脉弓逐渐延伸形成髓棘和脉棘(图 6－2－6，c)。20 d(全长 6.24 mm)时，皮层开始出现锥状突起栉鳞。28 d(全长 10.12 mm)时，脊柱近头部开始出现着色分节的硬骨环(图 6－2－6，d)。38 d(全长 16.54 mm)时，所有脊柱椎体完成骨化(图 6－2－6，e)。金钱鱼脊柱的硬骨化方向由头至尾，而髓弓、脉弓、髓棘和脉棘皆由其基部向末梢方向进行硬

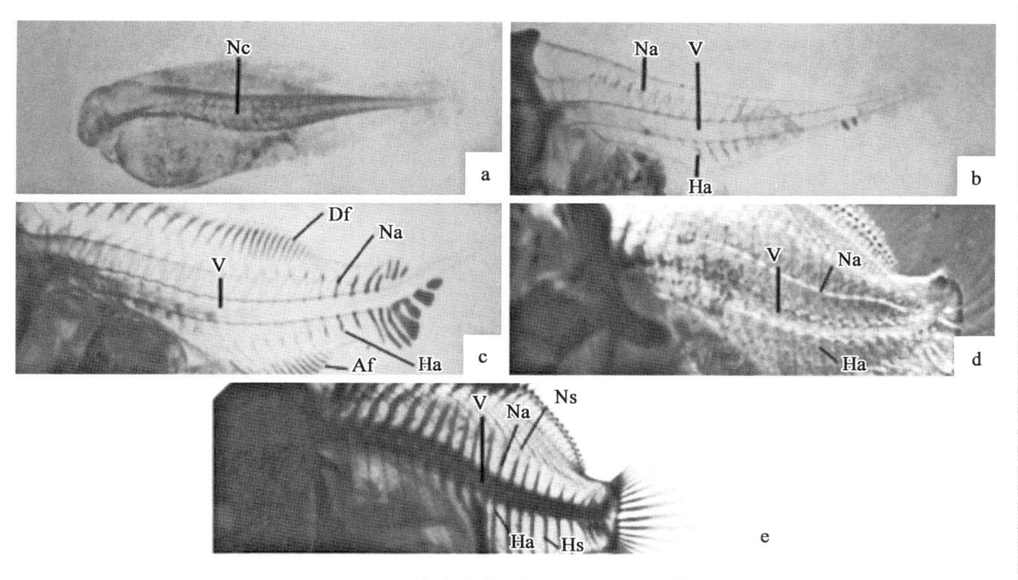


**图 6－2－6　金钱鱼脊柱的发育(邓平平等，2021)**

a. 1 d(全长 3.12 mm)；b. 11 d(全长 3.78 mm)；c. 17 d(全长 4.46 mm)；d. 28 d(全长 10.12 mm)；e. 38 d(全长 16.54 mm)

Nc. 脊索；V. 脊柱；Na. 髓弓；Ha. 脉弓；Vr. 腹肋；Ns. 髓棘；Hs. 脉棘；Df. 背鳍；Af. 臀鳍

骨化。38 d(全长 16.54 mm)后,脊柱无明显变化。金钱鱼脊柱骨化完成后,全椎骨总数为 22～24 节,其中躯椎 10～12 节、尾椎 11～12 节。

### 2. 胸鳍发育

胸鳍是金钱鱼发育最早的鳍条。2 d(全长 3.22 mm)时出现乌喙骨(图 6-2-7,a)。5 d(全长 3.27 mm)时出现支鳍骨原基和匙骨,匙骨细长(图 6-2-7,b)。15 d(全长 4.16 mm)时胸鳍支鳍骨原基着生 10 根软骨质鳍条,胸鳍支鳍骨原基有 3 个裂缝(图 6-2-7,c)。36 d(全长 13.48 mm)时胸鳍支鳍骨开始骨化。38 d(全长 18.50 mm)时乌喙骨、上匙骨和支鳍骨原基骨化完成,鳍条硬骨化并分节(图 6-2-7,d)。

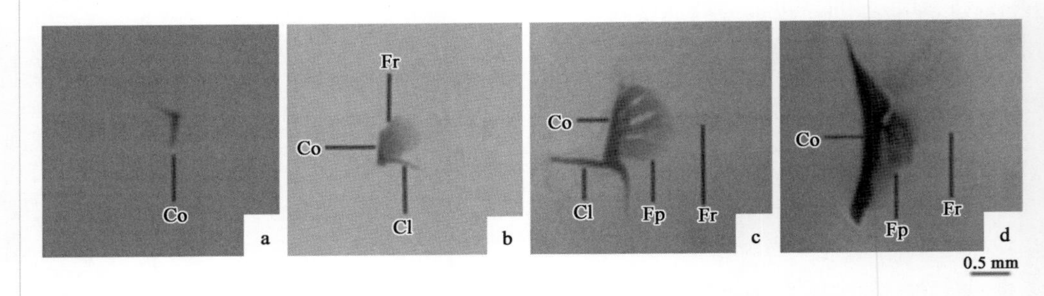


图 6-2-7 金钱鱼胸鳍支鳍骨的发育(邓平平等,2021)

a. 2 d(全长 3.22 mm);b. 5 d(全长 3.27 mm);c. 15 d(全长 4.16 mm);d. 38 d(全长 16.54 mm)
Co. 乌喙骨;Cl. 匙骨;Fp. 支鳍骨原基;Fr. 鳍条

### 3. 腹鳍的发育

腹鳍是金钱鱼所有鱼鳍骨骼中第二个发育的附肢骨骼,腹鳍支鳍骨原基 5 d(全长 3.27 mm)时便出现(图 6-2-8,a),12 d(全长 3.82 mm)腹鳍支鳍骨原基开始着生鳍条(图 6-2-8,b),随着鳍条发育的继续,腹鳍鳍条数目增至 6 根,且两侧

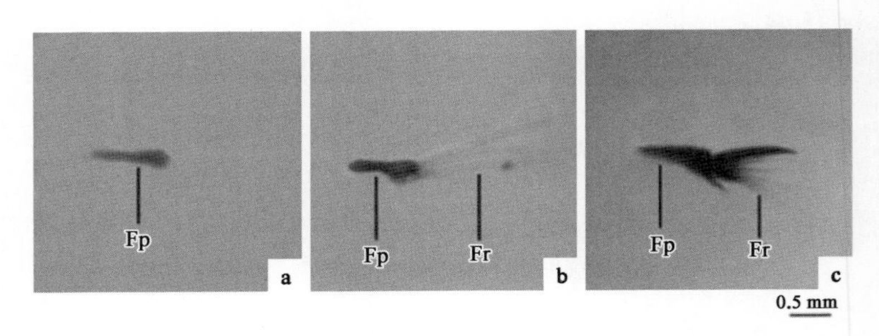


图 6-2-8 金钱鱼腹鳍发育(邓平平等,2021)

a. 5 d(全长 3.27 mm);b. 12 d(全长 3.82 mm);c. 33 d(全长 11.72 mm)
Fp. 支鳍骨原基;Fr. 鳍条

各有 1 根鳍条锐化成腹棘。33 d(全长 11.72 mm)时腹鳍支鳍骨原基硬骨化完成(图 6-2-8,c)。

### 4. 尾鳍的发育

金钱鱼尾鳍在 11 d(全长 3.78 mm)前都以透明的鳍褶形式出现。11 d(全长 3.78 mm)开始出现 2 枚尾下骨(图 6-2-9,a),14 d(全长 4.08 mm)有 4 枚尾下骨(图 6-2-9,b),15 d(全长 4.16 mm)尾索上翘,尾鳍支鳍骨被上翘的尾索分成上、中、下三部分,从而形成 3 枚尾上骨,1 枚尾杆骨和 6 枚尾下骨,且第 4 枚、第 5 枚和第 6 枚尾下骨基部逐渐愈合。尾部的鳍皱逐渐发育成 17 根软骨鳍条,第 1 枚至第 6 枚尾下骨分别着生 2、3、2、2、3、5 根鳍条(图 6-2-9,c)。22 d(全长 6.86 mm)时,第 2 枚和第 3 枚尾下骨增大逐渐结合(图 6-2-9,d)。35～38 d 时,尾鳍支鳍骨系统按照从尾杆骨、尾下骨、尾上骨到鳍条的顺序进行硬骨骨化(图 6-2-9,e)。41 d(全长 19.66 mm)时,尾鳍骨骼系统钙化完全(图 6-2-9,f),尾鳍鳍条数维持 24 根。

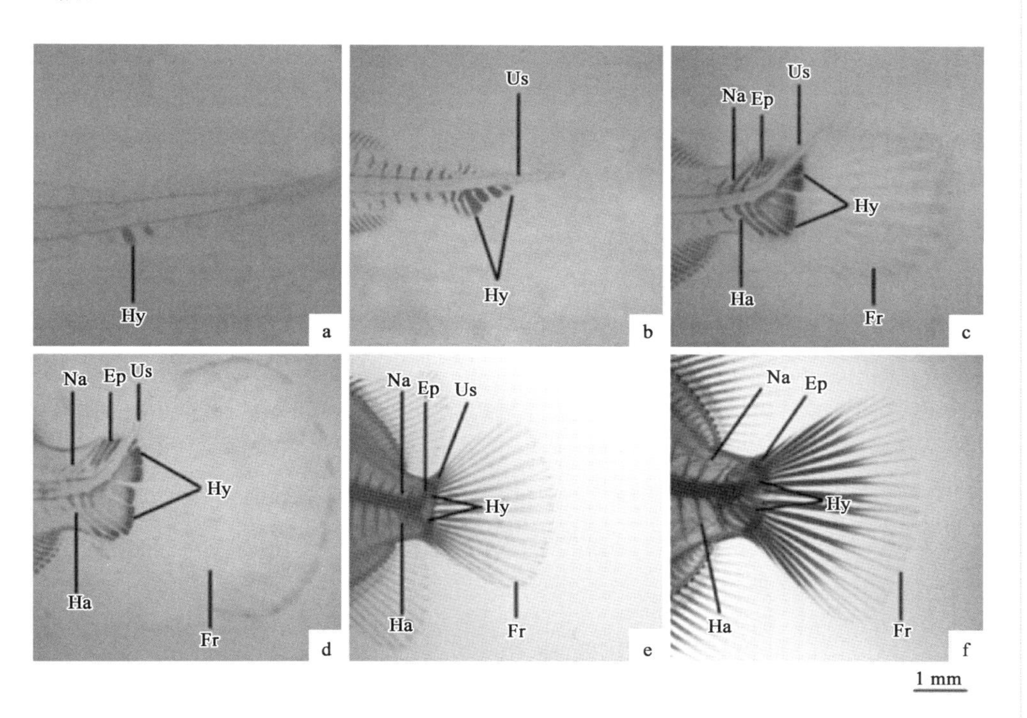


**图 6-2-9　金钱鱼尾鳍支鳍骨的发育(邓平平等,2021)**

a. 11 d(全长 3.78 mm);b. 14 d(全长 4.08 mm);c. 15 d(全长 4.16 mm);d. 22 d(全长 6.86 mm);e. 38 d(全长 16.54 mm);f. 41 d(全长 19.66 mm)

Nc. 脊索;Hy. 尾下骨;Us. 尾杆骨;Ep. 尾上骨;Na. 髓弓;Ha. 脉弓

### 5. 臀鳍和背鳍的发育

13 d(全长 3.92 mm)时，排泄孔与尾鳍之间出现 6 根软骨质的臀鳍支鳍骨(图 6－2－10，a)和鳍褶。15 d(全长 4.16 mm)时，出现担鳍软骨，并开始形成软骨质鳍条(图 6－2－10，b)。22 d(全长 6.86 mm)时，前 4 根臀鳍鳍条锐化成臀棘，且臀鳍支鳍骨稳定在 17 根(图 6－2－10，c)。臀鳍支鳍骨和鳍条从 38 d(全长 16.54 mm)时开始硬骨骨化(图 6－2－10，d)，41 d(全长 19.66 mm)时臀鳍硬骨化完成(图 6－2－10，e)。

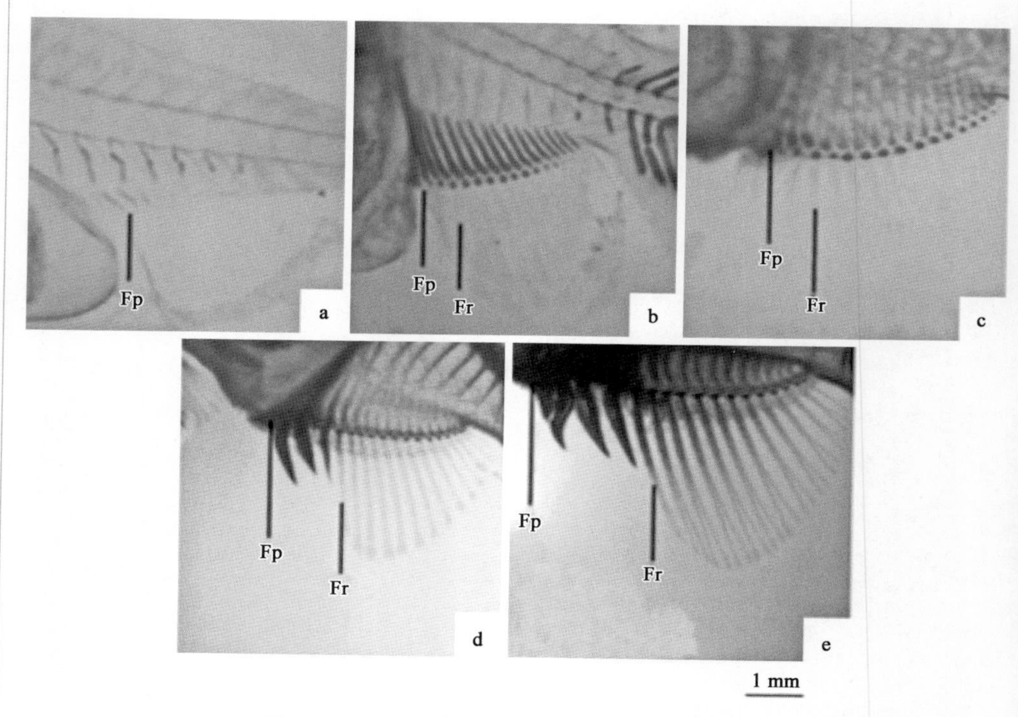


图 6－2－10　金钱鱼臀鳍发育(邓平平等，2021)

a. 13 d(全长 3.92 mm)；b. 15 d(全长 4.16 mm)；c. 22 d(全长 6.86 mm)；d. 38 d(全长 16.54 mm)；e. 41 d(全长 19.66 mm)

Fp. 支鳍骨原基；Fr. 鳍条

金钱鱼孵化后背鳍都以透明的鳍褶形式出现，直至 13 d(全长 3.92 mm)时背部肌肉与脊索之间着生 9 枚软骨质的支鳍骨(图 6－2－11，a)，随后背鳍支鳍骨向前后两端推进，数量不断增加直至维持 25～26 枚。15 d(全长 4.16 mm)时，鳍褶发育成软骨质鳍条(图 6－2－11，b)。21 d(全长 6.08 mm)时，背鳍前 10～11 根鳍条锐化成背棘，后期背棘数量维持在 11～12 根(图 6－2－11，c)，且第 1 背棘为倒棘。33 d(全长 11.72 mm)时,背鳍支鳍骨和鳍条相继开始硬骨骨化(图 6-2-11,d)。41 d(全长 19.66 mm)时,背鳍硬骨化完成(图 6-2-11,e)。

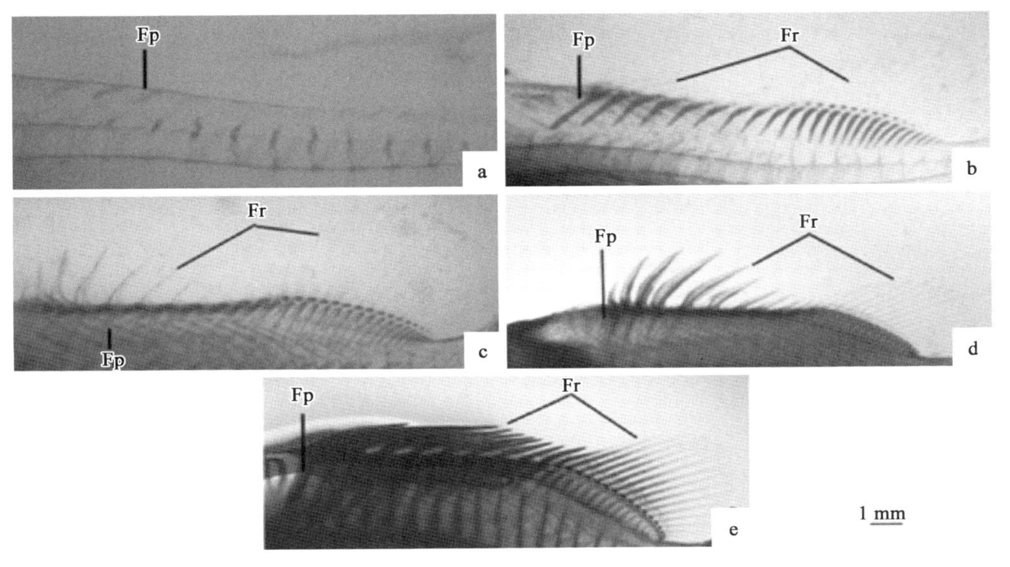


图 6-2-11　金钱鱼背鳍发育(邓平平等,2021)

a. 13 d(全长 3.92 mm);b. 15 d(全长 4.16 mm);c. 21 d(全长 6.08 mm);d. 33 d(全长 11.72 mm);e. 41 d(全长 19.66 mm)

Fp. 支鳍骨原基;Fr. 鳍条

## 七、仔稚幼鱼的形态发育

研究金钱鱼早期仔稚幼鱼的形态发育,有助于了解其形态发育的特点,明确各器官形成的关键期,分析其组织和器官形成与环境相适应的变化规律,对制定合理的投喂策略以及提高苗种培育早期的成活率有重要意义。

为了提高金钱鱼早期培育过程中的成活率,蔡泽平等(2014)在水温 28.0～29.0℃、盐度 22～26 的人工培育条件下对 0～43 d 金钱鱼前期仔鱼、后期仔鱼、稚鱼和幼鱼各发育时期的连续取样观察,确定了金钱鱼仔、稚、幼各期的形态发育特征。

### 1. 前期仔鱼

初孵仔鱼(0 d):全长 1.60 mm±0.04 mm,尾部尚未舒展(图 6-2-12,a),油球位于卵黄囊前端;4 h 后全长 1.79 mm±0.04 mm,肌节 29～31 对,卵黄囊椭球形，长径 0.63 mm±0.03 mm，短径 0.38 mm±0.02 mm；仔鱼躯体中部出现一些褐色色素细胞，活力较弱，腹部朝上悬浮于水面，通常无游动能力或有时尾部会屈伸做间歇窜动。

1 d 仔鱼：全长 2.23 mm±0.05 mm，体高 0.47 mm±0.02 mm；卵黄囊收缩，油球明显缩小，长径约 0.55 mm，短径 0.35 mm；油球通常位于卵黄囊中部或偏后；眼囊、脊索和腹部色素沉积加深，腹鳍芽基出现，消化道未通，背鳍、尾鳍和臀鳍褶膜有所收缩，胸鳍芽基隐约出现，有一定游动能力（图 6-2-12，b）。

2 d 仔鱼：全长 2.55 mm±8.30 mm，尾部仍透明，头部和躯体部大部分覆盖黑褐色素，眼球深黑色，口可以小幅度张合，胸鳍张开，仔鱼游动能力强（图 6-2-12，c）。

4 d 仔鱼：全长 2.67 mm±0.07 mm，肌节 24～25 对，肠道蠕动，肛门开通；多数仔鱼卵黄囊消失，油球残存（图 6-2-12，d），仔鱼尚未开口摄食，没有明显的混合营养期（蔡泽平等，2014）。

**2. 后期仔鱼**

5 d 仔鱼：全长 2.85 mm±0.07 mm，卵黄囊和油球消耗殆尽，肠道蠕动频率增加，口裂为 0.17～0.18 mm，仔鱼开始主动摄食饵料生物，可摄食轮虫幼体（图 6-2-12，e）。

9 d 仔鱼：全长 3.23 mm±0.04 mm，腹鳍明显增大，鳍棘原基出现，胸鳍呈扇形，胃肠充满饵料食物（图 6-2-12，f），仔鱼完全依靠摄食饵料生物。

15 d 仔鱼：全长 3.72 mm±0.03 mm，腹鳍伸展，出现一对雏形鳍棘，头腹部乌黑，活力极强，可摄食轮虫和桡足类幼体（图 6-2-12，g）。

**3. 稚鱼**

32 d 稚鱼：全长 10.50 mm±0.08 mm，体长 7.50 mm±0.06 mm，稚鱼的腹部和头部黑色色素粒细小而稀疏，尾部黑色色素粒细密。背鳍 Ⅺ-16，臀鳍 Ⅳ-14，腹鳍 Ⅰ-5，鳍棘硬化，鳍条末端分叉，各鳍发育分化完整。尾部体侧依稀出现 4 条黑褐色横纹，体表开始部分出现细小鳞片栉棘，侧线依稀可见（图 6-2-12，h）。眼睛后上方、颅骨后下方两侧长出一对三叶状特异形骨结节突起，后端尖锐，骨结节上有微细辐射纹（图 6-2-12，i）。自然状态下上下颌口裂 0.50 mm，极端口裂 0.80 mm，稚鱼主要摄食桡足类和硅藻，也能够摄食少量的软性配合饲料，个体间没有出现互相残杀的现象。

**4. 幼鱼**

43 d 幼鱼：全长 19.00 mm±0.11 mm，体长 14.00 mm±0.07 mm，体侧有 6

条黑褐色的横纹，各偶、奇鳍发育完整，鳍棘硬化，背鳍棘膜和鳍条基部、尾柄上缘和头部分别出现橙黄色斑块，体表全部覆盖着具有 3～4 条同心环纹的小栉鳞，侧线清晰完整，体形与成鱼相似(图 6-2-12,j)。幼鱼口裂约 1 mm，可摄取桡足类。幼鱼除了摄取桡足类和硅藻外，也喜食软性配合饲料和小颗粒的海水鱼膨化饲料。全长 35 mm 时，颅骨后下方的三叶状特异形骨结节突起消失。随着幼鱼的生长，体侧黑褐色横纹逐渐被圆形花斑点取代，幼鱼进入快速生长阶段。

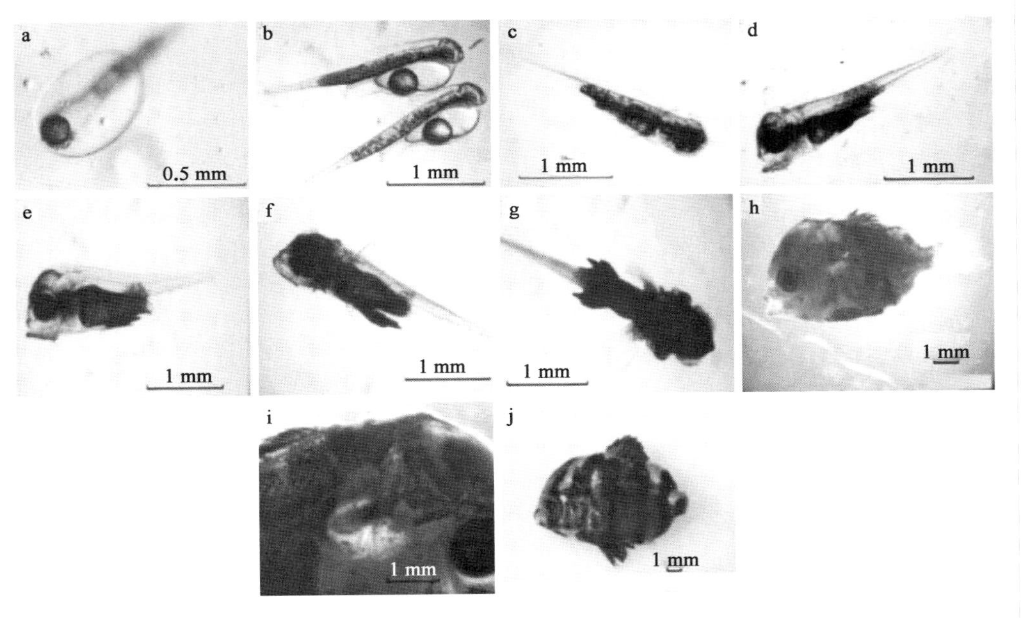


**图 6-2-12　金钱鱼仔稚幼发育(蔡泽平等,2014)**

a. 初孵仔鱼；b. 1 d 仔鱼；c. 2 d 仔鱼；d. 4 d 仔鱼；e. 5 d 仔鱼；f. 9 d 仔鱼；g. 15 d 仔鱼；h. 32 d 稚鱼；i. 稚鱼头部三叶状特异形骨结节突起；j. 43 d 幼鱼

## 第三节　人工繁殖

近年来，金钱鱼受到养殖水环境污染及酷渔滥捕等因素的影响，种质资源逐年锐减，妨碍了养殖业健康持续发展。开展金钱鱼的人工繁育技术的研究与开发，不仅有利于自然资源的保护，也是解决当前金钱鱼养殖生产种苗匮乏最快捷有效的措施。上海市水产研究所自 2011 年起开展金钱鱼人工繁殖技术研究，现已获得规模化繁育的成功。本节内容主要依据上海市水产研究所的科研结果结合相关文献进行总结。

## 一、亲鱼来源

可采用经驯养后的野生成鱼,也可采用人工繁育养成的成鱼再培育而成。选留色彩纯正、体格健壮、无外伤、肥满度较好的个体作为亲鱼。

## 二、亲鱼培育越冬和强化培育

### 1. 后备亲鱼培育

(1) 水泥池养殖

选择陆基水泥池,上方设置弓形环顶,顶部覆盖透光保温塑料薄膜,并加盖可调光的遮阴膜。水泥池面积为 150～200 $m^2$,水深 1.2～1.5 m。散气石密度为 0.3 个/$m^2$,连续充气。排水口设置高于池水面深的同口径带孔 PVC 插管,进水口套 60 目筛绢网袋。先用 50 mg/L 的高锰酸钾溶液进行全池泼洒,池底留水 20 cm 浸泡 30 min,冲洗干净后,再用 1∶15(体积)的甲醛水溶液全池喷雾,2 d 后洗净晾干备用。放养前 2 d 进水,水源为经 60 目过滤、沉淀 24 h 的淡水。金钱鱼放养规格为体长 10～12 cm 和体重 70～80 g,放养密度为 100 尾/$m^2$。养殖期间每天投喂淡水鱼膨化料(粗蛋白含量≥30%)2 次。正常换水频率为每周 1 次,每次换水量为 1/2。养殖中期可根据水质情况进行翻池,翻池时水温差小于 2℃(徐嘉波等,2016b)。

(2) 池塘养殖

挑选面积为 0.2～0.3 $hm^2$、有效水深为 1.5 m 的池塘作为养殖池。清除淤泥并平整与曝晒池底。放养前用 2 250～3 000 kg/$hm^2$ 的生石灰清池消毒,消毒 1 周后进水,水源为外河流水,进水采用 60 目筛绢网袋过滤,每 0.2～0.3 $hm^2$ 池塘配备 1.5 kW 增氧机 1 台。金钱鱼后备亲鱼放养时同样要注意温差和开启增氧机,有条件的用 60～80 mg/L 甲醛溶液浸浴 5～10 min 后再放入池塘。放养规格为体长 14～16 cm 和体重 160～180 g,放养数量约 15 000 尾/$hm^2$。金钱鱼后备亲鱼每天投喂淡水鱼膨化料 2 次,每 2 周换水 1 次,养殖中、后期每周换水 1 次,换水量视具体情况而定。池水透明度应保持在 30～40 cm,若池水透明度超过 40 cm,应追施肥,使池水保持肥、嫩、活、爽。

### 2. 亲鱼越冬和强化培育

在长三角及周边地区，金钱鱼亲鱼越冬必须配置越冬配套设施，越冬培育时间一般从11—12月到次年的3月中下旬。

（1）亲鱼室内水泥池越冬和强化培育

独立的加温越冬设备存在能源浪费、水体利用率不高、易发小瓜虫等寄生虫病、越冬成本高等问题。上海市水产研究所开展了金钱鱼亲鱼与罗氏沼虾亲虾套养越冬培育方式，取得良好的越冬效果。

一般上年11月下旬至当年2月，将$3^{+}$龄金钱鱼亲鱼放入已有罗氏沼虾亲虾的室内水泥池内进行越冬强化培育，水泥养殖池面积为18～20 $m^2$、水深1.0 m。池内罗氏沼虾常规密度20～25尾/$m^2$，金钱鱼亲鱼套养密度为3～6尾/$m^2$。水泥池口盖透光塑料薄膜；全程使用淡水，控温20～22℃，按罗氏沼虾越冬管理。每天早晚各测温1次，白天加温，加温方式为热水在每个蓄水池和越冬池底的“U”形管道走循环；越冬池每7～10 d换水1次，每次换水2/3以上，所换之淡水需经池塘一级沉淀、抽入蓄水池二级沉淀并加温，换水时温差为±1℃，每个月倒池1次以彻底换水。日投饵2次，上午投喂虾用配合饲料、下午投新鲜杂鱼或螺蛳肉并补充金钱鱼用膨化饲料；每天上午吸污1次，并根据残饲量调整投饲量。根据罗氏沼虾的育苗计划进行首次升温0.5℃/d，至25℃后稳定15～20 d；再次升温0.5℃/d，至29℃，直到罗氏沼虾开始育苗则将金钱鱼移入其他养殖池。越冬期间水质常规指标为盐度1.7、溶解氧5 mg/L以上、pH 7.5～8.5（陆根海等，2016）。

亲鱼性腺同步调控，3月将金钱鱼后备亲鱼雌雄分池放养。$3^{+}$龄金钱鱼雌雄较容易区分，雌鱼体重近雄鱼的2倍，雌鱼亲鱼培育池密度为3～5尾/$m^2$，池中放入少量雄鱼，每60尾雌鱼放入3～5尾雄鱼；雄鱼亲鱼培育池密度为4～6尾/$m^2$，池中放入少量雌鱼，每100尾雄鱼放入3～5尾雌鱼。在此期间日常管理方法同前，其中因雌雄分养和水温升高因素的影响，雌鱼亲鱼培育池摄食量明显增加，雄鱼亲鱼培育池摄食量增加不明显，增加的摄食量以鲜活螺蛳来满足，颗粒饲料投喂量不变。上年11月下旬至12月底，室内水泥池越冬起始水温20～22℃、盐度2～4，当年1月起升温，升温幅度为1℃/d，至水温24～25℃。2月起，每天提升盐度3～5，至盐度18～22。3月起再次升温，升温幅度为0.5℃/d，至水温27～28℃，稳定10～15 d后，每天提升盐度1～3，至盐度25～30。4月金钱鱼亲鱼翻池后升温至28～29℃，盐度保持不变，日常管理方法同前。5月可进入待产亲鱼挑选阶段。

## 典型案例

上海市水产研究所奉贤科研基地于2014年11月21日在4#棚开展金钱鱼与罗氏沼虾套养越冬，405#～409#共5个池，每池放入罗氏沼虾亲虾500尾，每池套养金钱鱼亲鱼60尾，平均体重280 g。每天上午吸污后投喂虾用配合饲料，下午投喂新鲜杂鱼或螺蛳肉并补充金钱鱼用膨化饲料，同时根据残饲量调整投饲量。越冬培育期间，每7～10 d换水1次，每次换水量约2/3，每月倒池1次。至2015年4月4日出池，成活率100%，鱼体色鲜亮、健康，整个越冬期4个多月全程无发生寄生虫病，获得了较好的越冬效果。

(2) 亲鱼池塘大棚越冬培育和春季强化培育

在池塘上方搭建钢丝绳柔性大棚，全塘拉盖塑料薄膜。当外塘水温下降到13℃时，金钱鱼亲鱼移入塑料大棚内进行越冬培育。亲鱼迁入越冬棚前必须对池塘进行清淤修整，然后用生石灰2 250 kg/hm$^2$ 干法清塘消毒，注水1周后才可放鱼，放养密度约15 000尾/hm$^2$。越冬期间，由于水温低，金钱鱼很少摄食，每天少量投喂1次粗蛋白含量45%的鳗鱼粉状配合饲料，投喂2 h后检查吃食情况，及时捞出残饲，同时调整下次的投饲量。当大棚内水温低于12℃时，不换水；12℃以上时，每次换水量不超过30%；15℃以上时，每次换水量视水质状况可以增加到50%以上。换水时，棚内外的水温差小于5℃。在越冬期间，水温控制在10℃以上，盐度控制在5～8。

3月中下旬拆除池塘上方塑料薄膜，投喂粗蛋白含量45%的鳗鱼饲料进行春季营养强化，6—8月可挑选金钱鱼亲鱼进行人工繁殖。

## 三、人工催产

金钱鱼催产主要采用胸腔注射法，从左胸鳍基部向胸腔内与身体呈45°入针，入针深度为1～2 cm，不能太深，以免伤及脏器。一般注射液量为1～2 mL/尾。金钱鱼催产常用激素有促黄体素释放激素类似物(LHRH - $A_2$)、人体绒毛膜促性腺激素(HCG)和多巴胺拮抗剂地欧酮(DOM)等。

上海市水产研究所经过多年科研生产经验的积累，历年使用LHRH - $A_2$ 和HCG混合激素对金钱鱼催产均获得良好的效果。催产水温为28～30℃，盐度为20～25。药物催产时间一般选择在18:00～19:00。催产剂量：第1针雌鱼用量为

(2 μg LHRH - $A_2$ + 200 IU HCG)/kg；第 2 针与第 1 针间隔 48 h，雌鱼用量为 (20 μg LHRH - $A_2$ + 200 IU HCG)/kg。雄鱼不注射激素。

## 四、人工授精

若检查发现雌鱼临产，将雌鱼用湿毛巾包裹，降低雌鱼应激反应。随即准备白瓷盆，用 0.9% 的生理盐水润洗 2 次后，倒入 0.9% 的生理盐水 50～150 mL。在雄鱼亲鱼培育池中，拉网捕获 10～20 尾雄鱼，雄鱼暂养于拉网网围中，用捞网捞取雄鱼。将雄鱼体表水分擦干，轻压其腹部，用纯羊毛制成的毛刷蘸取精液后置于白瓷盆的生理盐水内搅拌均匀，而后采卵至白瓷盆中，用毛刷不停搅拌，待卵采空后再采精液至白瓷盆中，并充分搅拌均匀。选择 3～6 尾雄鱼提供精液，精卵充分混合后，向白瓷盆中缓慢注入经 200 目筛绢网过滤的海水（水温 28～30℃、盐度 20～25），并用毛刷不停搅拌，完成人工授精（图 6-3-1）。

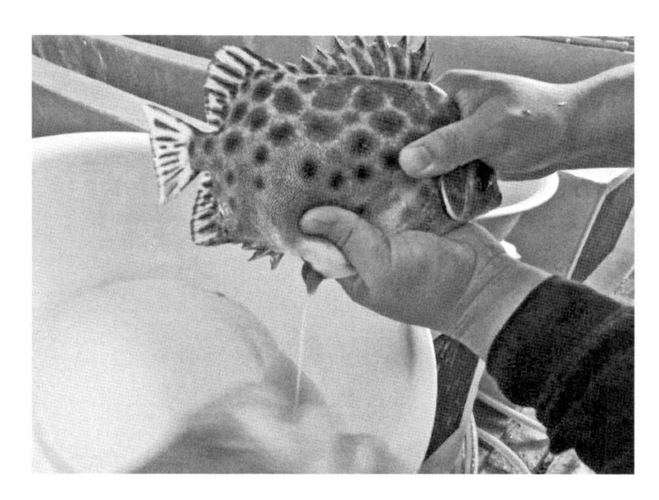

图 6-3-1　金钱鱼人工授精

另外，也有科研人员采用注射激素后亲鱼自然交配受精。具体做法：采用 (15 μg LHRH - $A_2$ + 3.0～4.0 mg DOM )/kg 或 (15 μg LHRH - $A_2$ + 1 000～1 500 IU HCG)/kg 混合激素催产雌鱼，分 2 次进行，间隔时间为 24～28 h，第 2 次注射后，在水温 27～28℃条件下，催产效应时间为 20～36 h。雄鱼不注射激素或剂量减半。接近效应时间时，腹部显著膨胀，将雌雄亲鱼放置在海上产卵网箱中自然产卵和受精，用孔径 50 目的捞网有规则地捞取各水层中的受精卵，清洗后进行孵化。此方法易受海上气候突变影响，如持续暴雨、电闪雷鸣、狂风大浪、盐度剧降等，影响金钱鱼的产卵和受精率(蔡泽平等，2010)。

## 五、受精卵孵化

金钱鱼受精卵孵化水温为 28～30℃，孵化盐度为 20～25。孵化可分为以下 2 个阶段。

第 1 阶段在圆锥形孵化池中进行。孵化池直径为 0.9 m、水体为 0.17 $m^3$，每个孵化池孵化受精卵 10 万～20 万粒。孵化池置于水浴槽内，池中放置 1 个散气石连续充气使水体呈微沸腾状，泛起水花达池壁。维持人工授精时的水温与盐度。

第 2 阶段在苗种培育池中孵化。受精后 8 h，胚胎发育至原肠期阶段，显微镜镜检统计受精率。将孵化池中的卵转移至苗种培育池中继续孵化，转运前先移出孵化池中的散气石，使池内水体静置 3～5 min，将长软管一端插至孵化池圆锥底，采用虹吸法将孵化池中的卵吸取排入事先准备的搁置在水桶上方的 130 目捞网中，最后将卵带水操作转运至苗种培育池。受精卵第 2 阶段的孵化管理与苗种培育前期管理有些类似，故合并于苗种培育章节介绍。

## 六、影响繁殖的主要环境因子

### 1. 水温对卵巢发育的影响

水温对鱼类性腺发育、成熟具有显著影响，鱼类的性腺发育应该存在一个适宜的水温范围，水温过高或过低均不利于鱼类性腺的发育。

张敏智等(2013)采用 2 龄金钱鱼雌鱼作为实验鱼，其卵巢表现为Ⅱ期早期，其内大部分第 2 时相的卵母细胞分别在水温 23℃、26℃、29℃与盐度均为 10 的条件下饲养 6 周后发现，23℃和 26℃组金钱鱼卵巢中出现第 3 时相卵母细胞，29℃组仅出现第 2 时相卵母细胞，从而得出金钱鱼卵巢发育的适宜水温范围为 23～26℃(图 6-3-2)。

### 2. 盐度对精子活力的影响

鱼类精子的活力不仅取决于其自身质量，同时也会受到盐度、水温、pH 等水环境中各因子的影响。

蒋飞等(2021)对金钱鱼雄鱼精子的最佳激活盐度进行了系统的研究。在水温 24.13℃±0.46℃的条件下，金钱鱼养殖雄性亲鱼分别在盐度 20、25 和 30 条件下培育稳定 1 周后，挑选健康成熟的雄性亲鱼 5 尾进行人工挤压采集精液，并用不同

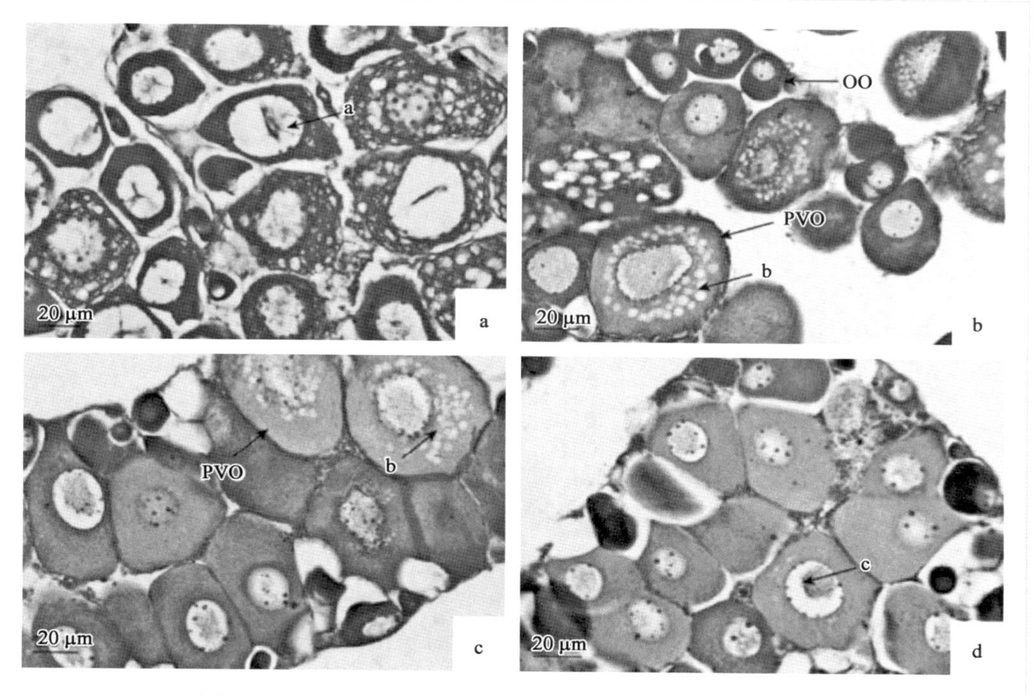


**图 6-3-2　水温对金钱鱼卵巢发育的影响(张敏智等,2013)**

a. 实验前(0 周),箭头 a 示染色质;b. 23℃ 组实验 6 周,示初级卵母细胞(OO)和卵黄生成前卵母细胞(PVO),箭头 b 示油滴;c. 26℃ 组实验 6 周,示卵黄生成前卵母细胞(PVO),箭头 b 示油滴;d. 29℃ 组实验 6 周,箭头 c 示核仁

盐度的水来激活精子。结果显示,金钱鱼雄性亲鱼在盐度 20、25 和 30 条件下,激活盐度为 5 和 10 时,其精子均不能被激活;金钱鱼雄性亲鱼培育盐度为 25 和 30 时,其精子激烈运动时间均长于亲鱼培育盐度为 20 时,有时甚至达到显著性差异。金钱鱼精子激烈运动时间最长的 3 个组分别为亲鱼培育盐度为 30、激活盐度为 20,以及亲鱼培育盐度为 25、激活盐度为 25 和 20,其激烈运动时间分别为 3.01 min±0.43 min>2.92 min±0.31 min>2.75 min±0.38 min。当激活盐度为 20,亲鱼培育盐度为 25 和 30 时,金钱鱼精子激烈运动时间分别为 2.75 min±0.38 min 和 3.01 min±0.43 min,无显著性差异($P>0.05$)(图 6-3-3,A)。金钱鱼雄性亲鱼培育盐度为 25 和 30 时,其精子寿命均长于亲鱼培育盐度为 20 时,当激活盐度在 15～30 时,达到显著性差异($P<0.05$)。当金钱鱼雄性亲鱼培育盐度为 30、激活盐度为 20 时,金钱鱼精子寿命最长(30.09 min±1.50 min),其次依次为激活盐度为 25、金钱鱼雄性亲鱼培育盐度为 25 和 30,精子寿命分别为 21.52 min±1.65 min 和 19.55 min±1.50 min,且两者无显著性差异($P>0.05$)(图 6-3-3,

B)。研究表明,金钱鱼雄性亲鱼培育适宜盐度范围为 25～30;精子激活最佳盐度范围为 20～25。

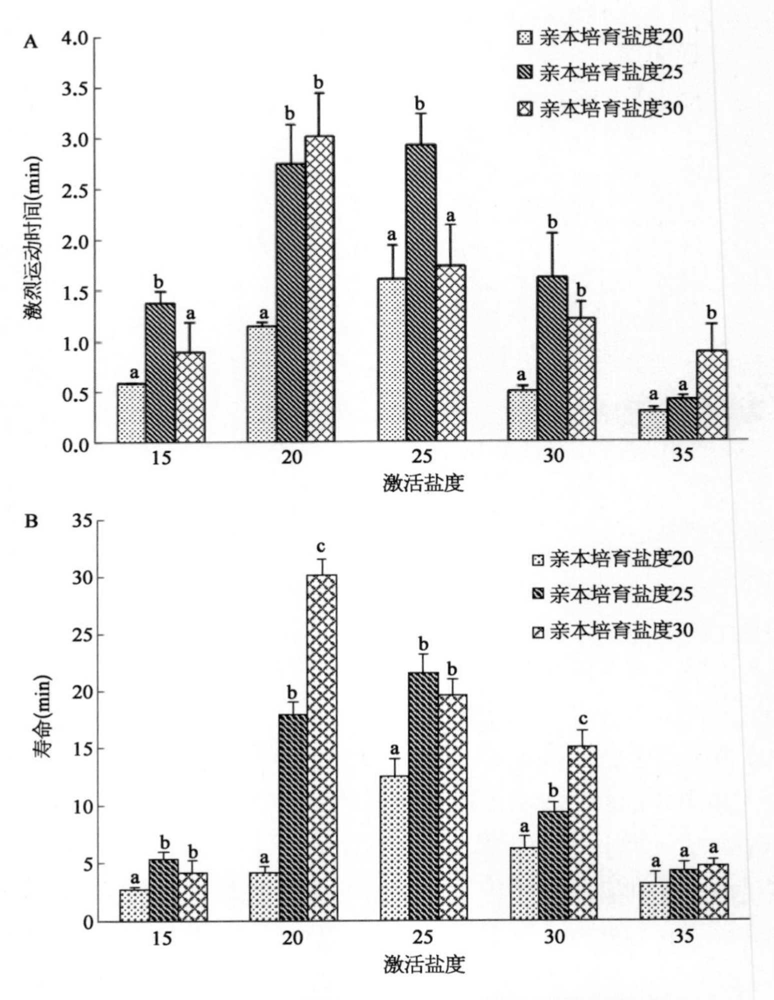


图 6-3-3 金钱鱼的精子在各盐度激活下激烈运动时间(A)和寿命(B)的差异比较(蒋飞等,2021)

# 第四节 苗 种 培 育

自 2011 年起,上海市水产研究所开展金钱鱼的苗种培育工作,经多年的技术优化，通过对金钱鱼鱼苗培育期间饵料的筛选，逐步建立了金钱鱼仔稚鱼饵料序列和投喂方法，解决了金钱鱼苗种开口技术难题；确定了金钱鱼仔稚鱼培育水环境技术参数，采用控温调盐技术提高了仔稚鱼生长效率和培育成活率，填补了金钱鱼苗种人工培育领域的空白。

## 一、布卵

当胚胎发育到原肠期后，放入室内苗种培育池。培育池面积为 18～20 $m^2$，水深 1.0 m。池内均匀布置散气石，密度为 1.5～2.0 个/$m^2$，散气石离池边距离不大于 20 cm，离池角距离不大于 30 cm，连续充气呈微沸腾状，泛起水花范围可覆盖至池角。苗种培育池布受精卵水位为 1/4 水深，布受精卵用水为同温同盐的绿藻水，透明度为 30～40 cm，布卵密度为 7 500～10 000 粒/$m^3$。水温控制在 28～30℃，盐度为 20～25，溶解氧保持在 6 mg/L 以上，一般布卵 12 h 后开始出膜。

## 二、饵料系列与投喂方法

刚孵化出的金钱鱼仔鱼主要依靠体内卵黄囊作为内源性营养。3～4 d 后，卵黄囊逐渐消耗殆尽，需要及时投喂外源生物饵料来满足仔鱼的营养需求。上海市水产研究所建立了 2 套金钱鱼早期发育各阶段的饵料系列，分别为鲜活饵料系列：轮虫-卤虫幼体-淡水枝角类；混合饵料系列：轮虫、蛋黄-卤虫幼体-淡水枝角类-鳗鱼粉状配合饲料。同时，经多年的技术优化，形成了适合金钱鱼育苗各阶段混合饵料系列及投喂方法，具体如下。

3～6 d：3～4 d 时开口，轮虫经 100 目筛绢网过筛后投喂，每天投喂 6 次，维持密度为 4～6 个/mL。同时，用蒸煮后的鸡蛋黄经 100 目筛绢网搓揉后辅助投喂，每次投喂量为 0.8～1.0 g/$m^3$，每天投喂 2 次，上、下午投喂，时间分别在投喂轮虫之前。

7～10 d：投喂经 80 目筛绢网过筛后的轮虫，上、下午各投喂 3 次，密度为 3～5 个/mL。

11～20 d：在轮虫投喂的基础上，增加投喂 80 目筛绢网过筛后的卤虫无节幼体，早晨和中午各投喂 1 次，密度为 1～2 个/mL。

21～29 d：投喂经 60 目筛绢网过筛的卤虫无节幼体，早晨和中午各投喂 1 次，密度为 2～3 个/mL；经 40～60 目筛绢网过筛的桡足类和枝角类，每天上、下午各投喂 2 次，密度为 3～5 个/mL。

30 d：开始引食配合饲料。可将鳗鱼粉状配合饲料加水揉成长条黏附在长 8～10 cm 的竹签上悬挂于水中，吸引鱼苗集群过来摄食。

## 三、水温与盐度调控

### 1. 水温控制

鱼苗 0～20 d 时，水温控制在 29℃；21～30 d 后，水温逐渐降低至 26℃。后续隔天换水 1/3～1/2，直至自然水温。

### 2. 盐度控制

苗种培育用水采用浓缩海水（波美度 11～12）、当地自然海水（盐度 7～10）和当地河水（盐度 0.5～2）调配而成。鱼苗 0～20 d 时，盐度为 25；20 d 后开始降盐培育，隔天降盐 1 次，每次降盐处理 2 h，盐度降低速率为 1.5～2.0/h，直至盐度为 5。

## 四、日常管理

日常管理主要包括吸污、换水、分池和出苗计数。

### 1. 清底

水温控制在 29℃的条件下，6～7 d 开始第 1 次吸污清底（图 6-4-1），以后每天都要吸污。吸污前移出散气石，培育池水静置 7～9 min 后采用虹吸法吸除池底污物。吸污框网目为 80 目，8～20 d 吸污框网目改为 60 目，20 d 后吸污框网目改为 40 目。将吸出的污物和极少量的鱼苗带水舀入白搪瓷盆内，然后再将分离出的活鱼苗舀回育苗池内。

图 6-4-1 吸污

### 2. 换水

布卵后每天补充 1/4 同温同盐的绿藻水，3 d 后达到满水位，透明度为 25～35 cm。吸污当天换水 1/2，以后隔天换水 1/3～1/2，换水时用 25 mg/L 高锰酸钾溶液擦洗池壁上口 1/3～1/2 处。10 d 前换水框为 80 目，10～25 d 换水框为 60 目，25 d 后换水框为 40 目。

### 3. 分池

鱼苗 15 d 以上可进行分池倒池，一般第 1 次为 15 d 左右，第 2 次分池倒池时间为 25～30 d，具体时间可根据鱼苗摄食、死亡情况、残饵以及培育池中出现敌害生物数量而定。分池倒池时，先用虹吸管放入 60 目换水框中抽水，水位降至 35 cm 左右后用 60 目筛绢网拉网(图 6-4-2)，起网后用白瓷盆将鱼苗带水转移至预先调配好的同温同盐的水池中。

图 6-4-2　分池拉网

## 五、出苗计数

目前，金钱鱼常采用的出苗计数方式有 2 种。第 1 种为“打杯”法(图 6-4-3，A)，就是把金钱鱼苗集入网箱中，然后用小型密网圆漏斗来捞，记录漏斗数，然后乘以随机抽样漏斗(2～3 次)的平均数就是总的鱼苗数量。第 2 种为人工数苗法(图 6-4-3，B)，此法比较原始和繁琐，但是准确度比较高。

**图 6-4-3　金钱鱼苗种计数**

A. “打杯”法；B. 人工数苗法

## 典 型 案 例

上海市水产研究所奉贤科研基地于 2017 年 5—6 月，采用 $3^+$ 龄金钱鱼亲鱼分 3 批共催产雌性亲鱼 41 尾，28 尾催产成功，催产率为 68.3%，经人工授精，获得受精卵 92 万粒，受精率为 65.7%；受精卵室内分段式孵化获得初孵仔鱼 78.0 万尾，孵化率为 84.8%，随机选取了 18 万尾初孵仔鱼开展的室内水泥池苗种培育技术研究，经 15 d 培育，获得全长 0.6 cm 的早期稚鱼 11.5 万尾，成活率 63.9%；继续开展鱼苗培育，获得全长 1.3 cm、体色转变期的 30 日龄鱼苗 8.5 万尾，成活率 73.9%。

## 六、影响幼鱼生长发育的主要环境因子

影响鱼类幼鱼生长发育的主要环境因子主要有水温、盐度、pH、溶解氧和光照等。下面根据近年来对金钱鱼幼鱼的相关研究报道，分述水温、盐度、pH 和常用药物等对金钱鱼幼鱼生长和存活的影响。

**1. 水温**

上海市水产研究所开展了不同水温对金钱鱼幼鱼耗氧率、排氨率和窒息点影响的试验，研究确定了金钱鱼幼鱼适宜水温范围为 15～30℃，最适水温范围为 20～30℃（蒋飞等，2022）。

挑选健康无病、规格整齐、体重为（8.84±0.32）g/尾的金钱鱼幼鱼 125 尾，根据试验设计进行分组后暂养于 150 L 的圆缸中。设置 15℃、20℃、25℃、30℃、35℃

共 5 个水温组，每组设 3 个重复，每个重复 4 尾金钱鱼幼鱼。在试验开始前，将水温通过水浴的方式以每天 1℃的速度升高至 5 个试验水温，并在试验水温下暂养 1 周，每天投喂饲料，正式试验开始前停饲 24 h。试验在 3 L 的三角锥形瓶中进行。

水温在 15～30℃范围内，金钱鱼幼鱼的耗氧率和排氨率均随着水温的升高而增加，说明 15～30℃在金钱鱼幼鱼生长的适温范围内；而在 30～35℃时，随着水温的上升，金钱鱼幼鱼的耗氧率和排氨率均呈现下降趋势，说明 35℃可能已经超出金钱鱼幼鱼生长的适温范围(图 6－4－4)。

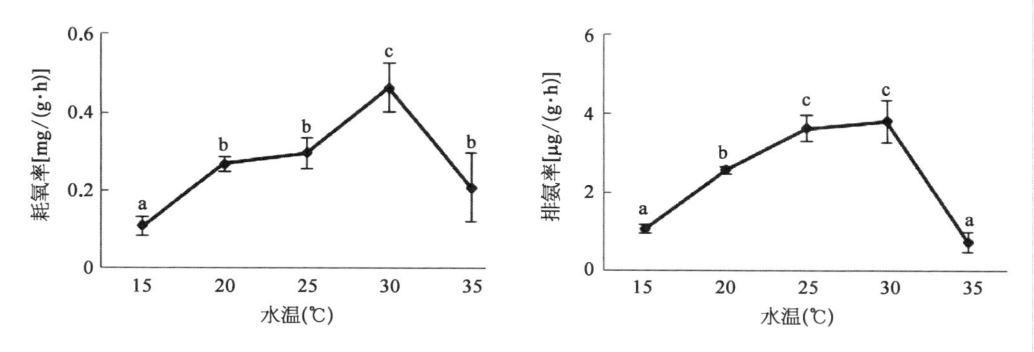


**图 6－4－4　不同养殖水温下金钱鱼幼鱼的耗氧率和排氨率(蒋飞等，2022)**

注：不同小写字母表示组间差异显著($P<0.05$)。下同。

水温在 15～30℃范围内，金钱鱼幼鱼窒息点随着水温上升而升高，在金钱鱼幼鱼培育过程中，尤其是高温季节，要密切关注水中溶解氧的情况，同时在其运输过程中需要适当降低运输水温，保证水体溶解氧含量，避免因缺氧而造成损失(图 6－4－5)。

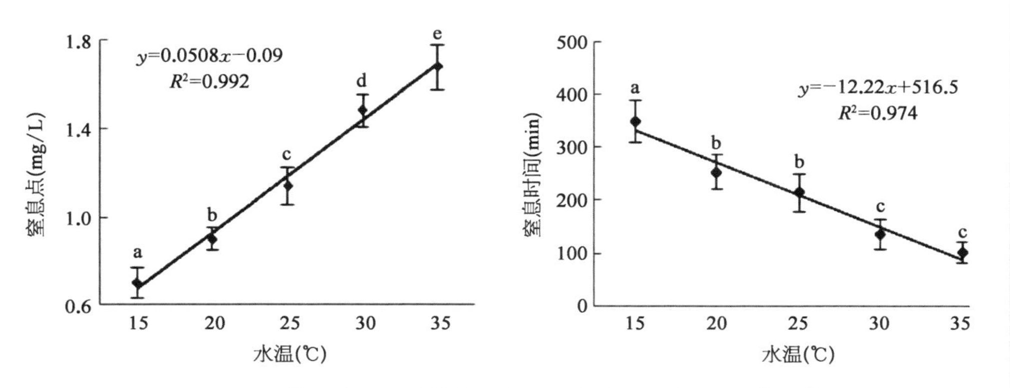


**图 6－4－5　不同养殖水温下金钱鱼幼鱼的窒息点和窒息时间(蒋飞等，2022)**

当水温由15℃升高至20℃时，金钱鱼幼鱼的呼吸代谢率较大，其 $Q_{10}$ 值已达6.13(表6-4-1)；当水温由30℃升至35℃时，金钱鱼幼鱼对水温变化的敏感度下降，此时呼吸代谢水平出现下降，其 $Q_{10}$ 值降至最低(0.20)，小于1，则说明水温已经接近其生存上限。排泄 $Q_{10}$ 值随着水温的升高而降低，其数值由5.79下降至0.04，可见水温对金钱鱼幼鱼代谢的影响降低。在金钱鱼幼鱼的适温范围内，20～25℃的呼吸 $Q_{10}$ 值为1.22，25～30℃的排泄 $Q_{10}$ 值为1.10，可见金钱鱼幼鱼的最适水温范围为20～30℃。

表6-4-1　不同养殖水温下金钱鱼幼鱼呼吸和排泄的温度系数($Q_{10}$ 值)(蒋飞等，2022)

| 水温(℃) | 温度系数($Q_{10}$) | |
|---|---|---|
| | 呼　吸 | 排　泄 |
| 15～20 | 6.13 | 5.79 |
| 20～25 | 1.22 | 2.02 |
| 25～30 | 2.45 | 1.10 |
| 30～35 | 0.20 | 0.04 |
| 均值 | 2.50 | 2.23 |

另外，杨世平等(2014)采用金钱鱼幼鱼(20.00 mm±2.30 mm，0.50 g±0.17 g)进行水温突变试验，发现金钱鱼幼鱼耐受水温范围为16～39℃，最高和最低起始致死温度分别为40℃和15℃。宋郁等(2012)采用人工降温胁迫法，探讨金钱鱼幼鱼(5.09 cm±0.10 cm，6.95 g±0.34 g)对低温胁迫的耐受性，研究表明，金钱鱼低温半致死水温为12.2℃，低温致死水温为11.0℃，且在14℃即停止摄食。

**2. 盐度**

上海市水产研究所开展了不同盐度对金钱鱼幼鱼排氨、耗氧以及内脏团消化酶和抗氧化酶活性影响等研究(Xu等，2020；刘永士等，2020)。

金钱鱼幼鱼(3.30 cm±0.03 cm，2.00 g±0.08 g)在盐度5～35条件下培育70 d的存活率均较高(>94%)，且各盐度组间(5、10、20、30和35)无显著差异，证实了金钱鱼幼鱼具有广盐性。盐度5的体重回归方程斜率最大，随着盐度从10增加到35，其斜率逐渐减小，说明低盐度组幼鱼的体重增加速度快于高盐度组(表6-4-2)(Xu等，2020)。

表 6-4-2　金钱鱼幼鱼体长和体重与养殖盐度的回归分析(Xu 等,2020)

| 盐度 | 体　长 | | | 体　重 | | |
|---|---|---|---|---|---|---|
| | 回归方程 | $R^2$ | $P$ | 回归方程 | $R^2$ | $P$ |
| 5 | $L=0.0333t+3.2977$ | 0.9996 | <0.01 | $W=0.1137t+1.6243$ | 0.9941 | <0.01 |
| 10 | $L=0.0314t+3.4198$ | 0.9948 | <0.01 | $W=0.1054t+2.0945$ | 0.9995 | <0.01 |
| 20 | $L=0.0319t+3.3779$ | 0.9998 | <0.01 | $W=0.1109t+1.8767$ | 0.9944 | <0.01 |
| 30 | $L=0.0310t+3.3475$ | 0.9982 | <0.01 | $W=0.1070t+1.7901$ | 0.9952 | <0.01 |
| 35 | $L=0.0314t+3.2830$ | 0.9997 | <0.01 | $W=0.1037t+1.7354$ | 0.9940 | <0.01 |

注：持续时间为 70 d;温度为 24.4℃ ±0.4℃;$L$ 为体长;$W$ 为体重;$t$ 为养殖时间。

氧∶氮(O∶N)比值随着盐度的增加从 5.6 增加到 19.3(表 6-4-3)。O∶N 比值的变化趋势说明金钱鱼能适应高盐度。由于耗氧率不受盐度变化的影响,O∶N 比值变化的原因是排氨率随着盐度的增加而减小。因此,认为在低盐度条件下,金钱鱼幼鱼不受胁迫(Xu 等,2020)。

表 6-4-3　不同盐度下金钱鱼幼鱼的耗氧率、排氨率和 O∶N(Xu 等,2020)

| 盐　度 | 耗氧率[mg/(g·h)] | 排氨率[mg/(g·h)] | O∶N |
|---|---|---|---|
| 5 | 0.33±0.004 | 0.06±0.013[a] | 5.6 |
| 10 | 0.32±0.019 | 0.05±0.017[bc] | 6.2 |
| 20 | 0.32±0.039 | 0.05±0.025[abc] | 6.7 |
| 30 | 0.34±0.010 | 0.02±0.012[bc] | 15.4 |
| 35 | 0.36±0.041 | 0.02±0.003[c] | 19.3 |

注：数据以平均值(SE)表示。同一列中不同字母的平均值有显著性差异($P<0.05$)。

盐度对金钱鱼幼鱼内脏团消化酶(脂肪酶除外)和 3 种抗氧化酶活性的影响显著($P<0.05$)。胃蛋白酶、胰蛋白酶和淀粉酶活性均随盐度的升高而降低($P<0.05$);脂肪酶活性随盐度升高变化不显著($P>0.05$)(图 6-4-6)。超氧化物歧化酶 SOD 和谷胱甘肽过氧化物酶 GSH-PX 的活性随盐度升高而降低($P<0.05$);盐度 5 和 30 时,过氧化氢酶 CAT 活性最高(图 6-4-7)(刘永士等,2020)。

因此,在盐度 5～35 范围内,盐度对金钱鱼幼鱼存活率和耗氧率的影响不显

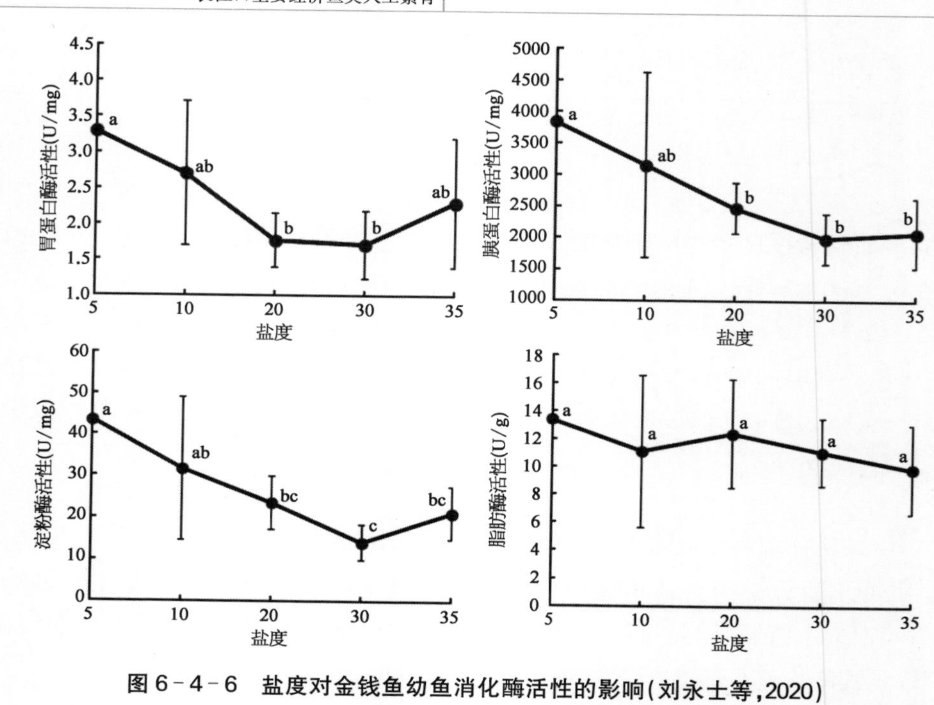


图 6-4-6 盐度对金钱鱼幼鱼消化酶活性的影响(刘永士等,2020)

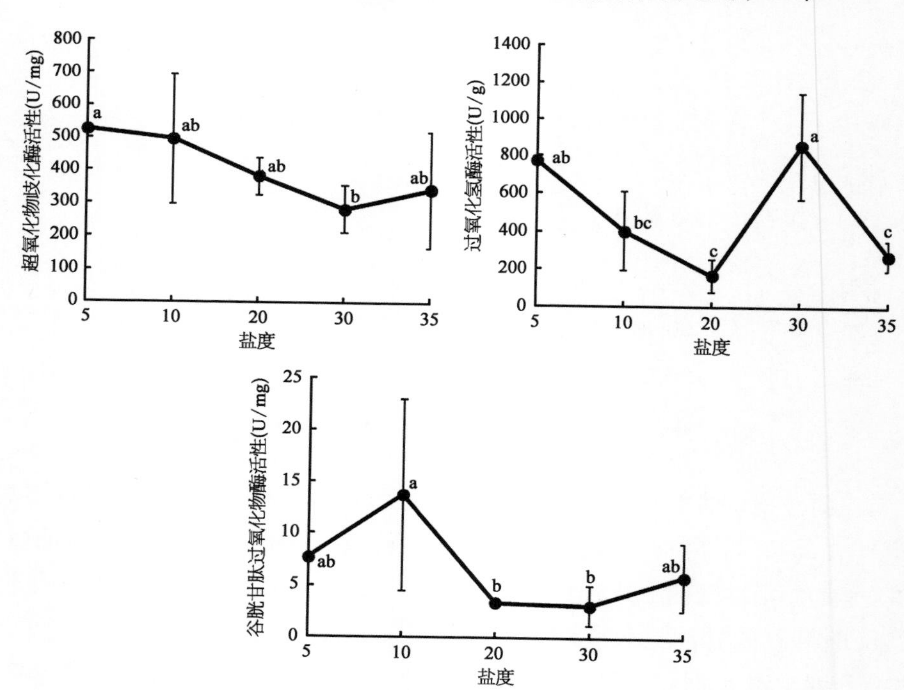


图 6-4-7 盐度对金钱鱼幼鱼抗氧化酶活性的影响(刘永士等,2020)

著，但对其生长、排氨率和体成分有显著影响，同时研究确定了盐度 5～35 为金钱鱼幼鱼培育的适宜盐度范围，最佳培育盐度为 5。

另外，与较高盐度(25～30)相比，较低盐度(5～20)更适合稚鱼生长(Mookkan 等，2014)；杨世平等(2014)采用金钱鱼幼鱼(20.00 mm±2.30 mm，0.50 g±0.17 g)进行盐度突变实验，研究确定了金钱鱼幼鱼耐受盐度范围为 0～50，最高起始致死盐度为 54。

**3. pH**

pH 过高或过低都会影响鱼类的生长和存活，尤其是幼鱼。杨世平等(2014)采用金钱鱼幼鱼(20.00 mm±2.30 mm，0.50 g±0.17 g)进行 pH 突变实验，研究确定了金钱鱼幼鱼耐受 pH 范围为 5.0～9.7，最高和最低起始致死 pH 分别为 9.9 和 4.4。

**4. 常用药物**

随着金钱鱼养殖业的发展，对其进行细菌性和寄生虫疾病防治的研究也迫在眉睫。上海市水产研究所(邓平平等，2018)研究了甲醛溶液、敌百虫和二氧化氯对金钱鱼幼鱼的安全浓度。甲醛溶液对金钱鱼幼鱼(体长 3.25 cm，体重 3.19 g)的 24 h、48 h 半致死浓度(24 $hTL_{50}$、48 $hTL_{50}$)和安全浓度分别为 213.26 mg/L、183.23 mg/L、40.58 mg/L；敌百虫对金钱鱼幼鱼的 24 $hTL_{50}$、48 $hTL_{50}$ 和安全浓度分别为 1.46 mg/L、1.15 mg/L、0.22 mg/L；二氧化氯对金钱鱼幼鱼的 24 $hTL_{50}$、48 $hTL_{50}$ 和安全浓度分别为 18.30 mg/L、18.05 mg/L、5.27 mg/L(表 6-4-4)。金钱鱼幼鱼对甲醛溶液、敌百虫和二氧化氯的敏感性由大到小依次为敌百虫、二氧化氯和甲醛溶液。

表 6-4-4　3 种药物半致死浓度和安全浓度(邓平平等，2018)

| 药　物 | 半致死浓度(mg/L) | | | 安全浓度(mg/L) |
|---|---|---|---|---|
| | 24 h | 48 h | 96 h | |
| 甲醛溶液 | 213.26 | 183.23 | 167.38 | 40.58 |
| 敌百虫 | 1.46 | 1.15 | 1.09 | 0.22 |
| 二氧化氯 | 18.30 | 18.05 | 17.99 | 5.27 |

(1) 甲醛溶液

在水温 24.2～25.7℃条件下，质量浓度 385.71 mg/L 组，金钱鱼幼鱼游动缓慢,40 min 出现撞壁现象,1 h 开始死亡,2 h 死亡率达 40%,3 h 死亡率可达 70%,24 h 的死亡率为 100%;质量浓度 215.44 mg/L 组,24 h 的死亡率为 46.67%,48 h 的死亡率为 66.67%,96 h 的死亡率为 76.67%;质量浓度 120.00 mg/L 组,24 h 的死亡率为 1.67%,48 h 的死亡率为 13.33%,96 h 的为 16.67%;质量浓度为 89.62 mg/L 组,幼鱼无死亡现象(表 6-4-5)。

表 6-4-5 甲醛溶液对金钱幼鱼的急性毒性(邓平平等,2018)

| 质量浓度(mg/L) | 死亡率(%) | | |
|---|---|---|---|
| | 24 h | 48 h | 96 h |
| 385.71 | 100 | 100 | 100 |
| 288.13 | 95 | 98.33 | 100 |
| 215.14 | 46.67 | 66.67 | 76.67 |
| 160.68 | 10.00 | 26.67 | 41.67 |
| 120 | 1.67 | 13.33 | 16.67 |
| 89.62 | 0 | 0 | 0 |
| 0 | 0 | 0 | 0 |

(2) 敌百虫

水温 25.6~26.8℃条件下,质量浓度 5.60 mg/L 组,幼鱼试验 30 min 时开始游动减慢,用玻璃棒刺激鱼体反应迟钝、有中毒症状,1.5 h 开始死亡,24 h 死亡率达 100%;3.15 mg/L 组,1 h 后幼鱼由正常状态开始出现上浮,3 h 开始死亡,24 h 死亡率为 86.67%;1.00 mg/L 组,24 h 死亡率为 30.00%,48 h 死亡率为 43.33%,96 h 死亡率为 45.00%;0.32 mg/L 组无死亡现象(表 6-4-6)。

表 6-4-6 敌百虫溶液对金钱幼鱼的急性毒性(邓平平等,2018)

| 质量浓度(mg/L) | 死亡率(%) | | |
|---|---|---|---|
| | 24 h | 48 h | 96 h |
| 5.60 | 100 | 100 | 100 |
| 3.15 | 86.67 | 95.00 | 96.67 |
| 1.77 | 61.66 | 75.00 | 80.00 |
| 1.00 | 30.00 | 43.33 | 45.00 |

续 表

| 质量浓度(mg/L) | 死亡率(%) | | |
|---|---|---|---|
| | 24 h | 48 h | 96 h |
| 0.56 | 5.00 | 11.67 | 13.33 |
| 0.32 | 0 | 0 | 0 |
| 0 | 0 | 0 | 0 |

（3）二氧化氯

水温26.5～27.6℃条件下，质量浓度21.48 mg/L组，试验20 min后幼鱼集体在水体上层吞吐水花、游动缓慢，1 h后开始陆续死亡，24 h死亡率100%；18.54 mg/L组，24 h时死亡率为53.33%；16.81 mg/L组无死亡现象（表6-4-7）；48 h和96 h各浓度组死亡率均较稳定。

表6-4-7 二氧化氯溶液对金钱幼鱼的急性毒性(邓平平等,2018)

| 质量浓度(mg/L) | 死亡率(%) | | |
|---|---|---|---|
| | 24 h | 48 h | 96 h |
| 21.48 | 100 | 100 | 100 |
| 20.45 | 83.33 | 91.67 | 91.67 |
| 19.47 | 76.67 | 80.00 | 81.67 |
| 18.54 | 53.33 | 60.00 | 63.33 |
| 17.56 | 40.00 | 48.33 | 50.00 |
| 16.81 | 0 | 0 | 0 |
| 0 | 0 | 0 | 0 |

## 参考文献

Chen H P, Deng S P, Dai M L, et al. 2016. Molecular cloning, characterization, and expression profiles of androgen receptors in spotted scat (*Scatophagus argus*). Genetics and Molecular Research, 15(2): 1-14.

Froese R, Pauly D. 1995. Fishbase: A Biology Database on Fish. Malila: International Center for Living Aquatic Resources Management.

Ghafari S M, Jamili S, Bagheri K P, et al. 2013. The first report on some toxic effects of green scat, *Scatophagus argus* an Iranian Persian Gulf venomous fish. Toxicon,

66：82－87.

Gupta S. 2016. An overview on morphology，biology，and culture of spotted scat *Scatophagus argus* （Linnaeus 1766）. Reviews in Fisheries Science and Aquaculture，24(2)：203－212.

Lin X Z，Tian C X，Huang Y，et al. 2021. Comparative transcriptome analysis identifies candidate genes related to black-spotted pattern formation in spotted scat (*Scatophagus argus*). Animals，11(3)：765.

Mookkan M，Muniyandi K，Rengasamyt T A，et al. 2014. Influence of salinity on survival and growth of early juveniles of spotted scat *Scatophagus argus* (Linnaeus，1766). Indian Journal of Innovations and Developments，3(2)：23－29.

Rajaguru S，Ramachandran S. 2001. Temperature tolerance of some estuarine fishes. Journal of Thermal Biology，26：41－45.

Sivan G，Radhakrishnan C K. 2011. Food，feeding habits and biochemical composition of *Scatophagus argus*. Turkish Journal of Fisheries Aquatic Sciences，11(4)：603－608.

Sivan G，Venketesvaran K，Radhakrishnan C K. 2007. Biological and biochemical properties of *Scatophagus argus* venom. Toxicon，50(4)：563－571.

Xu J B，Shui C，Shi Y H，et al. 2020. Effect of salinity on survival，growth，body composition，oxygen consumption，and ammonia excretion of juvenile spotted scat. North American Journal of Aquaculture，82：54－62.

Yang W，Wang Y R，Jiang D N，et al. 2020. ddRADseq-assisted construction of a high-density SNP genetic map and QTL fine mapping for growth-related traits in the spotted scat (*Scatophagus argus*). BMC Genomics，21：278.

蔡泽平，胡家玮，王毅. 2014. 金钱鱼早期发育的观察. 热带海洋学报，33(4)：20－25.

蔡泽平，王毅，胡家玮，等. 2010. 金钱鱼繁殖生物学及诱导产卵试验. 热带海洋学报，29(5)：180－185.

崔丹，刘志伟，刘南希，等. 2013. 金钱鱼性腺发育及其组织结构观察. 水产学报，37(5)：696－704.

邓平平，施永海，徐嘉波，等. 2018. 3 种药物对金钱鱼幼鱼的急性毒性. 广东海洋大学学报，38(5)：83－86.

邓平平，施永海，徐嘉波，等. 2021. 金钱鱼仔稚鱼脊柱及附肢骨骼系统早期发育研究. 水产科学，40(4)：596－602.

胡振雄，何学军，刘利平. 2013. 对虾-金钱鱼-蕹菜综合养殖的产出效果和氮磷利用的研究. 上海海洋大学学报，22(5)：713－719.

黄宗国. 1994. 中国海洋生物种类与分布. 北京：海洋出版社.

蒋飞，徐嘉波，施永海，等. 2021. 不同激活盐度对 3 个盐度培育下金钱鱼精子活力的影响. 江苏海洋大学学报(自然科学版)，30(1)：7－11.

蒋飞，徐嘉波，施永海. 2022. 养殖水温对金钱鱼幼鱼耗氧率、排氨率和窒息点的影响. 西北农林科技大学学报(自然科学版)，50(1)：36－42＋51.

兰国宝，阎冰，廖思明，等. 2005. 金钱鱼生物学研究及回顾. 水产科学，24(7)：39－41.

李加儿，区又君，刘匆. 2007. 黄斑篮子鱼和金钱鱼鳃的扫描电镜观察. 动物学杂志，42(4)：89－94.

林财. 2009. 金钱鱼、长毛对虾、锯缘青蟹、缢蛏立体生态养殖试验. 河北渔业，186(6)：24－26.

林晓展. 2021. 金钱鱼(*Scatophagus argus*)体色发育过程及黑斑的转录组学研究. 广东海洋大学.

刘永士，徐嘉波，施永海，等. 2020. 盐度对金钱鱼幼鱼消化酶和抗氧化酶活性的影响. 水产科技情报，47(4)：181－185.

陆根海，徐嘉波，施永海，等. 2016. 一种金钱鱼与罗氏沼虾套养的越冬模式：中国，CN105557601B.

马胜伟，沈盎绿，沈新强. 2005. 水温对不同鱼类的急性致死效应. 海洋渔业，27(4)：298－303.

盘润洪，骆明飞. 2008. 金钱鱼池塘淡化养殖试验. 海洋与渔业，8：43－44.

施永海，张根玉，张海明，等. 2015. 金钱鱼肌肉营养成分的分析和评价. 食品工业科技，36(6)：346－350.

石琼，范明君，张勇，等. 2013. 中国经济鱼类志. 武汉：华中科技大学出版社.

宋郁，苏冒亮，刘南希，等. 2012. 金钱鱼幼鱼低温耐受能力和饵料营养需求的研究. 上海海洋大学学报，21(5)：715－719.

孙雪娜，刘鉴毅，冯广朋，等. 2020. 金钱鱼繁殖生物学研究进展. 水产科技情报，47(5)：283－288.

王耀嵘. 2020. 金钱鱼(*Scatophagus argus*)微卫星标记的开发及群体遗传学研究. 广东海洋大学.

徐嘉波，施永海，税春，等. 2016b. 一种金钱鱼和罗氏沼虾的陆基大棚水泥池混养方法：中国，CN106538430B.

徐嘉波，施永海，谢永德，等. 2016a. 池塘养殖金钱鱼的胚胎发育及胚后发育观察. 安徽农业大学学报，43(5)：716－721.

杨尉，陈华谱，江东能，等. 2018. 金钱鱼生物学及繁养殖技术研究进展. 生物学杂志，35(5)：104－108.

杨世平，杨丽专，陈兆明，等. 2014. 盐度、pH 和温度对金钱鱼幼鱼存活的影响. 安徽农业科学，42(27)：9386－9389.

张邦杰，梁仁杰，毛大宁，等. 1999. 金钱鱼的生长特性与咸水池塘驯养. 现代渔业信息，

14(10)：8-12+15.
张敏智.2013.温度和鱼油含量对金钱鱼卵巢发育及相关基因表达的影响.广东海洋大学.
张庆华,马文元,陈彪,等.2016.嗜水气单胞菌引致的金钱鱼细菌性疾病.水产学报,40(4)：634-643.

# 第七章

# 褐菖鲉

## 第一节 概　　述

### 一、分类地位

褐菖鲉(*Sebastiscus marmoratus*)隶属硬骨鱼纲(Osteichthyes)、辐鳍鱼亚纲(Actinopterygii)、鲈形总目(Percomorpha)、鲉形目(Scorpaeniformes)、鲉科(Scorpaenidae)、菖鲉属(*Sebastiscus*)(Nakabo,2013)。

褐菖鲉俗称石头鲈、石虎、石九公、虎头鱼,是一种暖温性底层卵胎生鱼类,喜栖息于近海岩礁海区。褐菖鲉主要分布于西北太平洋中部和南部沿海的暖水地带,在我国沿海均有分布,且在东海南部、南海海域分布较多(陈大刚和张美昭,2015)。

### 二、产业现状

褐菖鲉味道鲜美,肉质细腻而富有弹性,营养价值丰富,经济价值高,是一种颇受欢迎的经济性小型鱼类,在高档的宾馆和酒店比较热销(陈大刚和张美昭,2015)。褐菖鲉作为名贵食用鱼类和游钓鱼类,其增养殖技术研发在日本和韩国一直受到广泛关注,从 20 世纪 70 年代开始,日本就开展了褐菖鲉苗种生产和放流技术的研究,日本长崎县更是从 1997 年就开展了褐菖鲉海面网箱养殖试验(杜佳垠,

2005)。我国关于褐菖鲉的研究起步较晚，从20世纪90年代起陆续有关于褐菖鲉苗种生产(陈爱平，1995；钱昶等，2010；吴常文等，2011；严银龙等，2018a；严银龙等，2020a；严银龙等，2020b)和人工养殖(杜佳垠，2005；陈舜等，2008；林国文等，2010；刘永士等，2020)的报道出现，但褐菖鲉产业发展因受到苗种缺乏、养殖周期长、养殖模式不成熟等条件限制，产业规模较小。下面根据已有的文献报道，结合上海市水产研究所的研究成果，对褐菖鲉的产业现状进行介绍。

**1. 人工繁育现状**

日本开展褐菖鲉人工繁育工作较早，1975—1993年，日本山口县每年培育褐菖鲉苗种稳定在10万余尾，1993年之后每年可达35万尾(桶屋幸司，1998)。韩国的褐菖鲉苗种生产从1996年开始，苗种年生产量可达10万尾(杜佳垠，2005)。虽然我国从20世纪90年代开始有科研工作者陆续研究褐菖鲉人工育苗技术，但褐菖鲉苗种规模化全人工繁育工作进展缓慢，直至2015年，上海市水产研究所突破了褐菖鲉苗种培育技术难关，在室内水泥池经过50～65 d的苗种培育，获得3～4 cm褐菖鲉幼鱼1.3万尾，之后的2016年、2017年、2018年分别获得3～4 cm褐菖鲉幼鱼2.1万、8.5万和26.1万尾(严银龙等，2018a)，成功实现了褐菖鲉苗种规模化全人工繁育。

**2. 人工养殖现状**

我国褐菖鲉人工养殖的规模较小，见诸报端的主要集中在浙江(陈舜等，2008)和福建沿海(林国文等，2010)，养殖方式为网箱养殖。此外，上海市水产研究所开展了褐菖鲉的室内水泥池养殖(刘永士等，2020)。上述褐菖鲉人工养殖模式处于研究阶段，均未形成规模化养殖效益。

(1) 网箱养殖(陈舜等，2008；林国文等，2010)

褐菖鲉生长缓慢，在浙江南麂岛海域网箱中放养自然海区捕获的褐菖鲉苗种(0.9 g)，养殖787 d(约2年)为112.3 g，方达到上市规格(100 g以上)，总养殖成活率为20.1%，平均日增体重0.142 g，平均日增体重率为0.62%。为了提高养殖褐菖鲉网箱经济效益、缩短养殖周期，可通过放养大规格野生笼捕褐菖鲉鱼种(23～60 g/尾)，经8～13个月自然海域网箱养殖达到上市规格。比较褐菖鲉单养与混养模式的养殖效果发现，养殖褐菖鲉网箱中混养鮸状黄姑鱼或大黄鱼，褐菖鲉的成活率及增重率要明显高于单养；但混养鲈鱼的网箱中，经过2个月的养殖，褐菖鲉被全部摄食。以上说明褐菖鲉混养模式是切实可行的养殖模式，但混养品种不宜选择凶猛性鱼类。此外，通过在网箱底部放入大型活体藻类(如石莼等)，有助于褐菖鲉度过高温季节。

（2）水泥池养殖

上海市水产研究所自 2011 年初次引进野生褐菖鲉成鱼进行室内水泥池驯养（严银龙等，2018a），之后即开展了褐菖鲉室内水泥池养殖模式的研究，具体包括褐菖鲉幼鱼盐度、饵料驯化、1 龄鱼种养殖、越冬培育和 2 龄鱼种养殖等操作步骤（刘永士等，2020），尽管褐菖鲉室内水泥池养殖具有较高的养殖密度（30～50 尾/$m^2$）、高养殖成活率（72%～82%）等优势，但鉴于褐菖鲉生长缓慢（养殖约 18 个月，体重 35～70 g），目前水泥池养殖模式更多用于培育优质的褐菖鲉繁育亲鱼，今后可借鉴网箱养殖的经验，通过混养等方式提高褐菖鲉的生长和成活率，从而提高养殖经济效益。

## 三、面临的主要问题

### 1. 苗种培育技术有瓶颈

褐菖鲉养殖所用鱼种主要从自然海区捕获（陈舜等，2008；林国文等，2010），尽管上海市水产研究所成功实现了全人工规模化繁育褐菖鲉苗种（严银龙等，2018a），但要大量获得褐菖鲉苗种仍存在以下问题。首先，需要解决褐菖鲉仔鱼开口饵料的充足且不间断供应，由于褐菖鲉为冬春季产仔，此阶段饵料生物缺乏，尤其是开口饵料更是严重稀缺，虽然上海市水产研究所开发了基于陆基水泥池的轮虫培育方式（严银龙等，2018a；严银龙等，2020b）和基于池塘暖棚的开口饵料生态培育方式（刘永士等，2019）等 2 种开口饵料培育方法，但上述 2 种方法需要一定的硬件支撑，并不适用于所有的繁育场所；其次，褐菖鲉苗种培育过程中，因个体发育、营养需求和个体规格差异等原因，存在 3 个危险期（苗种死亡率较高），分别为鱼苗卵黄囊消耗殆尽阶段（7～10 d）、鳔器官形成阶段（25～29 d）、变态伏底阶段（45～50 d）。

### 2. 养殖水温有局限

褐菖鲉属于暖温性底层鱼类，在室内水泥池养殖过程中发现，当水温低于 13℃时摄食量明显减少，当水温高于 30℃时摄食量也明显减少并伴随死亡率上升（严银龙等，2018b）；在海区网箱中养殖，夏季水温高于 26℃，褐菖鲉易发肠炎、眼睛发白、鳍条溃烂等症状而导致死亡，但其他健康鱼还会摄食，且摄食量不减，摄食越多死亡率越高，少喂或停止投喂死亡数量明显减少（林国文等，2010）。

### 3. 养殖成鱼体色偏暗

野生褐菖鲉体色大多呈红褐色；而养殖的褐菖鲉体色偏暗，呈黑褐色，消费者误以为不同的品种或者认为鱼不健康而导致滞销。

## 四、发展前景与建议

### 1. 应对高温、安全度夏

褐菖鲉对高温的耐受力差，高温季节(水温高于 26℃)易死亡，在海区网箱养殖中发现，高温季节投喂量及摄食量越大死亡越多。因此，在夏季高温季节，可减少投饵量，采取遮阴等方式降低水温，养殖网箱中可放养大型活体藻类(如石莼)，为褐菖鲉提供栖息和遮阴场所，此外可采取淡水浸泡、挂蓝白片、敌百虫、饵料中添加氟哌酸等防治措施，都可提高褐菖鲉度夏的成活率(林国文等，2010)。

### 2. 破解认知误区、迎合消费需求

褐菖鲉的体色根据养殖环境不同会发生变化。有学者认为(陈舜等，2008)，褐菖鲉的体色不同可能是因为鱼体色素细胞对紫外线的反应，表现在浅水区多呈黑褐色、深水区多呈红褐色。消费者在选购的时候偏向选择体色呈红褐色的成鱼，认为更健康、品质更好。针对这一问题，一方面需多加宣传，破解消费者的认知误区；另一方面可通过室内工厂化养殖与海区网箱养殖联动，让其体色自然改变，以迎合市场需求。

### 3. 加强增殖放流、开发海上游钓

褐菖鲉肉味鲜美，经济价值较高，有“假石斑鱼”之称。在我国整个渔业资源衰退的情况下，发展褐菖鲉渔业成为未来渔业的一个选择。另外，褐菖鲉活动范围小，定居性强，故开展褐菖鲉的增殖放流较为可行，回捕率也相对较高。目前，海洋旅游业正日渐成为海洋经济中的朝阳产业，由于褐菖鲉为岛礁性鱼类，色泽鲜艳，上钩率高，是发展海上游钓的理想目标品种。

# 第二节　生物学特性

## 一、形态特征

### 1. 外部形态(图 7-2-1)

体延长，侧扁，近椭圆形。体长为体高的 2.8～3.2 倍，为头长的 2.4～2.7 倍。头长为吻长的 3.3～4.2 倍，为眼径的 4.3～4.7 倍，为眼间距的 6.8～8.3 倍。尾

柄长为尾柄高的 1.1～2.0 倍。头大，头部棘和棱明显。吻圆凸，吻长稍大于眼径。口大，端位，稍斜裂，下颌稍短，上颌骨后缘伸达眼后半部之下方。两颌牙细小，呈绒毛状，排列成牙带。犁骨和颚骨均具绒毛状牙群。舌前段尖，游离。眼较大，上侧位，突出于头背部，距吻端较距鳃盖后缘为近。眼间隔窄、凹入、眼下骨架"T"字形，末端不伸达前鳃盖骨；眶下棱低平，无棘。鼻孔每侧 2 个，接近前鼻孔，位于鼻棘外侧，具皮瓣突起。前鳃盖骨后缘具 5 棘；鳃盖骨后上方具 2 棘。肩胛棘 3 个。鳃孔宽大，鳃膜不与峡部相连；鳃盖条 7；假鳃发达；鳃耙 7＋13～14，排列疏松，呈梳状。体上除胸部被小圆鳞外，皆被栉鳞；背鳍、臀鳍和尾鳍基部均具细鳞。侧线鳞 46—49 $\frac{10—11}{20—21}$。侧线完全，伸达尾柄中央(庄平等，2006)。

在自然条件下，体红褐色，侧线上方具数条明显的褐色横纹；侧线下方横纹不明显，分散呈云石状或网状。背鳍和尾鳍具暗色斑点和斑块；胸鳍前部具暗色斑块，后部具 1 至数行斑点；腹鳍和臀鳍灰暗色或淡色(庄平等，2006)。

背鳍Ⅻ－12；臀鳍Ⅲ－5；胸鳍Ⅰ－5。背鳍连续，始于鳃孔上角后上方，鳍棘部与鳍条部之间有一浅凹，鳍条高于鳍棘，后端几伸达尾基。臀鳍位于背鳍第一鳍条下方，基底短于背鳍鳍条部基底。胸鳍宽大，末端略伸越肛门。腹鳍亚胸位，末端常伸达或稍越过肛门。尾鳍后缘截形或微圆突(庄平等，2006)。

图 7－2－1　褐菖鲉

### 2. 内部构造

体腔大，腹膜白色。胃囊状。肠盘曲 2 次。幽门盲囊 9～10，盲管状，几伸达胃后端。椎骨 25。鳔长圆形，后部略尖圆，长约为宽 2 倍，分 2 室，前室长约为后室 2 倍。鳔背面前部有短小韧带突起 3 对，第一对尖小，第二和第三对短钝；鳔外肌带宽长，纵行于背侧，伸达鳔后 1/3 处，后端无韧带突起(金鑫波，2006)。

卵巢为被卵巢型,长囊状,前大后小(图 7-2-2)。怀胎期卵巢长度为 3.5～5.5 cm,重量达 10～18 g。在卵巢的前方正中间有一较粗大的卵巢系膜将卵巢悬挂于体腔两侧、鳔和肾脏的腹面。左右卵巢在后方相连,以一共同的短生殖道经生殖孔开口体外。卵巢由卵巢壁、卵巢门、卵巢绒毛、滤泡和卵巢腔构成(林丹军和尤永隆,2000)。

精巢 1 对,位于腹腔的背部、肾脏的腹面。精巢大致呈梭状,有背腹之分(图 7-2-2)。背部拱起,腹部较平坦。在精巢的腹面有一沟状纵向凹陷,其中有血管分布。输精管从此纵沟的中部伸出。在精巢的后端,左右两条输精管平行排列并向鱼体后端延伸。在浸入尿殖窦前,两条输精管汇合,开口于尿殖突。尿殖突为肉质,呈圆锥状。在生殖期尿殖突较红,且比非生殖季节突出。在生殖期,精巢长约 20 mm、宽约 10 mm,输精管长约 18 mm,尿殖突长约 5 mm,精巢、输尿管和尿殖突的长度比为 1∶0.9∶0.2(林丹军等,2000)。

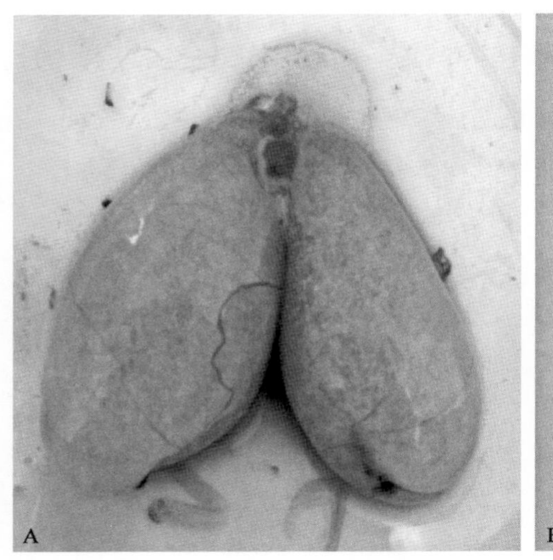


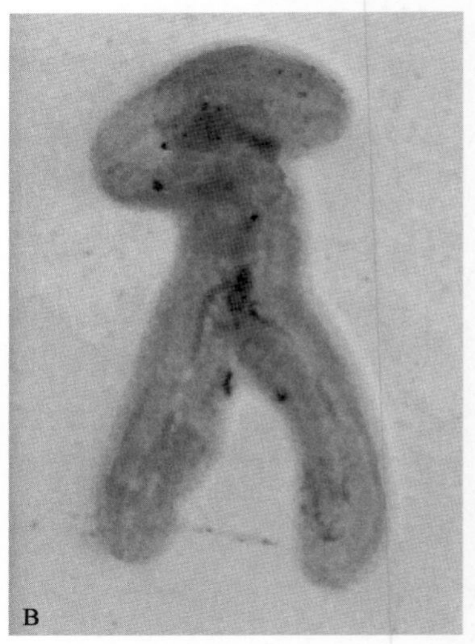


**图 7-2-2　褐菖鲉性腺**

A. 卵巢;B. 精巢

## 二、生态习性

### 1. 生活习性

褐菖鲉为暖温性近岸底层鱼类。常栖息于岩礁附近,喜缓流水域,尤以海底洞穴、空隙、珊瑚礁、卵石和海藻带居多。具定居生活习性，在岩礁洞内出来觅食后，又会回到原洞穴内，水平活动范围在 2 000 m 以内，且多数在 1 000 m 以内。栖息水深自低潮带至 80 m。春、夏季分散在岩礁和岛屿四周觅食，冬季游向深海区越冬。有明显昼伏夜出行动习性，为了便于觅食，往往一尾或几尾占领一定区域，不许同类入侵，这种现象在夜间尤为明显(庄平等，2006)。褐菖鲉为广盐性鱼类，适宜水温范围为 13～26℃，适宜盐度范围为 10～33(许明海，1999)。

**2. 食性**

褐菖鲉为凶猛的肉食性鱼类。以小鱼、蟹类、虾类、端足类、泥螺和藻类为食。白天摄食量低、夜间摄食量高，尤其在 18:00～21:00 时和 5:00～8:00 时摄食最为积极(金鑫波，2006；庄平等，2006)。通过人工驯化，可摄食全人工配合饲料，如鳗鱼粉状配合饲料等(严银龙等，2018b；刘永士等，2020)。摄食强度随季节而变化，东山湾褐菖鲉野生群体的摄食强度以春季最高(摄食率 47.34%，胃饱满系数 14.77‰)、夏季最低(摄食率 25.5%，胃饱满系数 6.09‰)(张雅芝等，1993)。

## 三、繁殖习性

褐菖鲉为卵胎生，体内受精。一般在 2～3 龄时性腺成熟。繁殖期为冬春季，为 10 月至次年 5 月，其中，11—12 月和 2—4 月为高峰期，雌雄比 1.43∶1。怀卵量为 1.2 万～7.6 万粒，平均为 4 万粒左右。产仔一般分 3～4 次进行，前后两次相隔约 15 d，产仔量以第一次居多，以后依次递减。体重 300～400 g 的成鱼可产仔鱼 3 万～5 万尾。初孵仔鱼全长 3.5～4.2 mm(庄平等，2006；许明海，1999；吴常文，1999)。

对福建沿海褐菖鲉的研究发现，其生殖盛期为 12 月至次年 2 月间，这一时期福建沿海水温 10.5～16.5℃。3—4 月，海水温度升高到 15.5～18.0℃，仍有少量雌鱼生殖，5 月以后，海水水温升高至 20℃以上就不再有雌鱼生殖。通过对褐菖鲉卵巢周期发育研究，认为褐菖鲉在一个生殖周期内可多次产卵怀胎，其属于短期多次产卵类型的鱼类(林丹军和尤永隆，2000)。

## 四、性腺发育

**1. 卵巢发育**

褐菖鲉的卵子在卵巢绒毛中生成和发育。卵细胞的发育分为 6 个时相，卵巢的发育除了相应的6个时期外，还根据胚胎在体内发育的特点，在Ⅴ期后增加1个怀胎期。因此，卵巢的发育共分为7个期（林丹军和尤永隆，2000）。

Ⅰ期：为幼鱼的卵巢。呈透明细丝状，外观无法辨认雌雄。卵巢壁极薄，卵巢腔出现，卵巢绒毛开始形成。卵巢绒毛上为第1时相的卵原细胞，卵原细胞分散在卵巢绒毛基质中或经几代的增殖，同源的卵原细胞聚集，外周由1层极薄的结缔组织包绕形成小囊（图7-2-3，11）。卵原细胞近圆形，胞径8～13.5 μm，细胞质薄，弱嗜碱性，细胞核大，核径5.2～6.5 μm，核膜明显，核质网状，其中可见1个核仁。

Ⅱ期：为未性成熟和产后重复发育的卵巢。卵巢浅肉红色，产过的卵巢颜色更深些。肉眼能辨别雌雄，但仍看不清卵粒。卵巢壁增厚，卵巢腔扩大，卵巢绒毛呈树枝状分支。卵原细胞停止增殖进入小生长期，形成初级卵母细胞，即第2时相卵母细胞（图7-2-3，10、图7-2-3，12）。其胞径20～65 μm，核径10～30 μm。原生质增多，呈强嗜碱性反应。在核膜的内侧常见到1个同样强嗜碱性的大核仁。第2时相末，卵母细胞体积增长迅速，胞径97～156 μm，核径39～78 μm。在靠近细胞核的细胞质中出现了不规则的块状或环状的强嗜碱性物质，而外层细胞质嗜碱性反应弱，因此细胞质明显分层（图7-2-3，12）。分散在卵母细胞外的滤泡细胞连成单层细胞层将卵母细胞包住，此时的滤泡细胞改称为颗粒细胞，该细胞层称为颗粒层，结缔组织在颗粒层外形成鞘膜层，其中含丰富的毛细血管。滤泡的一侧鞘膜层形成滤泡柄（图7-2-3，13）。

Ⅲ期：卵巢体积逐渐增大，卵巢绒毛分支增多，血管发达。初级卵母细胞进入大生长期，开始累积营养，为第3时相卵母细胞（图7-2-3，14）。卵母细胞近圆球形，胞径160～215 μm，核径55～85 μm。细胞质弱嗜碱性，在细胞质中的核周缘出现一些小脂肪滴，高碘酸-希夫（PAS）反应呈弱碱性。随着卵母细胞生长，脂肪滴由内向外扩增为数层，同时在近质膜内缘的细胞质中出现小的卵黄颗粒。皮层小泡稀疏且不明显（图7-2-3，14～16）。细胞核从圆形到不规则形，核中的大核仁消失，在核膜内缘出现了数十个小核仁。颗粒细胞由梭形变成立方形。在质膜和颗粒层之间出现了一均质的卵膜，卵膜中放射纹不明显。鞘膜层中的毛细血管形成毛细血管网包绕在滤泡外（图7-2-3，15）。

Ⅳ期：卵巢接近成熟，体积急剧增大，直至充满整个体腔。卵巢呈淡黄色，卵巢壁薄而透明，透过卵巢壁可见大小均匀的卵母细胞，为第4时相卵母细胞（图7-2-3，17）。卵母细胞体积增大迅速，其卵径220～425 μm。细胞质中充满由细小的卵黄颗粒聚集而成的较大卵黄球，在核边的小脂肪滴也相互融合成大的脂滴。细胞核被脂滴推向一侧，即未来的动物极（图7-2-3，18）。质膜内的皮层小泡不易辨认。颗粒层细胞由立方变扁平，卵膜极薄(图7-2-3,19)。

Ⅴ期：为成熟期卵巢。卵母细胞已充分发育，透明并呈圆球状，为第5时相卵母细胞，卵径为390～450 μm，卵黄球相互聚集并液化，脂滴融合成单一的大油球，其直径可达130～208 μm。细胞核移至卵膜孔附近，核仁消失，核膜溶解。在卵膜孔处，卵膜及其外方的颗粒层细胞向卵内凹陷，形成一漏斗状的结构，其中有精孔细胞(图7-2-3,21)。完成第1次成熟分裂的次级卵母细胞脱离滤泡膜排入卵巢腔中(图7-2-3,20)。

Ⅵ期：为怀胎期卵巢。卵巢松软而膨大，卵巢壁极薄，卵巢腔内充满卵巢液，在卵巢中可见到游离的精子(图7-2-3,22)。成熟卵在卵巢腔中受精，完成胚胎发育(图7-2-3,23～24)。此外，卵巢绒毛中留下大量的空滤泡及未成熟或未受精的卵(图7-2-3,24～26)。

Ⅶ期：为产后卵巢，过了生殖期开始萎缩，卵巢壁增厚充血，呈紫红色囊状。卵巢体积变小，卵巢绒毛上的空滤泡退化，残留的成熟卵退化成第6时相卵母细胞。第6时相卵的特点：卵母细胞变形，油球、卵黄溶解，核泡溃变，卵膜及滤泡膜增厚，最后形成黄褐斑残留在卵巢中(图7-2-3,28～29)。

表7-2-1　褐菖鲉卵巢发育的年周期年变化(林丹军和尤永隆,2000)

| 月份 | 发育分期 | 平均成熟系数(%) | 占尾数(%) | 各时相卵母细胞组成 | | | | |
|---|---|---|---|---|---|---|---|---|
| | | | | 1～2 | 3 | 4 | 5 | 6 |
| 3 | Ⅳ～Ⅴ期 | 9.85 | 38.6 | + | + | ++ | ++ | − |
| | 怀胎期 | 15.5 | 53.8 | + | + | + | + | − |
| | Ⅵ～Ⅱ期 | 1.86 | 7.6 | + | − | − | − | + |
| 4 | Ⅳ～Ⅴ期 | 5.8 | 8.5 | + | − | ++ | ++ | − |
| | 怀胎期 | 8.8 | 21.0 | + | − | − | − | + |
| | Ⅵ～Ⅱ期 | 2.29 | 70.5 | ++ | − | − | − | + |
| 5—10 | Ⅱ期 | 0.65 | 100 | ++ | − | − | − | − |
| 11 | Ⅲ期 | 3.2 | 45.5 | ++ | ++ | − | − | − |
| | Ⅳ～Ⅴ期 | 12.5 | 38.2 | + | + | ++ | ++ | − |
| | 怀胎期 | 18.94 | 17.3 | + | + | + | + | − |
| 12—2 | Ⅳ～Ⅴ期 | 17.4 | 51.6 | + | + | ++ | ++ | − |
| | 怀胎期 | 20.78 | 48.4 | + | + | + | + | − |

注：−为无；+为有；++为多。

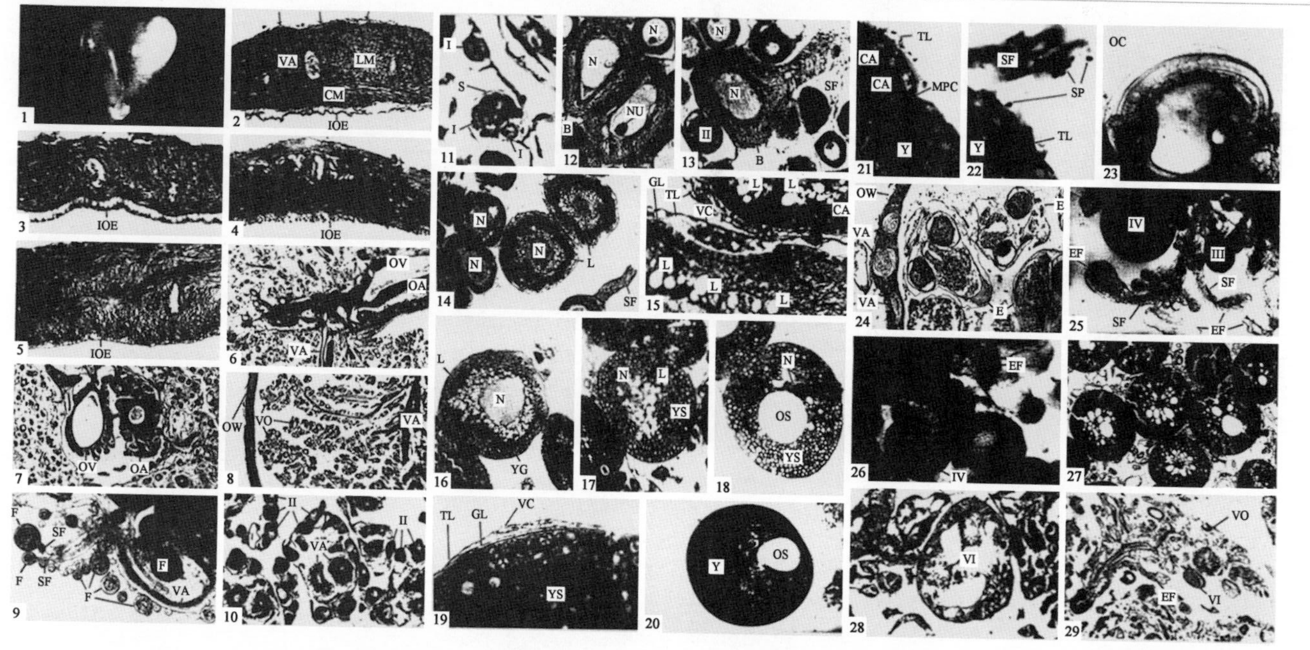


**图 7-2-3　褐菖鲉卵巢形态观察(林丹军和尤永隆,2000)**

1. 怀卵期卵巢表面观,透过卵巢壁可见到卵巢中的胚胎;2. 卵巢壁横切面,示脏体腔膜(箭号所示)、纵肌、环肌和卵巢上皮;3. 第Ⅳ期卵巢的卵巢壁,示卵巢上皮细胞具空泡;4. 怀胎期卵巢的卵巢壁,示卵巢肌层增厚,卵巢上皮细胞变扁平;5. 第Ⅶ期卵巢的卵巢壁,示卵巢基层增厚,卵巢上皮细胞变扁平;6. 过卵巢门纵切面,示位于卵巢门的卵巢动静脉及分支和2时相卵;7. 过卵巢门的横切面,示卵巢动静脉及2时相卵;8. 第Ⅱ期卵巢纵切面,示卵巢绒毛、血管和2时相卵;9. 卵巢绒毛透视照片,示滤泡柄,滤泡和血管;10. 第Ⅱ期卵巢的卵巢绒毛横切面,示血管和第2时相卵;11. 由结缔组织包绕第1时相卵形成的小囊;12. 第2时相末期卵,示嗜碱性细胞质;13. 第2时相末期卵,示滤泡柄;14. 第3时相卵,在细胞质中出现脂滴;15. 第3时相卵的卵膜(箭号所示)、颗粒层及鞘膜层中的毛细血管;16. 第3时相末期卵,细胞质中出现卵黄粒;17. 第4时相卵,示卵黄球;18. 第4时相末期卵,示单油球;19. 第4时相卵,示卵膜(箭号所示)、颗粒层和鞘膜层;20. 卵巢腔中第5时相卵;21. 第4时相末期卵,示精孔细胞;22. 附着在滤泡柄上的精子;23. 怀胎期卵巢透视照片,示位于卵巢腔中的胚胎;24. 怀胎期卵巢切片,示胚胎和卵巢壁;25. 怀胎期卵巢透视照片,示位于卵巢绒毛上的空滤泡和卵母细胞;26. 怀胎期卵巢透视照片,示空滤泡和滤泡膜中的毛细血管;27. 怀胎期卵巢切片,示卵巢绒毛中仍有许多第4时相卵;28. 退化的第6时相卵;29. 第7期卵巢切片,示退化的卵巢绒毛

B. 嗜碱性细胞质;CA. 皮层小泡;CM. 环肌;E. 胚胎;EF. 空滤泡;F. 滤泡;GL. 颗粒层;IOE. 卵巢上皮;L. 脂滴;LM. 纵肌;MPC. 精孔细胞;N. 细胞核;NU. 核仁;OA. 卵巢动脉;OC. 卵巢腔;OS. 油球;OV. 卵巢静脉;OW. 卵巢壁;S. 小囊;SF. 滤泡柄;SP. 精子;TL. 鞘膜层;VA. 血管;VC. 毛细血管;VO. 卵巢绒毛;Y. 卵黄;YG. 卵黄粒;YS. 卵黄球;Ⅰ～Ⅴ. 第1至第5时相卵;Ⅵ. 退化卵

褐菖鲉生殖期间，卵巢发育比较复杂，即使在怀胎的卵巢中也有第3、4时相卵母细胞和空滤泡并存(图7-2-4)(林丹军和尤永隆，2000)。在生殖末期，产后卵巢进入退化修整的第Ⅶ期。通过对福建省宁德、连江等地近岸岛礁海域流钓渔获物的研究发现，5—10月，群体中多为重复发育的Ⅱ期卵巢；11月，大部分为第Ⅱ期卵巢重新开始发育进入第Ⅲ期；到11月下旬，大部分个体的卵巢迅速进入成熟期(表7-2-1)(林丹军和尤永隆，2000)。

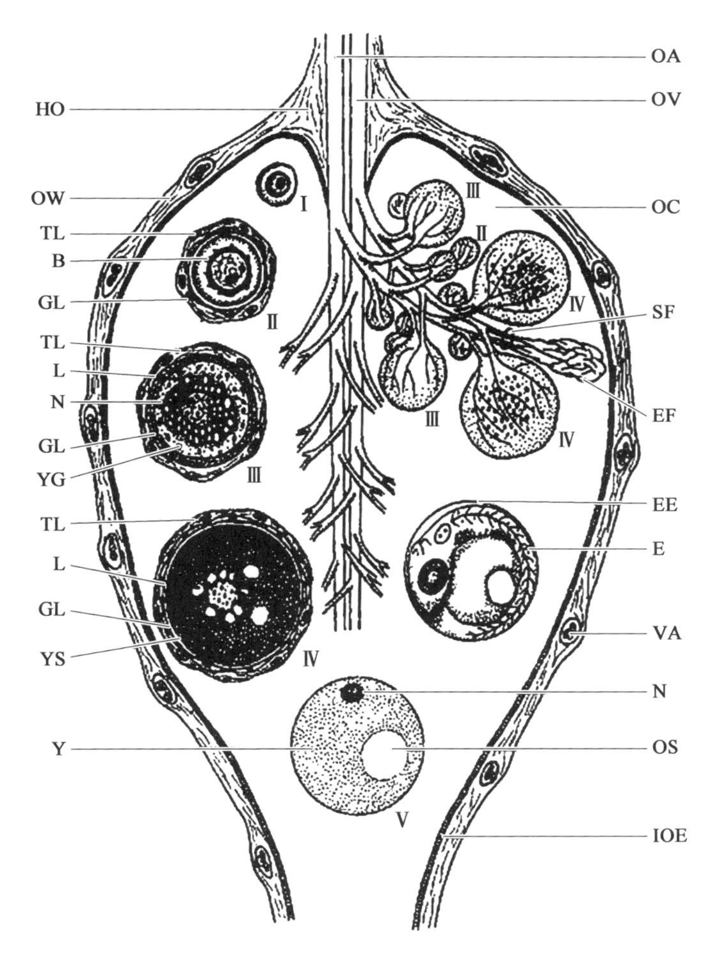


图7-2-4 褐菖鲉卵巢剖面图(林丹军和尤永隆，2000)

B. 嗜碱性细胞质；E. 胚胎；EE. 卵膜；EF. 空滤泡；GL. 颗粒膜；HO. 卵巢门；IOE. 卵巢上皮；L. 脂滴；N. 细胞核；OA. 卵巢动脉；OC. 卵巢腔；OS. 油球；OV. 卵巢静脉；OW. 卵巢壁；SF. 滤泡柄；TL. 鞘膜层；VA. 血管；Y. 卵黄；YG. 卵黄粒；YS. 卵黄球

Ⅰ. 卵原细胞(即第1时相卵)；Ⅱ、Ⅲ、Ⅳ. 含有2、3、4时相卵的滤泡；Ⅴ. 成熟卵

### 2. 精巢发育

褐菖鲉的精巢属于小叶型精巢，内部有许多管状精小叶分布，小叶之间是小叶间质。

根据从福建省宁德、连江等地近海岛礁捕获的已达性成熟的1～2龄褐菖鲉的精巢在周年不同月份发育中的生殖细胞组成和分布特点，将精巢发育分为3个时期(表7-2-2)(林丹军等，2000)。

表7-2-2 褐菖鲉精巢发育的年周期变化(林丹军等，2000)

| 月份 | 样品数 | 平均成熟系数(%) | 精小叶中各类生殖细胞组成 | | | | 精巢发育期 |
|---|---|---|---|---|---|---|---|
| | | | 精原细胞 | 精母细胞 | 精子细胞 | 精子 | |
| 1 | 6 | 0.65 | + | + | + | ++ | Ⅱ |
| 2 | 7 | 0.54 | + | − | − | ++ | Ⅲ |
| 3 | 6 | 0.21 | + | − | − | + | Ⅲ |
| 4 | 11 | 0.16 | + | − | − | + | Ⅲ |
| 5 | 6 | 0.08 | + | − | − | + | Ⅲ |
| 6 | 6 | 0.05 | + | − | − | + | Ⅲ |
| 7 | 7 | 0.09 | + | − | − | + | Ⅲ |
| 8 | 7 | 0.12 | ++ | − | − | − | Ⅰ |
| 9 | 8 | 0.24 | ++ | − | − | − | Ⅰ |
| 10 | 6 | 1.15 | ++ | ++ | ++ | ++ | Ⅱ |
| 11 | 7 | 1.65 | + | ++ | ++ | ++ | Ⅱ |
| 12 | 8 | 0.98 | + | ++ | ++ | ++ | Ⅱ |

注：−为无；+为有；++为多。

Ⅰ期：一般在8—9月，精巢发育处于精原细胞增殖期。在此期，精巢外观为浅肉色，体积小，平均成熟系数在0.12%～0.24%。精小叶中初级精原细胞减少，次级精原细胞逐渐增多，数个同源的次级精原细胞与其外的支持细胞形成精小囊。

Ⅱ期：一般在10—12月和次年1月，精巢发育处于精子发生期，精巢为乳白色，体积急剧增大，平均成熟系数在0.98%～1.65%，为一年中的最高值，精巢中的精小叶体积增大，小叶间质变薄，精小叶中布满精小囊，由于各精小囊发育不同步，因此有时可见在小叶腔和输出管中已汇集了大量的精子，而精小叶中尤其是靠近精巢背部的精小叶中却仍然有不同发育时期的精小囊。次年1月，精巢中仍有精子发生，但是含次级精原细胞和精母细胞的精小囊明显减少。至次年 2 月，精巢中不再有精子发生。排精后的精巢体积缩小，成熟系数下降，精小叶壁主要有支持细胞构成，其间有少量的初级精原细胞，但是小叶腔和输出管中有较多的精子。

Ⅲ期：一般在次年 3—7 月，精巢发育处于精子退化吸收期。精巢体积缩至最小，平均成熟系数也降至最低，为 0.05%～0.21%，精巢中的部分精小叶或输出管中残留有少量的精子和脱落的细胞。此时精巢中的生殖细胞皆为初级精原细胞（图 7-2-5，2、5）。

## 五、胚胎发育

吴常文等（1999）对朱家尖、东海附近海区获得的褐菖鲉进行分批解剖，经过取样、标本固定、标本切片等步骤，将切片放在显微镜下观察，获得了褐菖鲉胚胎发育的一些阶段特征（图 7-2-6）。

### 1. 受精卵

卵径为 0.9～1.0 mm，正圆球形，显微镜下为半透明状，出现围卵黄周隙。

### 2. 8 细胞期

有两分经裂面，且与第一次分裂面平行，形成 8 个分裂球，中间 4 个较大，两侧 4 个较小。

### 3. 高囊胚期

分裂球很小，细胞界线不清楚，由很多分裂球组成的囊胚层高举在卵黄上。

### 4. 眼基出现期

胚体绕卵黄 1/2 周，在前脑两侧，出现 1 对肾形的突起，即眼的原基。体节 5 对。

### 5. 眼囊期

胚体绕卵黄 2/3 周，眼囊呈长椭圆形，体节 7～8 对，脑部可分出原始的前、中、后三部分。

### 6. 尾芽期

胚体绕卵黄一周，尾芽出现在胚体后端腹面，呈圆锥状。眼囊变圆，体节 10～11 对。

### 7. 出膜前期

尾部向背方举起，肌节 23 对，背腹鳍褶完全，卵黄囊内前部具一油球，内脏团上方具 10 个左右绿色斑点，脑部已分化成 5 部分，心脏跳动明显。

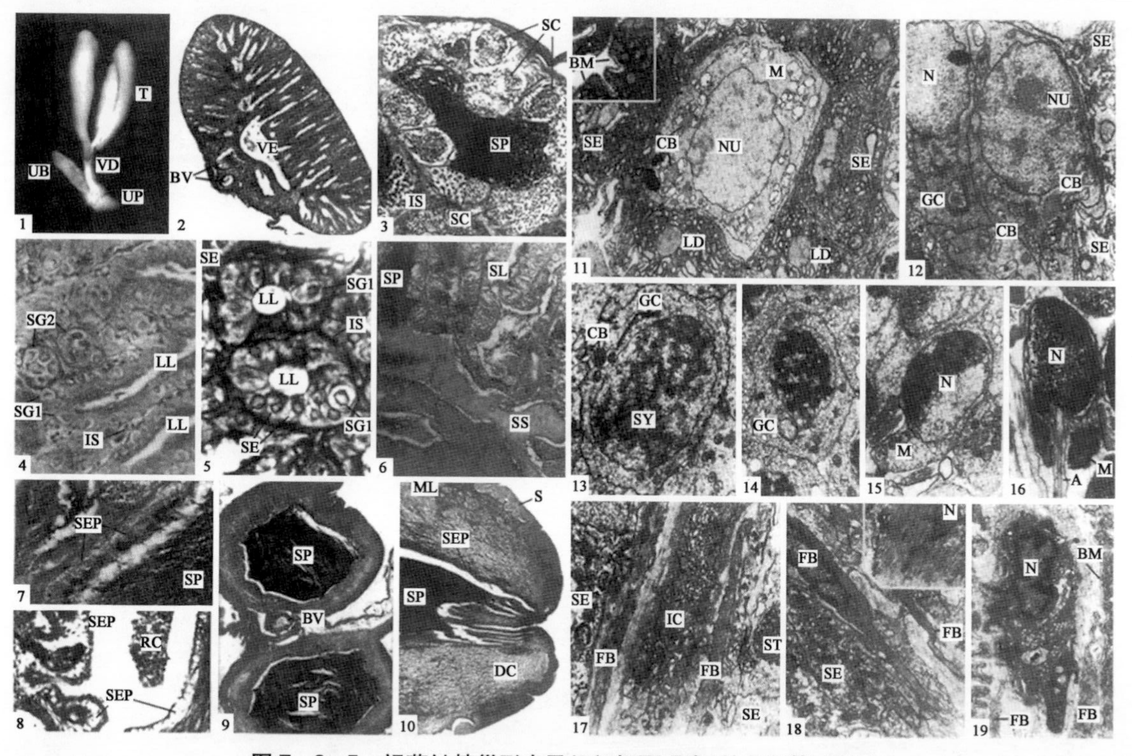


图 7－2－5　褐菖鲉精巢形态及组织切面观察(林丹军等,2000)

1. 褐菖鲉雄性生殖器官表面观;2. 4月份精巢横切面,示精小叶和输出管;3. 11月份精巢的一个精小叶横切面,示各发育时期的精小囊及小叶腔中的精子;4. 9月份精巢精小叶纵切面,示初级精原细胞和含次级精原细胞的精小囊;5. 5月份精巢精小叶横切面,示初级精原细胞和支持细胞;6. 11月份精巢纵切面,示输出管中的分泌物;7. 11月份精巢输出管的单层上皮;8. 6月份精巢的输出管,示退化的上皮细胞;9. 10月份精巢输精管横切面,示精子密集成团;10. 尿殖突纵切面,示密集的精子;11. 被支持细胞包围的初级精原细胞;12. 含次级精原细胞的精小囊;13. 初级精母细胞;14. 次级精母细胞;15. 变态中的精子细胞;16. 精子的纵切面;17. 小叶间质,示成纤维细胞、间质细胞和支持细胞;18. 成纤维细胞、嵌入图示胞质中的细丝;19. 间质细胞

A. 轴丝;BM. 基膜;BV. 血管;CB. 拟染色体;DC. 致密结缔组织;FB. 成纤维细胞;GC. 高尔基体;IC. 间质细胞;IS. 小叶间质;LD. 脂滴;LL. 小叶腔;M. 线粒体;ML. 基层;N. 细胞核;NU. 核仁;RC. 破碎细胞;S. 皮肤;SC. 精小囊;SE. 支持细胞;SEP. 单层上皮;$SG^1$. 初级精原细胞;$SG^2$. 次级精原细胞;SL. 精小叶;SP. 精子;SS. 分泌物;ST. 精子细胞;SY. 联会复合体;T. 精巢;UB. 膀胱;UP. 尿殖突;VD. 输精管;VE. 输出管

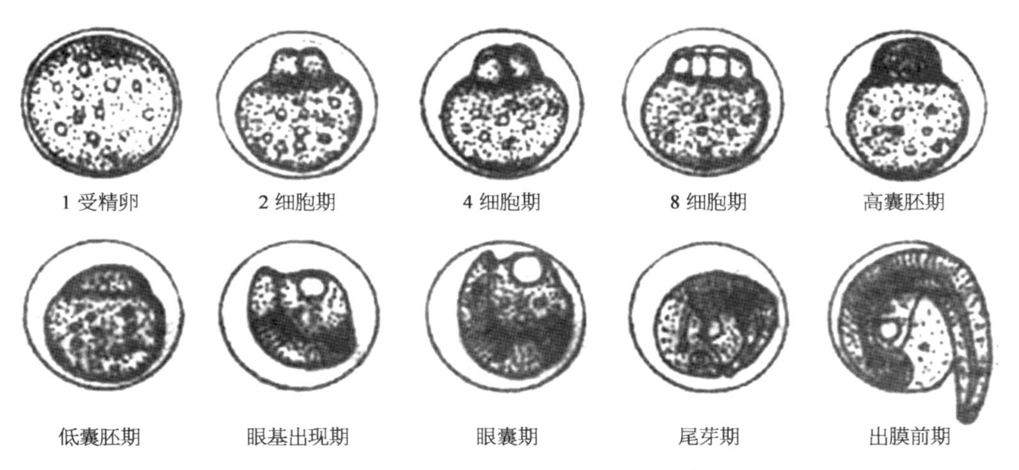


图 7-2-6　褐菖鲉胚胎发育特征(吴常文等,1999)

## 六、仔稚幼鱼的形态发育

研究褐菖鲉早期仔稚幼鱼的形态发育,有助于了解其形态发育的特点,明确各器官形成的关键期,分析其组织和器官形成与环境相适应的变化规律,对制定合理的投喂策略以及提高苗种培育早期的成活率有重要意义。

### 1. 仔稚幼鱼的生长发育

邱成功等(2013)系统研究了褐菖鲉仔稚幼鱼的生长发育特性,在水温 12～17℃和盐度 28～33 的培育条件下,4 d 卵黄囊消失进入仔鱼后期,35 d 各鳍条形成进入稚鱼期,经 57～62 d 培育鳞被完整,发育为幼鱼(图 7-2-7)。

(1) 仔鱼前期

从母体产出至卵黄囊和油球完全吸收前,体长小于 5 mm。

0 d: 刚产出的仔鱼全长 4.13～4.45 mm,多数在水体上层活动,具有趋光性,卵黄囊近圆形,长径 0.28～0.31 mm,短径 0.22～0.26 mm,油球 1 个,圆球形,位于卵黄囊的中下方,直径为 0.11～0.16 mm;鱼体透明,鳍膜高度为 0.21～0.34 mm;眼球上黑色素分布浓密,呈黑色,腹腔背侧有 15 个左右点状色素,呈一行排列,肛后鳍褶已具 8 个黑色素;上下颌已形成,偶尔可见下颌活动;头部后方耳囊出现,2 个耳石清晰可见,肌节 23 对,呈"<"形,胸鳍也已出现;心跳 75～100 次/min。肠呈 60°角向腹缘弯曲(图 7-2-7,1)。

1 d: 全长 4.10～4.31 mm,油球明显变小,直径为 0.08～0.11 mm。鳍褶可区

分背鳍褶、尾鳍褶、肛前鳍褶等部分。眼球出现淡蓝色。肠管边出现枝状样色素，活动能力增强，出现平游和垂直游动姿势。

2 d：全长 4.17～4.35 mm，鳍膜高度为 0.32～0.40 mm，卵黄囊和油球继续缩小(图 7-2-7,2)。心跳 80～89 次/min。显微镜下可见，肠管外周枝状黑色素增多，下颌已分布黑色素。肝脏雏形及鳃丝原基出现，仔鱼几乎都在水上层活动，喜欢聚集在池角，反应灵敏。

3 d：全长 4.36～4.46 mm，胸鳍增大，呈蒲扇状，眼球稍向外凸出。

4 d：全长 4.44～4.53 mm，卵黄囊完全吸收。此时，仔鱼上下颌张合频率加快，下颌齿清晰可见。腹部树枝状黑色素更多。

(2) 仔鱼后期

4 d 后的仔鱼，体长 4.5～4.8 mm，卵黄囊和油球完全吸收(图 7-2-7,3)，进入仔鱼后期阶段。

5～7 d：全长 4.52～5.55 mm，眼球能作左右可同步转动，口裂大，下颌明显长于上颌，捕食能力增强。可见肠子蠕动，血液流动速度加快，仔鱼处于水中层，靠尾部摆动迅速游动，或向上窜动。在池边、池角出现集群现象。

8～10 d：全长 5.10～5.95 mm，尾鳍呈圆扇形，透明，尾鳍褶上出现少量红、黄色素。胸鳍变得更有力，并伴有放射状鳍条雏形出现。鱼苗摄食量明显增加，此阶段可以适当投喂经营养强化的卤虫无节幼体。

11～14 d：全长 5.21～6.42 mm，仔鱼头顶部出现枝状、菊花状色素，腹部鳍膜上也有一些枝状色素分布。鳃弓上出现两排鳃耙，粗短，粒状。鱼苗活动能力很强，能快速地游动，开始投喂经 60 目网袋滤出的枝角类或桡足类，并根据仔、稚鱼口径变化及时调整滤网网目。

16～20 d：全长 5.74～7.13 mm，眼睛黑白分明，鳃盖骨已清晰可见，其上出现一小棘，前后鳃盖已完全分化，鳃丝更多，部分仔鱼鳔管出现。胸鳍鳍条明显，镜下呈多彩颜色，下颌变得更长。鳍膜已退至仔鱼头后方，头部颅骨部位和听囊后方的星状黑色素增多为 7 个左右。“<”形肌节向“Σ”形肌节转变。尾椎末端下部有尾鳍支鳍骨原基细胞出现，大部分个体尾椎骨稍有上翘，出现放射状纹路(图 7-2-7,5)。

22～23 d：全长 6.31～7.49 mm，鳃盖上出现 2、3 个小棘，头顶也出现 2 个棘，鳍膜渐渐消失，出现背鳍、臀鳍的轮廓(图 7-2-7,5)，胸鳍上布满星点状色素。4 对鳃弓清晰可见，鳃耙变成细长状。

26 d：全长 6.65～8.74 mm，体长 6.41～8.33 mm。鳍膜基本消失，背鳍与臀

鳍基部细胞堆积形成鳍条原基，腹鳍雏形出现，胸鳍、尾鳍鳍条均已成形，尾鳍鳍条16根(图7-2-7,6)。

30～32 d：全长7.46～10.72 mm，体长7.25～10.42 mm。背鳍、臀鳍、尾鳍、腹鳍、胸鳍鳍条全部长齐，各鳍完全形成(图7-2-7,7)。背鳍具13鳍棘，13鳍条。沿脊柱纵向黑色素丛发达，鱼体已不透明，镜下内脏逐渐模糊不清。

(3) 稚鱼期

经35 d培育，仔鱼平均体长达10 mm以上，进入稚鱼期。

35～36 d：全长9.05～17.54 mm，体长8.70～14.34 mm。头部和体侧分布着大小不一的星状和菊花状黑色素丛，鱼体的背部从吻端到尾部布满色素，背部、体侧及尾部呈黑褐色，腹部泛青绿色，初步具有成鱼的体形，鳞片尚未形成。

40 d：全长15.35～21.45 mm，体长13.65～18.23 mm。胸鳍后方的侧线两侧隐约出现单圆形的鳞片。鱼苗能大量捕食桡足类，大小个体间出现相互残杀现象，较大个体的稚鱼有附壁或沉底现象。

48～49 d：全长22.42～28.60 mm，体长19.9～25.7 mm。沿侧线上下出现成列的鳞片，部分鳞片出现同心圆结构(图7-2-7,8)。

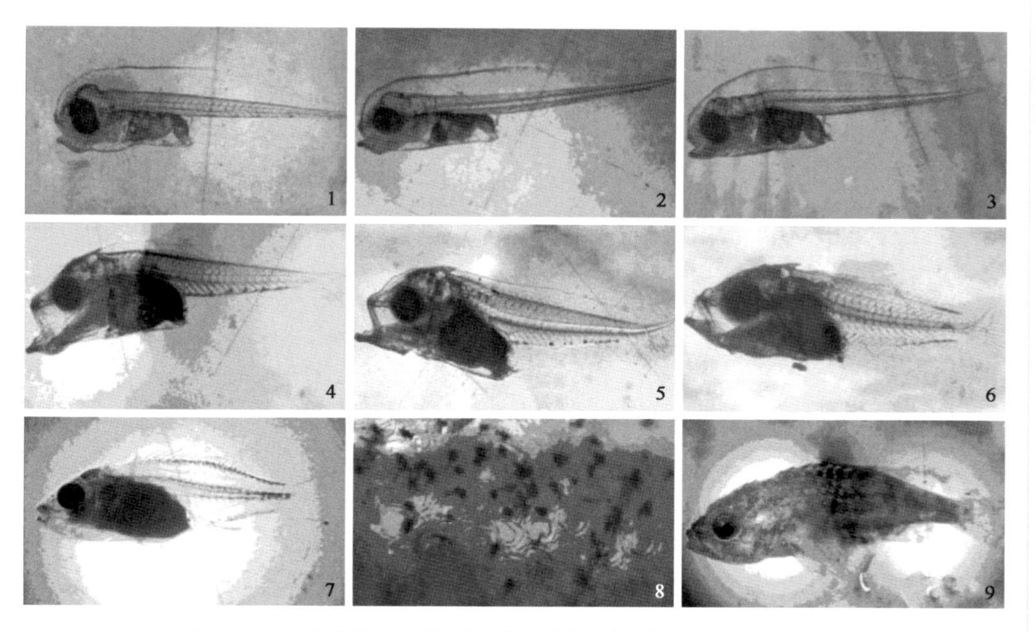


**图7-2-7　褐菖鲉仔、稚、幼鱼期生长发育特征(邱成功等,2013)**

1. 0 d仔鱼；2. 2 d仔鱼；3. 4 d仔鱼；4. 17 d仔鱼；5. 22 d仔鱼；6. 26 d仔鱼；7. 32 d仔鱼；8. 49 d稚鱼鳞片；9. 54 d幼鱼

(4) 幼鱼期

49 d 后，各鳍上都布满色素，躯干及鳃盖部长满了鳞片，鳞被形成，进入幼鱼期。此时，外部形态和生态习性与成鱼相似(图 7 - 2 - 7,9)，绝大多数个体沉于水底活动。

**2. 仔稚鱼骨骼发育**

上海市水产研究所科研人员(邓平平等，2018)使用软骨—硬骨双染色技术，对在水温 16～18℃，盐度 17～19 条件下培育的褐菖鲉仔、稚鱼(1～50 d)的脊柱及腹鳍、臀鳍等附肢骨骼进行连续观察和描述，获得了褐菖鲉卵胎生特殊生殖方式的仔、稚鱼骨骼发育时序基础资料。

(1) 脊柱的发育

早期仔鱼的脊索呈长圆锥体，躯干部呈圆柱形，尾部呈锥形，无分节现象(图 7 - 2 - 8,A)，躯干部柔软染色拍照时易弯曲。8 d[全长(TL) 5.00 mm]时脊索周围开始呈现不规则凹凸(图 7 - 2 - 8,B)，9 d(TL 5.57 mm)部分脊柱出现分节但未骨化(图 7 - 2 - 8,C)。脊柱的发育开始于脉弓和髓弓的出现，尾下骨最早出现在 8 d(TL 5.00 mm)。随着尾下骨增多，13 d 仔鱼(TL 6.48 mm)尾杆骨形成(图 7 - 2 - 8,D)，同时着生在尾部脊索上的脉弓、髓弓首先以软骨组织形式出现，但整个发生过程中脉弓比髓弓的速度快。18 d 仔鱼(TL 7.82 mm)脉弓和髓弓延伸形成脉棘和髓棘(图 7 - 2 - 8,E)。29 d(TL 12.14 mm)脊柱前端开始出现着色分节的硬骨环(图 7 - 2 - 8,F)，32 d 仔鱼(TL 15.50 mm)脊柱上的硬骨环越来越多(图 7 - 2 - 8,G)，36 d 仔鱼(TL 19.8 mm)所有脊柱椎体完成骨化。40 d (TL 20.31 mm)时开始出现鳞片。脊柱的硬骨化方向为由头向尾，而每一对脉弓、髓弓、腹肋、背肋、脉棘和髓棘都是由根基向末梢方向进行硬骨化。36 d(TL 17.80 mm)后，脊柱无明显变化(图 7 - 2 - 8,H)。褐菖鲉脊柱骨化后，椎骨为 23～24 节，躯椎 9～10 节，尾椎 14～15 节。

(2) 鳍的发育

背鳍和臀鳍的发育：褐菖鲉 13 d 仔鱼(TL 6.48 mm)脊索上方中部出现 8 枚软骨质的支鳍骨(图 7 - 2 - 9,A)，随后背鳍支鳍骨向前后推进，数量增多且加粗，直至 16 d(TL 7.51 mm)出现担鳍软骨(图 7 - 2 - 9,B)，此时背鳍仍然以鳍褶出现，19 d(TL 8.85 mm)开始形成软骨质鳍条(图 7 - 2 - 9,C)。25 d(TL 10.32 mm)背鳍前 9 根鳍条锐化成背棘(图 7 - 2 - 9,D)，直至 31 d(TL 15.09 mm)背鳍支鳍骨、担鳍支鳍骨和鳍条开始硬骨骨化时前端已有 11～9 根背棘(图 7 - 2 - 9,E)。40 d 稚鱼(TL 20.31 mm)背鳍硬骨化完成(图 7 - 2 - 9,F)。

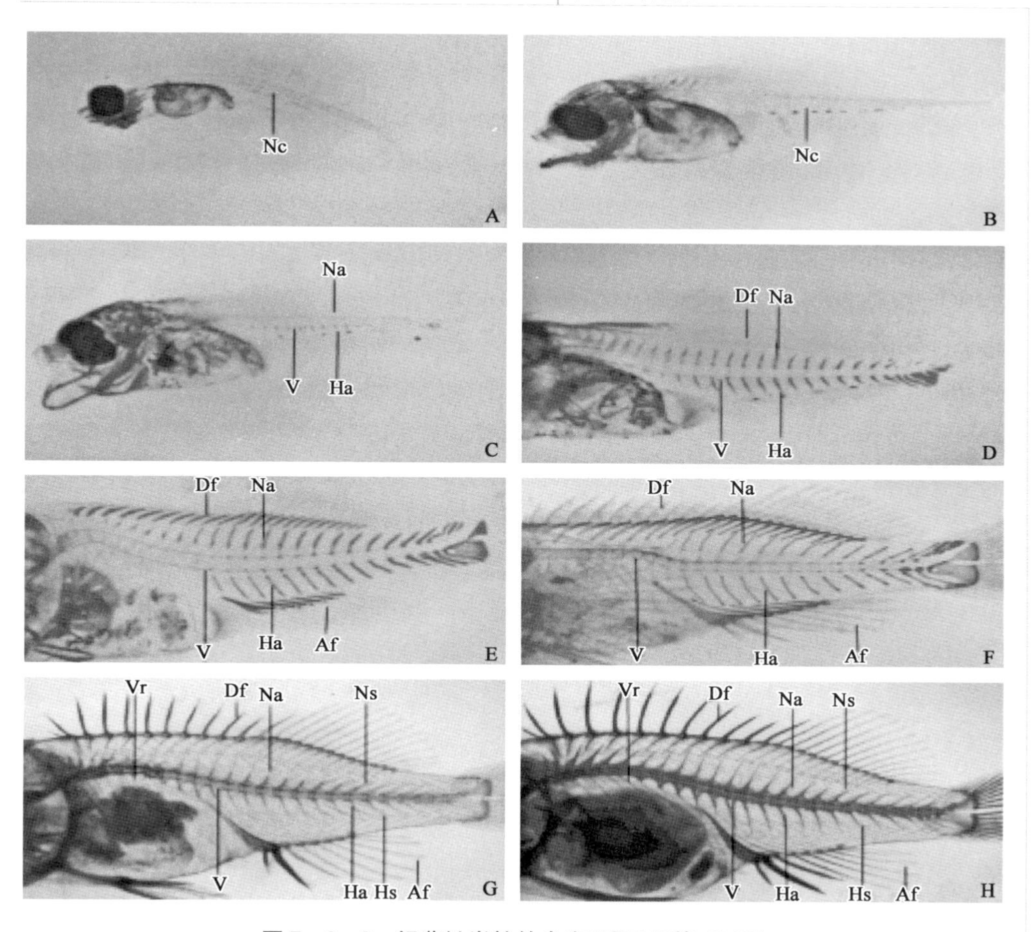


**图 7-2-8　褐菖鲉脊柱的发育(邓平平等,2018)**

A. 1 d 仔鱼(TL 3.75 mm);B. 8 d 仔鱼(TL 5.00 mm);C. 9 d 仔鱼(TL 5.57 mm);D. 13 d 仔鱼(TL 6.48 mm);E. 18 d 仔鱼(TL 7.82 mm);F. 29 d 仔鱼(TL12.14 mm);G. 32 d 仔鱼(TL15.50 mm);H. 36 d 仔鱼(TL17.8 mm)

Nc. 脊索;Df. 背鳍;Vr. 腹肋;Na. 髓弓;Ha. 脉弓;V. 脊柱;Af. 臀鳍;Ns. 髓棘;Hs. 脉棘

褐菖鲉 15 d 仔鱼(TL 7.24 mm)排泄孔与尾下骨之间出现 5 根软骨质的臀鳍支鳍骨(图 7-2-10,A)和鳍褶,19 d(TL 8.85 mm)时出现担鳍软骨,且开始形成软骨质鳍条(图 7-2-10,B)。20 d(TL 9.27 mm)臀鳍鳍条前 3 根开始锐化臀棘,31 d 仔鱼(TL 15.09 mm)时臀鳍支鳍骨、担鳍支鳍骨和鳍条开始硬骨骨化(图 7-2-10,C),且臀鳍支鳍骨稳定在 9 根,40 d 稚鱼(TL 20.31 mm)臀鳍硬骨化完成(图 7-2-10,D)。

胸鳍的发育:胸鳍是褐菖鲉发育最早的鳍条。1 d(TL 3.75 mm)仔鱼出现乌

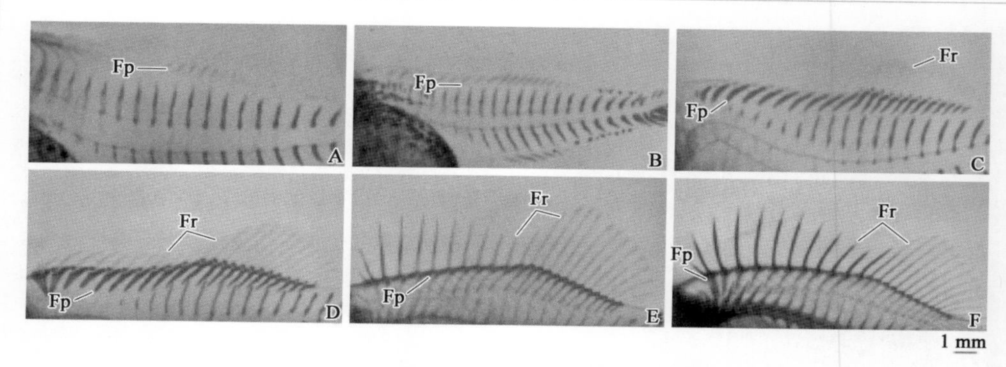


**图 7-2-9　褐菖鲉背鳍发育(邓平平等,2018)**

A. 13 d 仔鱼(TL 6.48 mm);B. 16 d 仔鱼(TL 7.51 mm);C. 19 d 仔鱼(TL 8.85 mm);D. 25 d 仔鱼(TL 10.32 mm);E. 31 d 仔鱼(TL15.09 mm);F. 40 d 稚鱼(TL 20.31 mm)

Fr. 鳍条;Fp. 支鳍骨原基

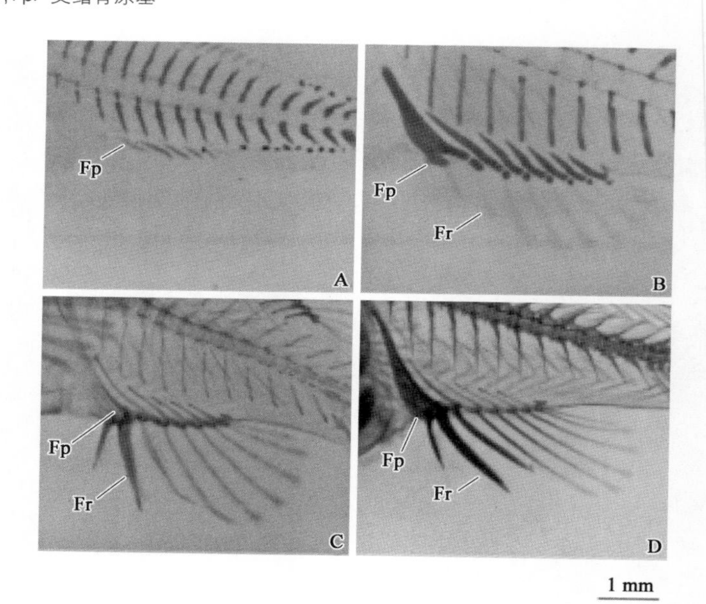


**图 7-2-10　褐菖鲉臀鳍发育(邓平平等,2018)**

A. 15 d 仔鱼(TL 7.24 mm);B. 19 d 仔鱼(TL 8.85 mm);C. 31 d 仔鱼(TL15.09 mm);D. 40 d 稚鱼(TL 20.31 mm)

Fr. 鳍条;Fp. 支鳍骨原基

喙骨(图 7-2-11,A),乌喙骨有 1 个圆孔,14 d(TL 6.89 mm)仔鱼出现匙骨和支鳍骨原基,匙骨呈长条状(图 7-2-11,B)。16 d 仔鱼(TL 7.51 mm)胸鳍着生 17 根软骨鳍条,支鳍骨原基裂缝增至 3 个(图 7-2-11,C)。21 d(TL 9.65 mm)鳍条经消化染色处理后逐渐清晰可见。随着缝隙的增大增多支鳍骨原基最早在 39 d

(TL 18.50 mm)乌喙骨和上匙骨部分骨化(图 7-2-11,D),鳍条硬骨化并分节,直至 40 d(TL 20.31 mm)骨化完全(图 7-2-11,E)。

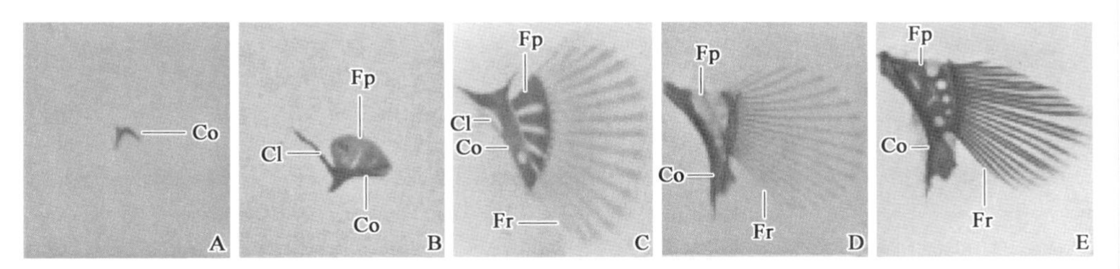


图 7-2-11　褐菖鲉胸鳍支鳍骨的发育(邓平平等,2018)

A. 1 d 仔鱼(TL 3.75 mm);B. 14 d 仔鱼(TL 6.89 mm);C. 16 d 仔鱼(TL 7.51 mm);D. 39 d 仔鱼(TL18.50 mm);E. 40 d 稚鱼(TL20.31 mm)

Fr. 鳍条;Fp. 支鳍骨原基;Cl. 匙骨;Co. 乌喙骨

腹鳍的发育：腹鳍是所有鱼鳍骨骼胚后发育最迟缓的附肢,直至 15 d(TL 7.24 mm)才开始出现腹鳍支鳍骨原基,20 d(TL 9.27 mm)腹鳍支鳍骨原基着生鳍条(图 7-2-12,A),随着发育的继续,腹鳍鳍条数目增至 10 根(图 7-2-12,B)。39 d 仔鱼(TL 18.50 mm)腹鳍支鳍骨原基硬骨化(图 7-2-12,C),直至 40 d 硬骨骨化完全(TL 20.31 mm)(图 7-2-12,D)。

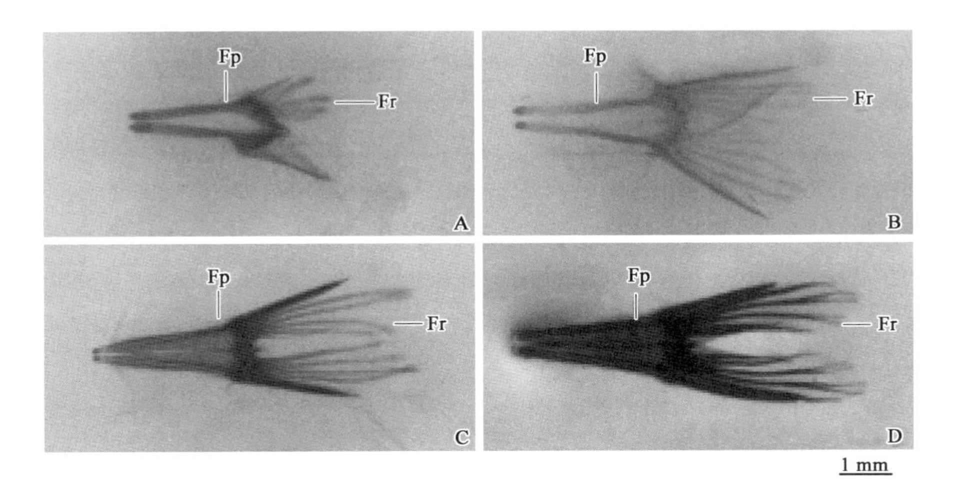


图 7-2-12　褐菖鲉腹鳍发育(邓平平等,2018)

A. 15 d 仔鱼(TL 7.24 mm);B. 20 d 仔鱼(TL 9.27 mm);C. 39 d 仔鱼(TL 18.50 mm);D. 40 d 稚鱼(TL 20.31 mm)

Fr. 鳍条;Fp. 支鳍骨原基

尾鳍的发育：褐菖鲉尾鳍支鳍骨在 7 d(TL 5. 00 mm)前都以鳍褶形式出现，尾鳍未见染色的软骨组织。8 d(TL 5. 00 mm)开始出现 2 枚尾下骨(图 7－2－13，A)，9 d(TL 5. 57 mm)有 3 枚尾下骨(图 7－2－13，B)，11 d(TL 5. 99 mm)有 5 枚尾下骨(图 7－2－13，C)，尾索微微弯曲上翘，13 d(TL 6. 48 mm)尾索上翘更加明显并维持此角度，第 2 枚尾下骨和第 3 枚尾下骨增大且逐渐结合，尾索下部的鳍褶演变成 13 根软骨鳍条，上翘的尾索上方出现 3 枚尾上骨。尾鳍支鳍骨被上翘的尾索分成上下两部分，形成 1 枚上翘的尾杆骨、2 枚尾上骨和 5 枚尾下骨(图 7－2－13，D)，鳍条数增至 13 根。15 d(TL 7. 24 mm)第 4 枚尾下骨和第 5 枚尾下骨增大逐渐结合(图 7－2－13，E)。36 d 仔鱼(TL 17. 80 mm)尾杆骨先开始骨化再是尾下骨，尾上骨和鳍条(图 7－2－13G)，鳍条数上升为 32 根。40 d 稚鱼(TL 20. 31 mm)脉弓、髓弓和尾椎骨化完全，但脉棘和髓棘尚以软骨形式出现，且尾鳍骨骼系统钙化完全(图 7－2－13，H)，尾鳍鳍条数仍然保持 32 根。

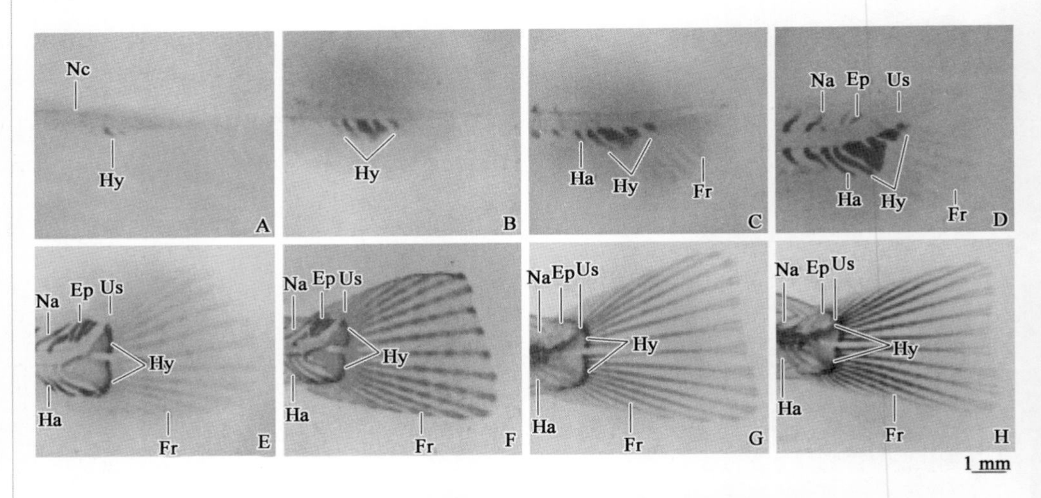


**图 7－2－13　褐菖鲉尾鳍支鳍骨的发育(邓平平等，2018)**

A. 8 d 仔鱼(TL 5. 00 mm)；B. 9 d 仔鱼(TL 5. 57 mm)；C. 11 d 仔鱼(TL 5. 99 mm)；D. 13 d 仔鱼(TL 6. 48 mm)；E. 15 d 仔鱼(TL 7. 24 mm)；F. 19 d 仔鱼(TL 8. 85 mm)；G. 36 d 仔鱼(TL 17. 80 mm)；H. 40 d 稚鱼(TL 20. 31 mm)

Ep. 尾上骨；Hy. 尾下骨；Us. 尾杆骨；Ha. 脉弓；Hs. 脉棘；Na. 髓弓；Nc. 脊索

### 3. 仔稚鱼消化系统发育

杨佳喆等(2019)采用常规组织切片技术，并用苏木精—伊红染色法(HE)染色和组织化学染色，研究了在水温 15～17℃ 和盐度 27～32 的培育条件下，0～50 d 的褐菖鲉仔、稚鱼消化系统发育的组织学变化(图 7－2－14～图 7－2－16)。

褐菖鲉初产仔鱼已分化出口咽腔，并具有初始的食道、胃、肠、肝脏和胰脏；2 d仔鱼肛门与外界相通，食道扩大，开始摄食，进入混合性营养期；3～4 d仔鱼幽门盲囊出现，食道内壁出现黏膜褶皱5～6个，胃黏膜褶皱5个，肝细胞团区域扩大；5～6 d仔鱼卵黄囊和油球耗尽，进入外源性营养期，食道黏膜上皮出现杯状细胞，肠道弯曲，可区分前中肠和后肠两部分；10～14 d仔鱼食道环肌层明显，黏膜褶皱增加到7～12个，胃壁四层结构基本形成，肠道黏膜褶皱加深，纹状缘清晰可见，肝细胞分裂迅速，数量显著增加，体积增大，出现肝血窦和胰岛；28～30 d稚鱼出现胃腺和胃小凹，已具功能性胃，标志着稚鱼期的开始，此时胰岛细胞数量和酶原颗粒增多，

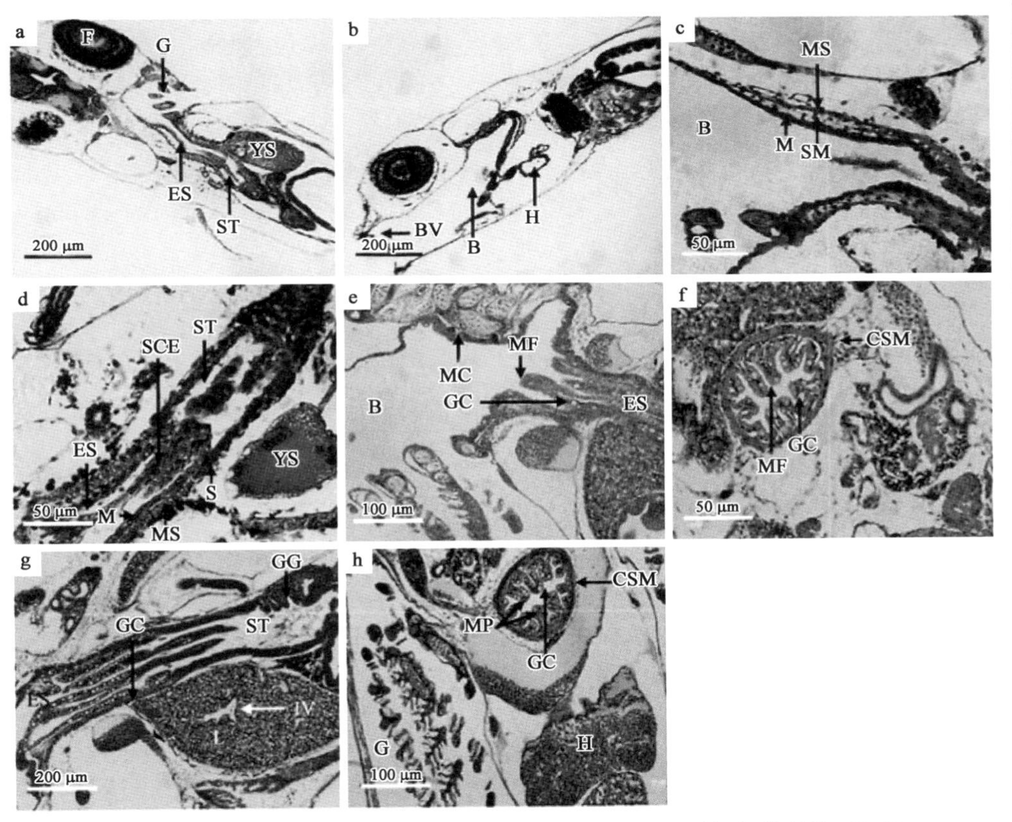


**图7-2-14　褐菖鲉仔、稚鱼口咽腔和食道发育的组织结构(杨佳喆等,2019)**

a. 初产仔鱼消化道整体结构纵切面；b. 2 d仔鱼口咽腔整体结构纵切面；c. 3 d仔鱼口咽腔结构纵切面；d. 4 d仔鱼食道整体结构纵切面；e. 10 d仔鱼食道的杯状细胞纵切面；f. 21 d仔鱼食道的环层肌和黏膜褶皱横切面；g. 28 d稚鱼食道和胃纵切面；h. 39日稚鱼食道横切面

B. 口咽腔；BV. 口咽瓣；CSM. 环肌层；E. 眼；ES. 食道；G. 鳃；GC. 杯状细胞；GG. 胃腺；H. 心脏；IV. 小叶间静脉；L. 肝；M. 黏膜；MC. 黏液细胞；MF. 黏膜褶；MS. 肌肉层；S. 浆膜层；SCE. 单层立方上皮；SM. 黏膜下层；ST. 胃；YS. 卵黄囊

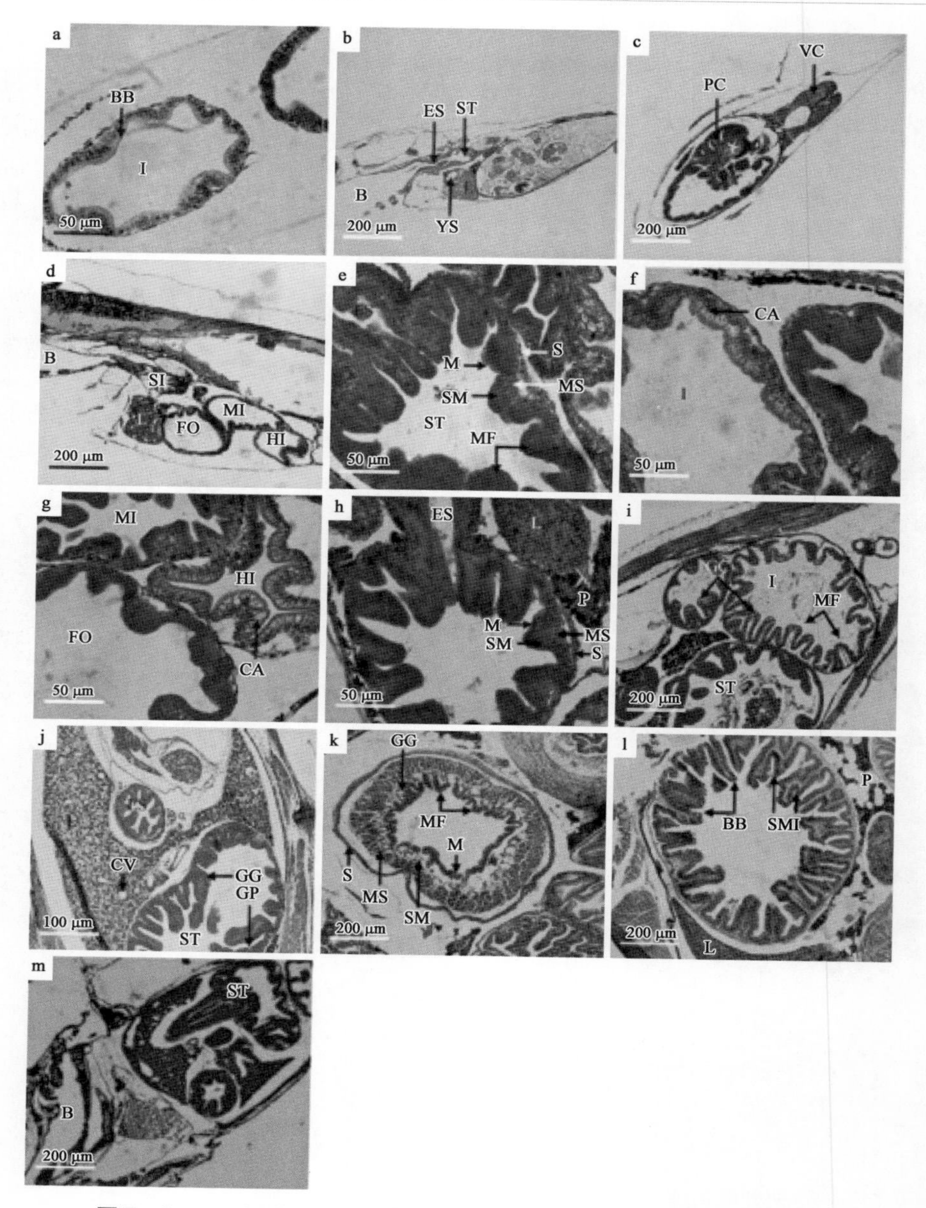


**图 7-2-15　褐菖鲉仔、稚鱼胃和肠发育的组织结构(杨佳喆等,2019)**

a. 初产仔鱼肠纹状缘结构横切面;b. 3 d 仔鱼肝和胃纵切面;c. 4 d 仔鱼幽门盲囊横切面;d. 8 d 仔鱼肠道整体结构纵切面;e. 10 d 仔鱼胃整体结构横切面;f. 10 d 仔鱼肠上皮细胞空泡结构横切面;g. 13 d 仔鱼前肠、中肠、后肠横切面;h. 23 d 仔鱼胃整体结构横切面;i. 28 d 稚鱼肠整体结构横切面;j. 39 d 稚鱼胃整体结构横切面;k. 47 d 稚鱼胃整体结构横切面;l. 47 d 稚鱼肠道整体结构横切面;m. 30 d 稚鱼整体纵切面,汞—溴酚蓝染色

B. 口咽腔;BB. 纹状缘;CA. 空泡;CV. 中央静脉;ES. 食道;FO. 前肠;GC. 杯状细胞;GP. 胃小凹;HI. 后肠;I. 肠;L. 肝;M. 黏膜;MF. 黏膜褶;MI. 中肠;MS. 肌肉层;P. 胰;PC. 幽门盲囊;S. 浆膜层;SM. 黏膜下层;SMF. 次级黏膜褶;VC. 脊椎;YS. 卵黄囊

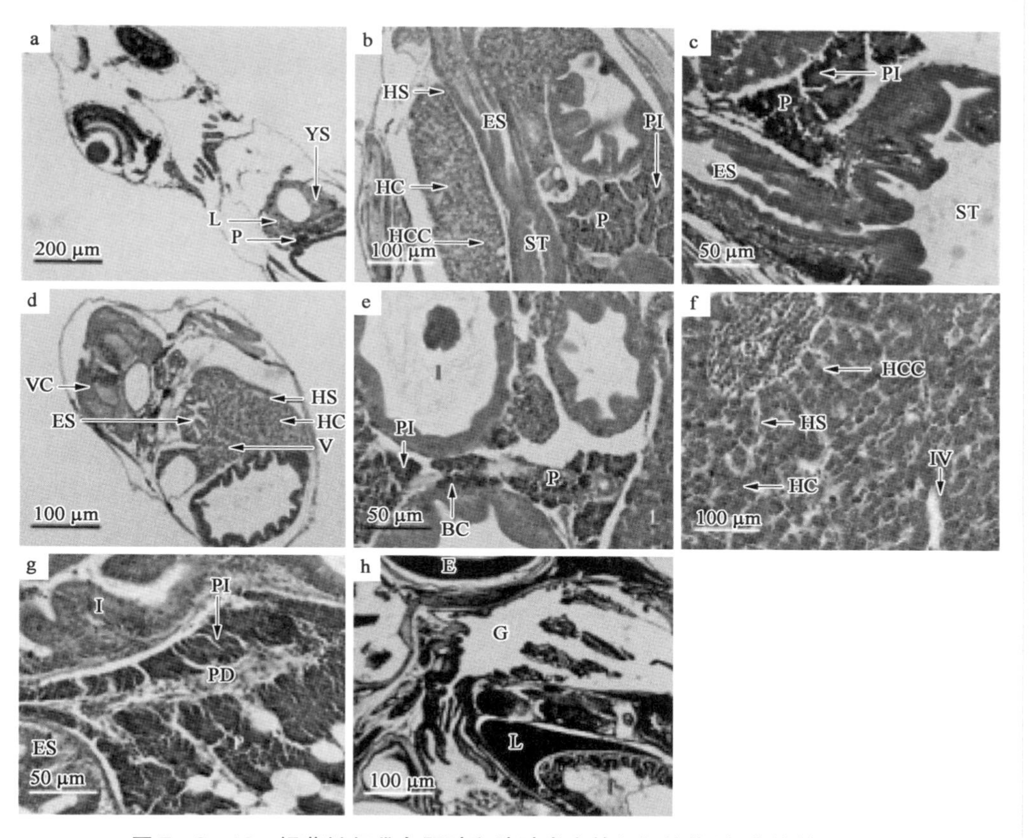


**图 7－2－16　褐菖鲉仔稚鱼肝脏和胰脏发育的组织结构(杨佳喆等,2019)**

a. 初产仔鱼消化腺整体结构纵切面;b. 10 d 仔鱼肝脏和胰脏整体结构纵切面;c. 13 d 仔鱼胰脏整体结构纵切面;d. 14 d 仔鱼肝脏横切面;e. 20 d 仔鱼胰脏横切面;f. 47 d 稚鱼肝脏整体结构纵切面;g. 50 d 稚鱼胰脏整体结构横切面;h. 23 d 仔鱼整体纵切面,汞—溴酚蓝染色

B. 口咽腔;BC. 血细胞;CV. 中央静脉;E. 眼;ES. 食道;G. 鳃;HC. 肝细胞;HCC. 肝细胞索;HS. 肝血窦;I. 肠;IV. 小叶间静脉;L. 肝;P. 胰脏;PD. 胰管;PI. 胰岛;ST. 胃;V. 空泡结构(肝);VC. 脊椎;YS. 卵黄囊

消化能力显著提高;47～50 d 稚鱼已基本具有成鱼胃的特征,肠道纹状缘发达,肝细胞呈多边形,细胞内含大量脂肪颗粒,消化系统从结构和功能上已趋于完善。

## 七、仔稚幼鱼的生长特性

王志铮等(2002)对在水温 10.6～11.2℃和盐度 26～27 的人工培育条件下的褐菖鲉鱼苗生长特性的研究发现：褐菖鲉仔、稚鱼体长与体重呈幂函数相关,且稚鱼发育阶段的体重增重速度明显大于仔鱼发育阶段,同时这两个不同发育阶段在体型上亦存在较大差异,尤其是颌部/眼前长及体长/躯干部的比值(表 7－2－3)。

表 7-2-3　褐菖鲉仔、稚鱼体型参数及生长特征的变化(王志铮等,2002)

| 发育阶段 | 体型参数及其生长特征 | | | | | | | |
|---|---|---|---|---|---|---|---|---|
| | 生长方程 | 相关系数 | 日龄范围 | $A/B$ | $B/C$ | $E/D$ | $F/E$ | $N$ |
| 仔鱼期 | $W=0.004\ 792L^{3.292\ 7}$ | 0.939 6 | <36 | 1.087 | 0.542 0 | 1.243 | 0.284 | 1 547 |
| 稚鱼期 | $W=0.004\ 279L^{3.352\ 2}$ | 0.951 8 | >36 | 1.763 | 0.366 1 | 1.753 | 0.309 | 337 |
| 观察时期 | $W=0.004\ 438L^{3.329\ 1}$ | 0.913 6 | 0~43 | 1.295 | 0.423 4 | 1.512 | 0.289 | 1 874 |

$A$: 颌长; $B$: 眼前长; $C$: 头长; $D$: 躯干长; $E$: 体长; $F$: 体高; $N$: 样本数量; $W$: 体重; $L$: 体长。

邱成功等(2013)跟踪监测了4个批次褐菖鲉仔、稚、幼鱼的体长生长,绘制了相关生长曲线(图7-2-17)。各生长曲线走势基本一致,在水温12~17℃条件下,水温对30 d前仔鱼生长影响不显著,体长平均生长率为(0.12±0.01)mm/d;此后水温的影响开始显现,随着鱼苗的生长,温度效应不断增大,4批次体长平均生长率为(0.75±0.05)mm/d,12~14℃批次生长最慢,体长平均生长率为(0.38±0.04)mm/d,低于15~17℃批次[(0.045±0.05)mm/d]。体长生长曲线可以用三次函数拟合,其表达式为:$L_t=0.000\ 1D^3+0.001D^2+0.012\ 3D+4.391\ 9$,$R^2=0.98$(图7-2-18)。

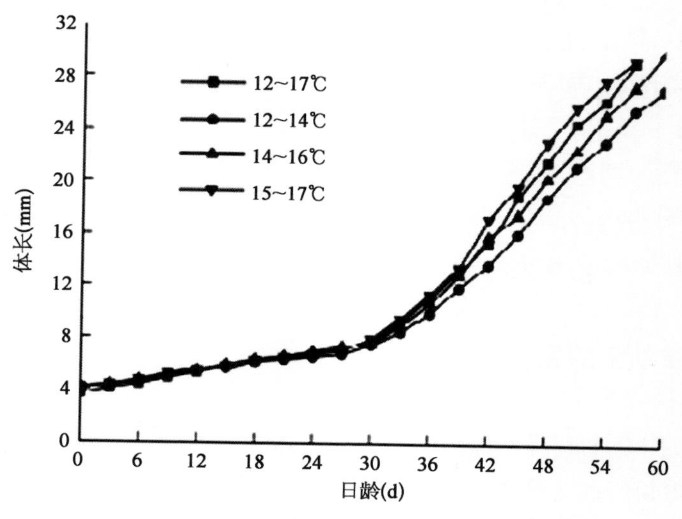


图 7-2-17　不同培养水温下褐菖鲉仔稚幼鱼生长情况(邱成功等,2013)

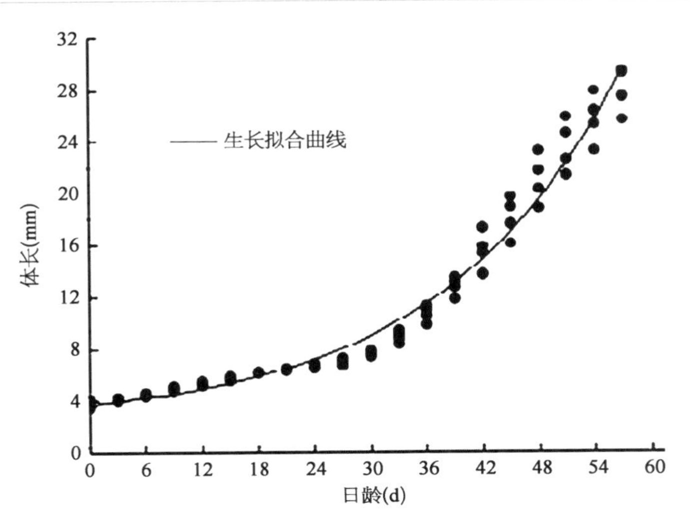


图7-2-18　褐菖鲉仔稚幼鱼生长拟合曲线(邱成功等,2013)

# 第三节　人工繁殖

20世纪70—80年代,日本已开展褐菖鲉人工繁殖技术研究;我国从90年代起才开始有相关研究报道,但褐菖鲉的人工繁殖由于受到开口饵料来源少、仔稚鱼成活率低、场地条件限制等诸多因素的影响,因此极少有学者系统介绍褐菖鲉人工繁育技术。上海市水产研究所从2011年开始引进野生褐菖鲉成鱼开展苗种的人工繁育的研究,于2015年首次获得人工繁育成功,繁育褐菖鲉幼鱼(体长3～4 cm)1.3万尾,随后不断改进繁育技术,实现了褐菖鲉苗种全人工规模化繁育,2016—2018年分别获得褐菖鲉幼鱼2.1万、8.5万、26.1万尾(严银龙等,2018a)。下面根据上海市水产研究所的研究成果,着重介绍褐菖鲉人工繁殖技术的具体操作过程(严银龙等,2020a)。

## 一、繁育场建设

### 1. 场地选择

褐菖鲉人工繁育场地应选择海水资源丰富、水质良好、无工业及城市排污影响的近海或河口处进行建设。场地选择要求“三通”,即通水、通电、通路。

场地环境应符合《农产品安全质量 无公害水产品产地环境评价要求》(GB/T 18407.4)要求;水源水质符合《渔业水质标准》(GB 11607)要求;鱼苗用水应符合《无公害食品 海水养殖用水水质》(NY 5052)要求。

**2. 主要设施**

(1) 供水系统

供水系统主要由蓄水池、过滤设备、水泵及管道组成。蓄水池可按功能设计建造露天沉淀池和室内黑暗沉淀蓄水池等。前者为池塘,主要用于初级沉淀和蓄水;后者通常为水泥结构,通过水泵和管道与繁育池连通,主要用于沉淀、消毒、曝气、预热或降温等。有条件的繁育场,在露天沉淀池和室内黑暗沉淀池之间设置过滤设备,如砂滤池、滤网。水泵管道主要包括闸口纳水泵房机组、引水渠道、蓄水池与繁育池的连接水泵、管道和阀门。

(2) 供电系统

供电系统主要由电源、配电房、输电线路组成。此外,需另外配置 1 台发电机组应急用电,发电容量以保证繁育场正常运作而定。

(3) 控温系统

控温系统由锅炉、管道和阀门等组成,为室内蓄水池、亲鱼池、苗种培育池和产苗池等调控水温。除了锅炉外,也可以利用空调、地热、工厂余热等升温调节。管道为不含重金属及有害物质的不锈钢管或铁管。

(4) 供气系统

大型繁育场的供气系统由罗茨鼓风机(功率:7.5 kW)和供气管道组成,小型繁育场供气系统可由小型气泵(功率:1.0～2.0 kW)和供气管道组成。供气系统主要给亲鱼培育池、苗种培育池、生物饵料培育池等送气增氧。此外,为防止使用中的供气设备出现故障,应加配 1 台同型号供气设备应急。

(5) 亲鱼池/亲鱼交配池

褐菖鲉亲鱼池(或亲鱼交配池)为室内水泥池,面积 10～20 $m^2$,池深 1.3 m,有效水深 1.1～1.2 m,散气石密度为 0.5～1 个/$m^2$。

(6) 培育池/产苗池

褐菖鲉苗种培育池(产苗池)为室内水泥池,面积 10～20 $m^2$,池深 1.3 m,有效水深 1.1～1.2 m,散气石密度为 1～2 个/$m^2$。

(7) 产苗框

暂养褐菖鲉亲鱼的产苗框由框架、网片和浮子组成。框架采用直径 6 mm 的不锈钢圆钢制作成长 70～80 cm、宽 35～45 cm、高 40～50 cm 的长方体,框架的 8 个角用电焊焊接。网片拉平绷紧固定在框架框底和 4 个侧面外面，网片网眼规格为 1.0～1.2 cm，能使初孵仔鱼自由游动通过网片。浮子用绳串联对称固定在框架两侧长边距离上口 1/3 处，保持产苗框的对称平衡且浮出水面，防止亲鱼逃逸。

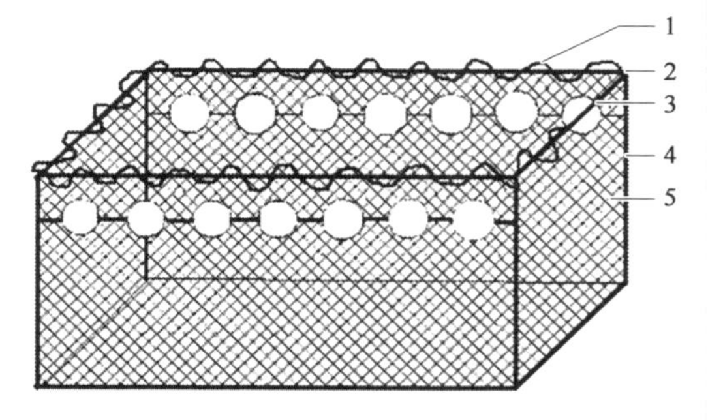


图 7-3-1　产苗框(严银龙等，2017)

## 二、亲鱼培育与选择

### 1. 亲鱼来源与选择

褐菖鲉亲鱼的来源主要有两个。一是从海区收集的野生褐菖鲉，挑选体表无擦伤、无病害的成鱼，个体体重 50～60 g、体长 8～12 cm，在亲鱼池中经过 5 个月以上的驯养，可作为褐菖鲉人工繁育的亲鱼；二是人工培育的 2 足龄以上褐菖鲉性成熟个体，挑选体表无擦伤、无病害的个体，体重 75 g 以上，作为褐菖鲉人工繁育的亲鱼(图 7-3-2)。

图 7-3-2　褐菖鲉怀胎雌鱼

### 2. 亲鱼运输

褐菖鲉亲鱼的运输主要包括野生亲鱼的运输和人工养殖亲鱼的运输两方面。

（1）野生亲鱼的运输

每年6—8月从海区收集野生褐菖鲉，采用厢式保温车运输，车厢内放置水箱的规格为长1 m×宽1 m×深1 m，每个水族箱水深70～80 cm，配备车载充气泵，连续不断充气，保持水中溶解氧大于5 mg/L，水温控制在23～25℃，盐度为22～25。褐菖鲉分装在带盖子聚乙烯网片的鱼格中，每个水箱放置8～10个鱼格，在最下面用架子托起或用鱼格垫底，以增强鱼格的水交换；每个鱼格暂养2～3 kg，鱼格放置完成后，用尼龙绳捆住，上面压住固定，保证鱼格浸没在水体下15～20 cm。长途运输期间，每隔1～1.5 h测量海水温度、观察充气和鱼的成活情况，及时调节水温。

（2）人工养殖亲鱼的运输

分为两种情况，一种是养殖场与繁育场相距甚远，其运输可参考褐菖鲉野生亲鱼的运输方式；另一种情况是两个场相距较近，可利用水桶带水运输，水桶有效水体10～40 L，暂养亲鱼数量根据水桶的形状而定，以保证放入水桶中的亲鱼平铺在桶底而不堆积，一般可暂养0.5～2尾/L，运输时间在15 min以内，如有条件配备充气装置，可适当延长运输时间。

**3. 亲鱼驯养**

褐菖鲉野生亲鱼或者人工培育的亲鱼，从野外捕捞场所或者室外养殖场所转移至繁育场之后，都需要进行驯化养殖。该过程一般在室内水泥池中进行，水泥池规格为长5.5 m、宽2.5 m，池子深度为1.3 m，有效水深为1.1～1.2 m，驯化培育池配备散气石密度为0.5～1个/$m^2$，连续不断充气，保持水中溶解氧大于5 mg/L。将刚运达的褐菖鲉放养在预先准备好的驯化池中，驯化池水与运输水的温差≤0.5℃、盐度差≤0.5，驯化池上方覆盖遮阴率70%～80%的单层遮阴膜。待褐菖鲉适应小水体环境8～12 h后，用鲜活小虾进行引食，便于加快适应室内环境正常摄食。驯化成功10～15 d后，逐级降低海水盐度，每3～4 d降盐1，直至天然海水（盐度10～12）；稳定饲养10～15 d后，逐步转口投喂鳗鱼粉状配合饲料，用手工做成直径为4～6 mm的软颗粒，现做现用，投喂方式为抛食投喂。驯化期间，每天投喂2次，上午为全天投饲量的40%、下午为60%，鲜活饵料投喂量以鱼体重的5%～8%为宜，配合饵料投喂量以鱼体重的1%～2%为宜，观察鱼的抢食情况来判断投喂量。投喂地点在褐菖鲉喜集群堆积伏底的培育池四个角。每天吸污1次，检查鱼的摄食，排除粪便和剩饵，减少污染水体。每7～10 d换水1次，每次换水量70%～80%。每30～40 d倒池1次。换水和倒池的温差≤0.5℃、盐度≤0.5。

### 4. 亲鱼越冬强化培育

11月之后，随着水温的降低，褐菖鲉进入越冬强化培育和性腺成熟的过程。越冬期间亲鱼摄食量随水温降低而减少，性腺发育随时间推移而加快，为满足亲鱼的性腺成熟，需要更好的营养需求。饲料以鳗鱼粉状配合饲料和新鲜的小鱼小虾搭配，上午投喂鳗鱼粉状配合饲料，投喂量为亲鱼体重的1%～2%；下午投喂新鲜的小鱼小虾，投喂量为鱼体重的5%～8%。观察亲鱼的摄食情况，及时调整投喂量。盐度逐级提高，从养殖时盐度10～12，每3～4 d提高盐度1，直至稳定在盐度16～18。提高盐度采用盐卤来勾兑，波美度11～12。水温随着天气温度的下降而降低，越冬强化期间水温控制在10.5～14.5℃。每天吸污1次，观察亲鱼的摄食和活动情况，排除残饵和粪便，保持良好水体环境。每5～6 d换水1次，每次换水量60%～70%。换水的温差≤0.5℃、盐度差≤0.5，以减少因换水造成水温和盐度的突变对亲鱼培育的影响。亲鱼培育池上面覆盖一层遮阴率70%～80%的遮阴膜，以创造安静幽暗的环境，减少对亲鱼的干扰。

## 典型案例

上海市水产研究所奉贤科研基地分别于2011年和2012年的6—8月，从浙江舟山海域渔船上挑选、收购褐菖鲉亲鱼800尾和1 200尾，通过长途汽车活水运输至奉贤科研基地，运输全程监测水温、盐度和溶解氧。在室内水泥池暂养48 h后，分别得到存活亲鱼791尾和1 193尾，运输成活率分别为98.88%和99.42%。

亲鱼驯化期间，养殖环境从大水体、高盐度逐渐转变成小水体、低盐度(10～12)，亲鱼饲(饵)料结构从野生小鱼小虾逐步过渡到配合饲料(表7-3-1)。

越冬强化培育自11月开始至次年3月出池时结束，历时4～5个月。在此期间渐进式升高盐度，从常规养殖盐度(10～12)逐渐升到16～18。两批亲鱼越冬培育情况见表7-3-1。

表7-3-1 野生褐菖鲉亲鱼室内低盐度驯化和越冬成活情况(严银龙等，2018a)

| 试验日期(年.月) | 驯化前数量(尾) | 驯化后(越冬前)数量(尾) | 驯化存活率(%) | 越冬后数量(尾) | 越冬存活率(%) |
|---|---|---|---|---|---|
| 2011.07—2012.03 | 791 | 773 | 97.72 | 728 | 94.18 |
| 2012.07—2013.03 | 1 193 | 1 158 | 97.07 | 1 112 | 96.03 |

### 三、催产

从每年 12 月开始亲鱼性腺逐渐成熟，次年 3—4 月是褐菖鲉性腺成熟娩出初孵仔鱼的高峰期，其间选取性腺发育良好的亲鱼，按雌雄比为 1∶(1.5～2)配对。放养在亲鱼交配池中催熟和体内受精、胚胎发育直至孵化出苗。亲鱼放养密度为 8～10 尾/$m^2$，水温控制在 11.5～13.5℃，盐度控制在 16～17，溶解氧大于 5 mg/L，散气石密度为 1～2 个/$m^2$，连续不断充气。增加换水频率，刺激褐菖鲉性腺发育成熟，2～3 d 换水 1 次，每次换水量为 60%～70%，换水的温差≤0.2℃、盐度差≤0.2。性腺发育和胚胎孵化期间，提供充足的饲料、丰富的营养，以及满足褐菖鲉性腺发育与孵化所需的能量。饲料以新鲜的小鱼小虾为宜，投喂量为亲鱼体重的 5%～8%。上午投喂为全天饲料量的 40%，下午投喂 60%，观察亲鱼的摄食情况，及时调整投喂量。亲鱼交配池上面覆盖一层遮阴率 70%～80%的遮阴膜，保持安静幽暗的环境，减少应激反应影响胚胎发育。定期观察亲鱼性腺成熟情况，检查雌鱼体内的胚胎发育情况。捉出雌鱼肚子膨大厉害、手感柔软、轻压腹部，可在肛门口见到初孵仔鱼的雌鱼放养到产苗池的产苗框中待产。诱导雌鱼集中顺利产苗，产出的初孵仔鱼经产苗框的网眼自由游到产苗池中。

### 四、孵化产苗

产苗池放苗密度控制在 2 万～3 万尾/$m^3$，根据不同褐菖鲉个体大小和怀卵量来控制暂养产苗框中待产雌鱼数量，每个产苗框暂养 6～10 尾，待育苗池鱼苗密度达到后，捉出雌鱼拿出产苗框。分检雌鱼产空与否，产空的放回到亲鱼池；未产空的雌鱼换池待产。产苗池上面覆盖一层遮阴率 70%～80%的遮阴膜，保持安静幽暗环境。产苗池水温控制在 13～15℃，盐度为 16～18，溶解氧大于 5 mg/L。待产雌鱼暂养到产苗框后，定期观察雌鱼产苗情况，一般雌鱼产苗时间在凌晨 2:00—6:00，随机多点取样测量鱼苗密度，密度达到后转移产苗框换池布苗。

## 第四节　苗 种 培 育

自 2011 年起，上海市水产研究所开展褐菖鲉苗种培育工作，经多年的探索与技术优化，建立了包括褐菖鲉仔鱼开口饵料培养、布苗方法、饵料系列及投喂方法、幼鱼饵料与盐度驯化等切实可行的褐菖鲉苗种培育技术，解决了褐菖鲉仔鱼开口饵料技术难题，确定了褐菖鲉仔稚鱼培育水环境(主要为盐度、水温等)技术参数，提高了苗种培育的成活率，成功实现了褐菖鲉苗种规模化培育(严银龙等，2020b)。

## 一、培育条件

褐菖鲉仔鱼在苗种培育池中培育。培育池为室内长方形水泥池，其规格为长 6.5 m、宽 2.5 m、深 1.2～1.3 m(图 7-4-1)。初始散气石密度 2 个/$m^2$，后期减少到 1 个/$m^2$。布苗前，用 50 mg/L 漂白精对育苗池进行全池浸泡消毒 48 h，清洗干净并干燥 48 h 后再使用。

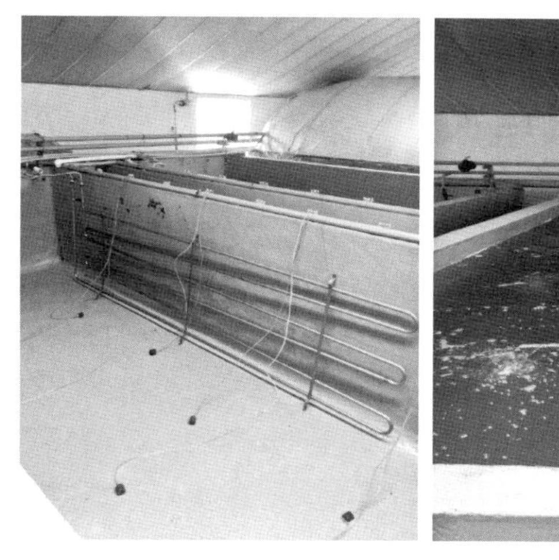

图 7-4-1　苗种培育池

育苗用海水为杭州湾水系天然海水(盐度 13～15)。通过水泵抽入土池池塘自然沉淀净化，每天中午和晚上开启增氧机各 2 h。将处理好的水抽入棚内蓄水池并用 80 目网袋过滤，沉淀曝气 48 h，使用前 1 天调配成与育苗池相同盐度和水温的育苗用水。育苗用盐卤的波美度为 11～12。

## 二、开口饵料培养

褐菖鲉在冬春季繁育，此时水温较低，露天池塘中的饵料生物较少，尤其是开口饵料(轮虫或小规格枝角类等)稀缺,导致仔鱼成活率急剧下降,因此开口饵料的多寡成为褐菖鲉育苗成败的关键。上海市水产研究所经过多年的研究与探索,结合生产实践,开发了 2 种切实可行的开口饵料培育方式:一种是基于陆基水泥池的轮虫培育方式(严银龙等,2018a;严银龙等,2020b);另一种是基于池塘暖棚的开口饵料生态培育方式(刘永士等,2019)。

**1. 基于陆基水泥池的轮虫培育方式**

3 月初进行轮虫的培养,采用 3 级培养法。

(1) 一级培养

在 5 L 的三角烧瓶中加入 1.0～1.5 L 藻类水,放入海水褶皱臂尾轮虫 5～10 个/mL,培养采用水浴法,水温控制在 24～25℃,盐度为 18～20,每天多次摇匀轮虫培养三角烧瓶,仔细观察轮虫生长繁殖情况,待藻类颜色褪去,及时补充藻类水,保持轮虫的指数繁殖,不断扩繁,轮虫密度达到 100～150 个/mL,繁殖到 5 L 轮虫 5～6 瓶后进行二级培养(图 7-4-2)。

**图 7-4-2 轮虫一级培养**

(2) 二级培养

采用 0.7～0.8 $m^3$ 的阳光房水泥池,在培养池中加入 20～30 cm 深的藻类水,接种轮虫 10～15 个/mL,水温控制在 24～25℃,每天看水色和检查轮虫挂卵数量来判断轮虫的生长趋势，补充新鲜藻类水，适当时进行换水或翻池来提高轮虫的繁殖速度，加藻类水和换水时注意水温和盐度的变化，待轮虫繁殖到 2～3 池时进行生产性扩种培养（图 7－4－3）。

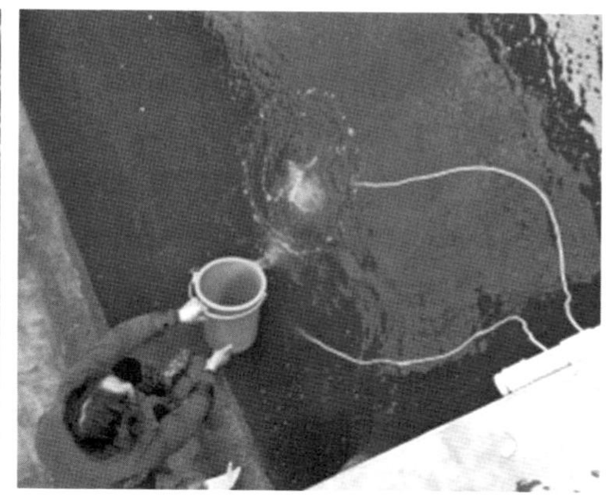

图 7－4－3　轮虫二级培养(左)和三级培养(右)

（3）三级培养

采用陆基温室大棚水泥池 4 个，面积为 150 m$^2$，池深为 1.5 m，藻类培养池 2 个，轮虫培养池 2 个（图 7－4－3）。温室大棚中生产性轮虫培养一般水温在 17～22℃，盐度为 13～15，在培养池中加入藻类水 30～40 cm 深，接种轮虫数量为 20～40 个/L，看水色的变化，从绿色慢慢变成淡黄色，每天补充新鲜藻类水，待水体中轮虫密度达到 30～50 个/mL 时可以每天抽取轮虫进行投喂（图 7－4－4），以致达

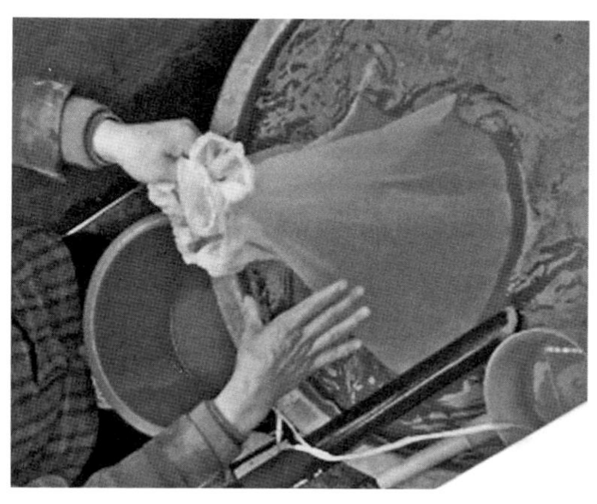

图 7－4－4　轮虫收集

到良性循环。一般轮虫培养池培养周期为 20～25 d，每个周期结束后要重新清洗消毒接种，保证轮虫在育苗阶段可持续供应，满足褐菖鲉育苗期间充足的适口饵料。

**2. 基于池塘暖棚的开口饵料生态培育方式**

基于池塘暖棚的开口饵料生态培育方式包括饵料培育池的配备、桡足类的接种、2 龄刀鲚与脊尾白虾放养、开口饵料收集等步骤。

(1) 饵料池配备

饵料培育池应具有水泥或薄膜边坡，底质为不渗漏的泥质或泥沙质，水深为 1～2 m，顶部为人工构建的钢丝塑料大棚，配备独立的进排水设施和增氧机；每年 12 月至次年 1 月用 20 mg/L 漂白粉带水消毒饵料培育池，2 天后抽掉池底水，再用 2 250 $kg/hm^2$ 的生石灰干池消毒，曝晒 1 周后进水，进水口套 60 目筛绢网，水源为天然河水，盐度 1.2～2.0。

(2) 桡足类的接种

饵料培育池进水 1 周后，池水呈黄绿色，从其他池塘收集桡足类接种到饵料培育池，饵料培育池中桡足类 0.5～1 个/mL。

(3) 2 龄刀鲚和脊尾白虾放养

在饵料培育池接种桡足类之后，放养脊尾白虾和 2 龄刀鲚，脊尾白虾的放养密度为 45～90 $kg/hm^2$，2 龄刀鲚的放养密度为 4 500～7 500 尾/$hm^2$，每天投喂 1 次对虾配合饲料。脊尾白虾与 2 龄刀鲚主要为抑制饵料培育池中大型浮游动物，保证了桡足类无节幼体的种群数量。

(4) 开口饵料收集

当水温升至 15℃以上，饵料培育池中开始出现大量桡足类无节幼体、少量的小型原生动物和轮虫等小型浮游动物，此时可收集桡足类无节幼体、小型原生动物和轮虫等小型浮游动物作为褐菖鲉仔鱼的开口饵料。

## 三、褐菖鲉布苗

褐菖鲉育苗采用低水位肥水布苗(图 7－4－5)，育苗池加入二级沉淀的海水，用 200 目筛绢过滤，滤去敌害浮游生物，水位控制在 45～55 cm，并加入人工培养的藻类 10～15 cm，透明度为 30～35 cm。放入褐菖鲉亲鱼，诱导集中孵化产苗。

褐菖鲉布完苗后，每天加入 25～35 cm 新鲜海水，盐度为 17.5～19，水温为

图 7-4-5 褐菖鲉布苗

15～16℃。加完水后，每天升温 1℃，直至育苗水温控制在 17～19℃。保持水温相对稳定，并补充 5～10 cm 深人工培养的藻类水。

## 四、饵料系列及投喂方法

刚娩出褐菖鲉仔鱼在育苗池中大都头朝下，不太游动，卵黄囊中间具一油球；第 2 d 仔鱼，卵黄囊内的油球逐渐缩小并消失（吴常文等，1999）。这与上海市水产研究所的观察结果相似。因此，褐菖鲉仔鱼从母体娩出后第 2～3 d 即可开始投喂外源性生物饵料来满足仔鱼的营养需求，且随着苗种的生长，逐渐调整投喂饵料的种类和规格，以满足鱼苗的适口性和营养需求。根据上海市水产研究所多年研究和生产实践（严银龙等，2018a；刘永士等，2019；严银龙等，2020b），褐菖鲉苗种培育饵料投喂方法如下。

布苗后第 3 d 开始补充外源性营养饵料，投喂 100 目筛绢网滤出的海水活轮虫或桡足类无节幼体作为开口饵料，密度为 12～15 个/mL，下午检查水体中生物饵料密度，补充生物饵料并保持一定的密度。在投喂轮虫和桡足类无节幼体期间，每天加入藻类水，满足水体中生物饵料能滤食藻类正常繁殖生长。

布苗后第 10 d，开始增加投喂刚孵出的卤虫无节幼体，投喂量为 1～2 个/mL，适当减少轮虫的投喂量，此时的轮虫密度为 8～12 个/mL，轮虫与卤虫无节幼体交叠投喂 10～15 d 后转口投喂卤虫无节幼体。

布苗后第 25～30 d，开始加投枝角类或桡足类，逐渐减少卤虫无节幼体的投喂，枝角类根据稚鱼口裂的大小，用 60 目→40 目→30 目→皮条网（10 目）的网片筛滤，得到适合鱼苗口裂大小的虫子。

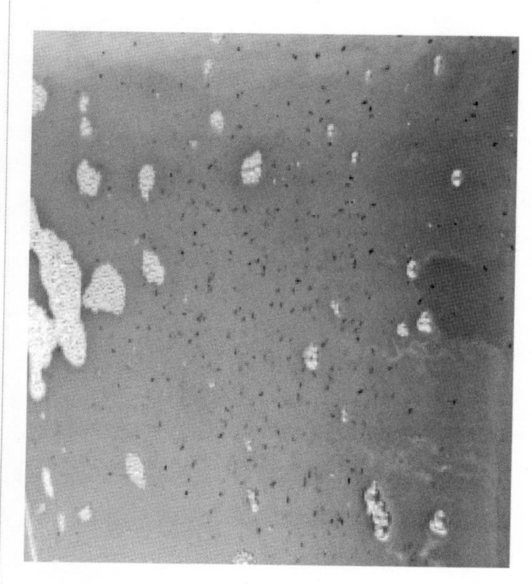

**图 7-4-6　褐菖鲉苗种**

布苗后 35～40 d，稚鱼开始慢慢变态变成幼鱼，不仅形态发生变化，而且栖息方式改变，从水体中集群浮游到贴池壁和池角潜伏，在变态前期加大换水量或直接翻池和分池，变态后投喂大型裸腹溞和小糠虾等。

历时 50～60 d 的鱼苗培育，培育成体长为 2～4 cm 褐菖鲉幼鱼（图 7-4-6）；幼鱼从生物饵料逐渐投喂人工饲料，人工饲料主要为鳗鱼粉状配合饲料，按 1 份干粉兑 0.65～0.75 份水做成的面团制作成直径 2～3 mm 的颗粒状饲料投喂（现做现用）。转口成功后，不再投喂生物饵料。

## 五、幼鱼的盐度驯化

每年 5—6 月，当人工繁育的褐菖鲉幼鱼规格达到 2～4 cm 时，开始进行盐度和饲料的驯化。室内水泥池每天加盐度 11～15 的天然河口水逐步降低盐度，降盐速度为 2/d，最终养殖用水盐度维持在 11～15。盐度驯化完成后，每 2 d 换海水 1 次，换水量为 50%～70%，控制温差≤0.5℃、盐度差≤0.5。每天上午和下午各投喂 2 次天然饵料（刘永士等，2020）。

## 六、饲料驯化

盐度驯化完成后进行饲料驯化。幼鱼的驯食饲料为鳗鱼粉状配合饲料，投喂时将粉状鳗鱼料制成软颗粒饲料，在鱼密集的角落定点投喂。在投喂点水面下 40～50 cm 处放置饲料台，饲料台网目 30 目，承接未摄食的饲料。吸引鱼定点摄食饲料，每个池子设置 1～3 个投饲点，投饲频率为每天 1 次。每天及时吸出未摄食的饲料与粪便杂质，如 90%以上幼鱼摄食配合饲料且有抢食现象，即完成褐菖鲉饲料驯化（图 7-4-7）。此时将养殖池水位放低至 20 cm，用 20 目软质筛绢网捞出褐菖鲉幼鱼进行 1 龄鱼种的养殖，移池前停食 1 d（刘永士等，2020）。

图 7-4-7　褐菖鲉幼鱼摄食

## 七、日常管理

日常管理主要包括清底、换水和分池。

### 1. 清底

清底采用虹吸吸污的方式。虹吸吸污工具包括吸污管、吸污框和大脚盆。吸污管由吸污软管、硬质透明管和鸭嘴管三部件连接组成。吸污软管主要将吸出的污水导入大脚盆中吸污框内，硬质透明管主要用于把持操作和观察吸污情况，鸭嘴管可紧贴池底并增加吸污的有效面积。根据鱼苗的大小，及时更换吸污框的网袋，网目依次使用 60 目、40 目、30 目和 20 目。放苗后第 5 d 开始吸污清底，以后每天吸污 1 次。吸污时，停止充气，将散气石移出育苗池，鸭嘴管紧贴池底，轻轻移动吸污管，通过虹吸原理将池底污水和极少量鱼苗一并吸出并导入吸污框。将吸出的污物和极少量鱼苗带水舀入白搪瓷脸盆内，然后再将分离出的活鱼苗舀回育苗池内。

### 2. 换水

由于采用低水位布苗，布苗前期每天添加藻类水和海水 5～10 cm。从第 5 d 开始，每天换水 1 次，换水量根据情况控制在 30%～100%，前期换水量少点，后期多点。换水时注意水温和盐度，温差≤1℃，盐度差≤1。

### 3. 分池

苗种培育期间，一般分池倒池 2 次，第 1 次分池倒池时间为 25～30 d，第 2 次分池倒池时间为 50～60 d。每次分池倒池根据鱼苗存活率判断，通常以分池后密度减半为标准。每次分池倒池前先吸污再排水，保持育苗池中留有 20 cm 的水位，移去散气石，第 1 次分池倒池，使用 40 目的筛绢网低水位拉网，带水舀苗估数分池倒池。第 2 次分池倒池采用相同的方法，使用 20 目的筛绢网低水位拉网，带水舀苗估数分池倒池（图 7-4-8）。

图 7-4-8 褐菖鲉幼鱼拉网分池

## 八、出苗计数

目前,鱼苗出池计数的传统方式有以下 3 种。

**1. “打杯”法**

采用“打杯”的方法,就是把鱼苗集入筛绢网兜中,然后用小型密网圆漏斗来捞,记录漏斗数,然后乘以随机抽样漏斗(2～3 次)的平均数就是总的鱼苗数量,此法是传统常规鱼苗计数的常用方法,但不太适合褐菖鲉鱼苗计数,因为褐菖鲉头部和背鳍有硬棘,大量聚集,产生应激反应,易导致损伤,造成鱼苗死亡。

**2. 单位水体计数法**

把鱼苗高密度集中到一个容器中,用单位体积水体中(如 1 L)的鱼苗数来折算整个容器内的鱼苗数。此方法由于褐菖鲉集群性好特点,以致整个容器内往往会出现有些地方鱼苗很集中,有些地方相对很少,取样不太稳定,通过单位水体来计数会造成计数准确度下降。

**3. 人工数苗法**

此法虽然比较原始和繁琐,但比较适合褐菖鲉鱼苗的计数方法,全程带水操作,既保证了成活率,又极大地提高了计数的准确度。即拉网后将幼鱼放置在育苗池顶端的数苗网围中,带水舀苗进行计数(图 7-4-9)。

图 7-4-9　出苗计数

## 九、注意事项

上海市水产研究所在连续多年苗种生产实践中发现，褐菖鲉苗种培育过程中有 3 个危险时期，苗种死亡率相对较高，需要特别注意和及时应对。

(1) 第 1 个死亡高峰期出现在 7～10 d，由内源性卵黄囊消失转化摄食外源性饵料期，没有适口的开口饵料和一定的饵料密度，难以满足仔鱼的摄食，因为这个时候仔鱼游泳缓慢，自主摄食的能力不强，也有可能仔鱼自身原因，开不了口，待内源性营养耗尽后自然淘汰(严银龙等，2018a)。

(2) 第 2 个死亡率较高时期出现在 25～29 d 的后期仔鱼阶段，这时鱼苗鳔器官发育基本成形，鳍条正在形成，需要多种营养提高发育所需的能量，而单一的摄食，无法满足器官发育的需求，严重时影响鱼苗的正常发育，会出现大量死亡，还有会导致个体大小出现较大的差异。为解决这一问题主要是改善饵料结构，混合投喂轮虫、卤虫无节幼体和淡水裸腹溞等(严银龙等，2018a)。

(3) 第 3 个死亡高峰期在 45～50 d 稚鱼后期阶段，鳞片正在发生，身体开始出现斑纹，形态发生变化，栖息方式也变为贴边伏底，这时鱼苗快速生长发育，需要更丰富的营养和饵料数量满足鱼苗的能量消耗，饥饿容易引起个体的相互残杀，如果不及时投喂适口的饵料和充足的饵料，导致褐菖鲉鱼苗相互残杀严重，死亡率很高（严银龙等，2018a）。

## 典型案例

2016—2018年每年3月下旬，选取胚胎发育良好的、轻压腹部肛门口能见鱼苗的怀胎雌鱼分别为13、20和35尾，暂养在带专用产苗框的育苗池中待产。产出初孵仔鱼分别为32.5万尾、73.6万尾和111.5万尾，每尾雌鱼平均产出鱼苗3.12万尾。培育到1 cm的仔鱼分别为10.93万尾、22.30万尾和35.22万尾，从初孵仔鱼培育到1 cm仔鱼的成活率分别为33.6%、30.3%和31.6%，平均成活率为31.8%，其中2018年5月9日和16日分2次在上海市奉贤区渔政执法大队的监督下在杭州湾海域中港水闸处进行公益性放流，放流数量分别为15.30万尾（平均体长达1.59 cm）和5.80万尾（平均体长达2.28 cm），合计放流21.10万尾。历时50～65 d的人工苗种培育，2016—2018年间分别获得褐菖鲉鱼苗（体长为3 cm以上）3.80万尾、8.03万尾和5.12万尾，累计16.95万尾；育苗成活率分别为34.8%、36.0%和36.3%，平均成活率达35.8%（详见表7-4-1）。

表7-4-1　2016—2018年褐菖鲉参与育苗雌鱼、仔鱼数和成活率

| 年份 | 参与育苗雌鱼（尾） | 仔鱼苗（万尾） | 平均每尾鱼娩出仔鱼苗（万尾） | 1 cm仔鱼（万尾） | 成活率（%） | 放流（万尾） | | 3 cm（万尾） | 成活率（%） |
|---|---|---|---|---|---|---|---|---|---|
| | | | | | | 5月9日（1.59 cm） | 5月16日（2.28 cm） | | |
| 2016 | 13 | 32.5 | 2.50 | 10.93 | 33.6 | | | 3.80 | 34.8 |
| 2017 | 20 | 73.6 | 3.68 | 22.30 | 30.3 | | | 8.03 | 36.0 |
| 2018 | 35 | 111.5 | 3.19 | 35.22 | 31.6 | 15.30 | 5.80 | 5.12 | 36.3 |
| 合计 | 68 | 217.6 | | 68.45 | | 21.1 | 16.95 | | |
| 平均 | | | 3.12 | | 31.8 | | | | 35.8 |

### 十、影响仔稚幼鱼生长的主要环境因子

褐菖鲉从仔鱼到稚鱼再到幼鱼的发育阶段，经历了关键的变态发育期，各组织器官以及体型都发生重大变化，该阶段鱼苗较脆弱。此外，育苗环境稳定、水质的

优劣以及营养的充足与否都是育苗能否成功的关键。下面依据现有研究文献介绍影响褐菖鲉仔稚幼鱼生长的主要环境因子。

**1. 水温**

（1）初孵仔鱼阶段

褐菖鲉仔鱼对水温变化较为敏感。在盐度26～27条件下，刚产出仔鱼（平均体长3.2 mm）48 h半致死水温为6℃和22℃，适宜水温范围为8～18℃，最适水温范围为10～14℃（吴常文，2000）。严银龙等（2021）研究了不同水温（12℃、16℃、20℃）和盐度（5.0、7.5、10.0、15.0、20.0、25.0、30.0、35.0）下，褐菖鲉刚产出仔鱼不投饵存活指数（SAI），结果表明在水温为12℃、盐度为25.0条件下，褐菖鲉仔鱼存活时间最长，且耐饥饿能力最强（图7-4-10）。

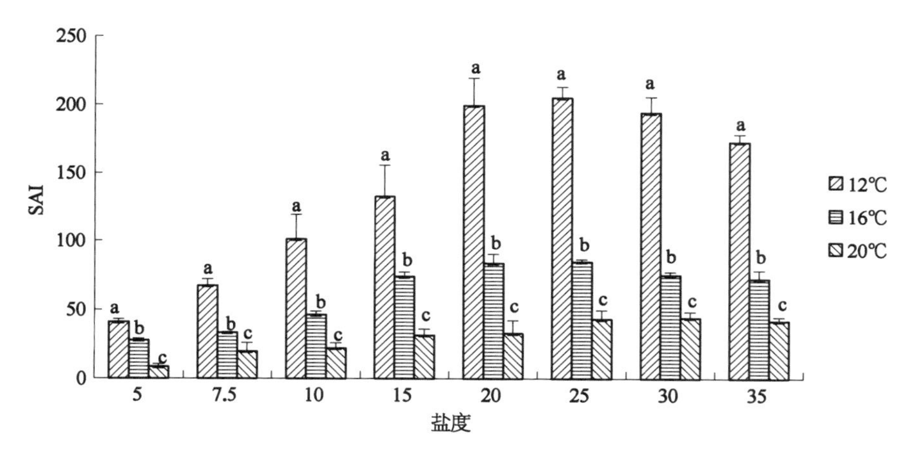


**图7-4-10　水温对褐菖鲉初孵仔鱼不投饵存活指数（SAI）的影响（严银龙等，2021）**

相同盐度组中标有不同小写字母表示不同水温组间有显著性差异（$P<0.05$），标有相同小写字母表示不同水温组间无显著性差异（$P>0.05$）

褐菖鲉仔鱼对水温的耐受范围并不是一成不变的，与养殖水体其他环境因子（盐度、pH等）密切相关。沈庞幼等（2014）等研究表明，在海水比重1.020条件下，水温21℃以上已不适宜褐菖鲉仔鱼生存。而高明良（2006）研究表明，褐菖鲉刚产出仔鱼对水温的适应性与盐度、pH等环境因子密切相关，水温耐受上限在盐度16和22时最高，为30℃；在盐度4时最低，为24℃；pH为8时，褐菖鲉仔鱼高温存活系数（$SAI_{ht}$）最高，为15.8，说明对高温有更强的耐受力。

（2）幼鱼阶段

鱼类不同生长阶段，其适宜水温范围也不同。邱成功等（2014）研究了不同水温下（10、12、14……30℃）褐菖鲉幼鱼（10.61 g±0.91 g）的耗氧率和排氨率，发现褐菖鲉幼鱼在 18～28℃的代谢 $Q_{10}$（温度系数）值与鱼类平均代谢 $Q_{10}$ 值（2.3）较接近，因此认为褐菖鲉幼鱼的适宜生长水温为 18～28℃（表 7-4-2）。

表 7-4-2　不同水温褐菖鲉幼鱼代谢率和排泄率的 $Q_{10}$ 值（邱成功等，2014）

| 水温(℃) | 代谢率 $Q_{10}$ 值 | 排泄率 $Q_{10}$ 值 |
|---|---|---|
| 10～20 | 5.65±0.30 | 1.93±0.01 |
| 12～22 | 4.89±0.60 | 0.97±0.03 |
| 14～24 | 5.05±0.71 | 0.52±0.03 |
| 16～26 | 4.07±0.68 | 0.56±0.03 |
| 18～28 | 2.83±0.09 | 0.82±0.18 |
| 20～30 | 1.63±0.17 | 0.78±0.06 |

**2. 盐度**

盐度对鱼类生态生理作用的直接效应是引起鱼体对渗透压的调节，间接影响则表现为对鱼体与环境间物质交换和能量流动的影响（高明良，2006）。可通过研究在不同盐度下褐菖鲉生长（严银龙等，2019；袁新程等，2020）、成活率（吴常文，2000）、代谢和排泄（严银龙等，2019）、耐饥饿能力（高明良等，2006；严银龙等，2021）、消化酶或免疫酶活力（袁新程等，2020）等判断其适宜盐度范围。

（1）初孵仔鱼阶段

在不同盐度（6、10、14、18、22、26、30、34、38）条件下，观察褐菖鲉刚产出仔鱼（平均体长 3.2 mm）的活动以及成活率（表 7-4-3），发现 48 h 半致死盐度为 6 和 38，褐菖鲉仔鱼适宜的盐度范围为 10～34，最适盐度范围为 14～22（吴常文，2000）。

表 7-4-3　褐菖鲉仔鱼不同盐度的适应性（吴常文，2000）

| 盐　度 | | | | | | |
|---|---|---|---|---|---|---|
| 淡水 | 3 | 6 | 10～34 | 38 | 42 | 46 |
| 基本静止不动，出现死亡，10 min 后经抢救不能 | 不活泼，偶有游动，部分出现死亡，个别经抢救存活 | 降低时活动不活泼，渐渐正常，个别出现翻白倒立 | 活动正常 | 刚上升时活动频繁，渐渐正常，个别出现翻白倒立 | 频繁活动并出现翻白倒立，个别死亡，经抢救能存活 | 放入时便出现侧倒翻白现象，经抢救不能恢复 |

严银龙等(2021)利用上海市水产研究所奉贤科研基地人工繁养的褐菖鲉成鱼娩出的褐菖鲉仔鱼进行耐饥饿试验，试验设置3个水温梯度(12℃、16℃、20℃)和8个盐度梯度(5.0、7.5、10.0、45.0、20.0、25.0、30.0、35.0)，每天观察仔鱼存活情况，仔鱼的耐饥饿能力以不投饵存活系数(SAI)为衡量指标，结果显示在同一水温条件下，褐菖鲉仔鱼的SAI值随着盐度升高呈现先增大后减小的变化趋势，在盐度25.0时达到最大值，仔鱼的最适盐度范围为20.0～30.0(图7-4-11)。而高明良等(2006)利用从超市购买的褐菖鲉成鱼自然娩出的仔鱼进行不同盐度(28、22、16、10、4)下仔鱼的耐饥饿能力试验，结果显示褐菖鲉仔鱼最适的生存盐度范围为16～22。两个试验的不同结果，与所用仔鱼的来源、实验条件(主要为海水配置方法)等都有不同程度的关系。

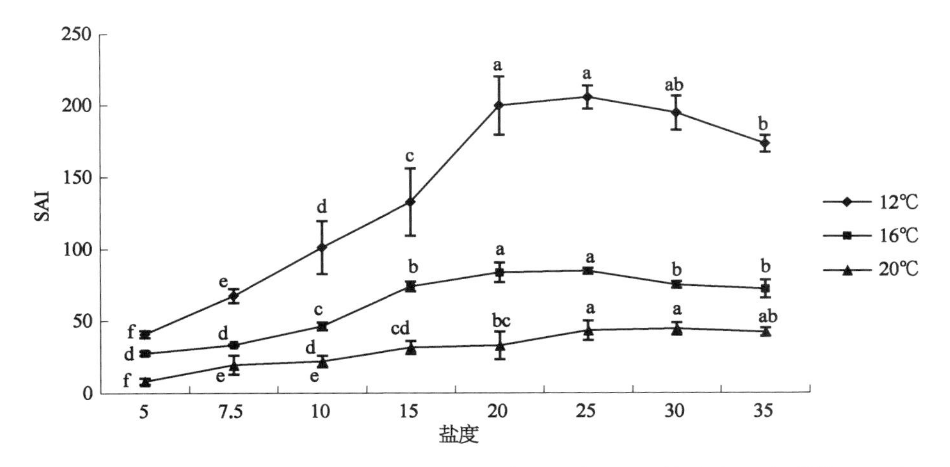


**图7-4-11 盐度对褐菖鲉初孵仔鱼不投饵存活系数(SAI)的影响(严银龙等,2021)**

相同水温组中标有不同小写字母表示不同盐度组间有显著性差异($P<0.05$)，标有相同小写字母表示不同盐度组间无显著性差异($P>0.05$)

(2) 幼鱼阶段

上海市水产研究所通过研究不同盐度(5、7.5、10、15、20、25、30)对褐菖鲉幼鱼生长、耗氧率、排氨率、消化酶和抗氧化酶活力等的影响，进而获得其幼鱼(3.65 g±0.82 g)适宜的盐度范围为15～25(严银龙等，2019；袁新程等，2020)。

试验所用褐菖鲉幼鱼为上海市水产研究所奉贤科研基地人工繁育和养成的幼鱼，体重为(3.65±0.82)g，体长为(4.76±0.34)cm，试验养殖周期为56 d，所用饲料为鳗鱼粉状配合饲料加工成的软颗粒。

试验盐度从15降到5之后3 d内，褐菖鲉幼鱼全部死亡，盐度5组成活率为0，褐菖鲉幼鱼在10、15、20盐度组中生长较好，成活率分别为97.50%、98.33%、

91.67%，体重特定生长率分别为1.904%/d、2.001%/d、2.077%/d；5、7.5和30盐度组褐菖鲉幼鱼成活率分别为0、19.17%、76.67%，均显著低于10、15、20盐度组；各组褐菖鲉幼鱼饲料系数为1.230～1.367，其中15、20和25盐度组饲料系数均显著低于7.5和30组($P<0.05$)，而10、15、20、25盐度组间无显著性差异；各组褐菖鲉幼鱼摄食率为1.282%/d～2.157%/d，其中15、20和25盐度组摄食率均显著低于7.5和30盐度组，而10、15、20、25盐度组间无显著性差异(表7-4-4)；在盐度为7.5～30范围内，褐菖鲉幼鱼耗氧率(OR)和排氨率(AR)均随着盐度的增加而升高，分别在盐度为15和25时达到峰值，分别为0.137 mg/(g·h)和10.406 μg/(g·h)，之后随盐度的增加而降低，耗氧率与盐度呈现二次函数关系，即$y=-0.000\,2x^2+0.009\,1x+0.051\,2(R^2=0.928\,7)$；褐菖鲉幼鱼的O/N值范围为12.160～16.415(表7-4-5)(严银龙等，2019)。

表7-4-4 不同盐度下褐菖鲉幼鱼生长、摄食、成活率和饲料系数(严银龙等，2019)

| 盐度 | 特定生长率(%/d) | 摄食率(%) | 饲料系数 | 成活率(%) |
|---|---|---|---|---|
| 7.5 | 1.500±0.153[b] | 1.282±0.038[c] | 1.367±0.065[a] | 19.17±1.443[d] |
| 10 | 1.904±0.121[a] | 2.094±0.062[ab] | 1.293±0.038[ab] | 97.50±2.500[a] |
| 15 | 2.001±0.147[a] | 2.157±0.026[a] | 1.233±0.049[b] | 98.33±1.443[a] |
| 20 | 2.077±0.090[a] | 2.147±0.077[a] | 1.250±0.017[b] | 91.67±1.443[ab] |
| 25 | 2.023±0.087[a] | 2.150±0.060[a] | 1.230±0.066[b] | 78.33±11.273[bc] |
| 30 | 1.984±0.122[a] | 2.042±0.034[b] | 1.347±0.031[a] | 76.67±14.649[c] |

注：同列中标有不同小写字母者表示组间有显著性差异($P<0.05$)，标有相同小写字母者表示组间无显著性差异($P>0.05$)，下同。

表7-4-5 不同盐度褐菖鲉幼鱼耗氧率、排氨率和氧氮比(严银龙等，2019)

| 盐 度 | 耗氧率[mg/(g·h)] | 排氨率[μg/(g·h)] | 氧氮比 |
|---|---|---|---|
| 7.5 | 0.104±0.019[c] | 6.554±2.268[b] | 15.914 |
| 10 | 0.118±0.003[bc] | 8.244±1.893[ab] | 14.294 |
| 15 | 0.137±0.011[a] | 8.370±2.235[ab] | 16.415 |
| 20 | 0.128±0.006[ab] | 9.194±1.110[ab] | 13.967 |
| 25 | 0.127±0.003[ab] | 10.406±2.445[a] | 12.160 |
| 30 | 0.102±0.016[c] | 6.977±2.947[b] | 14.639 |

各盐度组间脂肪酶活力均无显著差异($P>0.05$),盐度在15、20时淀粉酶活力较低,盐度为15时显著低于盐度为30时($P<0.05$)。胃蛋白酶和胰蛋白酶活力均随盐度变化呈先降后升的趋势,盐度在7.5～20时,胰蛋白酶和胃蛋白酶活力较高,25时最低(表7-4-6);幼鱼体内3种抗氧化酶活力呈先升高后降低再升高的变化趋势,各组间谷胱甘肽过氧化物酶活性均无显著差异。总超氧化物歧化酶和过氧化氢酶活性在盐度20、25时较低,其他组间均无显著差异(表7-4-7)(袁新程等,2020)。

表7-4-6 盐度对褐菖鲉幼鱼体内消化酶的影响(袁新程等,2020)

| 盐 度 | 淀粉酶(U/mgprot) | 胃蛋白酶(U/mgprot) | 胰蛋白酶×$10^3$(U/mgprot) | 脂肪酶(U/mgprot) |
|---|---|---|---|---|
| 7.5 | $1.01\pm0.24^{ab}$ | $3.26\pm0.77^{a}$ | $3.26\pm0.78^{a}$ | $9.52\pm1.58^{a}$ |
| 10 | $1.03\pm0.58^{ab}$ | $2.81\pm0.70^{ab}$ | $3.02\pm1.37^{a}$ | $10.14\pm4.32^{a}$ |
| 15 | $0.60\pm0.13^{b}$ | $2.68\pm0.13^{ab}$ | $3.25\pm0.69^{a}$ | $8.53\pm3.17^{a}$ |
| 20 | $0.95\pm0.11^{ab}$ | $2.39\pm0.44^{ab}$ | $2.68\pm0.64^{ab}$ | $7.62\pm4.07^{a}$ |
| 25 | $1.02\pm0.28^{ab}$ | $1.93\pm0.29^{b}$ | $1.51\pm0.20^{b}$ | $4.98\pm1.38^{a}$ |
| 30 | $1.32\pm0.08^{a}$ | $2.25\pm0.14^{ab}$ | $2.51\pm0.18^{ab}$ | $10.19\pm2.95^{a}$ |

表7-4-7 盐度对褐菖鲉幼鱼体内抗氧化酶的影响(袁新程等,2020)

| 盐 度 | 总超氧化物歧化酶(U/mgprot) | 谷胱甘肽过氧化物酶(酶活力单位) | 过氧化氢酶(U/mgprot) |
|---|---|---|---|
| 7.5 | $362.43\pm74.53^{ab}$ | $8.33\pm3.35^{a}$ | $3.68\pm0.87^{a}$ |
| 10 | $346.63\pm104.49^{ab}$ | $8.99\pm7.43^{a}$ | $3.99\pm0.84^{a}$ |
| 15 | $390.27\pm34.83^{a}$ | $13.06\pm8.02^{a}$ | $3.97\pm0.94^{a}$ |
| 20 | $338.06\pm77.98^{ab}$ | $8.54\pm3.78^{a}$ | $3.38\pm0.52^{ab}$ |
| 25 | $244.32\pm42.91^{b}$ | $22.32\pm15.11^{a}$ | $2.31\pm0.13^{b}$ |
| 30 | $281.18\pm20.20^{ab}$ | $10.06\pm1.91^{a}$ | $3.31\pm0.53^{ab}$ |

研究表明,褐菖鲉幼鱼具有较强的盐度耐受能力,在盐度7.5～30范围内均能存活,并在盐度10～25时成活率较高;在盐度15～25范围内,其特定生长率和摄食率较大,饲料系数较小;在盐度为7.5～30时,褐菖鲉幼鱼的排氨率和耗氧率均

随盐度增加呈现先升高后降低的变化规律，在盐度15时耗氧率达到最大，在盐度25时排氨率达到最大；在15～25盐度范围内消化酶活力较小，幼鱼不需要消耗过多的能量来调节渗透压；盐度对谷胱甘肽过氧化物酶(GSH-PX)的活力无明显影响，但对总超氧化物歧化酶(SOD)和过氧化氢酶(CAT)活力影响显著，在盐度20～25时SOD和CAT活力较低；因此，综合分析褐菖鲉幼鱼(3.65 g±0.82 g)生长最适宜的盐度范围为15～25(严银龙等，2019；袁新程等，2020)。

### 3. pH

pH对鱼类的影响，主要是高pH环境下对鱼类的鳃及表皮的腐蚀(杨卫，2002)，以及低pH可导致鱼类血液中血红蛋白含量下降影响呼吸(吴萍等，2002)、破坏血清中电解质平衡(卢玲等，2000)及血糖含量明显升高、体重下降、抑制生长(卢健民等，2001)等。

吴常文(2000)研究发现，褐菖鲉刚产出仔鱼(平均体长3.2 mm)对pH的适应范围为5.0～9.5，最适pH范围为8～9。高明良(2006)研究发现，pH在4～8范围内，褐菖鲉刚产出仔鱼高温存活系数($SAI_{ht}$)随着pH升高而增大，并在pH为8时达到最大值(15.8)；之后pH在8～10范围内，$SAI_{ht}$随着pH升高而逐渐减小，并在pH为10时，达到最小值(1.2)(图7-4-12)，说明pH为8时，褐菖鲉仔鱼对高温有更强的耐受力，褐菖鲉仔鱼培育最佳的pH为8。

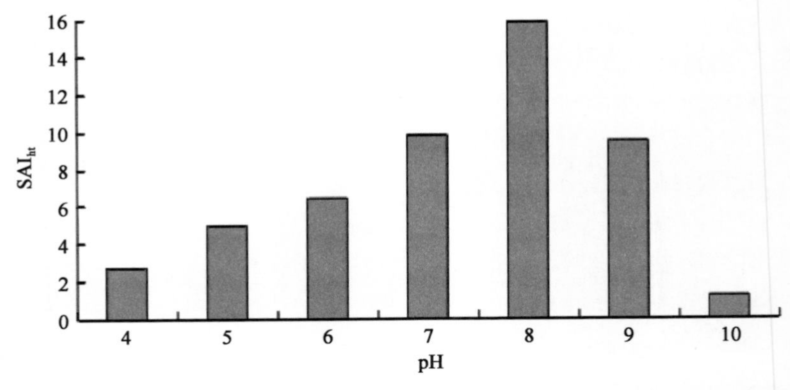


图7-4-12 不同pH下褐菖鲉仔鱼的高温存活系数($SAI_{ht}$)(高明良，2006)

### 4. 培养密度

在苗种培育过程中，培养密度是影响苗种生长性能和成活率的重要因子之一。过高的培育密度会增加苗种对养殖空间和生物饵料的竞争，引起水质变坏和胁迫应激，最终导致苗种生长缓慢、发病或死亡，降低成活率；过低的培养密度会造成资源的浪费、增加养殖成本，不利于规模化养殖和产业的发展。吴常文(2000)研究不同培养密度(20～160 尾/L)对褐菖鲉仔鱼存活率的影响，发现培养密度为 20 尾/L 和 40 尾/L 时，仔鱼存活率最高；培养密度为 80 尾/L、100 尾/L、120 尾/L 时前期存活率较高，后期较低，建议在实际生产过程中，采用 40 尾/L 左右的培养密度。尽管吴常文(2000)报道中 20 尾/L 和 40 尾/L 时仔鱼的成活率最高，但仔鱼培育 12 d 后，其成活率仅为 8.2%～8.8%，与实际生产的要求相距甚远。上海市水产研究所经过多年研究，成功实现了褐菖鲉苗种的规模化生产，通过生产实践发现，褐菖鲉刚产出仔鱼布苗密度为 2 万～3 万尾/$m^3$(20～30 尾/L)(严银龙等，2018a；严银龙等，2020b)，褐菖鲉幼鱼(2～4 cm)在室内水泥池培养密度为 30～50 尾/$m^2$(刘永士等，2020)。

## 参考文献

Nakabo T. 2013. Fishes of Japan: with pictorial keys to the species. Tokyo: Tokai University Press.

陈舜，肖云朴，伍德瀛，等. 2008. 褐菖鲉网箱养殖试验初报. 海洋科学，(8)：5－8＋33.

陈爱平. 1995. 褐菖鲉人工育苗技术. 中国水产，(8)：31.

陈大刚，张美昭. 2015. 中国海洋鱼类. 青岛：中国海洋大学出版社.

邓平平，严银龙，施永海. 2018. 褐菖鲉仔稚鱼脊柱及附肢骨骼系统的早期发育. 浙江大学学报(农业与生命科学版)，44(6)：735－742.

杜佳垠. 2005. 褐菖鲉生态学特点与增养殖进展. 北京水产，(6)：55－59.

高明良，袁重桂，阮成旭. 2006. 盐度对褐菖鲉仔鱼活力影响的研究. 福建水产，(1)：42－44.

高明良. 2006. 褐菖鲉早期仔鱼的生态因子最适范围研究. 福州大学.

金鑫波. 2006. 中国动物志・硬骨鱼纲・鲉形目. 北京：科学出版社.

林丹军，尤永隆，陈莲云. 2000. 卵胎生硬骨鱼褐菖鲉精巢的周期发育. 动物学研究，(5)：337－342＋425－426.

林丹军，尤永隆. 2000. 卵胎生硬骨鱼褐菖鲉卵巢的周期发育研究. 动物学研究，(4)：269－274.

林国文，陈成进，陈慧，等. 2010. 海水网箱养殖褐菖鲉试验. 渔业现代化，37(1)：43－46.

刘永士，谢永德，施永海，等. 2019. 一种褐菖鲉仔鱼开口饵料的生态培育方法：中国，CN106259220B.

刘永士，谢永德，严银龙，等. 2020. 一种人工繁育的褐菖鲉鱼种的室内水泥池养殖方法：中国，CN107027663B.

卢玲，卢健民，蔺玉华，等. 2000. 低 pH 对鲤鱼血液电解质影响的研究. 水产学杂志，(2)：42 - 46.

卢健民，卢玲，蔺玉华，等. 2001. 低 pH 水平对鲤鱼生长及血糖浓度影响的研究. 水产学杂志，(1)：51 - 53.

钱昶，常抗美，李焕，等. 2010. 褐鲳鲉全人工育苗技术. 中国水产，(7)：48 - 49.

邱成功，徐善良，林少珍，等. 2014. 不同温度条件下褐菖鲉幼鱼的耗氧率和排氨率. 应用海洋学学报，33(1)：84 - 89.

邱成功，徐善良，齐闯，等. 2013. 褐菖鲉(*Sebastiscus marmoratus*)早期生长发育与人工繁育技术研究. 宁波大学学报(理工版)，26(4)：17 - 23.

沈庞幼，徐善良，邱成功，等. 2014. 温度和盐度对褐菖鲉仔鱼心率和成活率的影响. 河北渔业，(10)：4 - 6+18.

桶屋幸司. 1998. 新鱼种导入可能性探究——山口县褐菖鲉. 养殖，35(11)：56 - 59.

王志铮，吴常文，侯伟芬，等. 2002. 褐菖鲉仔、稚鱼生长特性及其关键变态期的研究. 海洋科学，26(5)：1 - 4.

吴萍，宋学宏，蔡春芳，等. 2002. pH 对黄颡鱼红细胞脆性及血红蛋白含量的影响. 水利渔业，(1)：21 - 23.

吴常文，王伟洪，李昌达. 1999. 褐菖鲉 *Sebastiscus marmoratus* 性腺、胚胎和仔鱼发育的初步研究. 浙江海洋学院学报(自然科学版)，(4)：310 - 314.

吴常文，叶德锋，徐佳晶，等. 2011. 褐菖鲉工厂化苗种培育方法：中国，CN101444192B.

吴常文. 1999. 浙江舟山近海褐菖鲉 *Sebastiscus marmoratus* 生物学研究. 浙江海洋学院学报(自然科学版)，(3)：185 - 190+226.

吴常文. 2000. 若干环境因子对褐菖鲉仔鱼存活率的影响. 浙江海洋学院学报(自然科学版)，(1)：12 - 16.

许明海. 1999. 褐菖鲉渔业生物学初步研究. 海洋渔业，(4)：159 - 162.

严银龙，邓平平，施永海，等. 2018b. 室内养殖的 1 龄和 2 龄褐菖鲉生长特性研究. 水产科技情报，45(2)：65 - 69.

严银龙，刘永士，施永海，等. 2018a. 褐菖鲉室内人工繁育技术初探. 水产科技情报，45(6)：322 - 326.

严银龙，施永海，刘永士，等. 2020b. 一种褐菖鲉室内人工育苗的方法：中国，CN108522367B.

严银龙，谢永德，刘永士，等. 2017. 一种褐菖鲉室内人工繁育产苗框：中国，CN206744288U.

严银龙，谢永德，刘永士，等. 2020a. 一种褐菖鲉室内人工繁殖的方法：中国，CN107211924B.

严银龙，袁新程，施永海，等. 2019. 盐度对褐菖鲉幼鱼生长、耗氧率和排氨率的影响. 大连海洋大学学报，34(4)：545 - 551.

严银龙，袁新程，徐嘉波，等. 2021. 盐度和温度对褐菖鲉初孵仔鱼耐饥饿能力的影响. 水产科技情报，48(3)：121－125.

杨卫. 2002. pH 值与鱼类健康. 四川农业科技，(10)：23.

杨佳喆，齐闯，徐善良. 2019. 褐菖鲉仔、稚鱼消化系统发育的组织学观察. 热带海洋学报，38(2)：58－66.

袁新程，严银龙，施永海. 2020. 盐度对褐菖鲉幼鱼生长、体成分、消化和抗氧化酶活力的影响. 上海农业学报，36(2)：114－119.

张雅芝，李福振，郭长春. 1993. 东山湾褐菖鲉食性研究. 台湾海峡，(3)：233－241.

庄平，王幼槐，李圣法，等. 2006. 长江口鱼类. 上海：上海科学技术出版社.

# 第八章

# 斑尾刺虾虎鱼

## 第一节　概　　述

### 一、分类地位

斑尾刺虾虎鱼（*Acanthogobius ommaturus* Richardson）＝斑尾复虾虎鱼（*Synechogobius ommaturus*），又名矛尾复虾虎鱼，隶属鲈形目（Perciformes）、虾虎鱼科（Gobiidae）、刺虾虎鱼属（*Acanthogobius*），俗称光鱼、油光鱼等。为一年生暖温性近岸底层鱼类，主要分布于沿海、港湾及河口地区，喜栖息于底质为淤泥或泥沙的水域，中国东海、南海、黄海和渤海均有分布（庄平等，2006）。

对该鱼的称谓曾存在分歧，许多学者认为复虾虎鱼属仅存在斑尾复虾虎鱼（*Synechogobius ommaturus*）1 种，国内有部分学者认为斑尾复虾虎鱼与矛尾复虾虎鱼（*Synechogobius hasta*）为不同种，即复虾虎鱼属存在 2 个种。伍汉霖（1987）曾支持斑尾复虾虎鱼与矛尾复虾虎鱼为 2 个种的观点，并认为 2 种鱼的形态差异主要集中在尾柄长与尾柄高、尾鳍长与头长的相对关系以及纵列鳞数的多少上；而秦克静和姜志强（1987）认为斑尾复虾虎鱼的尾柄长、尾柄高及头长、尾鳍长等量度特征会随着虾虎鱼个体的大小而发生变化，因此不能作为鉴别两种虾虎鱼的性状，支持斑尾复虾虎鱼与矛尾复虾虎鱼是同种异名的观点；而后，伍汉霖和钟俊生（2008）的《中国动物志·虾虎鱼亚目》一书认为这种鱼的头长会随着鱼体的增长而变短，尾鳍则相对变长，雌、雄个体间也存在差异，尤其是产卵后的雌鱼尾柄较长，明确指出斑尾复虾虎鱼与矛尾复虾虎鱼为 1 个种，根据命名法规，斑尾复虾虎鱼的命名时间早于矛尾复虾虎鱼，因此认为矛尾复虾虎鱼只能是斑尾复虾虎鱼的异名，同时将复虾虎鱼属归为刺虾虎鱼属(*Acanthogobius*)，斑尾复虾虎鱼因此更名为斑尾刺虾虎鱼(伍汉霖和钟俊生，2008；宋娜等，2010)。现在普遍接受的观点是，这些物种都为同种异名(顾翠平等，2013)，即斑尾刺虾虎鱼、斑尾复虾虎鱼和矛尾复虾虎鱼，这三种称谓的鱼均可以视为同一种鱼(图 8－1－1)。

图 8－1－1　斑尾刺虾虎鱼(宋娜等，2010)

## 二、产业现状

斑尾刺虾虎鱼在长江口及上海沿海一带较为常见，当地渔民称之为“尖鲨头”，在长江口及其邻近海域近岸具有一定的产量。孙帼英和陈建国(1993)报道，上海川沙沿岸斑尾刺虾虎鱼的渔获量占总渔获量的 10%；南汇沿岸由于盐度较高，产量则更高，1—2 月的产量一般占总渔获量的 30%(庄平等，2006)。近年来，由于过度捕捞及水体污染的加剧，斑尾刺虾虎鱼的渔获量急剧减少，占总渔获量的比例下降明显。尽管沿海滩涂、养虾塘、鱼塘年末还能捕捉到成鱼个体，但产量不高，市场供应量不稳定，供应时间也存在局限性。严格意义上讲，斑尾刺虾虎鱼还未形成真正产业。

从 20 世纪 70 年代开始，我国学者陆续对斑尾刺虾虎鱼的生物学开展了一些研究(陈大刚，1979；李玉和等，1989；孙帼英和陈建国，1993；冯坚等，2004；范海洋等，2005)。对其繁养技术的研究近些年逐渐得到重视。上海市水产研究所于 2015 年开始开展该鱼人工繁养技术的专题研究，通过试验，在人工养殖、繁殖方面获得成功，积累了经验和技术，尤其是在池塘生态育苗方面得到有效突破，积累了一套较为成熟的池塘生态育苗技术。通过池塘生态育苗繁育苗种累计已达 100 余万尾，增殖放流 50 多万尾，年繁育苗种 10 万～20 万尾。

### 三、面临的主要问题

由于斑尾刺虾虎鱼的生活、生长对环境要求有其特殊性，一般在河口地区及其邻近海域近岸才有一定的捕获量，所以人工养殖存在区域局限性。市场供应仍依赖近海沿岸捕捞和零星散点捕捞状况，缺乏规模化养殖以满足市场需求，苗种供应数量有限。

### 四、发展前景与建议

斑尾刺虾虎鱼是虾虎鱼属中个体最大的品种，肉质细嫩、无肌间刺、出肉率高、味道鲜美，市场销量大，受市民欢迎度高。针对现状建议：一是进一步完善人工育苗技术，扩大苗种供应量，建立起资源增殖放流和人工养殖的苗种保障机制；二是在适宜养殖环境区域扩大人工养殖面积，提高市场供应，满足市民需求。

## 第二节　生物学特性

### 一、形态特征

体延长，前部圆筒形，后部侧扁而渐细。头宽扁，最宽处大于体宽。口亚端位，上颌较下颌稍长；上下颌均有锐利的牙齿，牙尖细，上颌 2 行，外行较大，下颌 3～4 行。犁骨、颚骨和舌上均无牙。舌游离，前缘稍凹入或截平。吻长，前端圆钝，吻部中间显著隆起。前鼻孔呈短管状，后鼻孔小而圆。眼小，侧上位。鳃孔宽大，鳃盖膜连于峡部。颏部具 1 皮突，长方形，后缘稍凹略呈须状。颊部近腹面处具黏液管 2 纵行。体被圆鳞，后部体侧鳞较大。头部除吻及峡部裸出外，余均被细鳞。无侧线（孙帼英和陈建国，1993；庄平等，2006）。

背部灰褐色，腹面白色，背鳍有数行黑色小点。胸鳍黄褐色。腹鳍、臀鳍呈浅金黄色。尾鳍黑色，外缘镶有金黄色的边，尤其是下部更为鲜艳。中小个体体侧常具 1 列黑色斑块，个体大者不明显。第 2 背鳍具黑色细斑 3～5 纵行。尾鳍基部常具 1 较大的黑斑（庄平等，2006）。

背鳍 2 个，前后分离。第 1 背鳍在身体前部，起点至吻端的距离等于或稍大于至臀鳍起点的垂直距离。第 2 背鳍很长，与臀鳍相对，起点在肛门的垂直上方或稍前。胸鳍很长，末端超过腹鳍末端。腹鳍胸位，左右愈合成一圆形吸盘，边缘呈锯齿状。尾鳍尖圆或呈矛状（庄平等，2006）。

鳔 1 室。腹腔膜黑色。肠长为体长的 0.9～1.3 倍。

## 二、生态习性

### 1. 生活习性

斑尾刺虾虎鱼生活在泥底浅海区，有时也进入河口咸淡水水域。喜穴居，洞穴呈泥底形，有 2 个出口，相距 60～100 cm，穴深 40～60 cm，入口处较小，外口直径约 5 cm，往里直径扩大到 7～8 cm（庄平等，2006）。

### 2. 食性

斑尾刺虾虎鱼在体长 20 mm 以前，主要摄食桡足类和虾蟹类的幼体，营浮游生活；体长 20 mm 以后，转营底栖生活，以虾苗、蟹苗、小鱼、小虾等为食。在长江口区域，较大的个体以小的虾虎鱼、麦穗鱼和餐条鱼等鱼类以及虾蟹类为食。捕食时，多采用突然袭击的方法，先偷偷地游近被食对象的后面，以腹鳍的吸盘附着于池边或器物的壁上，然后伺机突然扑上去一口吞食之（庄平等，2006）。

据港养渔获的解剖资料来看，9 月以前，斑尾刺虾虎鱼主食小型鱼类、大眼蟹、糠虾和白虾等，但空胃率较高；进入 9 月以后，在胃含物中对虾的出现频率显著上升，1 尾体长 300 mm 的斑尾刺虾虎鱼能吃体长 112 mm 的对虾，同时经常发现胃含物中有 1 尾对虾和多尾小鱼，甚至同时有 2 尾对虾（庄平等，2006）。在人工饲养的池塘内，还有大个体残食小个体的现象。

## 三、繁殖习性

斑尾刺虾虎鱼雌雄异体，性别比 1∶1。雄鱼个体较大，一般比雌鱼大 2～3 cm，因而雄性个体显得更细长些。雌鱼体长在 150 mm 以上时才能达到性成熟；雄鱼还要更大一些才会性成熟。雄鱼生殖突呈扁平三角形，末端尖锐，泄殖孔开口于末端；雌鱼的生殖突短而肥厚，末端近圆形，泄殖孔离末端稍远，繁殖季节因红肿充血而更加明显（庄平等，2006）。

斑尾刺虾虎鱼属多次产卵类型，个体怀卵量为 8 289～59 078 粒。在繁殖季节产卵 2 次，产卵期为 3—5 月。产卵初期，约在 3 月下旬，雄性先成熟，雌、雄鱼成对进入巢穴，还不时外出觅食；到 4 月上、中旬，雌鱼性腺完全成熟，雌雄鱼交配产卵受精。交配产卵完毕后，雌鱼即离巢而去，留下雄鱼守巢护卵。产卵后亲鱼体重急剧下降，因消瘦而亡，寿命为 1 年(庄平等，2006)。

斑尾刺虾虎鱼卵呈球形，直径为 0.7～1.0 mm；受精卵吸水膨胀后，呈长葡萄形，前端较宽圆，长径为 5.5～6.0 mm，短径近 1 mm，基部密生黏丝，借以附着于洞壁。从卵受精到仔鱼破膜而出，孵化期长达 15～20 d。初孵仔鱼全长约为 5.5 mm，肌节 15～16＋27～29，除躯干和尾部有少量黑色素之外，余皆清淡而近乎透明。全长达到 15 mm 时，稚鱼体型已似成鱼，色素变浓，第一背鳍鳍条等已定型。全长 20 mm 左右时，发育成幼鱼，便从浮游生活转营底栖生活(庄平等，2006)。

### 四、生长特性

斑尾刺虾虎鱼生长迅速，5 月下旬平均体长为 36 mm、体重 0.035 g；6 月体长 55 mm、体重 2.2 g；7 月体长 75 mm、体重 4.35 g；8 月体长 135 mm、体重 30.2 g；9 月体长 209 mm、体重 85.5 g；10 月体长达到 248 mm、体重为 161 g，仅 5 个月的时间体长和体重分别增长了 18.2 倍和 4 600 倍。11 月以后增长速度趋缓，次年 3—4 月体长和体重达到最高峰，个体大的雄鱼体长可超过 400 mm、体重接近 450 g(庄平等，2006)。养殖池塘捕捞到的雌、雄个体甚至有超过 500 g。

## 第三节　池塘生态繁育

进入 21 世纪后，斑尾刺虾虎鱼的人工繁殖研究逐步得到重视并有所开展，赵斌等(2005)开展池塘催产繁殖试验，分别在 2004 年、2005 年繁殖鱼苗 10 万尾、40 万尾。李莉和车升亮(2012)开展了矛尾复虾虎鱼室内人工繁育试验，通过人工催产，人工培育的方法获得苗种约 700 万尾。上海市水产研究所于 2014 年利用菊黄东方鲀池塘越冬暖棚开展斑尾刺虾虎鱼的生态早苗繁育试验，并获得成功；2015 年起开展斑尾刺虾虎鱼人工繁养技术的专题研究，在人工养殖、繁殖方面积累了经验和技术，尤其是在常规池塘生态繁育和池塘生态早苗繁育方面积累了一套较为成熟的生态繁育技术。本节依据作者多年繁育成果，着重介绍常规池塘生态繁育技术。

池塘生态繁育，根据斑尾刺虾虎鱼繁育生物学和生态学的特征，在人工可控水体进行虾虎鱼的池塘条件构建、亲鱼挑选与放养、日常管理、苗种检查与收集放养等生产方式。

## 一、场址选择

斑尾刺虾虎鱼苗种繁育需在海水环境条件下进行，池塘生态育苗用水量大，因此开展斑尾刺虾虎鱼苗种繁育的场址在具备海水来源方便、盐度(5～15)能达到其繁育要求的沿海一带比较适宜。

## 二、池塘要求及准备

### 1. 面积及深度

斑尾刺虾虎鱼池塘生态繁育的池塘面积以 0.2～0.6 $hm^2$ 较适宜，池塘面积过小，水质和水温的稳定性难以保证；池塘过大，以后收集鱼苗带来不便。池塘的深度保持在 1.5 m 以上，以确保池塘水质和水温的稳定性。

### 2. 池塘底质

池底要求平整、土质松软，为满足虾虎鱼打洞筑巢的繁殖特性需求，繁育池塘池底需具备厚度不低于 30 cm 软土层。

### 3. 设施设备配置

池塘两端要分别设有进、排水口，便于进水、排水。进水口需安装 60 目过滤网袋，阻止野杂鱼和杂物的进入。排水口设 2 道拦网设施，第 1 道为围网，第 2 道为闸网，围网可增加排水接触面，防止污物堵塞网目后水压过大而挤破网片，两道拦网既能有效防止换排水时塘内的鱼逃逸，又能有效阻止塘外野杂鱼顶水钻入塘内(图 8-3-1)。

池塘生态繁育的亲鱼培育和苗种培育分别在冬、春两季进行，水温低，池塘溶解氧压力不大，因此繁育池塘以 0.20～0.33 $hm^2$ 配备 1.5 kW 叶轮式增氧机 1 台或 0.75 kW 水车式增氧机 2 台即可。

### 4. 池塘准备

放养亲鱼前需做好池塘整修和消毒清理工作，先用漂白粉 25 mg/L 带水消毒，消毒时池底留水 25 cm，以充分覆盖池塘边缘底部，用药浓度略高于常规浓度，以充

图 8-3-1 排水口拦网设施

分杀灭病虫害和敌害生物。3 d 后清除消毒水,再施放生石灰 900 kg/hm$^2$,改善池塘底质。

放鱼前先进水 30 cm,浸泡 3d 后排干石灰水,消除碱性后再进新水至 1 m 左右,盐度保持在 5～15,并于放鱼前 6 d 左右蓄好水,确保水质安全、良好。

## 三、亲鱼要求

### 1. 亲鱼来源

亲鱼可来自养殖或捕捞的斑尾刺虾虎鱼成鱼个体。

### 2. 体质要求

鱼体体格健壮、活力好,鳞片和鳍条完整,体表光滑无伤痕。

### 3. 规格要求

雌雄亲鱼规格须基本一致或雄鱼略大于雌鱼,以 100～250 g 比较合适。亲鱼个体过大,增加其筑巢难度,效果不理想;个体过小,繁殖力不足。

## 四、亲鱼放养

亲鱼放养需在每年 11 月至次年 1 月上旬完成。雌雄亲鱼比为 1∶1。亲鱼放养数量必须严格控制,放养过多往往因天然饵料不足而导致鱼苗成活率不高,得不偿失。一般以平均每尾雌鱼最后生产鱼苗 0.5 万～1.5 万尾为宜，要求放养量控制在 45～75 尾/$hm^2$。

## 五、日常管理

### 1. 水质调控

培育亲鱼及繁殖育苗期间，盐度必须控制在 5～15，盐度过高可淡化，盐度过低可加盐卤。pH 7.0～8.5，透明度 25～40 cm，水体溶解氧 5 mg/L 以上。池塘水位须保持在 1.2 m 以上。日常要做好水质监测，视水质状况定期换水或加注新水，每 2 周换水 1 次，换水量 30 cm 左右，保持水质良好。晴天中午需开启增氧机 2 h，以保持池水活性。

### 2. 饵料投喂

在放养亲鱼前 1 天或后 1 天，需及时投放规格在 500～700 尾/kg 的活体脊尾白虾(图 8-3-2)，放养密度为 15～30 kg/$hm^2$，一方面作为越冬培育期亲鱼饵料，另一方面其后期虾类繁殖幼体可作为鱼苗的饵料。在此期间，可隔天投喂少量虾配合饲料，水温低于 8℃或阴雨天可 4～5 d 投 1 次。对斑尾刺虾虎鱼亲鱼无需专门投喂。

图 8-3-2　投放的活体脊尾白虾

### 3. 塘卡建立

从池塘准备到鱼种收集需做好各种记录工作，如天气、水温、盐度、换水、饲料投喂、鱼苗的采样检查等。

## 六、苗种收集与分放

### 1. 采样检查

一般在自然条件下，斑尾刺虾虎鱼 3 月底或 4 月初就开始产卵繁殖，4 月 20 日以后需隔天采样检查，跟踪鱼苗生长情况，以确定合适的捕捞规格和时间。

### 2. 收集与分放

4 月底 5 月初，待鱼苗长至 2.5 cm 以上时适宜捕捞收集。规格过小，活动力差，易黏附于网衣上，抖落下来较费力，苗体娇嫩，收网集中时易损伤；规格过大，活动力强，抓捕困难，可用网目为 20 目的皮条网拉网收集(图 8－3－3～图 8－3－4)。

图 8－3－3　苗种拉网

图 8－3－4　苗种收集

收集斑尾刺虾虎鱼鱼苗时，避免整池拉网，数量多，挤压在一起易损伤，影响分苗后的成活率，可先拉半网分放，再全池整体拉。收集到的鱼苗可进行打样计数(图 8－3－5～图 8－3－6)，并根据需要分放到各塘饲养或增殖放流(图 8－3－7～图 8－3－10)。

图 8－3－5　苗种计数

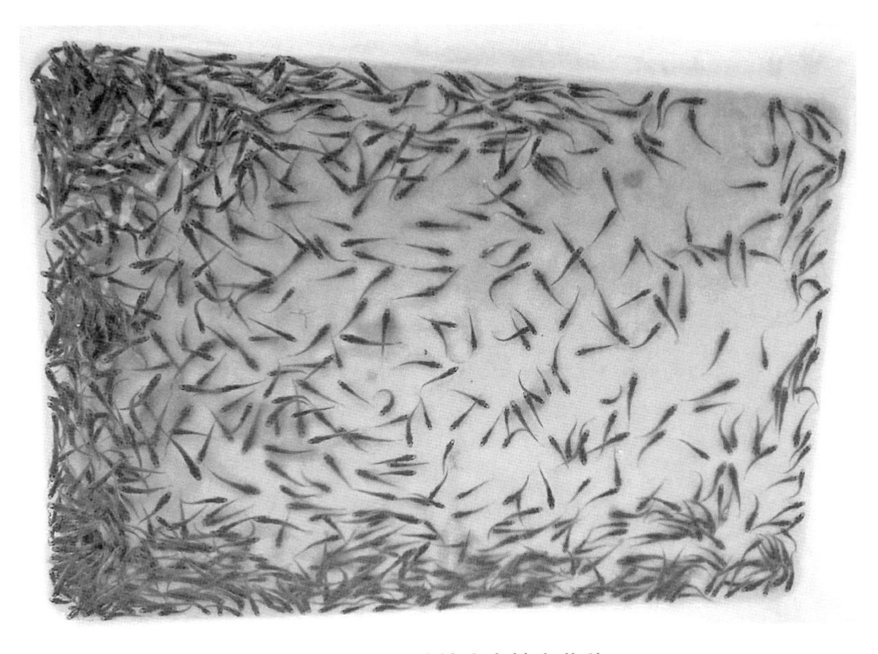

图 8－3－6　池塘生态繁育苗种

图 8－3－7　2020 年增殖放流现场

图 8－3－8　2021 年增殖放流现场

图 8-3-9　2022 年增殖放流现场

图 8-3-10　2022 年增殖放流现场

# 典型案例

## 案例 1

2015—2016 年，上海市水产研究所奉贤科研基地西场分基地，进行了斑尾刺虾虎鱼池塘生态繁育试验。2015 年 12 月 13—15 日，把斑尾刺虾虎鱼亲鱼放入面积为 0.6 $hm^2$ 的繁育池塘，数量为 27 尾，平均 45 尾/$hm^2$，雌雄比为 1∶1，雌鱼平均规格为 212.9 g/尾；雄鱼平均规格为 194.4 g/尾。2015 年 12 月 16 日放入鲜活脊尾白虾 18 kg，平均规格为 645 尾/kg，放养量为 30 kg/hm$^2$。2016 年 5 月 4 日拉网，捕获鱼种 37.2 万尾，平均规格为全长 3.0 cm/尾、体重 0.156 g/尾。本试验的雌鱼平均怀卵量在 3.0 万粒，每尾雌鱼亲鱼获得大规格鱼苗约 1.37 万尾。

**案例 2**

2020 年，上海市水产研究所奉贤科研基地西场分基地，开展斑尾刺虾虎鱼池塘生态繁育试验。繁育池塘面积为 0.6 hm$^2$，2019 年 12 月 17 日，放入斑尾刺虾虎鱼亲鱼 27 尾，平均 45 尾/hm$^2$，雌雄比为 1∶1，雌雄平均规格为 240 g/尾；同日放入鲜活脊尾白虾 20 kg，平均规格为 620 尾/kg，放养量为 33 kg/hm$^2$。2020 年 4 月 23 日拉网捕获斑尾刺虾虎鱼鱼种 30.78 万尾，平均规格为全长 3.23 cm/尾、体重 0.4 g/尾。

**案例 3**

2021 年，上海市水产研究所奉贤科研基地西场分基地，开展斑尾刺虾虎鱼池塘生态繁育试验。繁育池塘面积为 0.6 hm$^2$，2020 年 12 月 2 日，放入斑尾刺虾虎鱼亲鱼 27 尾，平均 45 尾/hm$^2$，雌雄比为 1∶1，雌鱼平均规格为 275.0 g/尾；雄鱼平均规格为 250.0 g/尾。12 月 19—23 日放入鲜活脊尾白虾 35 kg，平均规格为 500 尾/kg，放养量为 58.35 kg/hm$^2$。2021 年 4 月 27 日拉网捕获斑尾刺虾虎鱼鱼种 25.6 万尾，平均规格为全长 3.44 cm/尾、体重 0.5 g/尾。

**案例 4**

2022 年，上海市水产研究所奉贤科研基地西场分基地，开展斑尾刺虾虎鱼池塘生态繁育试验：繁育池塘面积为 0.6 hm$^2$，2022 年 1 月 7—13 日，放入斑尾刺虾虎鱼亲鱼 25 尾，平均 42 尾/hm$^2$，雌雄比为 1∶1，雌雄平均规格为 240g/尾；1 月 10 日放入鲜活脊尾白虾 34 kg，平均规格为 500 尾/kg，放养量为 56.7 kg/hm$^2$。2022 年 5 月 11 日拉网捕获斑尾刺虾虎鱼鱼种 8.84 万尾，平均规格为全长 3.26 cm/尾、体重 0.37 g/尾。

## 第四节　池塘大棚生态早繁

池塘大棚生态早繁是利用现有的池塘暖棚设施、设备条件，在无需额外投入、增加成本的情况下，开展斑尾刺虾虎鱼生态早苗繁育的过程。

## 一、池塘暖棚条件

开展斑尾刺虾虎鱼生态早繁的池塘暖棚同样要求在海水来源方便、水质条件符合其繁育要求的沿海地区。池塘上方可用木梁或钢管搭建成“人”字形棚架结构，中间有立柱和横梁形成的纵梁作为大棚的支撑点，池塘四周以水泥桩或木桩固定钢丝绳使之形成棚顶框架，上面覆盖农用薄膜固定后形成保温大棚(图 8－4－1)。池塘越冬暖棚环境封闭，空气流动性差，池内每 0.2 $hm^2$ 需配备 1.5 kW 的叶轮式增氧机 1 台。池塘其他条件同生态繁育池塘。

图 8－4－1　大棚木梁结构池塘越冬暖棚

## 二、放养与管理

放养与管理部分可参考池塘生态繁育技术要点。

## 三、苗种收集

在通常情况下，池塘越冬暖棚的斑尾刺虾虎鱼苗种至 4 月上旬已长至 3 cm 以上，符合苗种收集规格要求，较常规生态苗种提前 1 个月左右，且与主养鱼出棚时间相匹配（图 8－4－2）。

**图 8－4－2　同期采集到的斑尾刺虾虎鱼的生态早繁苗种与自然生态苗种**

苗种收集需分步进行，先要用 2.8 cm 网眼的有节网反复拉网，最大限度地把主养鱼移出池塘，后再用聚乙烯皮条网拉网收集。收集斑尾刺虾虎鱼苗种时，需先拉半网分放，再全池整体拉网收集。在将主养鱼移出越冬暖棚时选用 2.8 cm 网眼的有节网拉网，有利于斑尾刺虾虎鱼苗种从网眼逃逸而免受攻击；收集斑尾刺虾虎鱼苗种时，用皮条网先拉半网分放，再全池整体拉网，可避免一下整池拉网因数量过多而造成挤压损伤，影响分苗后的成活率（张忠华等，2017）。

## 典 型 案 例

2015—2017 年连续 3 年，上海市水产研究所奉贤科研基地西场分基地，在菊黄东方鲀池塘越冬暖棚开展了斑尾刺虾虎鱼池塘生态早繁试验。越冬暖棚池塘面积为 0.6 $hm^2$，越冬主养鱼——菊黄东方鲀为当年 $0^+$ 龄鱼种，平均规格 50 g/尾左右，放养密度约 45 000 尾/$hm^2$；放养虾虎鱼亲鱼 80～90 尾，雌雄比为 1∶1，雌鱼平均规格为 150 g/尾；雄鱼平均规格为 200 g/尾，放养量为 120～150 尾/$hm^2$。放养鲜活脊尾白虾 30 kg，平均规格为 668 尾/kg，放养量为 49.95 kg/$hm^2$。连续 3 年收获斑尾刺虾虎鱼大规格鱼种分别为 2015 年 4.0 万尾、2016 年 20.0 万尾、2017 年 2.0 万尾，共 26.0 万尾。苗种规格平均全长为 4.0～5.0 cm/尾。

## 参考文献

陈大刚. 1979. 渔港内斑尾复虾虎鱼生物学的初步调查. 动物学杂志,(1): 3－6.

范海洋,纪毓鹏,张士华,等. 2005. 黄河三角洲斑尾复虾虎鱼渔业生物学的研究. 中国海洋大学学报,35(5): 733－736.

冯坚,竺俊全,郑忠明,等. 2004. 矛尾复鰕虎鱼个体生殖力的研究. 浙江海洋学院学报(自然科学版),(4): 302－305,314.

顾翠平,高鹏,陈永久. 2013. 浙江沿海斑尾刺虾虎鱼的 DNA 条形码. 浙江海洋学院学报(自然科学版),32(6): 488－493.

李莉,车升亮. 2012. 矛尾复虾虎鱼室内人工繁育试验. 水产养殖,33(11): 7－11.

李玉和,李宝林. 1989. 矛尾复虾虎鱼的生物学研究. 南开大学学报(自然科学),(2): 65－72.

秦克静,姜志强. 1987. 斑尾复鰕虎鱼和矛尾复鰕虎鱼同物异名的探讨. 大连水产学院学报,2: 37－39.

宋娜,高天翔,孙希福,等. 2010. 矛尾复虾虎鱼物种命名有效性探讨. 动物分类学报,35(2): 352－359.

孙帼英,陈建国. 1993. 斑尾复虾虎鱼的生物学研究. 水产学报,17(2): 146－153.

伍汉霖,钟俊生. 2008. 中国动物志・硬骨鱼纲・鲈形目(五)虾虎鱼亚目. 北京: 科学出版社.

伍汉霖. 1987. 中国鱼类检索. 北京: 科学出版社.

张忠华,施永海,张根玉. 2017. 斑尾复虾虎鱼池塘大棚生态早繁试验. 水产科技情报,44(5): 252－254.

赵斌,范丽萍,王健,等. 2005. 矛尾复鰕虎鱼生物学繁养殖技术初报. 渔业现代化,(6): 26－27.

庄平,王幼槐,李圣法,等. 2006. 长江口鱼类. 上海: 上海科学技术出版社.

# 第九章

# 舌虾虎鱼

## 第一节 生物学特性

舌虾虎鱼＝舌鰕虎（*Glossogobius giuris*），又名叉舌虾虎鱼，属于鲈形目（Pecrformes）、虾虎鱼亚目（Gobioidei）、虾虎鱼科（Gobiidae）、虾虎鱼属（*Glossogpbius*）。主要分布中国东南沿海及河口区、印度洋非洲东岸至太平洋中部各岛屿，北至菲律宾，南至印度尼西亚（伍汉霖和钟俊生，2008）。

舌虾虎鱼是一种近海底层小型肉食性经济鱼类，喜栖息于内湾、河口砂泥底质的咸淡水区域，也能进入淡水水域生活。其肉质蛋白含量高、味道鲜美、肉质鲜嫩、营养丰富，有较高的经济价值（庄平等，2010）。

### 一、形态特征

#### 1. 外部形态（图 9-1-1）

体延长，前部呈圆筒形，后部侧扁，背缘浅弧形，腹缘稍平直。尾柄较长，且大于体高。头宽大，口前位，略扁平，背部略微隆起。吻尖突较长，吻长大于眼径。唇略厚且发达。眼背侧位，眼上缘突出于头部背缘。眼间隔狭窄，稍内凹。体灰褐色，背部色较深，有 5～6 个褐色横斑，体侧中央有 3～4 个较大黑斑，眼后项部及背鳍前方无黑斑，腹部颜色浅。第 1 背鳍灰褐色，后端有时具 1 个黑色圆风；第 2 背鳍具 3～4 纵列褐色小点，臀鳍褐色，基部色较浅。背鳍 Ⅵ，Ⅰ-9；臀鳍 Ⅰ-8；胸鳍

17～21；腹鳍Ⅰ-5(庄平等，2006)。

下颌比上颌长，略微突出。上颌骨后端伸达眼中部下方。上、下颌都有绒毛状尖锐小齿，多行排列呈带状分布，外行齿均扩大；下颌内行齿亦扩大；没有犬齿。犁骨、颚骨及舌上均无齿。体被中大栉鳞，头部除鳃盖上方部分及眼后项部被鳞外，其余均裸露无鳞。胸部和腹部被小圆鳞，项部的圆鳞向前延伸至眼后方，没有侧线。纵列鳞30～33，横裂鳞9～10(朱元鼎等，1963)。雄鱼生殖乳突细长，雌鱼生殖乳突短钝，后缘凹入(伍汉霖和钟俊生，2008)。

2. 内部构造

舌游离，前端具分叉。鳃孔较大，侧位，向头部腹面延伸，止于前鳃盖骨后缘下方稍前处。上颌骨至前鳃盖骨后缘有5纵行感觉乳突线，鳃盖骨上方有3个感觉管孔。峡部狭窄，鳃盖膜与峡部相连，具假鳃，鳃耙短小(伍汉霖和钟俊生，2008)。

图9-1-1　舌虾虎鱼

## 二、生态习性和食性

舌虾虎鱼为暖水性中小型底层鱼类，活动于底质为淤泥或泥沙的海域，多穴居，不喜欢游动。雄性有领土掠夺、交配与争夺合适的繁殖区域行为。其为肉食性鱼类，较为凶猛，主要摄食小型鱼类、甲壳类、无脊椎动物等，饥饿时和繁殖期会出现同类相残现象。

## 三、繁殖习性

舌虾虎鱼自然繁殖期为每年的4—8月，卵为黏性，常黏附于石块和岩礁上。

舌虾虎鱼有守巢护卵习性、雌雄性腺发育不同步性等特性。繁殖季节同龄雌鱼卵巢比雄鱼精巢先发育成熟，雄鱼进入产卵巢中等待雌鱼，雌鱼分批产卵后雄鱼再产出精子进行受精，然后雄鱼继续在产卵巢中守巢护卵。产卵雌鱼受到惊吓后，可能会将卵零散地产于池壁上。舌虾虎鱼一般在清晨产卵，很少有在下午或者午夜进行产卵的。

## 四、性腺发育

### 1. 卵巢发育

舌虾虎鱼的卵巢由两个囊状结构组成，靠近于脊柱，被很多结缔组织膜所固定。舌虾虎鱼的卵巢发育可为以下 5 个时期(Quang 等，2022a)。

Ⅰ期：呈淡白色，靠近脊柱，卵巢宽约 1 mm，长度约为腹腔的 1/3(图 9-1-2，a)。观察卵巢的组织结构，出现了生殖细胞(GC)、卵原细胞(O)和初级卵母细胞(PO)(图 9-1-2，f)。

Ⅱ期：呈典型的淡黄色，卵巢长度为 2～3 cm，约占腹腔长度的 1/2(图 9-1-2，b)。卵巢主要由初级卵黄卵母细胞(PVO)组成(图 9-1-2，g)。细胞质中无卵黄，嗜碱性。

Ⅲ期：呈浅黄色，圆形管状，占腹腔容积的 3/4(图 9-1-2，c)。初级卵黄卵母细胞进入营养生长期，开始积累，出现许多无颜色的液泡，大核呈淡紫色。此阶段卵巢主要由初级卵黄卵母细胞和次级卵黄卵母细胞(SVO)组成(图 9-1-2，h)。细胞质为弱嗜碱性，卵黄出现粉红色的伊红。

Ⅳ期：呈深黄色，占据大部分腹腔，轻压腹部无卵粒流出(图 9-1-2，d)。这一阶段的卵巢主要由后卵黄卵母细胞(PsVO)和水合卵母细胞(HMO)组成(图 9-1-2，i)。细胞核很小，且没有特殊的形状，细胞核慢慢溶解。

Ⅴ期：呈暗黄色，卵巢已完全发育，体积达到最大，占据绝大部分的腹腔体积，卵粒分离并且肉眼可见(图 9-1-2，e)。卵细胞含有许多脂质颗粒和卵黄，卵细胞逐渐变得不透明(图 9-1-2，j)。

### 2. 精巢发育

舌虾虎鱼的精巢为长管状，紧邻脊柱，由许多结缔组织膜固定。舌虾虎鱼的精巢发育可以划分为以下 5 个时期(Quang 等，2022b)。

Ⅰ期：呈白色细线状，靠近鱼脊椎骨(图 9-1-3，a)。此阶段精巢内的精原细胞(S)占比最高(图 9-1-3，f)。

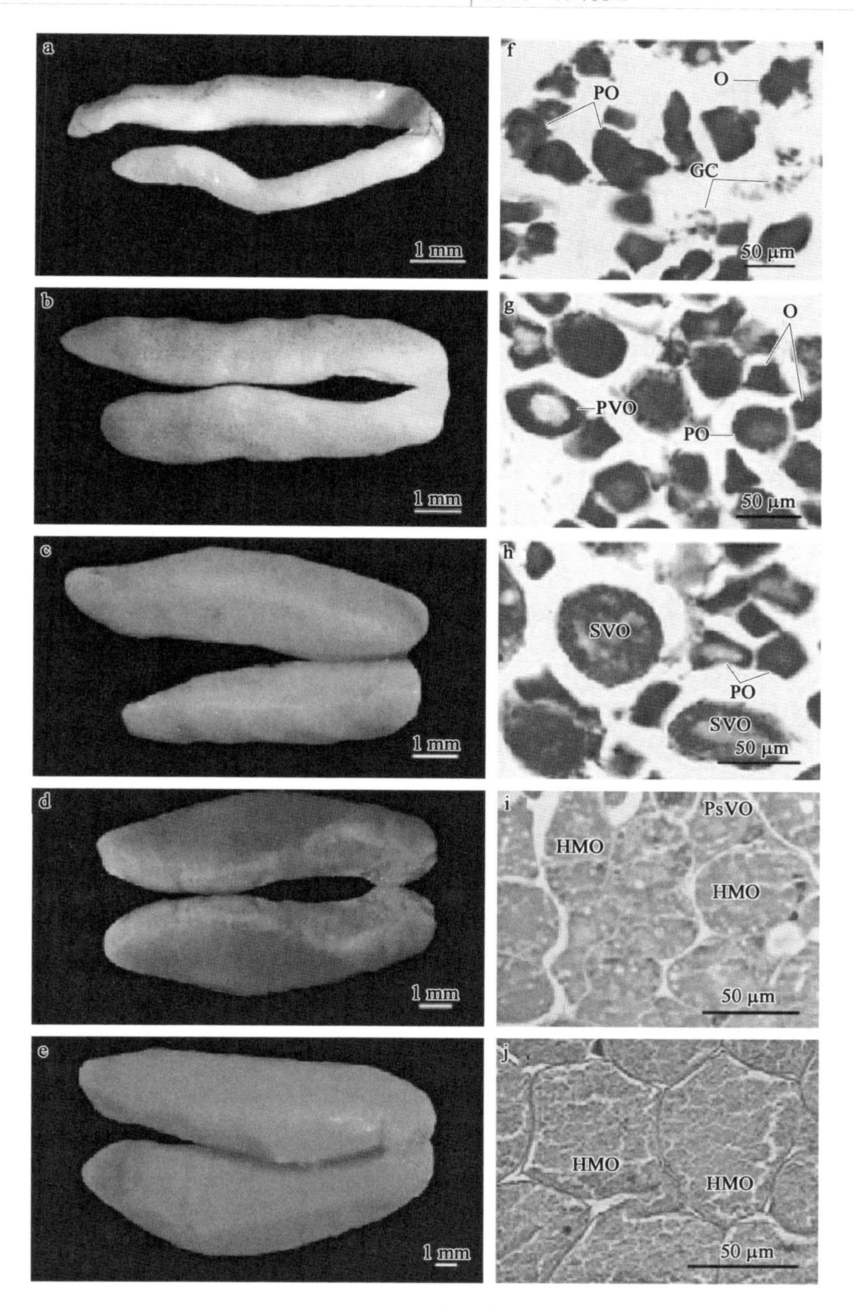


**图 9-1-2 舌虾虎鱼的卵巢发育(Quang 等,2022a)**

a~e. Ⅰ~Ⅴ期卵巢形态;f~j. Ⅰ~Ⅴ期卵巢组织学观察;

GC. 生殖细胞;O. 卵原细胞;PO. 初级卵母细胞;PVO. 初级卵黄卵母细胞;SVO. 次级卵黄卵母细胞;PsVO. 后卵黄卵母细胞;HMO. 水合卵母细胞

Ⅱ期：呈白色长管状，宽度小于同期卵巢（图 9－1－3，b）。切片观察，在精子形成的早期阶段以生殖细胞的形式存在。精原细胞已发育为初级精母细胞（SC1）和次级精母细胞（SC2）（图期 9－1－3，g）。

Ⅲ期：略呈褐色，占据腹腔长度的 1/2（图 9－1－3，c）。此阶段精巢内有初级精母细胞（SC1）、次级精母细胞（SC2）和精细胞（ST）（图 9－1－3，h）。

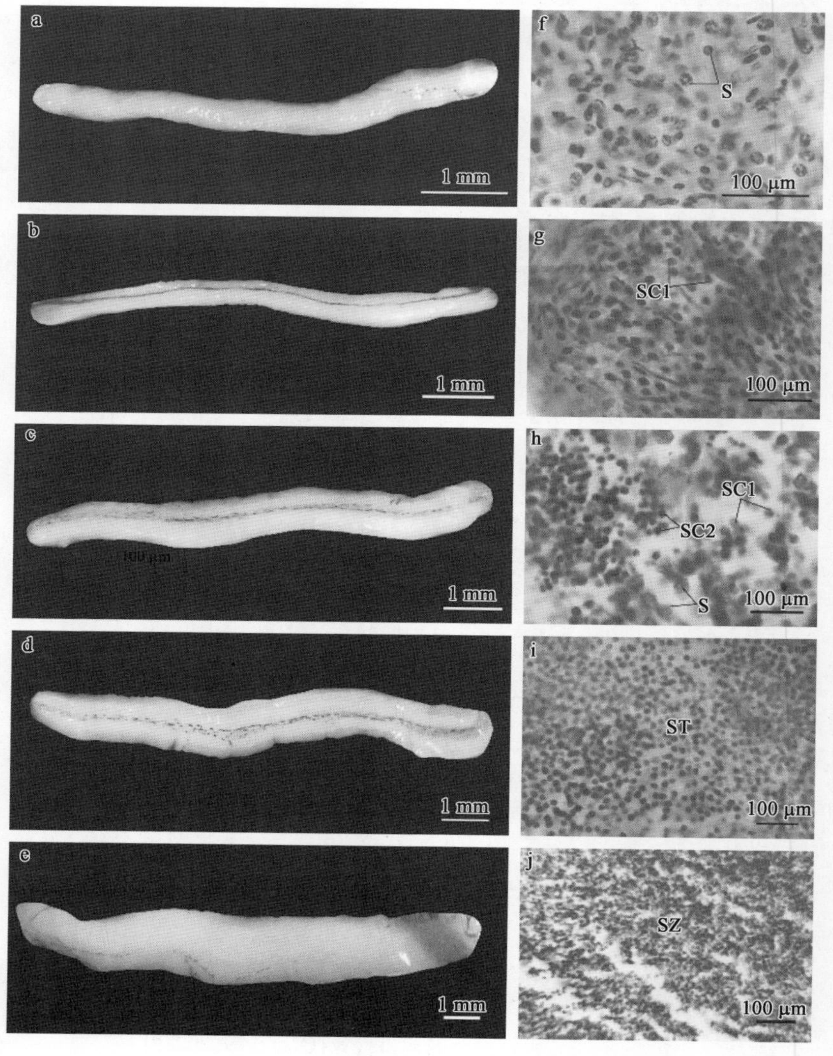


**图 9－1－3　舌虾虎鱼的精巢发育（Quang 等，2022b）**

a～e. Ⅰ～Ⅴ期精巢形态；f～j. Ⅰ～Ⅴ期精巢组织学观察；
S. 精原细胞；SC1. 初级精母细胞；SC2. 次级精母细胞；ST. 精细胞；SZ. 精子

Ⅳ期：呈现略带浑浊的棕色，扁平管状，几乎占据了腹腔容积的3/4(图9-1-3，d)。精巢主要包含精细胞(ST)和精子(SZ)(图9-1-3，i)。

Ⅴ期：呈乳白色，呈扁平管状，体积达到最大(图9-1-3，e)。此阶段精巢内，精子占了很大的比例，同时也还有精原细胞、初级精母细胞和次级精母细胞(图9-1-3，j)。

## 五、胚胎发育

舌虾虎鱼受精卵纺锤形、微黄色、半透明，有较强黏性。受精后卵膜吸水膨胀，膨胀后外鞘膜长为2.3～2.6 mm、宽为0.30～0.35 mm，外鞘膜透明，前端粗后端细，前端游离，外鞘膜后端基部有黏丝，黏附于网片、岩石或其他硬物上，常常多个受精卵集聚呈指状(图9-1-4)(严银龙等，2016)。

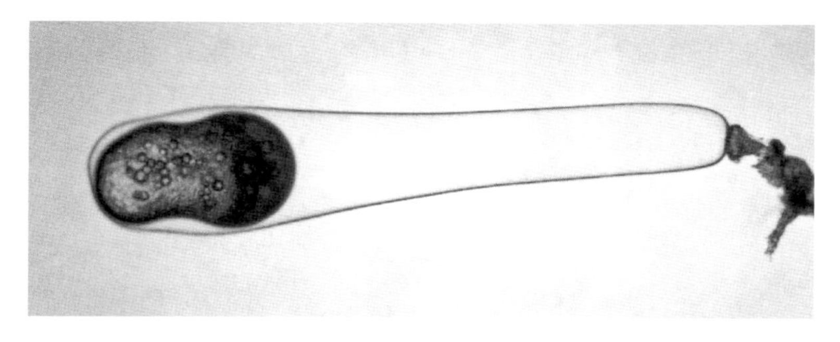

**图9-1-4　舌虾虎鱼受精卵(严银龙等，2016)**

在水温25～27℃条件下，舌虾虎鱼胚胎从受精到孵化出膜历时108 h，其中受精卵历时1 h，卵裂期历时2 h 18 min，囊胚期历时55 min，原肠期为5 h，神经胚期为45 min和器官形成期历时则需12 h 50 min，其发育分期和各期时序见表9-1-1(严银龙等，2016)。

**1. 胚盘形成阶段**

成熟卵呈纺锤形(图9-1-5，A)，卵中含有数量较多大小不等的油球。受精卵受精后1 h，原生质不断向动物极集中，最终动物极形成半透明的胚盘(图9-1-5，B)。吸水后受精卵胚盘直径为0.4～0.5 mm，胚盘位于外鞘膜前端。

**2. 卵裂期**

受精后1 h 20 min，胚盘出现第1次经裂(图9-1-5，C)，形成2个大小相似的细胞，进入2细胞期。17 min后，进行与第1次卵裂相垂直的2次卵裂，形成4个大小形态相似的卵裂细胞，进入 4 细胞期(图 9－1－5,D)。自此卵裂细胞呈几何数增加，在原有的基础上相继发育至 8 细胞(图 9－1－5,E)、16 细胞(图 9－1－5,F)、32 细胞(图 9－1－5,G)、64 细胞期(图 9－1－5,H)等。受精后 5 h 5 min，卵裂细胞越来越小，堆积成多细胞体，犹如桑葚状，进入桑葚期(图 9－1－5,I)。

**3. 囊胚阶段**

随着分裂的继续推进，受精后 5 h 20 min 进入囊胚期，卵裂细胞小且界线模糊，在显微镜下只能区分边缘部位的卵裂细胞，卵裂细胞高耸于动物极，随着胚盘细胞的进一步分裂，胚盘逐渐变矮。根据胚盘的高度，舌虾虎鱼囊胚期可分为高囊胚期(图 9－1－5,J)与低囊胚期(图 9－1－5,K)。

**4. 原肠胚阶段**

受精后 8 h 进入原肠期，胚盘在囊胚阶段逐渐变矮的过程中过渡到原肠胚阶段逐渐下包。在胚盘分裂并逐渐下包至卵黄体 1/3 时，动物极边缘增厚形成帽状胚环，进入原肠早期(图 9－1－5,L)；当胚盘下包卵黄体的 1/2 时侧面观察可见胚盾，此时为原肠中期；当胚盘下包卵黄体的 3/4 时胚盾延长，进入原肠晚期(图 9－1－5,M)。

**5. 神经胚阶段**

受精后 14 h 5 min，当胚盘下包至卵黄体的 4/5～6/7 后进入神经胚期(图 9－1－5,N)。胚盘顶部逐渐膨大隆起，脑泡开始分化，神经板形成。受精后 14 h 26 min 后，胚体继续下包直至胚孔封闭(图 9－1－5,O)，从而到达胚体形成期(图 9－1－5,P)。

**6. 器官形成阶段**

受精后 15 h 10 min 胚体中部开始出现 1～3 对肌节(图 9－1－5,Q)，受精后 16 h 脑泡两侧出现眼囊(图 9－1－5,R)，随后眼囊变圆，眼晶体形成(图 9－1－5,S)。受精后 23 h，胚体包卵黄约 1/2，尾泡形成并开始与卵黄分离，肌节 8～10 对，进入尾芽期(图 9－1－5,T)。受精后 28 h，胚体间歇性抽动，肌节 20～22 对且开始变窄，进入肌肉效应期(图 9－1－5,U)。受精后 33 h，耳石出现，心脏跳动，平均心搏频率为 50～55 次/min，肌节 26～28 对，进入心跳期(图 9－1－5,V)。出膜前期胚体在膜内抽动力度加大、频次加快，但膜体积相对胚体较大在膜内留存时间较长。

**7. 出膜阶段**

受精后 108 h 进入出膜期，出膜之前胚体运动明显加快、加强，运动方式有翻转、旋转；卵膜变软，最后由胚体尾部或头部首先破膜，再翻转、旋转，使膜的破口变大，最后胚体弹出。初孵仔鱼体长 2.5～3.5 mm、全长 2.7～3.8 mm、肌节 26～28 对、心跳 50～55 次/min。

表 9-1-1　舌虾虎鱼胚胎发育（严银龙等，2016）

| 发育时期 | 发育时间 | 主要特征 | 图 9-1-5 中编号 |
| --- | --- | --- | --- |
| 受精卵 | 0:00 | 均匀半透明胚盘原基 | A |
| 胚盘期 | 1:00 | 原生质集中于动物极，形成帽状细胞 | B |
| 2 细胞期 | 1:20 | 第 1 次经裂，形成 2 个大小相似的细胞 | C |
| 4 细胞期 | 1:37 | 第 2 次经裂，形成 4 个大小相似的细胞 | D |
| 8 细胞期 | 1:52 | 第 3 次经裂，形成 8 个大小相似的细胞 | E |
| 16 细胞期 | 2:24 | 第 4 次经裂，形成 16 个细胞 | F |
| 32 细胞期 | 2:51 | 第 5 次分裂，形成 32 个紧密排列且不规则的细胞 | G |
| 64 细胞期 | 3:18 | 第 6 次分裂，形成 64 个的细胞，边缘清晰，胚盘恢复圆形 | H |
| 桑葚期 | 5:05 | 继续分裂，细胞团与桑葚球很相似，细胞界面不易分清 | I |
| 高胚囊期 | 5:20 | 囊胚高而集中，呈高帽状 | J |
| 低胚囊期 | 6:00 | 囊胚变低，细胞开始向植物极移动 | K |
| 原肠早期 | 8:00 | 背面见佩环结构，下包约 1/3 | L |
| 原肠晚期 | 13:00 | 胚层下包卵黄 3/4，胚盾变得细长 | M |
| 神经胚期 | 14:05 | 胚体水平向拉长呈长圆形，神经板雏形初现 | N |
| 胚孔封闭期 | 14:26 | 卵黄栓末端形成圆形胚孔，卵黄囊腔出现 | O |
| 胚体形成期 | 14:50 | 胚体的边缘界限清晰，并水平方向收缩，再次呈圆形 | P |
| 肌节出现期 | 15:10 | 胚体中部出现 1～3 对肌节 | Q |
| 眼囊期 | 16:00 | 形成眼基并逐步向椭圆形眼囊变化 | R |
| 晶体出现期 | 18:00 | 1 对椭圆形眼晶体形成，脑泡开始形成，肌节 5～6 对 | S |
| 尾芽期 | 23:00 | 胚体包卵黄约 1/2，尾泡形成并开始与卵黄分离，肌节 8～10 对 | T |
| 肌肉效应期 | 28:00 | 胚体间歇性抽动，肌节 20～22 对且开始变窄 | U |
| 心跳期 | 33:00 | 心脏跳动，平均心搏频率为 50～55 次/min，肌节 26～28 对 | V |
| 出膜前期 a | 34:00 | 胚体在膜内抽动力度加大、频次加快，躯干和尾部出现鳍膜 | W |
| 出膜前期 b | 47:00 | 膜体积相对胚体较大在膜内留存时间较长，鳍膜更加明显 | X |
| 出膜前期 c | 69:00 | 肌节数变化不大，但内包物逐渐缩小 | Y |
| 初孵仔鱼 | 108:00 | 尾部先出膜，依靠尾部强有力的颤动胚体整体离开卵膜 | Z |

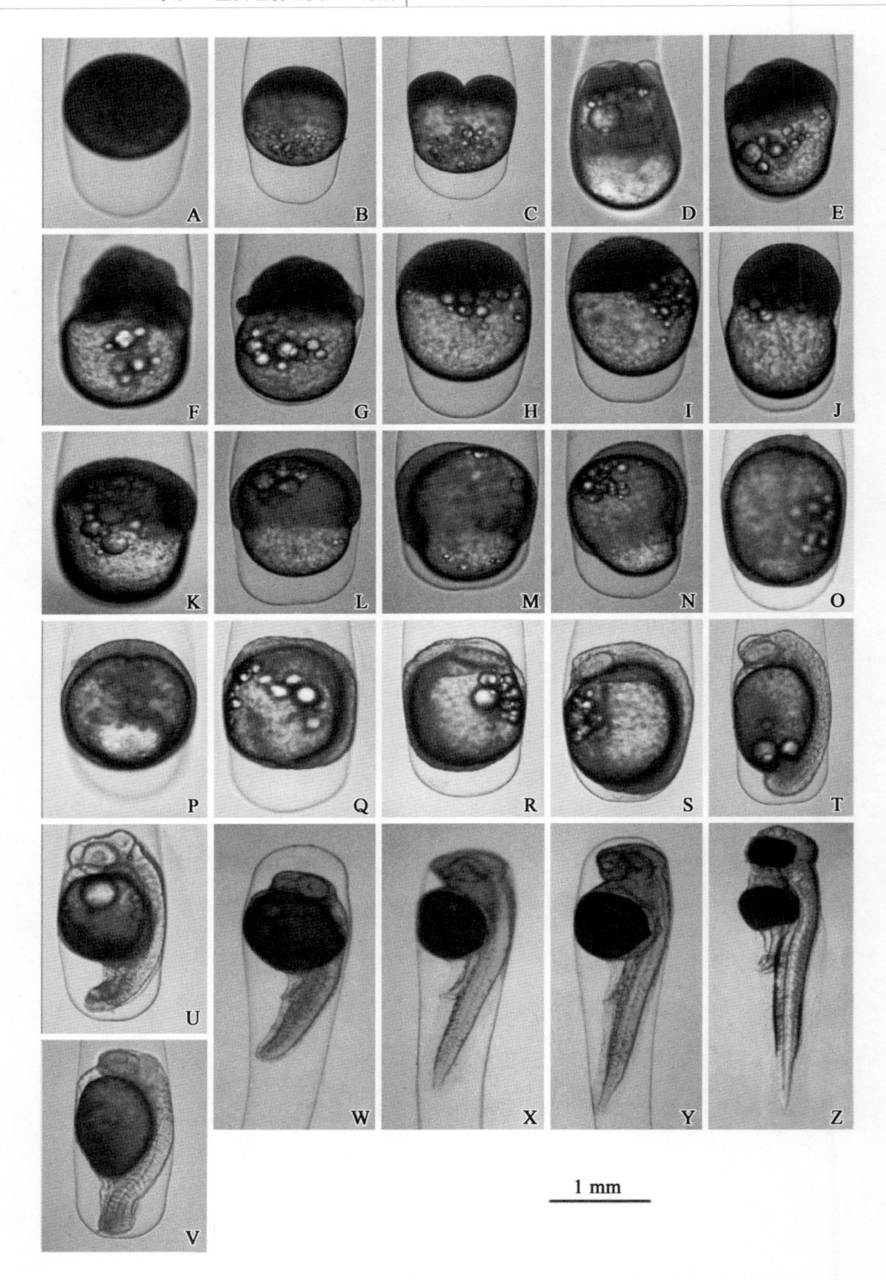


**图 9-1-5 舌虾虎鱼的胚胎发育(严银龙等,2016)**

A. 受精卵;B. 胚盘期;C. 2细胞期;D. 4细胞期;E. 8细胞期;F. 16细胞期;G. 32细胞期;H. 64细胞期;I. 桑葚期;J. 高囊胚期;K. 低囊胚期;L. 原肠胚早期;M. 原肠胚晚期;N. 神经胚期;O. 胚孔封闭期;P. 胚体形成期;Q. 肌节出现期;R. 眼囊期;S. 晶体期;T. 尾芽期;U. 肌肉效应期;V. 心跳期;W. 出膜前期a;X. 出膜前期b;Y. 出膜期前c;Z. 初孵仔鱼

# 第二节　人工繁殖

## 一、亲鱼来源与培育

### 1. 亲鱼来源

亲鱼来源主要有野生捕获和养殖选留两种。野生亲鱼一般在每年7—10月从天然海水水域采捕,也可选留养殖的舌虾虎鱼,个体体重在30～70 g,体长在10～15 cm,经过8～10个月培育成后备亲鱼,亲鱼个体体重达到50～130 g。

### 2. 亲鱼培育

亲鱼培育主要采用室内水泥池培育,水深为1.1～1.2 m,盐度为10～15,放养密度为5～10尾/$m^2$;池底铺设洞穴之类的隐蔽物,如直径为8～10 cm、长度为25～30 cm的沉性塑料灰管,管子布放密度为3～5个/$m^2$,为舌虾虎鱼创造生活生长的栖息环境。

每天投喂鲜活饵料,以小鱼小虾为主,日投喂量占鱼体重的2%～10%;搭配粗蛋白含量45%鳗鱼配合饲料,将粉状的鳗鱼配合饲料用水加工制作成面团,每天投喂1次,日投喂量为鱼体重的1%～2%。每天吸污1次,既起到排污作用又能检查舌虾虎鱼的摄食情况,来调节舌虾虎鱼的投饲量。每周换水1次,每月倒池1次,换水量为70%～80%。换水时注意新鲜海水的温度和盐度,避免因换水造成温度和盐度的突变对亲鱼培育的影响。冬天要进行越冬培育,通过加温来保持越冬池的水温在10～15℃,保证亲鱼正常摄食。

## 二、催产和受精

### 1. 催产前准备

池底设置舌虾虎鱼专用产卵巢,产卵巢内衬20～30目的网片(图9-2-1),产卵巢数量为5～6个/$m^2$,使用前消毒冲洗。

### 2. 催产和受精

当水温达到18℃以上时,进行舌虾虎鱼亲鱼的强化培育,定期观察亲鱼的性腺发育,筛选发育良好的舌虾虎鱼亲鱼,待水温达到22℃后,用激素来催熟催产。激素采用2针注射法,雌鱼第1针注射促黄体释放激素$A_2$(LHRH-$A_2$)

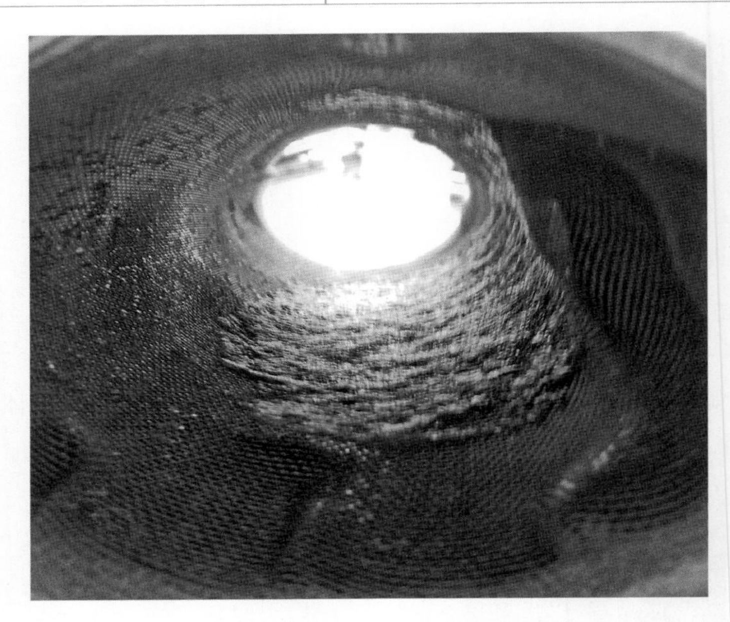

图 9-2-1　舌虾虎鱼专用产卵巢

2 μg/kg＋绒毛膜促性腺激素(HCG)1 000 IU/kg,第 1 针雄鱼不注射;间隔 48 h 后注射第 2 针,LHRH-$A_2$ 剂量为亲鱼体重 10 μg/kg,雄鱼注射激素的剂量为雌鱼的 1/2,诱导亲鱼自然交配排卵受精。产卵池内雌雄亲鱼比为 1∶(1.5～2),密度为 5～10 尾/$m^2$。每天 8:00 和 16:00 检查产卵巢,观察亲鱼的产卵受精情况。受精卵呈指状,长度为 5～8 mm,前端粗后端细,胚胎在前端,后端黏附在网片上,受精卵随水漂动。

## 三、受精卵孵化

### 1. 孵化条件

孵化所用海水的盐度为 8～15。预处理方法：在蓄水池内用 50 mg/L 漂白粉全池泼洒消毒,消毒 10 d 后,充分曝气以去除余氯。待产卵后及时从产卵巢内取出粘有受精卵的网片,把网片拉平垂直悬挂在 15～20 $m^3$ 的孵化池内,便于增加网片周围的水体交换(图 9-2-2)。散气石密度为 0.5～1.0 个/$m^2$,连续不断微充气。

### 2. 孵化管理

孵化期间,每天取出网片观察胚胎发育,隔天换水 50%,在水温 25～28℃的条

图 9-2-2　舌虾虎鱼产卵巢网片展开效果

件下，孵化 5～7 d 即可出膜。

**3. 孵化计数**

一般受精卵受精 18 h 左右后已能看到胚胎的眼点，借助显微镜仔细观察受精卵的胚胎发育，计算舌虾虎鱼的受精率，受精卵数量；再经过 90 h 左右开始破膜，可以大致统计孵化率。一般每尾雌鱼能产受精卵 20 000～50 000 粒，受精率 73%～81%，孵化率 63%～75%。

# 第三节　苗 种 培 育

## 一、培育条件和布苗

舌虾虎鱼育苗采用肥水育苗法，藻类水透明度 15～25 cm，海水盐度 12～13，水温 26～28℃，将快要出膜的受精卵网片悬挂在 1 $m^3$ 锥形底水泥池内，育苗池规格为 1.2 m×1.2 m×1.2 m，每个池子悬挂一块网片。幼苗孵化后，孵化池直接转为育苗池，每个池放养鱼苗 8 000～30 000 尾。

## 二、饵料投喂

待胚胎破膜后第 3 d，开始投喂煮熟蛋黄，每天投喂 4 次(即 8:00、12:00、16:00 和 20:00)，投喂时用 100 目的筛绢过筛，现做现用，持续 5～7 d，投喂量约为 1 g/$m^3$；同时，投喂海水活轮虫，密度掌握在育苗池内 15～20 个/mL，持续 20～25 d。第 10 d 鳍膜逐渐消失、鳍条开始形成，进入稚鱼期。第 15 d 开始混合投卤虫无节幼体，密度为 5～10 个/mL，持续 20～25 d。第 20 d 鳞片、鳍条等逐步发育完备，腹部吸盘可以吸附池壁，由浮游转入底栖式生活，进入幼鱼期。第 30 d 开始投喂红虫、剑水蚤或糠虾等活体生物饵料。

## 三、日常管理

每天吸污 1 次，换水 1 次，换水量为 50%～70%不等，海水温差、盐度差应控制。换水时注意换水框网目的更换。一般经过 40～45 d 的培育，舌虾虎鱼从卵黄苗逐渐生长为全长 10～20 mm 的幼鱼(图 9－3－1～图 9－3－3)。

图 9－3－1　舌虾虎鱼稚鱼

图 9-3-2　舌虾虎鱼 $0^+$ 龄幼鱼

图 9-3-3　舌虾虎鱼 2 龄鱼

# 典型案例

## 案例 1

2012 年 6 月上海市水产研究所奉贤科研基地进行舌虾虎鱼人工繁殖。经过 8 个月的舌虾虎鱼亲鱼强化培育，挑选了 10 组舌虾虎鱼亲鱼，用促黄体释放激素 $A_2$（LHRH－$A_2$）7 μg/kg 和绒毛膜促性腺激素（HCG）200 IU/kg 进行催产。6 月 30 日—7 月 2 日共产卵 8 组，获得 8 块受精卵网片，每块网片的受精卵数量不等，为 3 万～5 万粒。将受精卵网片悬挂在 18 $m^3$ 水体的育苗池内孵化，盐度控制在 12，水温 26～27℃。每天换水 50%，微充气，保证水中溶解氧大于 5 mg/L，经过 4～6 d 孵化开始出膜，持续破膜 2 d，95%出膜后注入藻类海水。在孵化期间，借助显微镜观察胚胎的发育，从受精卵—多细胞—囊胚期—原肠期—脊索形成期—胚体扭动期—舌虾虎鱼出膜，历时 4～6 d，得到卵黄苗 2 万～4.5 万尾。育苗期间，采用肥水育苗，进入苗池的海水经过 200 目筛绢过滤，第 2 d 投喂煮熟蛋黄，用 100～150 目的筛绢搓成细颗粒状投喂，投喂量为 1 mg/L。海水活轮虫投喂密度为 15～20 个/mL，持续 13～25 d；第 15 d 开始兼投卤虫无节幼体，密度为 5～8 个/mL；第 25 d 开始投喂卤虫无节幼体，密度为 8～10 个/mL，第 40 d 开始投喂红虫或糠虾等饵料。经过 50 d 培育，最终获得体长为 8～15 mm 的舌虾虎鱼仔鱼 4.5 万多尾。

## 案例 2

舌虾虎鱼经过越冬强化培育，挑选卵巢轮廓明显、下腹部比较柔软的雌鱼亲鱼和轻压腹部会有乳白色的精液流出雄鱼亲鱼，进行人工催产。2014—2015 年共进行了 5 批次舌虾虎鱼亲鱼催产试验（表 9－3－1），在 23.9～26.6℃水温条件下，经过 12～36 h 的效应期，共产卵 62.5 万粒，催产率为 60%～80%，平均催产率为 68%；受精率为 73.4%～81.2%，平均受精率为 77.3%；孵化率为 63.8%～77.2%，平均孵化率为 71.0%。平均每尾雌鱼产卵 1.84 万粒。

表 9－3－1　舌虾虎鱼全人工繁殖情况

| 催产日期（年-月-日） | 水温（℃） | 亲鱼（尾） | 效应时间（h） | 产卵鱼（尾） | 产卵量（万粒） | 受精卵（万粒） | 初孵仔鱼（万尾） | 催产率（%） | 受精率（%） | 孵化率（%） |
|---|---|---|---|---|---|---|---|---|---|---|
| 2014－06－08 | 24.2±0.3 | 10♀15♂ | 36～48 | 6 | 12.2 | 9.2 | 5.9 | 60 | 75.5 | 63.8 |
| 2014－07－06 | 24.4±0.3 | 10♀15♂ | 36～48 | 7 | 13.5 | 10.6 | 7.2 | 70 | 78.7 | 67.3 |

续　表

| 催产日期（年-月-日） | 水温(℃) | 亲鱼（尾） | 效应时间(h) | 产卵鱼（尾） | 产卵量（万粒） | 受精卵（万粒） | 初孵仔鱼（万尾） | 催产率（%） | 受精率（%） | 孵化率（%） |
|---|---|---|---|---|---|---|---|---|---|---|
| 2015-06-19 | 25.2±0.4 | 10♀15♂ | 36～48 | 6 | 10.8 | 8.8 | 6.3 | 60 | 81.2 | 71.5 |
| 2015-06-12 | 25.7±0.5 | 10♀15♂ | 36～48 | 7 | 12.1 | 8.9 | 6.9 | 70 | 73.4 | 77.2 |
| 2015-06-27 | 26.1±0.5 | 10♀15♂ | 36～48 | 8 | 13.9 | 10.8 | 8.2 | 80 | 77.9 | 75.4 |
| 总计 | | 50♀75♂ | | 34 | 62.5 | 48.3 | 34.3 | | | |
| 平均 | | | | | | | | 68 | 77.3 | 71.0 |

## 参考文献


Quang M D, Ngon T T, Nam S T, et al. 2022a. Ovarian and spawning reference, size at first maturity and fecundity of *Glossogobius giuris* caught along Vietnamese Mekong Delta. Saudi Journal of Biological Sciences, 29: 1911-1917.

Quang M D, Ngon T T, Nam S T, et al. 2022b. Testicular development and reproductive references of *Glossogobius giuris* in Mekong Delta, Vietnam. Egyptian Journal of Aquatic Research, 48: 61-66.

伍汉霖，钟俊生. 2008. 中国动物志. 北京：科学出版社.

严银龙，施永海，邓平平，等. 2016. 舌鰕虎鱼的人工繁殖及其胚胎发育. 大连海洋大学学报，31(1)：24-29.

朱元鼎，张春霖，成庆泰. 1963. 东海鱼类志. 北京：科学出版社.

庄平，宋超，章龙珍. 2010. 舌鰕虎鱼肌肉营养成分与品质的评价. 水产学报，34(4)：559-564.

庄平，王幼槐，李圣法，等. 2006. 长江口鱼类. 上海：上海科学技术出版社.